朱晓明 王玉皞 付世勇 周辉林 蒋修国 袁一鹏 杨 城 冯美文◎著

硬件十万个为什么

无源器件篇

内 容 简 介

电子元器件是电路设计的基础，而电阻、电容和电感又是电路设计中使用非常普遍的电子元器件。本书从物理层面来阐述这三类元器件的实现原理，帮助读者更好地理解这三类电子元器件的电气特性及其在电路中的应用。

本书分为三篇，每篇对应一类电子元器件，以问答的形式对三类元器件的原理和使用进行详细的解释。每篇还包括元器件的选型规范，帮助读者快速掌握元器件的选型原则。

本书内容深入浅出、浅显易懂，通过丰富的实例来剖析枯燥的原理，适合广大高校学生和电路设计相关工作的工程师。

图书在版编目(CIP)数据

硬件十万个为什么. 无源器件篇 / 朱晓明等著. —北京：北京大学出版社，2021.7

ISBN 978-7-301-32181-2

Ⅰ. ①硬… Ⅱ. ①朱… Ⅲ. ①电阻器－问题解答②电容器－问题解答③电感器－问题解答
Ⅳ. ①TP303-44②TM5-44

中国版本图书馆CIP数据核字(2021)第083434号

书　　名　**硬件十万个为什么（无源器件篇）**
YINGJIAN SHIWANGE WEISHENME (WUYUAN QIJIAN PIAN)

著作责任者　朱晓明　等著

责 任 编 辑　王继伟

标 准 书 号　ISBN 978-7-301-32181-2

出 版 发 行　北京大学出版社

地　　址　北京市海淀区成府路205号　100871

网　　址　http://www.pup.cn　　新浪微博：@北京大学出版社

电 子 信 箱　编辑部 pup7@pup.cn　总编室 zpup@pup.cn

电　　话　邮购部 010-62752015　发行部 010-62750672　编辑部 010-62570390

印 刷 者　北京宏伟双华印刷有限公司

经 销 者　新华书店

787毫米×1092毫米　16开本　19.5印张　443千字

2021年7月第1版　2023年9月第5次印刷

印　　数　18001-21000册

定　　价　89.00元

序言　从物理中来，到工程中去

物理理论与工程技术的融合，正推动“有血有肉”的物理和“有根有源”的工程快速发展。

硬件方面，应用物理的突破，推动了材料、芯片、器件和系统向万物万域扩展。软件方面，计算物理驱动了模拟与设计方法的优化，促进了自主软件、智能算法、协同计算等领域的产业升级。

本书遵循“从物理中来，到工程中去”的理念，刻画“从元件到电路，从单元到系统”的脉络，坚持“选择设计”与“理论分析”并重的思路，构建“从理论走向实践，再从实践回归理论”的螺旋式上升结构。本书旨在同步提升工科学生的理论思辨能力和工程实践能力，培养学生解决复杂工程问题的专业能力。

“面向工程的电子线路课程群”是我校（南昌大学）一线教学团队与产学研用团队的智慧结晶，本书综合体现了该课程群的特色。例如，本书通过引入诸多硬件产品开发案例，期望重点解决学生常遇到的理论难应用、实践难理解、设计难创新等问题。相信本书有助于相关专业师生进一步夯实理论基础与实践能力，提高创新驱动发展的综合实力。

中国科学院院士

$U = RI$,相信大多数进入大学学习的学生对于这个公式不会感到陌生,这就是高中阶段所学习的欧姆定律表达式。但是,倘若向他们提问:式子中的R是什么?也许刚刚进入大学的大多数新生会毫不犹豫地回答:电阻。可是,真的是这样吗?

目前出版的有关电路原理的书籍,大多数是直接从电路的抽象符号及电气特性入手的,很少见到关于元器件物理属性的描述,以及解释其表达某种特定电气特性原因的相关讨论。大多数学习这方面知识的学生理所当然地认为R所代表的就是一个简单数值,一个可以分析电路的"电阻值"。但是,R中所包含的内容远远不只是一个数值。

本书将电路分析中常见的三类元器件(电阻、电容、电感)作为分立元器件,从物理层面的实现原理进行较为详细的描述。可以说,只有在物理层面理解了各种元器件的实现原理,才能更好地理解其表现的电气特性。正如电阻这一元器件,相信大多数学生知道其作用是导体对于电流的阻碍,但并不知道这种阻碍作用是如何实现的,也就无法在此基础上理解电压和电流的概念。这对于理解电路基本原理似乎没有什么影响,但是在实际实验的过程中会带来极大的影响。

本书并不是传统地解释这三类元器件在电路中有怎样的性质,而是从工程观点来看问题,从某种程度上解决了为什么要用、如何用、用哪种这三个问题。为什么要用?这是几乎所有电工学相关书籍都不会单独涉及的问题,而该问题恰恰又是在设计电路时必须要了解的,这使得大多数学生拥有解决电路的能力,却不知道如何有效设计一个电路。本书则解决了这一问题,不仅介绍元器件的电气特性,而且介绍元器件的这种特性在电路中所起到的效果。而"如何用"则更进一步地解决了这一问题。在理论上解决了元器件的选择问题之后,我们面临的就是如何在电路中使用它们。通常情况下,只有在我们对于应该如何连接相应元器件有了一个大致的想法时,才有能力动手设计电路,而这一部分的知识就是我们开始动手做的基础和根基。最后,我们需要了解用哪种元器件作为实验的器件。以电阻为例,在不同的场合下,如不同的电压范围内,我们需要选择不同类型的电阻,如果选择错误,使得电阻的功率高于限定值,就可能会带来一系列问题,从而干扰我们的预期实验结果,甚至会导致实验彻底失败。

"硬件十万个为什么"团队长久以来一直致力于从课本知识到工程化能力进阶的辅导和知识普及。"硬件十万个为什么"微信公众号几乎每天都有知识分享,可谓"水滴石穿,绳锯木断"。长久以来,

“硬件十万个为什么”团队与南昌大学信息工程学院的合作，无论是在项目上，还是在课程开发上，都充分发挥了其团队成员在华为、中船重工、星网锐捷、诺基亚西门子等公司积淀下来的设计功底和工程能力。本书也是南昌大学信息工程学院承担的两项国家级新工科研究与实践项目和“硬件十万个为什么”团队落地高校工程课程思想碰撞的结晶。

综上所述，本书不是用来解决某种特定电路问题的，而是从物理层面开始，深入浅出地了解和领会电阻、电容、电感在电路中的作用，如何使用它们，在什么情况下使用它们，以及在工程中如何选择类型。本书弥补了国内电工学相关书籍过于重视电路分析而忽视了电路设计及实验的问题，值得作为补充教材进行研读。

南昌大学信息工程学院院长

南昌大学人工智能工业研究院院长

上饶师范学院副院长

王玉皞

第一篇 电阻

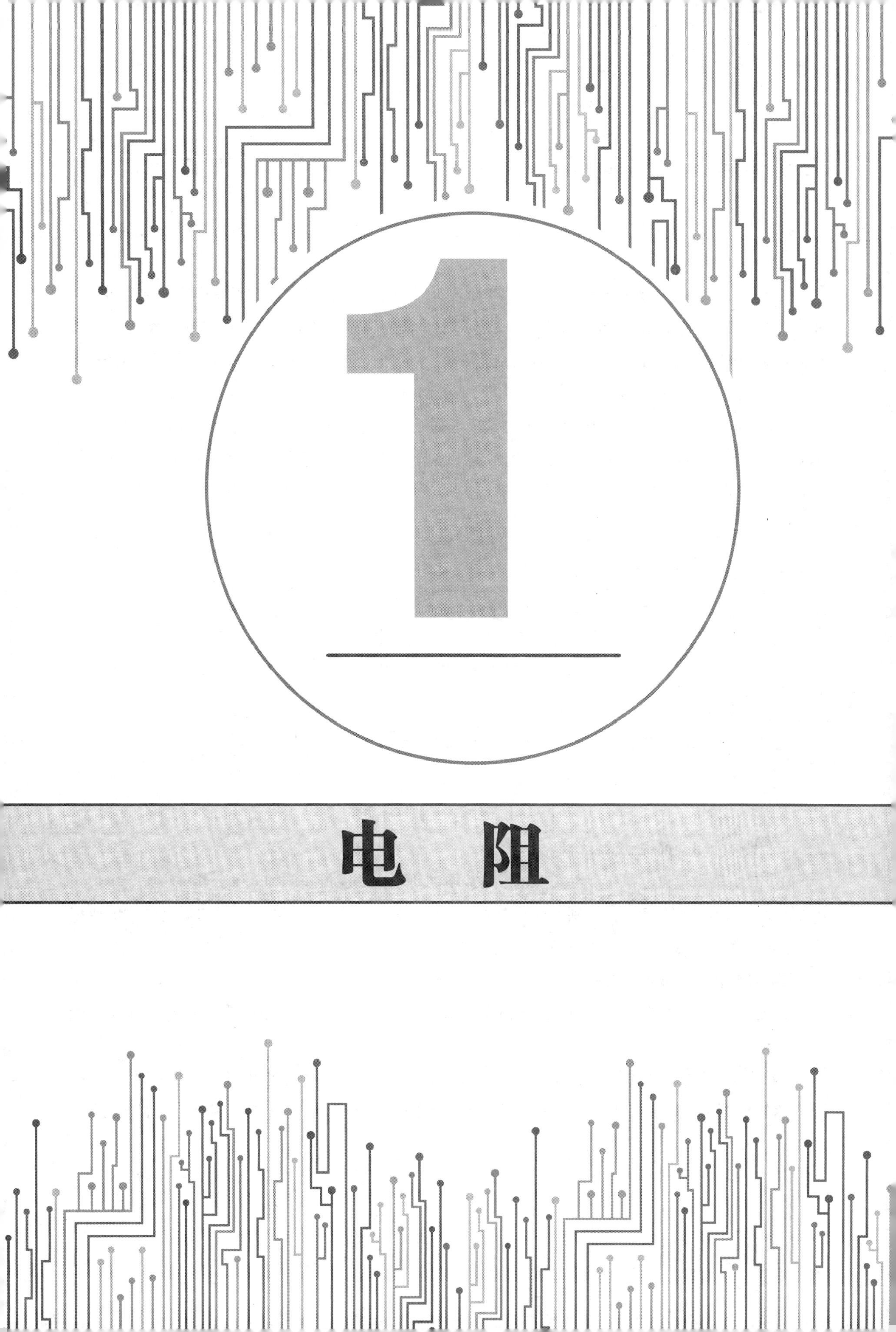

1 电阻

1 电路中的电阻器是如何实现物理概念中的“电阻”的？

我们通常说的“电阻”(Resistance)有两种概念：一种是物理概念，即一个描述物体导电能力的物理量；另一种是指电阻器(Resistor)。

电阻是一个常见的物理概念，我们在中学阶段就学习了。导体对电流的阻碍作用就称为该导体的电阻。电阻是一个物理量，在物理学中表示导体对电流阻碍作用的大小。导体的电阻越大，表示导体对电流的阻碍作用越大。不同的导体，电阻值一般不同，电阻是导体本身的一种性质。导体的电阻通常用字母R表示，电阻的单位是欧姆，简称欧，一般用Ω表示。

在同一电路中，通过某段导体的电流与这段导体两端的电压成正比，与这段导体的电阻成反比，这就是欧姆定律。欧姆定律有一种比喻：用水压比喻电压，用水管比喻电阻，用水流的大小比喻电流，如图1.1.1所示。

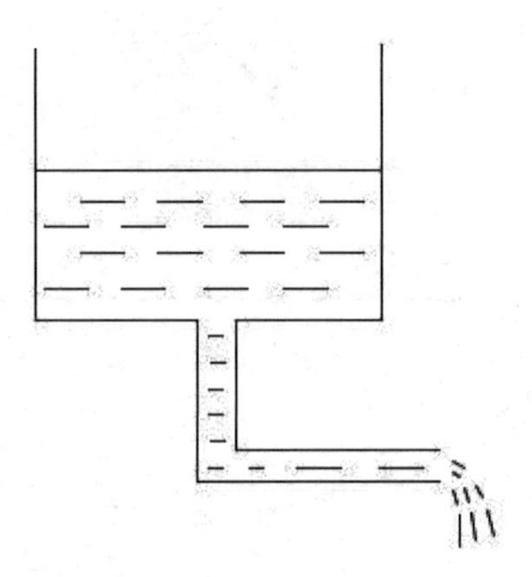

图1.1.1 欧姆定律的比喻示意

下面具体介绍上面提到的几个概念。

(1)电压：衡量单位电荷在静电场中由于电势不同所产生的能量差的物理量。其大小等于单位正电荷因受电场力作用从A点移动到B点所做的功，电压的方向规定为从高电位指向低电位。电压相当于水塔供水的水压。

(2)电阻：相当于输水管的粗细。

(3)电流：科学上把单位时间内通过导体任一横截面的电量称为电流强度，简称电流，相当于水管中的水流。

欧姆定律是把电流作为结果，把电压作为外部施加在电路上的外因，电阻相当于电路的内因。管路不变，水塔越高，水压(电压)越大，水流(电流)越大；水压(电压)不变，水管越粗(电阻越小)，水流(电流)越大。

欧姆定律的公式为

$$I=\frac{U}{R} \tag{1.1.1}$$

电阻作为物理概念，是一种阻碍电流通过的能力，是一个用来提供“分压”或“限流”功能的一个元器件，该元器件的名称就为电阻器，而我们做题时计算的电阻是该电阻器对电流通过的阻碍能力。

电阻作为物理量，是一种能力，生活中所有的东西都有这个能力，包括但不局限于金属导线、树木、人体和橡胶手套。

如果非要把“电阻”类比其他物理概念，则可以类比成“质量”或“惯性”，一个物体不管放在哪里都有质量，同样地，这个物体不管有没有通电，它都有电阻。但是，不是什么物体都可以称为电阻器。

那么，电阻器是如何实现我们需要的那个电阻物理量的呢？

电阻器在日常生活中一般直接称为电阻，常用电阻的外形如图1.1.2所示。

图1.1.2　常用电阻的外形

电阻一般有两个引脚，其阻值是固定的。将电阻接在电路中后，根据欧姆定律，电阻可以限制通过其所连支路的电流大小。阻值不能改变的电阻称为固定电阻，阻值可变的电阻称为电位器(Potentiometer或Potential Meter)或可变电阻(Variable Resistor)。理想的电阻是线性的，即通过电阻的瞬时电流与外加瞬时电压成正比。用于分压的可变电阻，其裸露的电阻体上紧压着1～2个可移金属触点，触点位置决定了电阻体的任一端与触点间的阻值。

电阻的阻值与导体的材料、形状、体积及周围环境等因素有关。电阻率是描述导体导电性能的参数。对于由某种材料制成的柱形均匀导体，其电阻R与长度L成正比，与横截面积S成反比，即

$$R = \rho \frac{L}{S} \tag{1.1.2}$$

式中，ρ为比例系数，其大小由导体的材料和周围温度决定，称为电阻率。

电阻率的国际单位制（SI）是欧姆·米（Ω·m）。常温下，一般金属的电阻率与温度的关系为

$$\rho = \rho_0(1 + \alpha t) \tag{1.1.3}$$

式中，ρ_0为0℃时的电阻率；α为电阻温度系数（Temperature Coefficient of Resistance，TCR）；t为温度，单位为℃。

半导体和绝缘体的电阻率与金属不同，它们与温度之间不是按线性规律变化的。当温度升高时，它们的电阻率会急剧减小，呈现出非线性变化的性质。

所以，我们想实现某一个电阻值时，受到中学时教师的教具——滑动变阻器的影响，一般会想到通过调整导线的长度来实现期望的电阻值。滑动变阻器如图1.1.3所示。

由式（1.1.2）可知，当材料、横截面积确定时，通过调整导电材料的长度就可以获得期望的电阻值。我们最容易获得的导电材料就是导线，通过不同长度的导线，自然就可以获得不同的电阻值。但是，用导线来实现电阻时，由于一根导线不可能散落在电路中，因此把导线绕在绝缘骨架上，这样便于使用、安装、运输和保存。

线绕电阻是将电阻丝绕在绝缘骨架上再经过绝缘封装处理而成的一类电阻，如图1.1.4所示。电阻丝一般采用一定电阻率的镍铬、锰铜等合金制成，绝缘骨架一般采用陶瓷、塑料、涂覆绝缘层的金属骨架。线绕电阻是众多电阻种类之一，具有温度系数小、精度较高的特点。在线绕电阻中，有一种用陶瓷作骨架，在电阻的外层涂釉或其他耐热并且散热良好的绝缘材料的大功率线绕电阻，该线绕电阻的特点是耗散功率大，可达数百瓦，主要用作大功率负载，能工作在150～300℃的环境中。

图1.1.3　滑动变阻器

图1.1.4　线绕电阻

在线绕电阻中还有一种可调线绕电阻，它是在线绕的外面装有可移动的卡环作为接触引出端，在釉（漆）层上面留有狭长的窗口，露出绕线接触道，卡环通过触点在接触道上移动就可以调节阻值，所以是一种可变电阻。常见的有被釉线绕电阻和涂漆线绕电阻两种。

珐琅电阻（被釉线绕电阻）属于线绕电阻的一种，将电阻系数较大的锰铜丝或镍铬合金丝绕在陶瓷管上，并将其外层涂以珐琅作为耐热的釉绝缘层加以保护。珐琅电阻具有高稳定性、高精度、噪声小、功率大等特点，一般可承受1～500W的额定功率，可在150℃高温下正常工作，温度系数可做到小

于10ppm/℃(1ppm = 0.0001%),精度高于±0.01%。

线绕电阻的缺点是寄生电感和分布电容比较大,体积大,阻值不大,不适合在2MHz以上的高频电路中使用,只适合在要求大功率电阻的电路中作分压电阻或滤波电阻,或者在高温工作场景下使用。图1.1.5所示是典型的大功率线绕电阻(被釉功率型线绕电阻)。

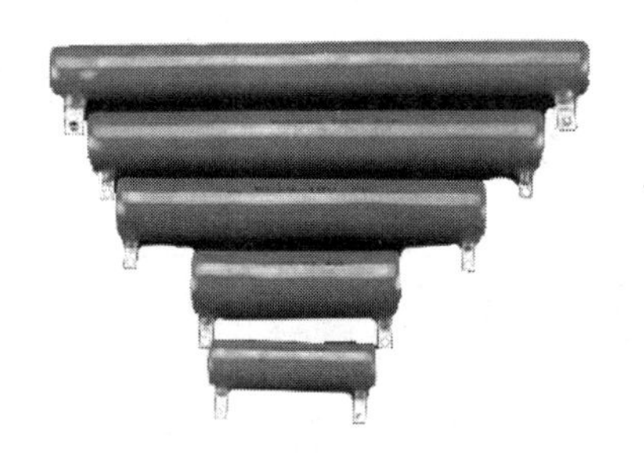

图1.1.5 被釉功率型线绕电阻

当然,线绕电阻只是众多实现电阻的方式之一。实现电阻的方式还有很多种,如金属箔电阻、金属膜电阻、碳膜电阻等。

2 为什么电阻需要多种种类?

在实际的项目中,除使用线绕电阻外,在更多场景下可能使用金属膜电阻、金属氧化膜电阻、碳膜电阻等各种工艺的电阻。既然通过导线绕线已经可以实现线绕电阻,为什么还需要那么多种不同类型的电阻呢?

这是因为不同的工艺和原理实现出的电阻的阻值、体积、成本、精度、功率、高频特性、噪声特性都不同。当需要不同特性时,就需要用不同制造方法实现的电阻,所以导致电阻需要多种种类以适应不同场景的需求。

1 阻值和体积

虽然可以通过不同长度的导线实现不同期望的电阻值,但是由于金属丝的电阻还是偏小,因此应通过不同的材料工艺实现不同的阻值范围。同时,在很多场景下,电阻的体积是不能特别大的。所以,能够实现小体积、大阻值的材料工艺就特别有优势。

2 成本

不同的材料有不同的成本,制造工艺的不同也会导致成本的不同。在生产物料成本相同的前提下,发货量越大,成本越低。更重要的是,该物料在整个社会总的使用量也会导致成本的不同。

3 精度

高精度电阻区别于普通电阻的主要依据是阻值误差大小和温度系数大小。分类描述如下:对1Ω以上阻值的电阻,与标识阻值相比,±0.5%以内阻值误差的电阻可称为精密电阻,更高精密的电阻可以做到0.01%精度。一般只有薄膜电阻和金属箔电阻能实现高精度。1Ω以上阻值的电阻的普通系列精度在±5%以上,电子产品上最常见的就是5%精度的电阻,不属于精密电阻范围。1Ω以下阻值的电阻，一般能达到±1%精度之内，就可称为精密电阻了。因为同样是1%的误差，电阻值的基数越小，1%所对应的电阻绝对值越小，工艺和技术要求越高。更高精密电阻可以做到±0.5%以内，但工艺和技术要求较高，电阻成本很高。所以，在高精度应用场景，为了平衡成本，可以采用其他方式来实现期望的电阻值。

4 功率

为什么不同工艺的额定功率会不同呢？原来电流流经电阻所产生的热量除一部分经电阻表面直接散发出去外，还有一部分要传到电阻的基体（陶瓷管）上，并经过套在两端的金属帽、铜质引线甚至印制电路板（Printed Circuit Board，PCB）散发出去。基体材料的导热系数高，电阻的额定功率就大。制造普通（正常尺寸）电阻的基材是一种石瓷，成分为氧化铝（Al_2O_3）和二氧化硅（SiO_2）；而制造小尺寸电阻的基材为专用氧化铝瓷，其氧化铝含量高达80%～93%。基体材料中氧化铝含量越高，其导热性能就越好，制作出的电阻额定功率值也越大。

5 高频特性

电阻的高频等效电路如图1.2.1所示。

根据电阻的高频等效电路，可以方便地计算出整个电阻的阻抗，即

$$Z=\frac{1}{\mathrm{j}\omega C_{\mathrm{p}}+1/\left(\mathrm{j}\omega L_{\mathrm{p}}+R\right)} \tag{1.2.1}$$

式中，C_p为寄生电容；L_p为寄生电感；ω为角频率，$\omega=2\pi f$（f为工作信号的频率）。

图1.2.2描绘了电阻的阻抗绝对值与频率的关系，低频时电阻的阻抗是R，然而当频率升高并超过一定值时，寄生电容的影响成为主要的，将引起电阻阻抗的下降。当频率继续升高时，由于寄生电感的影响，总的阻抗上升，寄生电感在很高的频率下代表一个开路线或无限大阻抗。

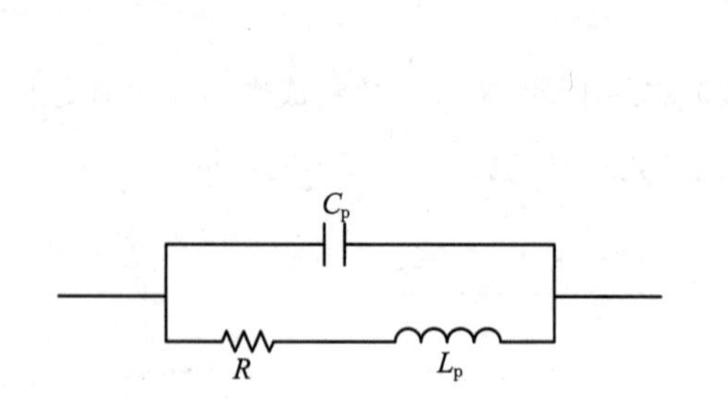

图1.2.1 电阻的高频等效电路

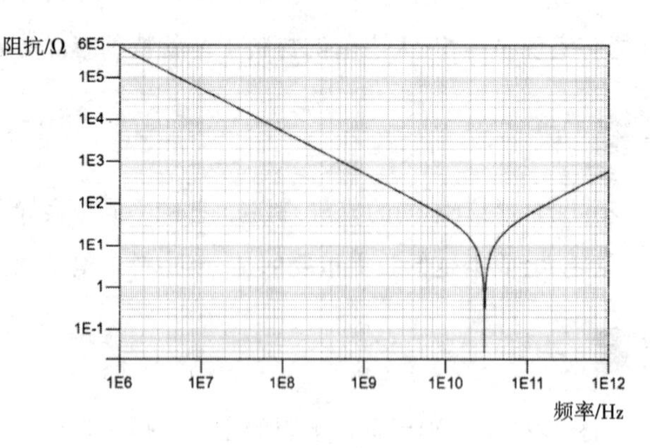

图1.2.2 电阻的阻抗绝对值与频率的关系

不同的电阻由于结构不同，导致寄生电感和寄生电容也会不同。非线绕电阻的寄生电感通常小于线绕电阻。

6 噪声特性

不同类型的电阻的噪声特性也不同。例如,金属膜电阻比碳膜电阻的精度高、稳定性好、噪声小、温度系数小。

电阻的工艺原理会决定电阻的特性。例如,线绕电阻可提供的阻值偏小(从0.01Ω到100kΩ),这是由于导线的规格和可能的匝数有上限,导致阻值不可能非常大。由于其绕线不可能无限长,因此当阻值需求特别大时其就不能满足需求,需要选用其他工艺的电阻。由于不同类型的电阻具备不同的特性,因此往往把电阻应用于不同的用途,如表1.2.1所示。

表1.2.1 不同类别电阻的特性及使用范围

种类	特性	使用范围
线绕电阻	精度高,可以制作成精密电阻,容差可以到0.005%,同时温度系数非常小;寄生电感比较大,不能用于高频电路	大功率场景、高精度应用场景、低频场景
碳膜电阻	精度低,不高于±5%;成本低;抗高脉冲能力差;耐高温能力差	用于弱电电路,对电阻精度要求不高的场合
金属膜电阻	精度高,抗高脉冲能力差	用于弱电电路,对精度要求较高的场合
金属氧化膜电阻	抗高脉冲能力差,耐高温能力强	发热大,对精度要求不高的场合
玻璃釉电阻、金属釉电阻	精度高,成本高,抗高脉冲能力强,耐高温能力差	发热不大,强电电路中

正是由于电阻不同的材料工艺导致的不同特点,因此每种电阻可以应用的场景也各不相同,如表1.2.2所示。

表1.2.2 不同类别电阻的用途

电阻的用途	按电阻体材料工艺分类									
	线绕型	实心型		厚膜型	薄膜型					金属箔型
		有机实心型	无机实心型		碳膜型	合成碳膜型	金属膜型	金属氧化膜型	玻璃釉膜型	
通用电阻	●	●	●	●	●		●	●	●	
精密电阻	●				●		●			●
高阻电阻				●		●	●		●	
功率电阻	●			●	●		●			
高压电阻						●			●	
高频电阻								●		●

3 电阻是如何分类的?

电阻可以按以下几种方法进行分类:按材料工艺进行分类、按用途进行分类、按封装进行分类、按特殊用途进行分类，如图1.3.1所示。

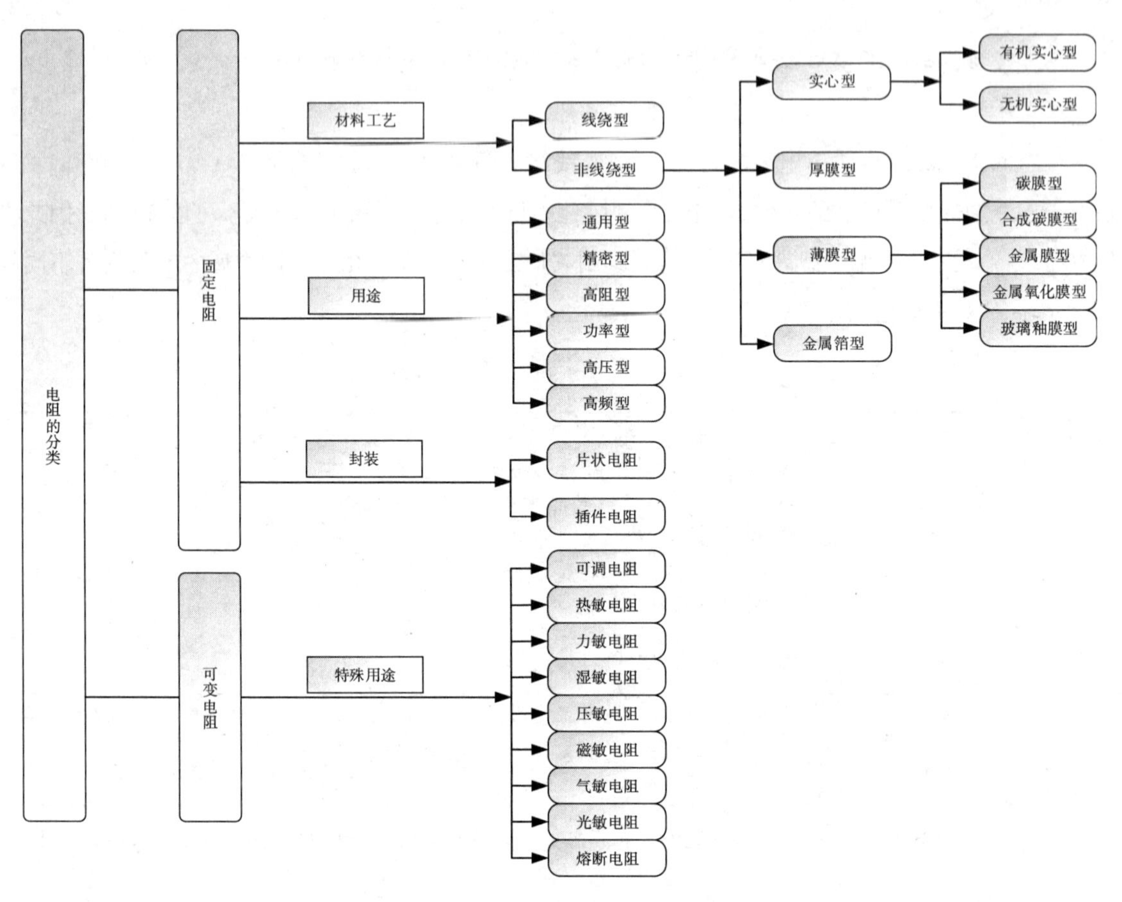

图1.3.1　电阻的分类

1　线绕电阻

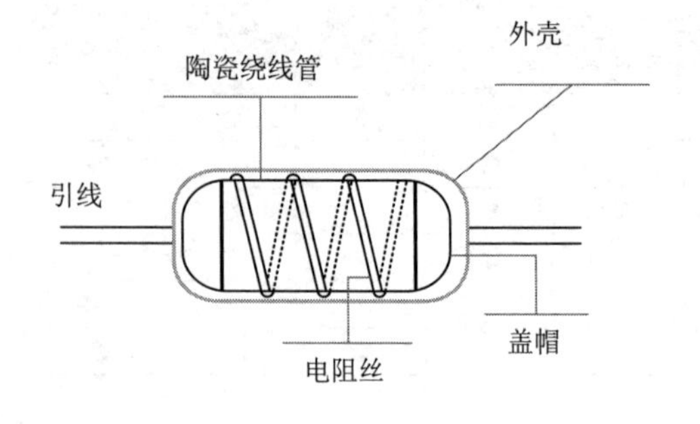

图1.3.2　线绕电阻的外形和内部结构

线绕电阻是用高电阻率的康铜、锰铜或镍铬合金丝缠绕在陶瓷骨架上制作而成的。这种电阻有的表面被覆一层玻璃釉，常称为玻璃釉线绕电阻；有的表面被覆一层保护有机漆或清漆，称为涂漆线绕电阻；还有的是由没有保护的裸线绕制的，称为裸式线绕电阻。表面涂敷保护层除对电阻起保护作用外，也有利于在工作环境条件变化时保持其阻值的稳定性。线绕电阻的外形和内部结构如图1.3.2所示。

线绕电阻的噪声小，甚至无电流噪声；温度系数小，热稳定性好，耐高温，工作温度可达315℃；功率大，能承受大功率负荷；阻值范围为0.01Ω ~ 100kΩ；额定功率为1/8 ~ 500W。其缺点是高频性能差。

2 实心电阻

有机实心电阻是将炭黑、石墨等导电物质和填料与有机黏合剂混合成粉料，经专用设备热压后装入塑料壳内制成的。实心电阻的引线压塑在电阻体内，一种是无端帽的电阻，另一种是有端帽并把端帽作为电极的电阻。有机实心电阻的外形和内部结构如图1.3.3所示。

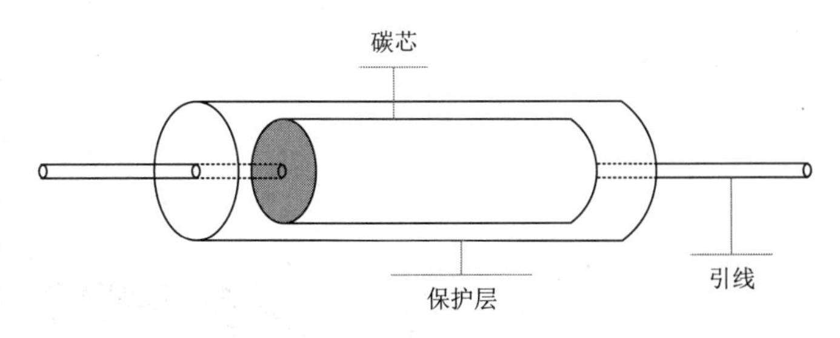

图1.3.3 有机实心电阻的外形和内部结构

有机实心电阻机械强度高，可靠性好，具有较强的过负荷能力；体积小，价格低廉；噪声大，分布参数较大，电压和温度稳定性差；阻值范围为4.7Ω～22MΩ；工作电压为250～500V；额定功率为1/4～2W。这种电阻不适合用于要求较高的电器电路中。目前常见的有机实心电阻有RS11型和RS型，RS型有机实心电阻常用于汽车仪表（机油压力表）上。

无机实心电阻与有机实心电阻的结构基本相同，只是材料不同。有机实心电阻是由颗粒状导体（如炭黑、石墨）、填充料[如云母粉、石英粉、玻璃粉、二氧化钛（TiO_2）等]和有机黏合剂（如酚醛树脂等）等材料混合并热压成型后制成的，具有较强的抗负荷能力；无机实心电阻是由导电物质（如炭黑、石墨等）、填充料和无机黏合剂（如玻璃釉等）混合压制成型后再经高温烧结而成的，其温度系数较大，但阻值范围较小。

3 碳膜电阻

碳膜电阻是将通过真空高温热分解的结晶碳沉积在柱形或管形的陶瓷骨架上制成的，用控制膜的厚度和刻槽来控制电阻。碳膜电阻的外形和内部结构如图1.3.4所示。

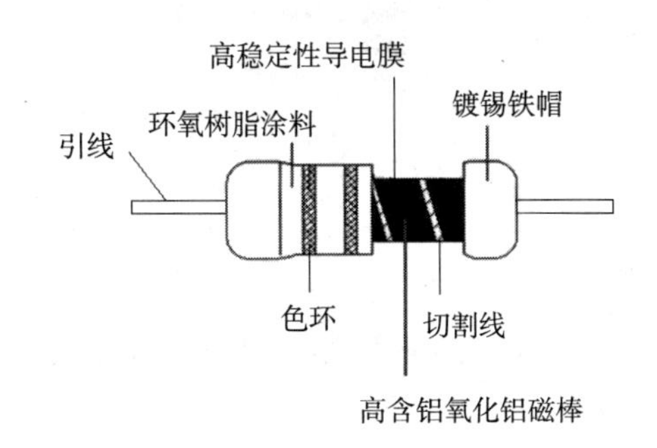

图1.3.4 碳膜电阻的外形和内部结构

碳膜电阻主要是在陶瓷棒上形成一层碳混合物膜，碳膜的厚度和碳浓度可以控制电阻的大小。可以在碳膜上加工出螺旋沟槽，螺旋越多，电阻越大，最后加金属引线，树脂封装成型。

碳膜电阻有良好的稳定性，负温度系数小，高频特性好，受电压和频率影响较小，噪声电动势较小，脉冲负荷稳定，阻值范围大，制作工艺简单，生产成本低，所以被非常广泛地应用在各种电子产品中。

4 碳合成电阻

碳合成电阻是将炭黑、填料和有机黏合剂配成悬浮液，涂覆在绝缘骨架上，经加热聚合而成。

它的阻值范围大，可以达到10Ω～10^6MΩ；额定功率范围为1/4～5W；最大工作电压为35kV。其缺点是抗湿性差，电压稳定性差，频率特性不好，噪声大。这种电阻不适合用于通用电阻，而主要适用于高压和高阻用电阻，并常用玻璃壳封装，制成真空兆欧电阻，用于微电流测试。碳合成电阻的外形和内部结构如图1.3.5所示。

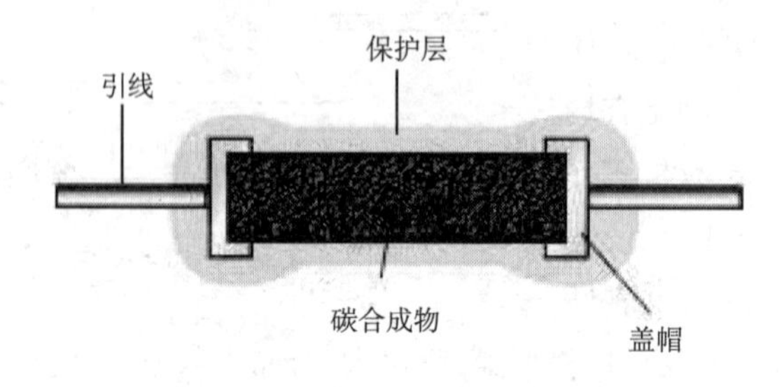

图1.3.5　碳合成电阻的外形和内部结构

5　金属膜电阻

金属膜电阻是将金属或合金材料用真空加热蒸发在瓷基体上形成一层薄膜而制成的，也有采用高温分解、化学沉积和烧渗等方法制成的。金属膜电阻直插封装的外形和内部结构如图1.3.6所示，金属膜电阻表贴封装的外形和内部结构如图1.3.7所示。

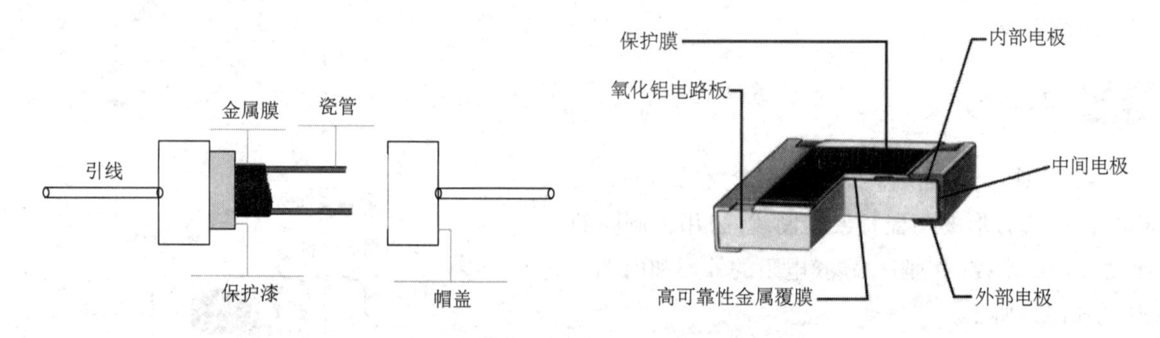

图1.3.6　金属膜电阻直插封装的外形和内部结构　　图1.3.7　金属膜电阻表贴封装的外形和内部结构

金属膜电阻稳定性和耐热性能好，温度系数小，工作频率范围宽，噪声电动势很小，常在高频电路中使用。

6　金属氧化膜电阻

金属氧化膜电阻的制作工艺如下：以金属或合金作为电阻材料，采用真空蒸发或溅射的方法，在陶瓷或玻璃基体上形成氧化的电阻膜层。金属氧化膜电阻的导电膜层均匀，膜与骨架基体结合牢固，有些性能优于金属膜电阻。普通金属氧化膜电阻的外形与金属膜电阻基本相同，其结构多为圆柱形并为轴向式引出线。金属氧化膜电阻的外形和内部结构如图1.3.8所示。

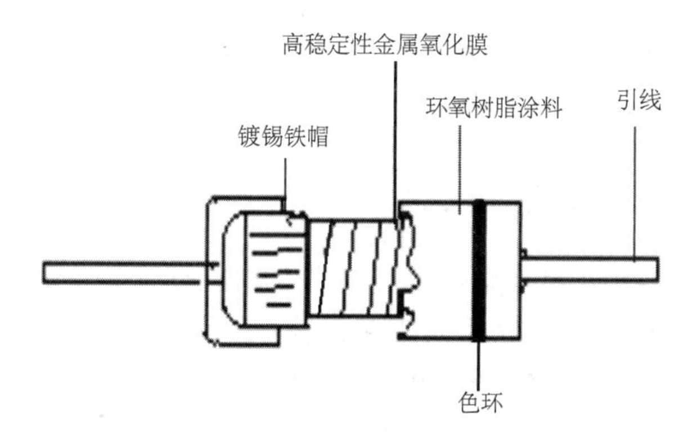

图 1.3.8 金属氧化膜电阻的外形和内部结构

金属氧化膜电阻比金属膜电阻抗氧化能力强，抗酸、抗盐能力强，耐热性能好。金属氧化膜电阻的缺点是由于材料的特性和膜层厚度的限制，阻值范围小，导致其阻值范围为1Ω ~ 200kΩ。

7 玻璃釉电阻

玻璃釉电阻是由金属银、铑、钌等的氧化物和玻璃釉黏合剂混合成浆料，涂覆在陶瓷骨架上，经高温烧结而成的。目前多用氧化钌和玻璃釉黏合剂制成玻璃釉电阻。玻璃釉电阻有普通型和精密型，其外形和内部结构如图 1.3.9 所示。

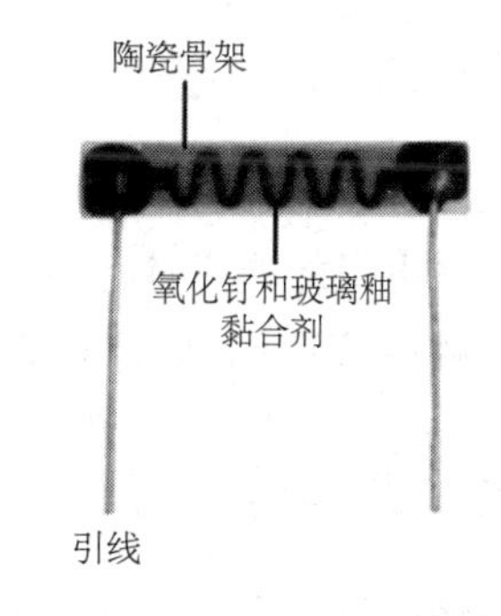

图1.3.9 玻璃釉电阻的外形和内部结构

玻璃釉电阻耐高温能力差，耐湿性好，稳定性好，噪声小，温度系数小，阻值范围大，阻值范围为4.7Ω ~ 200MΩ；额定功率有1/8W、1/4W、1/2W、1W、2W，大功率有500W；最高电压为15kV。

4 可变电阻都有哪些?

除电阻值固定的电阻外，还有一些电阻值可变的电阻。可变电阻的阻值可以变化，有两种：一种是可以手动调整阻值的电阻；另一种是电阻值可以根据其他物理条件而变化的电阻。根据其他物理条件而变化的电阻，更多地可以看成传感器的范畴，此处只做简要介绍。

1 可调电阻(电位器)

可调电阻(Rheostat)也称为可变电阻，其阻值大小可以人为调节，以满足电路的需要。

可调电阻按照电阻值大小、调节范围、调节形式、制作工艺、制作材料、体积大小等可分为许多不同的型号和类型，如电子元器件可调电阻、瓷盘可调电阻、贴片可调电阻、线绕可调电阻等。

可调电阻的标称值是标准可以调整到最大的电阻阻值，理论上可调电阻的阻值可以调整到0与标称值以内的任意值上，但因为实际结构与设计精度要求等原因，往往不容易100%达到“任意”要求，只是“基本上”做到在允许的范围内调节，从而来改变阻值。

2 压敏电阻

压敏电阻是一种限压保护作用的器件。当过高的电压施加在压敏电阻两极之间时，压敏电阻的非线性特性可以将电压钳位到一个相对固定的值，从而起到保护后级电路的作用。压敏电阻主要采用半导体材料制造电阻体，现在大量使用氧化锌(ZnO)作为压敏电阻的材料。压敏电阻的内部结构如图1.4.1所示。

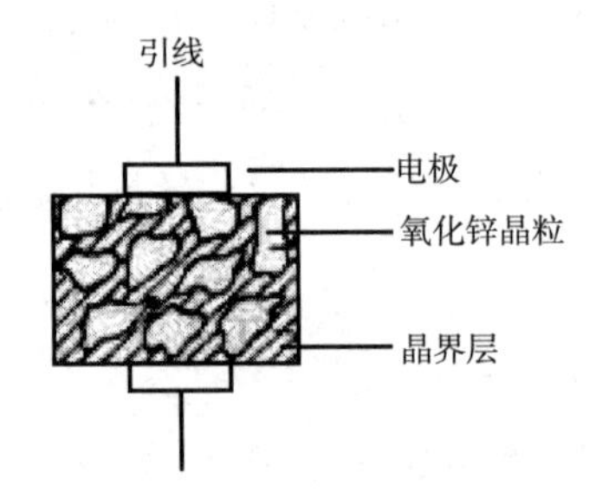

图1.4.1　压敏电阻的内部结构

压敏电阻的响应时间为纳秒级，比TVS(瞬态二极管)的响应速度慢，比气体放电管的响应速度快。一般情况下可以满足电子电路的过电压保护响应速度要求。

3 湿敏电阻

湿敏电阻由感湿层、电极和绝缘体组成。氯化锂湿敏电阻的阻值随湿度上升而减小，缺点为测试范围小，特性重复性不好，受温度影响大；碳湿敏电阻的缺点为低温灵敏度低，阻值受温度影响大，较少使用；氧化物湿敏电阻性能较优越，可长期使用，受温度影响小，阻值与湿度变化呈线性关系。

4 光敏电阻

光敏电阻大多是由半导体材料制成的，它利用半导体的光导电特性使电阻的阻值随入射光线的强弱发生变化。当入射光线增强时，阻值明显减小；当入射光线减弱时，阻值明显增大。

5 气敏电阻

气敏电阻利用某些半导体吸收某种气体后发生氧化还原反应制成，其主要成分是金属氧化物，主要品种有金属氧化物气敏电阻、复合氧化物气敏电阻、陶瓷气敏电阻等。

6 力敏电阻

力敏电阻是一种阻值随着压力变化而变化的电阻，可制成各种力矩计、半导体话筒、压力传感器等。

其主要品种有硅力敏电阻、硒碲合金力敏电阻。相对而言，合金力敏电阻具有更高的灵敏度。

7 热敏电阻

热敏电阻的阻值会随着本体温度的变化呈现出阶跃性的变化，具有半导体特性。热敏电阻按照温度系数的不同分为正温度系数热敏电阻（简称PTC热敏电阻）和负温度系数热敏电阻（简称NTC热敏电阻）。超过一定的温度（居里温度）时，PTC热敏电阻的阻值随着温度的升高呈阶跃性增大。一般情况下，有机高分子PTC热敏电阻适用于过电流保护，陶瓷PTC热敏电阻可适用于各种用途。

NTC热敏电阻的阻值随着温度的升高呈阶跃性减小。NTC热敏电阻以锰、钴、镍和铜等金属的氧化物为主要材料，采用陶瓷工艺制造而成。温度低时，这些氧化物材料的载流子数目少，所以其电阻值较大；随着温度的升高，载流子数目增加，所以电阻值减小。

8 熔断电阻

熔断电阻俗称熔丝电阻，是一种具有熔断丝及电阻作用的双功能元件。熔断电阻在正常情况下具有普通电阻的功能，一旦电路出现故障，该电阻因过负荷会在规定的时间内熔断开路，从而起到保护其他电路的作用。熔断电阻多为灰色，用色环或数字表示电阻值。

与传统的熔断器和其他保护装置相比，熔断电阻具有结构简单、使用方便、熔断功率小、熔断时间短等优点，广泛用于电子设备中。

9 磁敏电阻

磁敏电阻是利用磁电效应能改变电阻的阻值的原理制成的，其阻值会随着穿过它的磁通量密度的变化而变化。它在弱磁场中阻值与磁场强度呈平方关系，并有很高的灵敏度。

5 线绕电阻是用什么材料制成的？可以用普通铜导线吗？

线绕电阻的内部结构如图1.5.1所示。

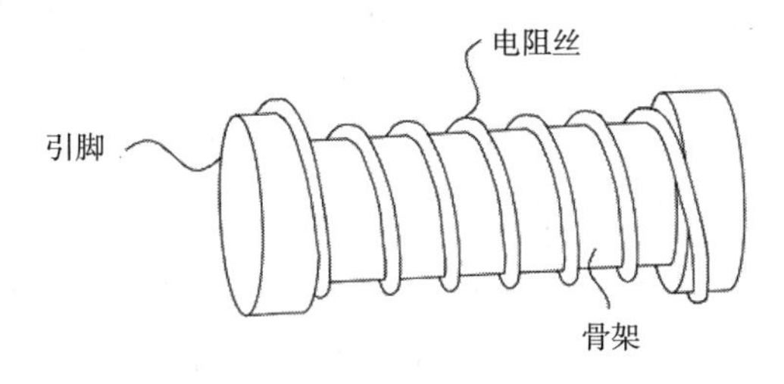

图1.5.1 线绕电阻的内部结构

线绕电阻是将镍铬合金导线绕在氧化铝陶瓷基底上，通过控制镍铬合金导线绕制的圈数来控制电阻值的大小。线绕电阻可以制作为精密电阻，容差可以到0.005%，同时温度系数非常小；缺点是寄生电感比较大，不能用于高频电路。线绕电阻的体积可以做得很大，再加上外部散热器，可以用作大功率电阻。因为铜丝导线非常易获得，所以有人提出是否可以用铜丝、漆包线、普通电线来实现线绕电阻。结论是不可以，因为铜的电阻温度系数非常大，达到约4000ppm/℃，所以铜电阻常用来测温或补偿。事实上，纯金属的电阻温度系数都非常大，只有几款电阻合金温度系数比较小，且电阻率大，适合作线绕电阻，如表1.5.1所示。

表1.5.1　常用材料的电阻率和电阻温度系数

材料	电阻率ρ(20℃)/(Ω·m)	平均电阻温度系数α (0～100℃)/(ppm/℃)
银	1.586×10^{-8}	3800
铜	1.678×10^{-8}	3930
铝	2.6548×10^{-8}	4290
黄铜（铜锌合金）	$(2\sim6)\times10^{-8}$	2000
铁（铸铁）	9.71×10^{-8}	1000
钨	5.48×10^{-8}	5200
铂	10.6×10^{-8}	3740
汞	4.8×10^{-8}	570
康铜	4.4×10^{-7}	5.0
锰铜	$(31\sim36)\times10^{-8}$	12
镍铬合金	1.08×10^{-6}	1.3
铁铬铝合金	1.2×10^{-6}	80
炭	1.0×10^{-5}	-500

线绕电阻大多是用精密锰铜漆包线。锰铜线的电阻温度系数很小，电阻率比较大，是比较理想的材料。以前有用康铜的，但康铜的热电动势很大，不适合用在直流精密场合。现在还有一种称为新康铜的材料，成本低，但也不适合用在直流精密场合。

电阻的温度系数是指当温度每升高一摄氏度时，电阻值的相对变化。例如，铂的温度系数是3740ppm/℃，一个在20℃时电阻值为1000Ω的铂电阻，当温度升高到21℃时，它的电阻值将变为1003.74Ω。

实际上，很多对电阻的描述使用的参数是电阻率温度系数。一段电阻线的电阻由4个因素决定：电阻线的长度、电阻线的横截面积、材料和温度，前3个因素是自身因素，第4个因素是外界因素。电阻率温度系数描述了第4个因素温度对电阻大小的影响。实验证明，绝大多数金属材料的电阻率温度系数约等于4/1000，少数金属材料的电阻率温度系数极小，就成为制造精密电阻的选材，如康铜、锰铜等。一种很常见的大功率线绕电阻是铝壳线绕电阻。铝壳线绕电阻的外壳采用铝合金（黄金铝壳）制造，表面具有散热沟槽，体积小，功率大，耐高温，过载能力强，耐气候性，高精度，高稳定性，是标准低感应电阻，结构设计牢固，利于机械保护，方便安装使用，如图1.5.2所示。

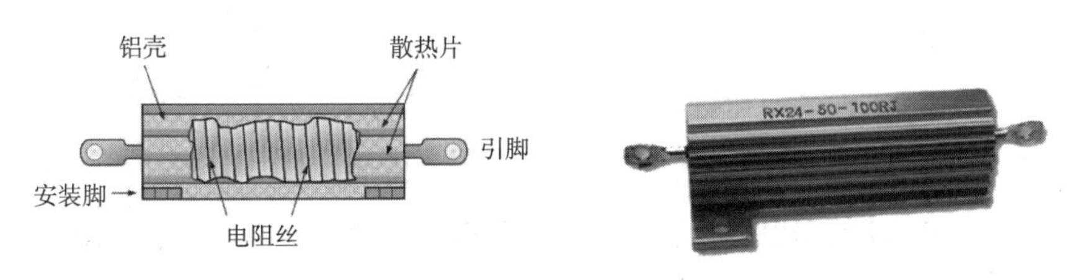

图 1.5.2 大功率线绕电阻的内部结构

6 金属箔电阻如何实现“高精度”?

Vishay(威世精密测量集团,简称威世)创立于1962年,当时主要制造及销售箔电阻,而该箔金属是由董事会执行主席及公司创始人 Felix Zandman 博士发明的。Felix Zandman 博士是一位科学家、发明家和企业家,拥有71项专利,写过4本书,发表过许多论文,曾获得美国电子工业荣誉奖章、法国荣誉勋章等众多奖项。

威世的 Bulk Metal® Foil 箔电阻科技在要求高精度、高稳定性和高可靠性的应用方面仍然远远超越其他公司。威世提供了多种规格和包装的精密箔电阻产品,以满足各种应用需求。威世的新型 VPR221Z 电阻采用 Z 箔技术,可大幅降低电阻元件对环境温度变化(TCR)和外加功率变化[PCR(Power Coefficient Resistance,电阻功率系数)]的敏感度。与其他电阻技术相比,Z 箔技术可使稳定性提高一个数量级,从而使设计人员确保在固定电阻应用中实现较高的精确度。

电阻的阻值会受到各种“应力”影响而发生改变,离开稳定性的高精度是没有意义的。例如,电阻出厂时的精度是±0.01%,为了实现该精度我们支付了昂贵的费用,但在几个月的存储或几百小时的负载后阻值的变化可能超过±300ppm,甚至更多。另一种最常见的情况是,电阻来料检验时满足精度要求,但焊接到PCB后就超出了精度范围。另外,当电阻处于潮湿、静电等环境中时,其阻值都会产生不可逆的变化。我们要强调的是,稳定性应该放在首位来考虑,而不是片面地追求高精度。

金属箔电阻通过真空熔炼形成镍铬合金,然后通过滚碾的方式制作成金属箔,再将金属箔黏合在氧化铝陶瓷基底上,再通过光刻工艺来控制金属箔的形状,从而控制电阻。金属箔电阻是精度和稳定性最好的电阻。

金属箔电阻因其采用特殊金属箔材料,在生产过程中又进行严格控制把关,因此它的性能远远高于其他电阻。可以毫不夸张地说,高精密金属箔电阻是一种超精密的电阻。那么,这种电阻有什么优点和特征呢? 一个好的精密电阻,必须具备老化小、温漂小、偏差小的特点,同时最好具备可靠性高,功率余量大,温升小,噪声小,串联电感分布电容小,电压系数小,焊接、振动及拉伸不容易变化等特点。金属箔电阻几乎具备了以上所有优点。

1 精准的电阻值

首先,将具有已知和可控特性的特种金属箔片覆在特殊陶瓷基片上,形成热机平衡力,这对于电阻成型是十分重要的;其次,采用超精密工艺光刻电阻电路。这种工艺将低 TCR、长期稳定性、无感抗、无ESD（Electro-Static Discharge，静电释放）感应、低电容、快速热稳定性和低噪声等重要特性结合在一种电阻技术中。这些功能有助于提高系统稳定性和可靠性，精度、稳定性和速度之间不必相互妥协。为获得精确电阻值，大金属箔晶片电阻可通过有选择地消除内在“短板”进行修整。当需要按已知增量加大电阻时，可以切割标记的区域，逐步少量提高电阻，如图1.6.1所示和图1.6.2所示。贴片片状金属箔电阻也是一样的特性和原理，只是整个电阻的结构不同，如图1.6.3所示。

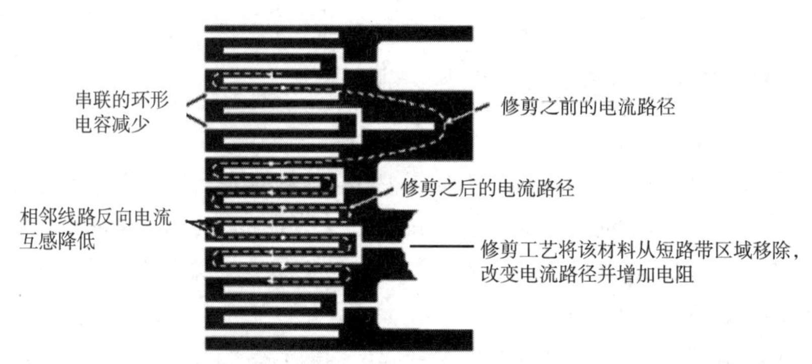

图1.6.1　金属箔电阻实现电阻精确调整

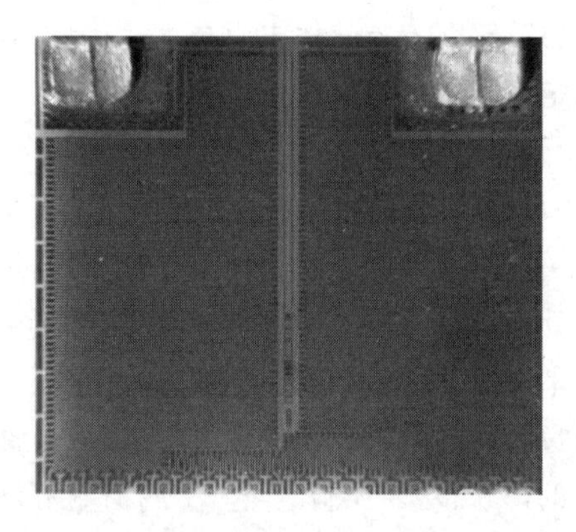

图1.6.2　金属箔电阻实际的内部结构

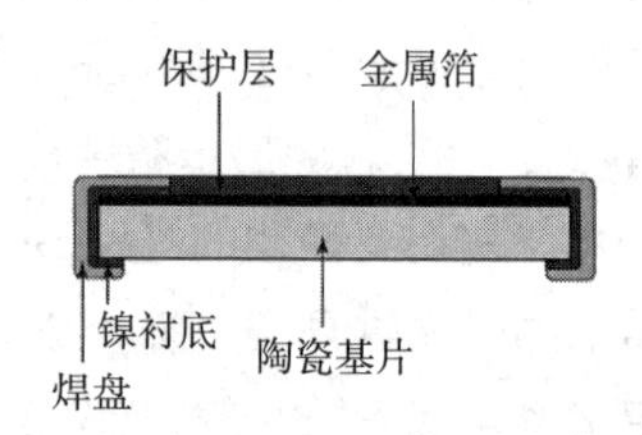

图1.6.3　贴片片状金属箔电阻的内部结构

2　电阻温度系数

电阻温度系数表示当温度改变1℃时，电阻值的相对变化，单位为ppm/℃。温漂又是什么呢？温漂就是电阻的阻值随温度而变化，单位为ppm/℃，这就是温度系数。假如一个电阻的温度系数是+100ppm/℃，就表示温度每升高1℃，电阻增大0.01%。同样，负温度系数表示电阻的阻值随温度的升高而减小。说到温度系数时有时会省略后面的/℃，如某电阻的温度系数是8ppm，就表示8ppm/℃。

为何需要用非常低温度系数的电阻？这是在评估电路系统性能和成本时可能会问的一个问题。例如，在运算放大器中，增益是由反馈电阻对输入电阻的比例确定的。不同放大器的共模抑制比是基于4个电阻的比例确定的。在这两种情况下,这些电阻比例的任何改变都会直接影响电路的性能。由于温度系数不同,所承受的温度不同(无论是内部还是外部),这些电阻的比例会发生变化。实际应用中,运算放大器中的电阻面临环境温度不同,不同相位、不同频率输入信号产生的热量不同等问题。解决这些问题的方案就是使用低温度系数的电阻,将温度变化对电阻值的影响降到最低。

为什么金属箔电阻能够实现几乎接近于0的温度系数?其原理是金属箔电阻用两个随着温度变化会产生相反的电阻趋势的物理现象进行抵消,并且这两个物理现象是可以设计和预计的。电阻内部合金的合成结构和它的基质材料本身的温度特性是金属箔电阻获得低温度系数的关键因素。当温度上升时,金属的电导率下降,引起电阻内部电阻值增大;同时,由于热胀冷缩,电阻的结构压缩引起电阻内部电阻值减小。电阻值的增大量和减小量相互抵消,从而实现金属箔电阻的低温度系数特性。合金特性及其与基片之间的热机平衡力形成的标准温度系数,在0~60℃范围内为±1ppm/℃(Z箔为0.05ppm/℃),其温度特性非常好,如图1.6.4所示。

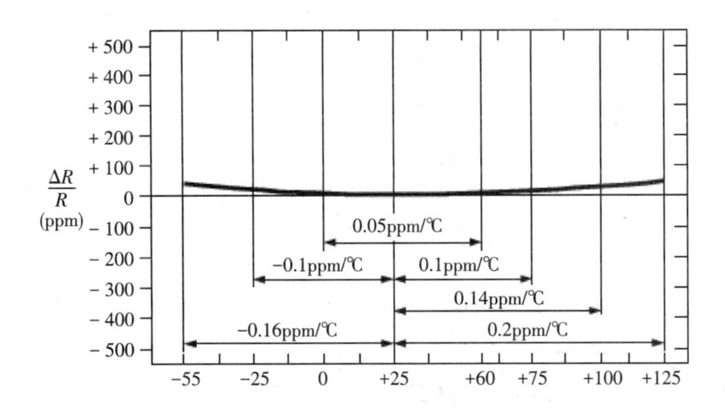

图1.6.4 金属箔电阻的温度特性

由于金属箔电阻的特殊设计,金属箔电阻通过热平衡力形成的标准温度系数会自动实现,因此不需要通过对生产出来的电阻进行筛选就能达到期望电阻参数。

3 负载寿命稳定性

负载寿命稳定性可以典型地说明电阻的长期可靠性能。军用测试标准对10000h内的阻值漂移和电阻失效率有严格要求。金属箔电阻自身有最严格的测试要求,无论是否经过军用标准测试,金属箔电阻的负载寿命稳定性是其他电阻无可比拟的,能够确保长期正常使用。金属箔电阻具有如此稳定的性能得益于它本身的材料结构。

与基准相关的十分重要的参数,首先是老化,其次是温度系数。至于电阻上标的是1%、0.1%,还是0.01%,这只是偏差而已,并不直接代表精密程度。只有在不同的温度条件下,并在很长的使用时间之后,仍然具备高稳定性,才代表真正的精密。

老化就是电阻的性能随着时间的推移而发生的性能的改变,即在常温常压下,放在货架上,经过比较长的时间（如1年）后电阻的变化。老化常用ppm/year来表示。老化是一个不可逆的过程，就像人衰老一样，再也恢复不到原来的状态。

4 电阻功率系数

电阻温度系数通常会给出一个温度范围，该温度范围是通过测量阻值在两种不同环境温度（室内温度和冷却空间温度或高温空间温度）情况下获得的。阻值改变的比例和不同温度会产生一条斜率曲线$\Delta R/R = f(T)$。该斜率通常表达为百万分之一每摄氏度（ppm/℃）。这种表达方式统一了测量阻值的温度标准。实际情况中，无论如何，电阻温度的上升无法避免，电流通过电阻时，部分功率会浪费在电阻自身发热上。根据焦耳效应，当电流通过电阻时，电阻会产生相关的热量。对于精密电阻，独立的电阻温度系数不能表示实际的阻值改变量，因此另外一种参数被用于描述电阻阻值随自身功率变化的特性——电阻功率系数。电阻功率系数通常定义为：电阻功率每改变1W，阻值的相对变化量，单位为ppm/W；或者额定功率下，阻值的总的相对变化量。金属箔功率电阻在额定功率下的功率系数是5ppm/W典型值或4ppm/W典型值。例如，在金属箔功率电阻的电阻温度系数为0.2ppm/℃，电阻功率系数为4ppm/W，温度改变量为50℃（从+25℃到+75℃），功率改变量为0.5W时，相应的电阻改变量$\Delta R/R = 50 \times 0.2 + 0.5 \times 4 = 12$（ppm）。

5 热稳定性

电阻通电压后，产生自热。金属箔电阻的低温漂和低功率因素使得自热对电阻影响最小。但是，为了达到高精密的效果，电阻对环境条件改变或其他刺激因素的快速响应也很必要。当功率改变时，人们希望电阻值可以快速调整到稳定值。快速的热稳定性在一些应用中很重要。电阻必须根据内外因素的变化迅速达到稳定的标称值，并且偏差在几百万分之一的数量级内。

其他类型的电阻可能花几分钟时间才可以达到它的热稳定状态，但金属箔电阻可以立即达到热稳定状态，并且在1s以内，阻值偏差在几百万分之一的数量级内。电阻加功率后产生自热，电阻元素上产生机械应力，结果导致逆温现象。

6 高频特性

电阻高频等效电路组合了电阻、电感和电容，电阻在高频应用中可以被看作RC电路、滤波器或电感，具体呈现哪种特性，取决于电阻的几何形状。由前面内容可知，线绕电阻的电抗由线圈和绕线形成的螺旋空隙产生。这说明持续增加绕线圈数以增大阻值，会引起电容和电感的增加。将金属箔电阻路径图案设计成平行的几何直线，临近直线上的反向电流减小了电感，也减小了电容，可以有效抵消电抗。

7 噪声

碳膜电阻和厚膜电阻的电流传导发生在基质材料和电阻材料之间的接触点，这些接触点对电流传导产生很大的阻碍作用，是噪声的来源。这些位置对任何因不匹配产生的形变、潮湿产生的形变、机械应力和电压输入大小的变化都很敏感。

金属合金制成的电阻，如金属箔电阻，产生的噪声最小。电流通过金属合金的内部微粒边界导通电路。金属箔电阻的蚀刻和制造技术使箔电阻具有比其他电阻结构更统一的电流路径，金属箔电阻的噪声几乎为零。微粒间的电流路径可能是多个，不会只依赖某两个微粒间的连接关系，“多路径”大大减少了噪声产生的概率，如图1.6.5所示。

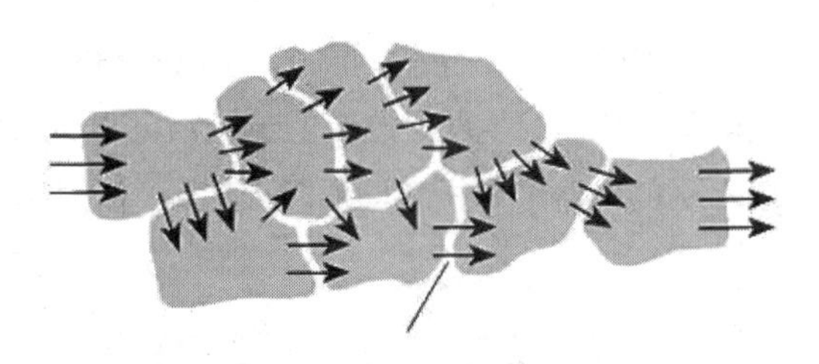

图1.6.5 金属箔内部的电流路径

8 热电势

两个不同的金属连接，加热会产生电压。这种由温度引起的电压力称为热电势，通常以μV为单位。

在电阻中，热电势被认为是电阻的一个寄生参数，影响电阻的特性，特别是对于低阻值直流电阻。热电势通常由电阻结构中的不同材料产生，在电阻和引脚的连接点上最明显。

金属箔电阻的其中一个特点是低热电势设计。设计电阻的引脚充分连接电阻箔片，改善电阻散热，减少温度差，由此热传导最大化，温度变动最小，引脚材料与电阻材料协调，通过这些措施制造出极低热电势的电阻。

9 ESD特性

ESD定义为不同电势的物体之间快速地转移电荷，无论是直接接触、电弧或电磁感应，趋向于达到电势平衡。人体感应的ESD是3000V，任何超过该电压的ESD都可被人体感觉到。因为持续的高压伏特数小于$1/10^6$s，而人体的体积较大，所以这种能量在人体很快传播时会变得很小。对人体来说，这一量级的ESD是无害的。但是，当ESD通过很小的电子元器件时，相对的能量比较密集，3000V甚至500V的ESD足以破坏很多电子元器件。

电阻对静电的敏感与它的体积有关，体积越小的电阻，分散静电脉冲能量的空间越小。区域的电阻材料上的这种能量集中会产生热量上升，导致不可逆转的破坏。日益增长的小型化的趋势，使得电子元器件，包括电阻更容易因为静电而损害。

金属精密箔电阻比薄膜电阻在抗静电方面更有优势，这主要是由于金属箔电阻的电阻材料更厚（金属箔电阻比薄膜电阻厚100倍），因此金属箔电阻比薄膜电阻的耐热能力更强。薄膜电阻材料由微粒构成（通过蒸发或喷溅工艺）；金属箔合金类似于晶体结构，通过热和冷的揉压工艺制作。一般来说，贴片金属箔电阻能够抗静电至少25000V，薄膜和厚膜贴片电阻只能抗3000V静电。如果设备要求使用抗巨大静电脉冲电压的电阻，则金属箔电阻是最好的选择。

10　电压系数

电阻阻值可能由于加载电压而改变。电压系数描述阻值随着电压变化而变化的情况。不同结构的电阻有不同的电压系数。举一个比较极端的例子，电压系数的作用在碳膜电阻中很显著，阻值会随着加载电压变化而发生明显改变。金属箔电阻材料对电压波动不敏感，设计人员可以依靠箔电阻在各种电压水平的电路中取得相同的阻值。金属箔电阻合金固有的性能提供技术不能测量的电压系数。

7　薄膜电阻和厚膜电阻有什么区别？

厚膜电阻主要是指采用厚膜工艺印刷而成的电阻，薄膜电阻是用蒸发的方法将一定电阻率材料蒸镀于绝缘材料表面制成的。

制造工艺的区别：厚膜电阻一般采用丝网印刷工艺，薄膜电阻采用真空蒸发、磁控溅射等工艺。厚膜电阻和薄膜电阻在材料和工艺上的区别直接导致了两种电阻在性能上的差异。厚膜电阻一般精度较低，10%、5%、1%是常见精度；而薄膜电阻则可以做到0.01%精度，可以达到一些厚膜电阻精度的1/1000。同时，厚膜电阻的温度系数一般较大，相比而言，薄膜电阻则可以做到非常低的温度系数。薄膜电阻阻值随温度变化非常小，阻值稳定可靠。所以，薄膜电阻常用于各类仪器仪表、医疗器械、电源、电力设备、电子数码产品等。

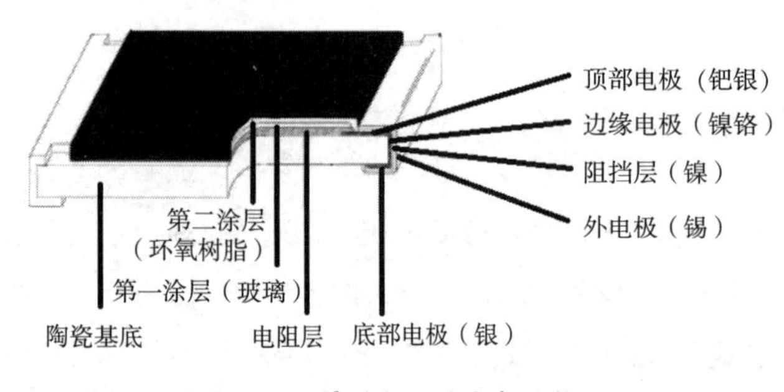

图 1.7.1　厚膜电阻的内部结构

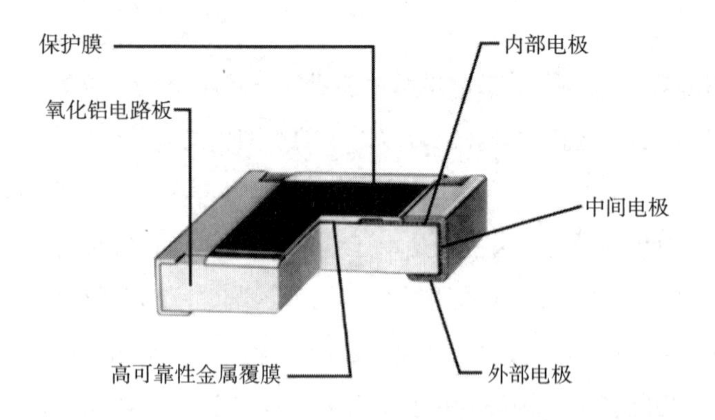

图 1.7.2　薄膜电阻的内部结构

厚膜电阻采用的丝网印刷法，就是在陶瓷基底上贴一层钯银电极，然后在电极之间印刷一层二氧化钌作为电阻体。厚膜电阻的电阻膜通常比较厚，大约为100μm。厚膜电阻是目前应用最多的电阻，价格低廉，容差有5%和1%，绝大多数产品中使用的是5%和1%的片状厚膜电阻。厚膜电阻的内部结构如图1.7.1所示。

薄膜电阻的制作过程是在氧化铝陶瓷基底上通过真空沉积形成镍铬薄膜，镍铬薄膜通常只有0.1μm厚，只有厚膜电阻的1/1000，可通过光刻工艺将薄膜蚀刻成一定的形状。光刻工艺十分精确，可以形成复杂的形状，因此薄膜电阻的性能可以控制得很好。薄膜电阻的内部结构如图1.7.2所示。

薄膜电阻具有最佳温度敏感沉积层厚

度,但最佳薄膜厚度产生的电阻值严重限制了可能的电阻值范围。因此,通常采用不同的沉积层厚度来实现不同的电阻值范围。薄膜电阻的稳定性受温度上升的影响,因为实现不同阻值所需的薄膜厚度不同,所以不同阻值的薄膜电阻的老化过程是有差异的。除化学老化和机械老化外,老化还包括电阻合金的高温氧化。此外,改变最佳薄膜厚度还会严重影响TCR。由于越薄的沉积层越容易氧化,因此高阻值薄膜电阻的退化率非常高。

TCR是一个不容忽视的微小参数,图1.7.3表明薄膜电阻的TCR特性优于厚膜电阻。

厚膜电阻依靠玻璃基体中粒子间的接触形成电阻。这些触点构成完整电阻,但工作中的热应变会中断接触。由于大部分情况下并联,厚膜电阻不会开路,但其阻值会随着时间和温度持续增大。因此,与其他电阻技术相比,厚膜电阻稳定性差(时间、温度和功率)。薄膜电阻的物理结构决定了它高稳定性的电流特性,如图1.7.4所示。

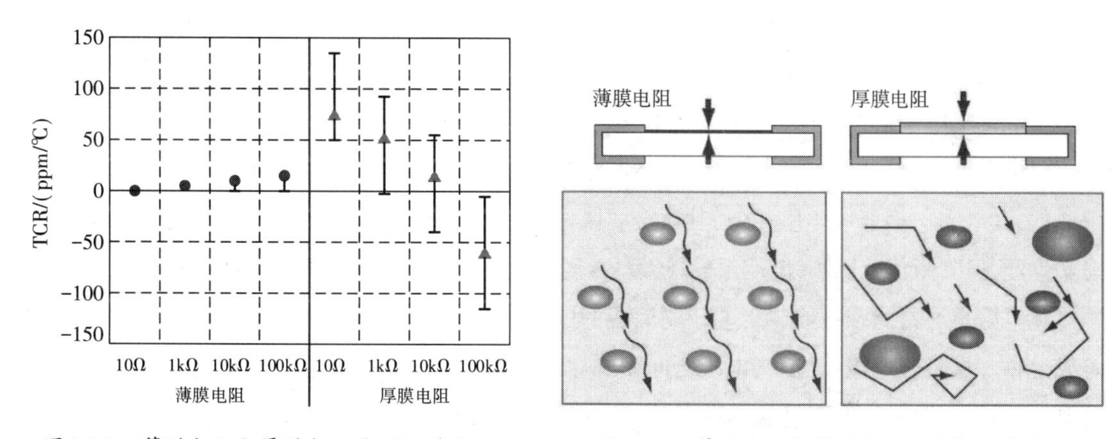

图1.7.3 薄膜电阻和厚膜电阻的TCR对比

图1.7.4 薄膜电阻和厚膜电阻的内部结构对比

由于结构中成串的电荷运动,因此粒状结构还会使厚膜电阻产生很大的噪声。给定尺寸下,电阻值越大,金属成分越少,噪声越大,稳定性越差。厚膜电阻结构中的玻璃成分在电阻加工过程中形成玻璃相保护层,因此厚膜电阻的抗湿性高于薄膜电阻。

8 薄膜电阻、厚膜电阻、金属膜电阻、碳膜电阻、金属氧化膜电阻之间有什么关系?

我们已经知道薄膜电阻和厚膜电阻的根本区别是厚度。导致厚度不同的原因是生产工艺,所以我们可以简单地认为采用印刷工艺的就是厚膜电阻,采用镀膜工艺的就是薄膜电阻。

那么,金属膜电阻和碳膜电阻与薄膜电阻和厚膜电阻之间又有什么关系呢?下面先介绍一下金属膜电阻和碳膜电阻的定义。

金属膜电阻是目前应用较为广泛的电阻,其精度高,性能稳定,结构简单轻巧。金属膜电阻是膜式电阻（Film Resistors）中的一种，它是采用高温真空镀膜技术将镍铬或类似的合金紧密附在瓷棒表面形成皮膜，经过切割调试阻值，以达到最终要求的精密阻值，然后加适当接头切割，并在其表面涂上环氧树脂密封保护而成的。金属膜电阻通过刻槽和改变金属膜厚度可以控制阻值。金属膜电阻的制造工艺比较灵活，不仅可以调整它的材料成分和膜层厚度，也可通过刻槽调整阻值，因而可以制成性能良好，阻值范围较大的电阻。正是由于金属膜电阻是采用真空蒸发工艺制得，即在真空中加热合金，合金蒸发，使瓷棒表面形成一层导电金属膜，因此金属膜电阻属于薄膜电阻的分类。

碳膜电阻也是膜式电阻中的一种，它是采用高温真空镀膜技术将碳紧密附在瓷棒表面形成碳膜，然后加适当接头切割，并在其表面涂上环氧树脂密封保护而成的。其表面常涂以绿色保护漆。碳膜的厚度决定了阻值的大小，通常用控制膜的厚度和刻槽来控制电阻。碳膜电阻也称为热分解碳膜电阻，即碳氢化合物在真空中高温热分解的碳沉积在基体上的一种薄膜电阻。其价格低廉，性能稳定，阻值与功率范围大。

金属膜电阻是一种薄膜电阻，碳膜电阻也是一种薄膜电阻，而另外一种薄膜电阻就是金属氧化膜电阻。

金属氧化膜电阻是以特种金属或合金作电阻材料，用真空蒸发或溅射的方法，在陶瓷或玻璃基体上形成氧化的电阻膜层的电阻。金属氧化膜电阻是用金属盐溶液喷雾到炙热的陶瓷骨架上分解、沉积形成的，其外形与金属膜电阻相似，其比金属膜电阻具有较好的抗氧化性，有极好的脉冲过载特性及力学性能，但其阻值范围小，温度系数较大。金属氧化膜电阻的阻值范围为1Ω ~ 200kΩ。

厚膜电阻主要是指采用厚膜工艺印刷而成的电阻。厚膜电阻一般采用丝网印刷工艺，就是在陶瓷基底上贴一层钯银电极，然后在电极之间印刷一层二氧化钌作为电阻体。厚膜电阻的电阻膜通常比较厚，大约为100μm。厚膜电阻应用广泛，有如下几个特点。

（1）基板材料：96%氧化铝或氧化铍陶瓷。

（2）导体材料：银、钯、铂等合金。

（3）电阻浆料：一般为钌酸盐系列。

（4）名字来由：电阻和导体膜厚一般超过10μm，相对溅射等工艺所成电路的膜厚了一些，故称为厚膜。当然，现在的工艺印刷电阻的膜厚也可达到小于10μm。

这几种薄膜电阻和厚膜电阻之间的关系如图1.8.1所示。

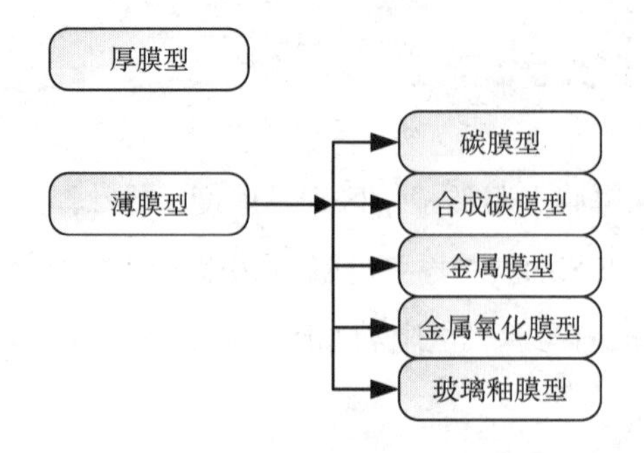

图1.8.1　几种薄膜电阻和厚膜电阻之间的关系

9 为什么我们越来越多地使用贴片电阻，而非直插元件？

越来越多的电路板使用贴片元件，新设计的电路板除特殊需求外，都是优选贴片元件。贴片元件体积小，易于机器焊接，便于维护，且随着成本下降，其已经成为很多元器件选型场景的默认选项。特别是电阻、电容、电感这些大量使用的元器件，设计时都倾向于优选贴片元件。这是因为以下几个原因。

1 与直插元件相比，贴片元件体积小，质量小，容易保存和运输

贴片元件的体积和质量只有传统插装元件的1/10左右，一般采用SMT（Surface Mount Technology，表面贴装技术）之后，电子产品体积缩小40%~60%，质量减小60%~80%。另外，贴片元件可靠性高，抗震能力强，高频特性好，减少了电磁和射频干扰，易于实现自动化，提高了生产效率，降低成本可达30%~50%，节省材料、能源、设备、人力、工时。例如，通常用的贴片电阻0805封装或0603封装比之前用的直插电阻体积要小很多，几十个直插电阻就可以装满一袋，但如果换成贴片电阻则足以装几千个甚至上万个。在功率能满足的前提下，一般优选贴片元件。

2 贴片元件比直插元件容易焊接和拆卸

贴片元件不用过孔，用锡少。直插元件最麻烦的就是拆卸，在两层或更多层的PCB上拆卸时，哪怕只有两个引脚，将其拆下来也很不容易，而且容易损坏电路板。拆卸贴片元件则非常容易，不仅引脚容易拆，而且也不容易损坏电路板。拆卸直插元件的主要工具是吸锡器，自动吸锡器价格昂贵，并且不易于保养，很容易损坏，且会产生气孔堵塞等问题。贴片元件是通过机器放置在PCB焊盘上的，而直插元件一般依赖人工放料。所以，大批量生产时，贴片元件的生产效率会远远高于直插元件。直插元件往往在焊接之后还需要额外“剪引脚”，当产量非常大时，会影响生产效率。

3 贴片元件比直插元件的高频特性更好

这是由于贴片元件体积小并且不需要过孔，从而减少了杂散电场和杂散磁场，这在高频模拟电路和高速数字电路中非常重要。如图1.9.1所示，可以看到电阻的寄生参数主要是并联的杂散电容C_p和引线导致的寄生电感L_p。

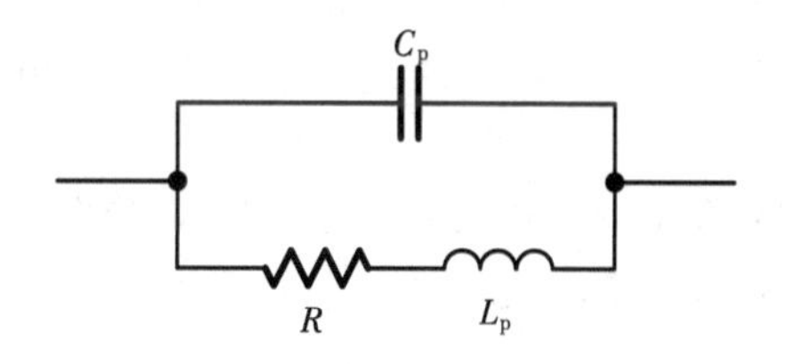

图1.9.1 电阻的高频等效模型

如图 1.9.1 所示，直插电阻的引脚是“金属丝”形式，金属丝越长，则寄生电感越大。直插电阻的引脚长度不可能太短，原因有三：第一，直插电阻体积比较大，引脚最短也一定要大于电阻横截面积的半径大小；第二，直插电阻的引脚需要穿过 PCB；第三，一般弯折电阻引脚进行安装时，需要留一段距离，避免电阻体受力，导致电阻损坏。

如图 1.9.2 和图 1.9.3 所示，相比之下，表贴电阻的引脚就非常短，所以表贴电阻的寄生电感也非常小。

图 1.9.2　直插电阻引脚实物

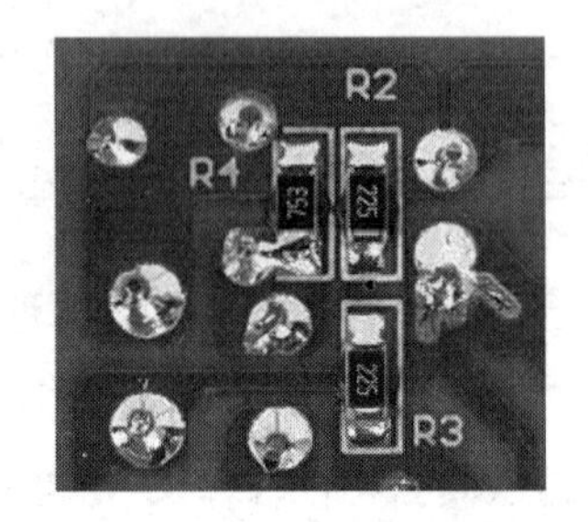

图 1.9.3　表贴电阻引脚实物

理想电阻的阻抗与频率无关，如图 1.9.4 所示。

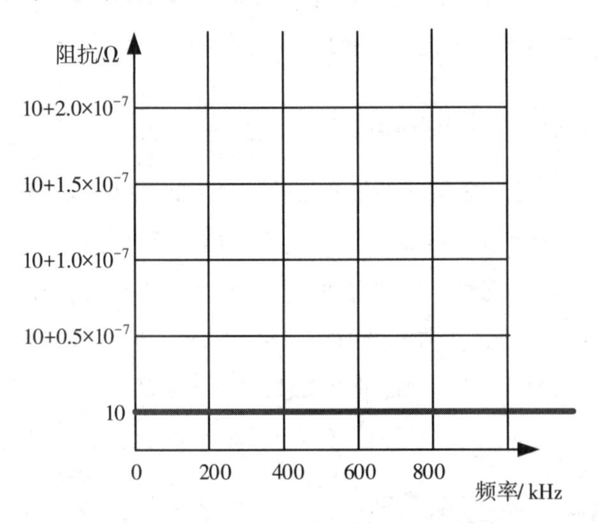

图 1.9.4　理想电阻的阻抗特性曲线

在具有电阻、电容和电感的电路中，对电路中的电流所起的阻碍作用称为阻抗。阻抗常用 Z 表示，是一个复数，实部称为电阻，虚部称为电抗。其中，电容在电路中对直流电所起的阻碍作用称为容抗，电感在电路中对交流电所起的阻碍作用称为感抗，电容和电感在电路中对交流电所起的阻碍作用称为电抗。 阻抗的单位是 Ω。阻抗是元器件或电路对周期的交流信号的总的反作用。理想电阻就是阻抗的实部，寄生电感和寄生电容就是阻抗的虚部。真实世界的电阻是由理想电阻加上寄生电容和寄生电感形成的。

简单地看，可以先把寄生的并联电容省略，即一个理想电阻串联一个理想电感。当串联一个寄生电感之后，则相当于阻抗增加了一个虚部。由于电感特性是“通直流，阻交流”，因此其相当于高频的阻抗上升。

阻抗在直角坐标系中用$Z = R + jX$表示。那么,在极坐标系中,阻抗可以用幅度和相位表示。直角坐标系中的实部和虚部可以通过数学换算成极坐标系中的幅度和相位。通过阻抗公式,可知阻抗等于电阻的阻抗加上电感的阻抗,即

$$Z = R + j\omega L \tag{1.9.1}$$

注意:电容和电感的阻抗公式此处不做推导和证明,后面电容、电感相关内容涉及时再做深入推导。

那么,Z求模的结果$|Z| = \sqrt{R^2 + X^2}$就是某个频率点的阻抗大小。如图1.9.5所示,可以在复阻抗平面上表示一个阻抗。

我们在讨论一些电路时,往往需要知道电路在各个频点的阻抗绝对值,如高速数字电路的信号完整性分析、滤波器设计等。所以,我们一般会绘制一个阻抗和频率的函数曲线,用于描述阻抗特性。选择一个10Ω电阻,并设置寄生电容为0.2pF,寄生电感为10nH或20nH的电路,其阻抗特性曲线如图1.9.6所示。

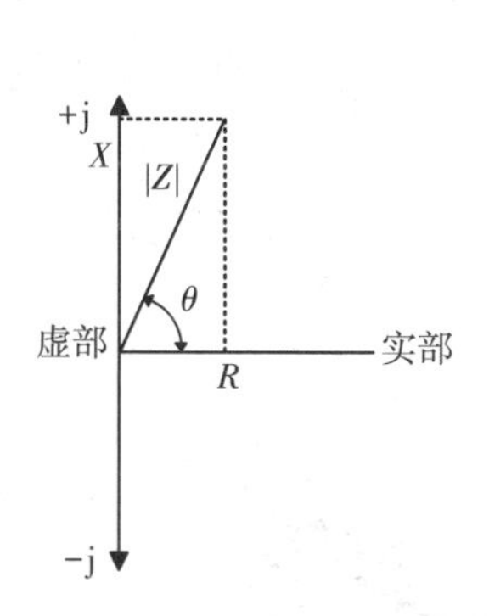

图1.9.5 复阻抗平面表示一个阻抗

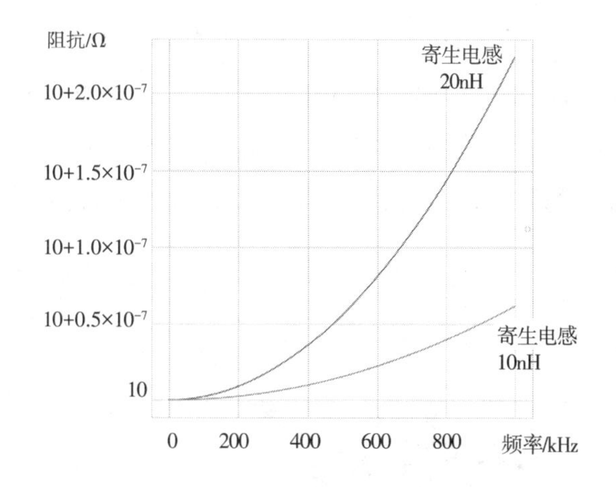

图1.9.6 实际电阻的阻抗特性曲线

4 贴片元件提高了电路的稳定性和可靠性

直插元件的抗震能力偏差,在一些高可靠性场景下,需要对直插元件的引脚点上加固胶,如图1.9.7和图1.9.8所示。

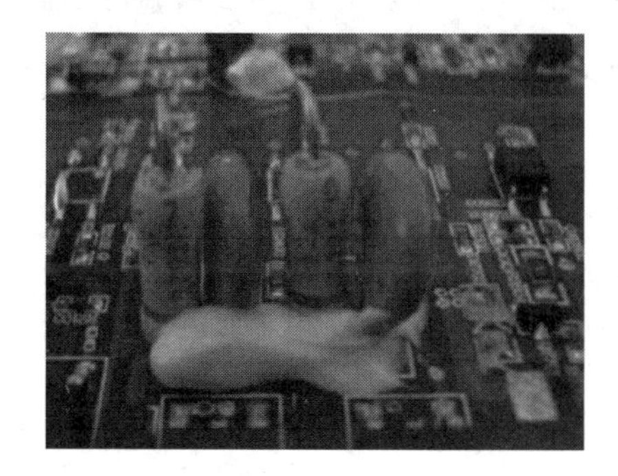

图1.9.7 立式直插电阻点胶加固工艺

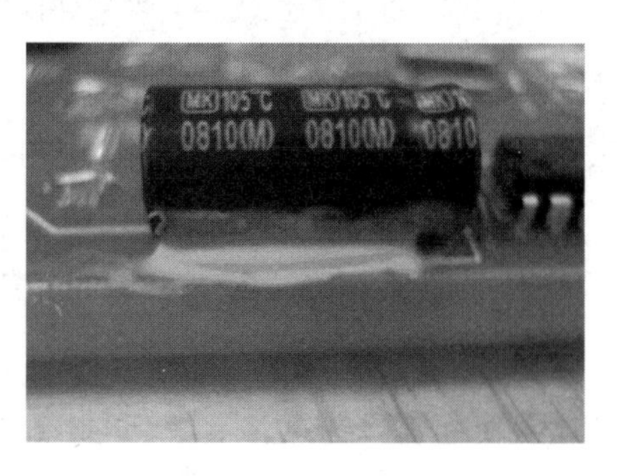

图1.9.8 直插电容点胶加固工艺

表贴元件因为体积小、质量小，在相同的参数情况下，震动的能量小，震动带来的对引脚的应力也就相应的小。表贴元件的引脚不是直插元件的金属丝形式，而是大面积金属面与PCB焊盘焊接在一起。所以，表贴元件的引脚是刚性的，抗震能力更强。

虽然贴片电阻是大的发展趋势，但是贴片电阻也有缺点：容易虚焊、功率受限、容易积灰影响性能。但是，随着电阻制造工艺和贴片焊接工艺的不断改进，贴片电阻的劣势也会越来越小。

10 为什么插装电阻用色环表示阻值？

色环电阻识别方法是指在电阻上用4道色环、5道色环或6道色环来表示电阻值 。色环实际上是早期为了帮助人们分辨不同阻值而设定的标准，如图1.10.1所示。

这种电阻安装到电路板上后，不管从哪面看，都可以读出它的数值。无论以任何角度进行安装，都可以看到电阻色环，通过色环识别出电阻阻值，其优点是不易磨损。如果用字符标注，则在插件过程中就需要调整方向，把有字的一面朝上，如图1.10.2所示。这无疑增加了生产操作过程的复杂程度，因为无论是机械化还是手工焊接都需要识别字符是否向上。

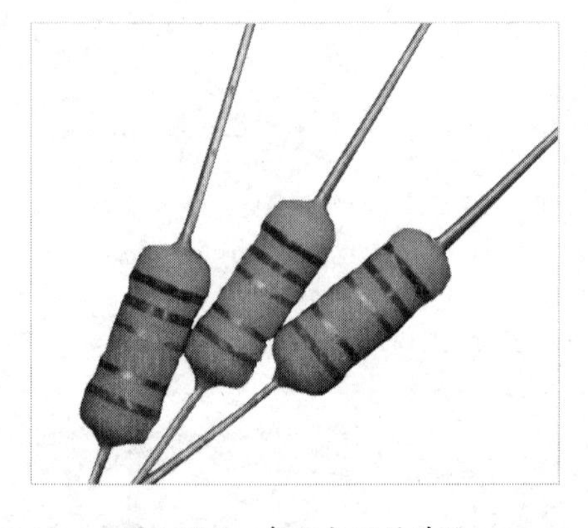

图1.10.1　色环电阻的外观

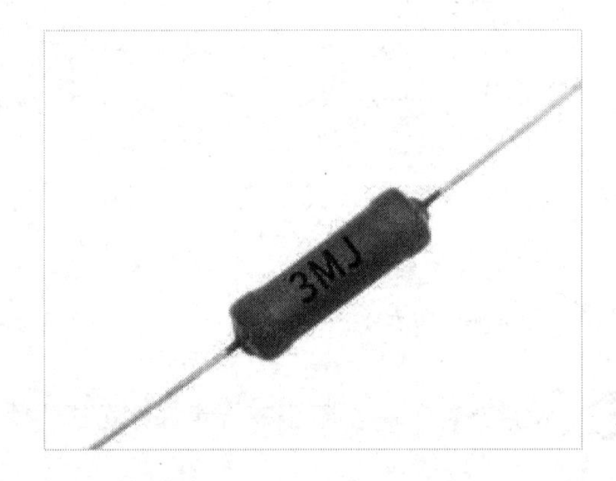

图1.10.2　字符电阻的外观

色环电阻需要记忆颜色代表的含义，所以识别起来不是特别方便。但是，为了焊接时的便利性，大多数插装电阻还是选择色环表示阻值的方式。所以，在大量使用插装电阻时，记住并能识别色环表示的阻值非常重要。

11 如何识别色环电阻的阻值？

色环电阻分为3色环电阻、4色环电阻、5色环电阻和6色环电阻，即色环电阻上的色环数量可能是3个，也可能是4个、5个或6个，如图1.11.1所示。

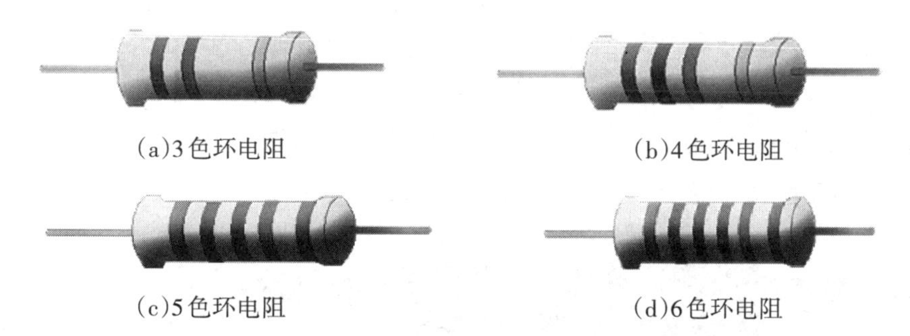

(a)3色环电阻　　(b)4色环电阻

(c)5色环电阻　　(d)6色环电阻

图1.11.1　色环电阻的分类

无论是图1.11.1中的哪一种电阻，它们左侧的几环色环均代表电阻的阻值数值，即棕1、红2、橙3、黄4、绿5、蓝6、紫7、灰8、白9、黑0；除6色环电阻外，其他色环电阻的倒数第2环颜色均代表数量级，即金色0.1、黑色1、棕色10、红色100、橙色1000、黄色10000、绿色100000、蓝色1000000（从数量级来看，大体上可把它们划分为3个大的等级，即金色、黑色、棕色是欧姆级的，红色、橙色、黄色是千欧级的，绿色、蓝色则是兆欧级的），而6色环电阻的倒数第3环颜色代表数量级；除6色环电阻外，其他色环电阻的最后一环颜色均代表误差，即金色5%、银色10%、无色20%，而6色环电阻的倒数第2环颜色代表误差；6色环电阻的第6色环颜色代表温度系数，黑色200ppm/℃、棕色100ppm/℃、红色50ppm/℃、橙色15ppm/℃、黄色25ppm/℃、蓝色10ppm/℃、紫色5ppm/℃、白色1ppm/℃。色环电阻的颜色含义如图1.11.2所示。

色环环数	第1环	第2环	第3环	乘数	误差率	温度系数	色环环数
黑	0	0	0	1			黑
棕	1	1	1	10	±1%	100ppm	棕
红	2	2	2	100	±2%	50ppm	红
橙	3	3	3	1k	±3%	15ppm	橙
黄	4	4	4	10k	±4%	25ppm	黄
绿	5	5	5	100k			绿
蓝	6	6	6	1M		10ppm	蓝
紫	7	7	7	10M		5ppm	紫
灰	8	8	8	100M			灰
白	9	9	9	1000M		1ppm	白
金	-1	-1	-1	0.1	±5%		金
银	-2	-2	-2	0.01	±10%		银
无色					±20%		无色

图1.11.2　色环电阻的颜色含义

几种色环电阻每个位置色环的含义描述如下。

（1）3色环电阻。3色环电阻的识别：第1色环是十位数，第2色环是个位数，第3色环代表倍率。用3个色环来代表其阻值，如39Ω、39kΩ、39MΩ。

（2）4色环电阻。4色环电阻的识别：第1、2色环分别代表两位有效数的阻值，第3色环代表倍率，第4色环代表误差。

（3）5色环电阻。5色环电阻的识别：第1～3色环分别代表3位有效数的阻值，第4色环代表倍率，第

5色环代表误差。如果第5色环为黑色，则一般用来表示线绕电阻；如果第5色环为白色，则一般用来表示保险丝电阻。如果电阻体只有中间一条黑色的色环，则代表此电阻为0欧姆电阻。

(4)6色环电阻。6色环电阻的识别：6色环电阻的前5个色环与5色环电阻表示方法一样，第6色环表示该电阻的温度系数。6色环电阻的识别范例如图1.11.3所示。

色环环数	第1环	第2环	第3环	乘数	误差率	温度系数	色环环数
黑	0	0	0	1 ▲			黑
棕	1	1	1	10	±1%	100ppm ▲	棕
红	2 ▲	2	2	100	±2%	50ppm	红
橙	3	3	3	1k	±3%	15ppm	橙
黄	4	4	4	10k	±4%	25ppm	黄
绿	5	5	5	100k			绿
蓝	6	6	6 ▲	1M			蓝
紫	7	7 ▲	7	10M			紫
灰	8	8	8	100M			灰
白	9	9	9	1000M			白
金	-1	-1	-1	0.1	±5% ▲		金
银	-2	-2	-2	0.01	±10%		银
无色					±20%		无色

图1.11.3　6色环电阻的识别范例

我们掌握了色环电阻的识别方法后，有时还是无从下手，因为电阻外形是两边对称的，所以往往无法确认从哪边开始读色环。虽然表示阻值的色环会与表示误差和温度系数的色环间距大一些，但是5色、6色的色环电阻往往尺寸有限，间距差异不明显，往往识别不出从哪边读。我们可以运用下面3个技巧来识别色环电阻。

技巧1：先找标志误差的色环，从而排定色环顺序。最常用的表示电阻误差的颜色是金、银、棕，尤其是金环和银环，一般极少用作电阻色环的第1环。所以，在电阻上只要有金环和银环，就可以基本认定这是色环电阻的最末一环。

技巧2：棕色环是否是误差标志的判别。棕色环既常用作误差环，又常作为有效数字环，且常常在第1环和最末一环中同时出现，使人很难识别哪个是第1环。在实践中，可以按照色环之间的间隔加以判别。例如，对于一个5色环电阻而言，第5环和第4环之间的间隔比第1环和第2环之间的间隔要宽一些，据此可判定色环的排列顺序。

技巧3：在仅靠色环间距无法判定色环顺序的情况下，还可以利用电阻的生产序列值来加以判别。例如，有一个电阻的色环读序是棕、黑、黑、黄、棕，其值为$100 \times 10000\Omega = 1M\Omega$，误差为1%，属于正常的电阻系列值；若是反顺序读：棕、黄、黑、黑、棕，则其值为$140 \times 1\Omega = 140\Omega$，误差为1%。显然，按照后一种排序所读出的电阻值在电阻的生产系列中是没有的，故后一种色环顺序是错误的。

12 电阻的颜色有什么含义?

表贴电阻的底部是白色,是其陶瓷基底的颜色,贴片时所说的不能翻白就是指电阻的白色陶瓷基底不能朝上,应该保持电阻的陶瓷基底那一面面对PCB,让电阻黑色那一面朝上。电阻正面中间黑色带电阻代码,方便识别贴片电阻大小;两头是锡面,银白色,方便焊接。电阻背面中间是高纯度氧化铝基板,两头同样是锡面。一般贴片电阻的保护层那一面都是黑色,但是也有些厂家的精密低温漂电阻会换成其他颜色。

插装电阻:蓝色通常代表金属膜电阻,灰色通常代表氧化膜电阻,黄色或土黄色通常代表碳膜电阻,棕色通常代表实心电阻,绿色通常代表线绕电阻,红色、棕色通常代表无感电阻。对此内容并没有强制规定,但电阻厂家一般会遵循上述颜色约定。

国产型号RJJ,第一个J代表金属膜,第二个J代表精密。以前这样的电阻大多是红色的,而且体积较大(1W或2W),所以才称之为大红袍,精度可达0.1%。大红袍电阻是一种约定俗成的说法,红色外壳的电阻可能是金属膜电阻,也可能是玻璃釉膜电阻。实际上,通过颜色并不能绝对认定电阻的类型,仅能作为识别电阻类型的参考。

13 阻容感的值为什么经常是33、47、68这几个数值?

我们在选择电阻时,经常看到的阻值是33Ω、4.7kΩ、1kΩ、680Ω,基本上是以33、47、68这几个数字开头。同时,选择电容时,经常看到的容值是2.2μF、470nF、680μF、100nF。电容的容值并没有电阻的阻值那么丰富。图1.13.1所示是某个比较全面的元器件销售网站的部分可选阻值、容值、感值,其中较常见的是以470、1、2.2、3.3、4.7、6.8、10、22、33、47、68开头的这几个选项。

电阻	电容	电感
442 Ω (21)	1 nF (67)	10 μH (27)
453 kΩ (12)	1.2 nF (2)	12 μH (3)
453 Ω (12)	1.3 nF (2)	15 μH (4)
464 kΩ (19)	1.5 nF (31)	18 μH (2)
464 Ω (16)	1.7 nF (2)	22 μH (13)
470 kΩ (145)	1.8 nF (2)	27 μH (2)
470 mΩ (53)	2 nF (4)	33 μH (9)
470 Ω (228)	2.2 nF (69)	39 μH (2)
475 kΩ (17)	2.5 nF (5)	47 μH (5)
475 mΩ (2)	2.7 nF (6)	56 μH (2)
475 Ω (39)	3.3 nF (53)	68 μH (2)
487 kΩ (6)	3.9 nF (24)	82 μH (2)
487 Ω (10)	4.7 nF (63)	100 μH (4)
499 kΩ (28)	6.8 nF (13)	120 μH (2)

图1.13.1 某电子元器件销售网站电阻、电容、电感列表

其实电阻、电容、电感都是一样的情况，只是电阻的阻值比电容、电感的数值更丰富一些。那么，为什么电阻、电容、电感会选择这样几个特殊的数值呢？

这里首先介绍一个概念：优先数。优先数是在19世纪末，法国人查尔斯·雷诺(Charles Renard)为了对载人升空的热气球上使用的绳索规格进行简化而提出的。当时的热气球所使用的绳索尺寸复杂多样，很难统一生产和管理，所以查尔斯·雷诺想出来一个办法：将10开5次方，得到一个近似数1.6，再将$\sqrt[5]{10}$作为公比，构成一个从1到10的等比数列，即1.00，1.60，2.50，4.00，6.30，10.00，这就是现在公用的R5系列优先数。之后，人们又对其进行拓展，不一定是10开5次方，还可以是10开10次方、20次方、40次方……于是得出了$\sqrt[10]{10}$、$\sqrt[20]{10}$、$\sqrt[40]{10}$，分别构成了R10、R20、R40系列优先数，如表1.13.1所示。

表1.13.1　R5、R10、R20、R40系列优先数

基本系列	公比	1～10的常用值
R5	1.60	1.00，1.60，2.50，4.00，6.30，10.00
R10	1.25	1.00，1.25，1.60，2.00，2.50，3.15，4.00，5.00，6.30，8.00，10.00
R20	1.12	1.00，1.12，1.25，1.40，1.60，1.80，2.00，2.24，2.50，2.80，3.15，3.55，4.00，4.50，5.00，5.60，6.30，7.10，8.00，9.00，10.00
R40	1.06	1.00，1.06，1.12，1.18，1.25，1.32，1.40，1.50，1.60，1.70，1.80，1.90，2.00，2.12，2.24，2.36，2.50，2.65，2.80，3.00，3.15，3.35，3.55，3.75，4.00，4.25，4.50，4.75，5.00，5.30，5.62，6.00，6.30，6.70，7.10，7.50，8.00，8.50，9.00，9.50，10.00

优先数系有很多优点，对于工程技术上的各种参数指标，特别是需要分档分级的参数指标，采用优先数系可以防止数值传播紊乱。优先数系不仅适用于标准的制定，而且适用于标准制定以前的规划、设计阶段，从而把产品品种的发展从一开始就引导到合理的、标准化的轨道上。优先数的原理很简单，下面以纸币和硬币的面值为例进行介绍。纸币和硬币不可能造出所有的面值：

1分，2分，3分，4分，5分，6分，7分，8分，9分

1角，2角，3角，4角，5角，6角，7角，8角，9角

1元，2元，3元，4元，5元，6元，7元，8元，9元，10元

11元，12元，13元，14元，15元，16元，17元，18元，19元，20元，…，100元

如果这样设计，则既不经济，也不合理。所以，我们只选择了以1、2、5三个数作为开头。这其实就是使用了优先数的原理。

在制造电阻、电容、电感时一样存在这样的问题，我们不可能把实际设计过程中遇到的所有阻值、容值、感值都制造出来。所以，在电子行业很早就运用了优先数的方法。在20世纪的电子管时代，为了便于元件规格的管理和选用，使大规模生产的电阻符合标准化的要求，同时也使电阻的规格不致太多，电子元器件厂商协商后决定采用统一的标准组成元件的数值。

常用的优先数公比分别为10的5、10、20、40、80次方根，且项值中含有10的整数幂的理论等比数列导出的一组近似等比的数列。机械设计中，公差的选取一般是R5、R10、R20、R40系列优先数。

优先数系的使用有很多优点，具体如下。

（1）合理分级。优先数系数据按照等比数列分级，可以在较宽的范围内使用较少的规格，合理地满足设计和生产需要。例如，在包装时，当10kg不能满足时，如果使用12kg，则两极之间绝对差为2kg，相对差为20%；100kg时增加2kg，变为102kg显然太少，对于1kg时增加2kg，则变化太大。因此，使用等比公差得到的数列是一种相对差不变的数列，不会造成分级疏的过疏，密的过密的不合理现象，优先数系正是按等比数列制定的。因此，它提供了一种经济、合理的数值分级制度。

（2）统一性、互换性。一种产品或零部件往往由多人设计或多处制造，而产品的参数可能会影响到其他地方，如果没有统一选用的优先数准则，则会造成同一种产品型号过多，参数过于杂乱。在制定标准或规定各种参数的协商中，优先数系应当成为用户和制造厂之间或各有关单位之间共同遵循的准则，以便在无偏见的基础上达成一致。

（3）具有广泛的适应性。优先数中包含各种不同公比的系列，因而可以满足较密和较疏的分级要求。在参数范围很宽时，根据情况可分段选用最合适的基本系列，以复合系列的形式来组成最佳系列。

（4）简单、易记、计算方便。优先数系是十进等比数列，其中包含10的所有整数幂。只要记住一个十进段内的数值，其他十进段内的数值可由小数点的移位得到。

1948年IEC（International Electrotechnical Commission，国际电工委员会）第12技术委员会（无线电通信）在斯德哥尔摩会议讨论过程中，一致同意国际标准化最紧迫的课题之一就是电阻和0.1μF以下电容的优先数系列。当时他们想推行R5、R10、R20、R40和R80这套优先数，但发现对于已经采用了$\sqrt[12]{10}$数系的这些国家中要改变其商业惯例是不切合实际的。虽然采用$\sqrt[10]{10}$数系更符合ISO（International Organization for Standardization，国际标准化组织）的惯例，但考虑到现实情况，委员会不得不选择$\sqrt[12]{10}$数系。

优先数E6、E12和E24系列提案是1950年在巴黎会议上被接受的，随后发布了IEC 63号标准（第一版）。E系列首先在英国的电工工业中应用，故采用Electricity的第一个字母E标志这一系列，它是以$\sqrt[6]{10}$、$\sqrt[12]{10}$、$\sqrt[24]{10}$、$\sqrt[48]{10}$、$\sqrt[96]{10}$、$\sqrt[192]{10}$为公比的几何级数，分别称为E6系列、E12系列、E24系列、E48系列、E96系列、E192系列。

E系列优先数如图1.13.2所示。从图1.13.2中可以发现，E6系列的数据与我们经常见到的电阻、电容、电感的数值一致，是我们在器件选型时经常要用到的数值。另外，我们在器件选型时还会遇到更多的数值，这是因为器件采用了其他E系列的数据。

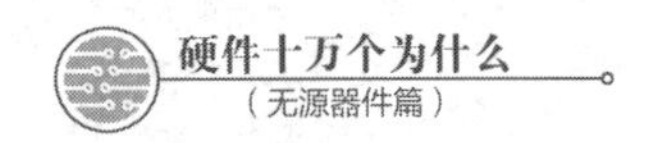

E6					
1.0	1.5	2.2	3.3	4.7	6.8

E12											
1.0	1.2	1.5	1.8	2.2	2.7	3.3	3.9	4.7	5.6	6.8	8.2

E24																							
1.0	1.1	1.2	1.3	1.5	1.6	1.8	2.0	2.2	2.4	2.7	3.0	3.3	3.6	3.9	4.3	4.7	5.1	5.6	6.2	6.8	7.5	8.2	9.1

E48																							
1.00	1.05	1.10	1.15	1.21	1.27	1.33	1.40	1.47	1.54	1.62	1.69	1.78	1.87	1.96	2.05	2.15	2.26	2.37	2.49	2.61	2.74	2.87	3.01
3.16	3.32	3.48	3.65	3.83	4.02	4.22	4.42	4.64	4.87	5.11	5.36	5.62	5.90	6.19	6.49	6.81	7.15	7.50	7.87	8.25	8.66	9.09	9.53

E96																							
1.00	1.02	1.05	1.07	1.10	1.13	1.15	1.18	1.21	1.24	1.27	1.30	1.33	1.37	1.40	1.43	1.47	1.50	1.54	1.58	1.62	1.65	1.69	1.74
1.78	1.82	1.87	1.91	1.96	2.00	2.05	2.10	2.15	2.21	2.26	2.32	2.37	2.43	2.49	2.55	2.61	2.67	2.74	2.80	2.87	2.94	3.01	3.09
3.16	3.24	3.32	3.40	3.48	3.57	3.65	3.74	3.83	3.92	4.02	4.12	4.22	4.32	4.42	4.53	4.64	4.75	4.87	4.99	5.11	5.23	5.36	5.49
5.62	5.76	5.90	6.04	6.19	6.34	6.49	6.65	6.81	6.98	7.15	7.32	7.50	7.68	7.87	8.06	8.25	8.45	8.66	8.87	9.09	9.31	9.53	9.76

E192																							
1.00	1.01	1.02	1.04	1.05	1.06	1.07	1.09	1.10	1.11	1.13	1.14	1.15	1.17	1.18	1.20	1.21	1.23	1.24	1.26	1.27	1.29	1.30	1.32
1.33	1.35	1.37	1.38	1.40	1.42	1.43	1.45	1.47	1.49	1.50	1.52	1.54	1.56	1.58	1.60	1.62	1.64	1.65	1.67	1.69	1.72	1.74	1.76
1.78	1.80	1.82	1.84	1.87	1.89	1.91	1.93	1.96	1.98	2.00	2.03	2.05	2.08	2.10	2.13	2.15	2.18	2.21	2.23	2.26	2.29	2.32	2.34
2.37	2.40	2.43	2.46	2.49	2.52	2.55	2.58	2.61	2.64	2.67	2.71	2.74	2.77	2.80	2.84	2.87	2.91	2.94	2.98	3.01	3.05	3.09	3.12
3.16	3.20	3.24	3.28	3.32	3.36	3.40	3.44	3.48	3.52	3.57	3.61	3.65	3.70	3.74	3.79	3.83	3.88	3.92	3.97	4.02	4.07	4.12	4.17
4.22	4.27	4.32	4.37	4.42	4.48	4.53	4.59	4.64	4.70	4.75	4.81	4.87	4.93	4.99	5.15	5.11	5.17	5.23	5.30	5.36	5.43	5.49	5.56
5.62	5.69	5.76	5.83	5.90	5.97	6.04	6.12	6.19	6.26	6.34	6.42	6.49	6.57	6.67	6.73	6.81	6.90	6.95	7.06	7.15	7.23	7.32	7.41
7.50	7.59	7.69	7.77	7.87	7.96	8.06	8.16	8.25	8.35	8.45	8.56	8.66	8.76	8.87	8.98	9.09	9.20	9.31	9.42	9.53	9.65	9.76	9.88

图 1.13.2　E 系列优先数

电阻可以做到比较高的精度，1%甚至0.1%，所以电阻的阻值相对比较丰富。但是，电容、电感的精度比较低，所以E6系列往往就可以满足使用需求。因为电容和电感误差的跨度已经超过了优先数之间的间隔，所以弄太多的选值也达不到预期的效果。另外，与应用场景的精度需求程度也有关系，电阻在电压反馈、有源滤波器的场景下，需要电阻相对精准，且阻值丰富。但是，电容的这种需求非常少。电感在LC有源滤波器的场景中也有类似需求，但因为用量少，所以往往采用定制方式解决。

14 贴片电阻上印的字符是如何表示电阻的?

插件电阻往往用色环表示电阻阻值,贴片电阻上面的印字绝大部分标识的是其阻值大小。贴片电阻的阻值通常以数字形式直接标注在电阻表面,所以读电阻的阻值直接看电阻表面的数字即可。贴片电阻的阻值一般会有4种表示方法。

1 常规3位数字标注法

常规3位数字标注法表示的电阻阻值由3个数字组成,前2位是有效数字,第3位表示科学计数法中10的幂指数,基本单位是Ω,即$XXY = XX \times 10^Y$。例如,103,10是有效数字,3表示10的3次方,如图1.14.1所示。所以,103表示的阻值就是$10 \times 10^3\Omega = 10 \times 1000\Omega = 10000\Omega = 10k\Omega$。

图1.14.1 常规3位数字标注法表示电阻阻值

常规3位数字标注法表示的电阻阻值多用于E24系列,精度为±5%(J)、±2%(G),部分厂家也采用±1%(F)。常规3位数字标注法表示电阻阻值实例如表1.14.1所示。

表1.14.1 常规3位数字标注法表示电阻阻值实例

实际标注	算法	实际值
100	$100 = 10 \times 10^0 = 10 \times 1 = 10$	10Ω
181	$181 = 18 \times 10^1 = 18 \times 10 = 180$	180Ω
272	$272 = 27 \times 10^2 = 27 \times 100 = 2.7k$	2.7kΩ
333	$333 = 33 \times 10^3 = 33 \times 1000 = 33k$	33kΩ
434	$434 = 43 \times 10^4 = 43 \times 10000 = 430k$	430kΩ
565	$565 = 56 \times 10^5 = 56 \times 100000 = 5.6M$	5.6MΩ

2 常规4位数字标注法

常规4位数字标注法表示的电阻阻值由4个数字组成,电阻误差一般为±1%。其中,前3位是有效数字,第4位表示科学计数法中10的幂指数,基本单位是Ω,即$XXXY = XXX \times 10^Y$。例如,1502,150是有效数字,2表示10的2次方,如图1.14.2所示。所以,1502表示的阻值就是$150 \times 10^2\Omega = 150 \times 100\Omega = 15000\Omega = 15k\Omega$。

图 1.14.2　常规 4 位数字标注法表示电阻阻值

常规4位数字标注法表示的电阻阻值多用于E24、E96系列，精度为±1%（F）、±0.5%（D）。常规4位数字标注法表示电阻阻值实例如表1.14.2所示。

表 1.14.2　常规4位数字标注法表示电阻阻值实例

实际标注	算法	实际值
0100	$0100 = 10 \times 10^0 = 10 \times 1 = 10$	10Ω
1000	$1000 = 100 \times 10^0 = 100 \times 1 = 100$	100Ω
1821	$1821 = 182 \times 10^1 = 182 \times 10 = 1.82$k	1.82kΩ
2702	$2702 = 270 \times 10^2 = 270 \times 100 = 27$k	27kΩ
3323	$3323 = 332 \times 10^3 = 332 \times 1000 = 332$k	332kΩ
4304	$4304 = 430 \times 10^4 = 430 \times 10000 = 4.3$M	4.3MΩ
2005	$2005 = 200 \times 10^5 = 200 \times 100000 = 20$M	20MΩ

3　字母表示小数点位置法

图 1.14.3　R表示小数点位置法表示电阻阻值

R表示小数点位置法表示的电阻阻值由数字和字母组成，如5R6、R16等，这里只需要把R换成小数点即可，如图1.14.3所示。例如，5R6 = 5.6Ω、R16 = 0.16Ω。

这里需要注意的是，R表示电阻，Ω表示电阻的单位欧姆，在物理概念中，不可将两者混用。但是在工业生产中，由于使用希腊字母不是很方便，因此经常采用R代替Ω作为单位。R表示小数点位置法表示电阻阻值实例如表1.14.3所示。

表 1.14.3　R 表示小数点位置法表示电阻阻值实例

实际标注	算法	实际值
10R	10R = 10.0	10Ω
1R2	1R2 = 1.2	1.2Ω
R01	R01 = 0.01	0.01Ω
R12	R12 = 0.12	0.12Ω
100R	100R = 100.0	100Ω
12R1	12R1 = 12.1	12.1Ω
4R70	4R70 = 4.70	4.70Ω
R051	R051 = 0.051	0.051Ω
R750	R750 = 0.750	0.750Ω

字母M、k、R、m都可以用来表示小数点。如果单位为mΩ，则用m表示小数点位置。m表示小数点位置法表示电阻阻值实例如表1.14.4所示。

表1.14.4　m表示小数点位置法表示电阻阻值实例

实际标注	算法	实际值
36m	36m = 36.0	36mΩ
5m1	5m1 = 5.1	5.1mΩ
100m	100m = 100.0	100mΩ
47m0	47m0 = 47.0	47.0mΩ
5m10	5m10 = 5.10	5.10mΩ

同样，如果单位为MΩ、kΩ，则用M、k表示小数点位置。不过这种情况比较少，一般MΩ、kΩ数量级的电阻采用常规3位数字或常规4位数字标注法来表示。

4　3位数乘数代码标注法

以上内容比较好理解，有些读者应该在学校时就已经学习和接触过。但是，一些小封装的精密电阻由于空间太小，可能不印刷丝印，如0201封装的电阻往往不印字，图1.14.4所示是各种封装电阻的丝印对比。

有些精密电阻也印刷了丝印，但并不符合前面描述的3种方法，而是用两个数字加一个字母表示，如50B、01C，如图1.14.5所示。这种表示方法称为3位数乘数代码(Multiplier Code)标注法。

图1.14.4　各种封装电阻的丝印对比

图1.14.5　3位数乘数代码标注法表示电阻阻值

丝印为两个数字加一个字母的电阻一般是精密电阻，这种精密贴片电阻是对某一个优先数进行编码，然后通过代码找到其代表的数值，如01C就是10k。

这种方法的格式是XXY，其中XX指有效数的代码，转换为科学计数法前面的数值；Y指10的几次幂的代码，转换为科学计数法的10的几次幂。

要想知道前2位数字代表的数值，可以查找E96系列阻值代码表，如表1.14.5所示；要想知道第3位字母表示10的几次幂，可以查找E96系列乘数代码表，如表1.14.6所示。

表 1.14.5　E96 系列阻值代码表

代码	阻值	代码	阻值	代码	阻值	代码	阻值
01	100	25	178	49	316	73	562
02	102	26	182	50	324	74	576
03	105	27	187	51	332	75	590
04	107	28	191	52	340	76	604
05	110	29	196	53	348	77	619
06	113	30	200	54	357	78	634
07	115	31	205	55	365	79	649
08	118	32	210	56	374	80	665
09	121	33	215	57	383	81	681
10	124	34	221	58	392	82	698
11	127	35	226	59	402	83	715
12	130	36	232	60	412	84	732
13	133	37	237	61	422	85	750
14	137	38	243	62	432	86	768
15	140	39	249	63	442	87	787
16	143	40	255	64	453	88	806
17	147	41	261	65	464	89	825
18	150	42	267	66	475	90	845
19	154	43	274	67	487	91	866
20	158	44	280	68	499	92	887
21	162	45	287	69	511	93	909
22	165	46	294	70	523	94	931
23	169	47	301	71	536	95	953
24	174	48	309	72	549	96	976

表 1.14.6　E96 系列乘数代码表

代码	A	B	C	D	E	F	G	H	X	Y	Z
乘数	10^0	10^1	10^2	10^3	10^4	10^5	10^6	10^7	10^{-1}	10^{-2}	10^{-3}

3 位数乘数代码标注法表示电阻阻值实例如表 1.14.7 所示。51、18、02 代表的数值，通过查找表 1.14.5 可知分别为 332、150、102；X、A、C 的含义，通过查找表 1.14.6 可知分别为 10^{-1}、10^0、10^2。

表 1.14.7　3位数乘数代码标注法表示电阻阻值实例

实际标注	算法	实际值
51X	$51X = 332 \times 10^{-1} = 332 \times 0.1 = 33.2$	33.2Ω
18A	$18A = 150 \times 10^{0} = 150 \times 1 = 150$	150Ω
02C	$02C = 102 \times 10^{2} = 102 \times 100 = 10.2k$	10.2kΩ

15 为什么电阻的实际值与标称值总有些偏差?

我们知道,电阻的关键参数除电阻值外,第二重要的就是电阻精度,即电阻实际的电阻值与标称的电阻值的偏差。精度越高的电阻一般价格越高,我们应该根据实际需求选择性价比最高的电阻精度。例如,在若干年前5%的电阻和1%的电阻成本差异是比较大的,所以一般称1%的电阻为高精度电阻。随着电阻的生产工艺越来越进步,1%精度的电阻已经基本与5%精度的电阻成本差不多,所以1%精度的电阻会在很多场景被优先选择。

那么,电阻的阻值为什么无法理想地达到标称值呢? 原因如下。

(1)阻值偏差。实际生产中电阻的阻值会偏离标称值,此偏离应在阻值允许偏差范围内。在选定材料后,电阻的阻值就确定了,然后通过调整金属或其他材料的形状,来实现所需要的电阻值。由于材料的形状尺寸本身就会有误差,因此最后由形状尺寸决定的电阻值也会有误差。

(2)工作温度。电阻的阻值会随着温度变化而变化,此特性用TCR来衡量。电阻率会随着温度变化而变化,所以不同温度的电阻率也会不同。

(3)电压效应。电阻的阻值与其所加电压有关,其变化可以用电压系数来表示。电压系数是外加电压每改变1V时电阻阻值的相对变化量。所以,当不同的电压作用于电阻两端时,电阻的阻值也会不同。

(4)频率效应。随着工作频率的升高,电阻本身的分布电容和分布电感所起的作用越来越明显。不同的电阻由于制造工艺的微弱差异,会导致每个电阻的分布电容和分布电感不同。

(5)时间耗散效应。电阻随工作时间的延长会逐渐老化,电阻值逐渐变化(一般情况下增大)。

(6)外加应力。既然电阻的阻值由电阻材料的形状决定,那么如果有外加应力造成了形状的变化,就会引起电阻值的变化。外加应力下电阻值漂移应在电路要求的范围内,同时还应考虑老化因素。所以,在实际应用中,应给出设计裕度(一般为电路要求变化范围的一半,如电路要求可在±10%范围内变化,应选择在±5%内变化的电阻)。

16 电阻的失效模式和失效机理是什么？

失效是指失去原有的效力。在各种工程中，部件失去原有设计所规定的功能称为失效。失效简单地说就是“坏了”，但是“坏了”也有很多种情况。失效的情况包括以下几个方面。

(1)完全丧失原定功能。

(2)部分功能丧失。

(3)关键参数发生变化。

(4)有严重损伤或隐患，继续使用会失去可靠性及安全性。

下面介绍失效模式和失效机理的概念。

(1)失效模式：各种失效的现象及其表现的形式。

(2)失效机理：导致失效的物理、化学、热力学或其他过程。

1 电阻的主要失效模式

电阻的主要失效模式有开路、阻值漂移超规范、引线断裂和短路。

(1)开路：主要失效机理为电阻膜烧毁或大面积脱落，基体断裂，引线帽与电阻体脱落。

(2)阻值漂移超规范：电阻膜有缺陷或退化，基体有可动钠离子，保护涂层不良。

(3)引线断裂：电阻体焊接工艺缺陷，焊点污染，引线机械应力损伤。

(4)短路：银的迁移，电晕放电。

2 不同种类电阻的失效模式占失效总比例

(1)线绕电阻。线绕电阻的失效模式占比如表1.16.1所示。

表1.16.1 线绕电阻的失效模式占比

失效模式	占失效总比例
开路	90%
阻值漂移超规范	2%
引线断裂	7%
其他	1%

注意：以上失效比例为统计值，仅作为参考数据。失效比例与使用场景、使用方法、环境参数都有关。所以，不同公司、不同产品、不同采购来源都会影响最后的结果。

(2)非线绕电阻。非线绕电阻的失效模式占比如表1.16.2所示。

表 1.16.2 非线绕电阻的失效模式占比

失效模式	占失效总比例
开路	49%
阻值漂移超规范	22%
引线断裂	17%
其他	12%

3 电阻的失效机理分析

电阻的失效机理是多方面的,工作条件或环境条件下发生的各种理化过程是引起电阻失效的原因。接下来从导电材料的结构变化、硫化、气体吸附与解吸、氧化、有机保护层的影响和机械损伤6个方面来介绍。

(1)导电材料的结构变化。

①结晶化:薄膜电阻的导电膜层一般用气相淀积方法获得,在一定程度上存在无定型结构。按热力学观点,无定型结构均有结晶化趋势。在工作条件或环境条件下,导电膜层中的无定型结构均以一定的速度趋向结晶化,即导电材料内部结构趋于致密化,常会引起电阻值的减小。结晶化速度随温度升高而加快。

②内应力:电阻线或电阻膜在制备过程中都会承受机械应力,使其内部结构发生畸变,线径越小或膜层越薄,应力影响越显著。一般可采用热处理方法消除内应力,残余内应力则可能在长时间使用过程中逐步消除,电阻的阻值则可能因此发生变化。

结晶化过程和内应力清除过程均随时间推移而减缓,但不可能在电阻使用期间终止,可以认为在电阻工作期内这两个过程以近似恒定的速度进行。与它们有关的阻值变化约占原阻值的千分之几。

③电负荷高温老化:任何情况下,电负荷均会加速电阻老化进程,并且电负荷对加速电阻老化的作用比升高温度更显著,原因是电阻体与引线帽接触部分的温升超过了电阻体的平均温升。通常温度每升高10℃,寿命缩短一半。如果过负荷使电阻温升超过额定负荷时温升50℃,则电阻的寿命仅为正常情况下寿命的1/32。通过不到4个月的加速寿命试验,即可考核电阻在10年期间的工作稳定性。

④直流负荷-电解作用:直流负荷作用下,电解作用导致电阻老化。电解发生在刻槽电阻槽内,电阻基体所含的碱金属离子在槽间电场中位移,产生离子电流。湿气存在时,电解过程更为剧烈。如果电阻膜是碳膜或金属膜,则主要是电解氧化;如果电阻膜是金属氧化膜,则主要是电解还原。对于高阻薄膜电阻,电解作用的后果是使阻值增大甚至开路,沿槽螺旋的一侧可能出现薄膜破坏现象。在潮热环境下进行直流负荷试验,可全面考核电阻基体材料与膜层的抗氧化或抗还原性能,以及保护层的防潮性能。

(2)硫化。贴片电阻的内部电极采用了银,如果有硫黄成分气体从保护膜和电镀层之间的缝隙侵入,就会发生硫化反应，慢慢地生成硫化银。由于硫化银不导电，因此随着电阻被硫化，电阻值逐渐增大，直至最终成为开路。电阻硫化之后，在电阻的电极内侧表面出现硫化银结晶。

(3)气体吸附与解吸。膜式电阻的电阻膜在晶粒边界上或导电颗粒和黏合剂部分，总可能吸附非常少量的气体，它们构成了晶粒之间的中间层，阻碍了导电颗粒之间的接触，从而明显影响阻值。

合成膜电阻是在常压下制成的，其在真空或低压工作时，将因气压降低而解吸部分气体，从而改变导电颗粒之间的接触，使阻值减小。同样，在真空中制成的热分解碳膜电阻直接在正常环境条件下工作时，将因气压升高而吸附部分气体，使阻值增大。如果将未刻的半成品预置在常压下适当时间，则会提高电阻成品的阻值稳定性。

温度和气压是影响气体吸附与解吸的主要环境因素。对于物理吸附，降温可增加平衡吸附量，升温则反之。由于气体吸附与解吸发生在电阻体表面，因此对膜式电阻的影响较为显著，阻值变化可达1%～2%。

(4)氧化。氧化是长期起作用的因素（与吸附不同），氧化过程由电阻体表面开始，逐步向内部深入。除贵金属与合金薄膜电阻外，其他材料的电阻体均会受到空气中氧的影响。氧化的结果是阻值增大。电阻膜层越薄，氧化影响就越明显。

防止氧化的根本措施是密封（金属、陶瓷、玻璃等无机材料）。采用有机材料（塑料、树脂等）涂覆或灌封不能完全防止保护层透湿或透气，虽能起到延缓氧化或吸附气体的作用，但也会带来与有机保护层有关的一些新的老化问题。

(5)有机保护层的影响。片式电阻的有机保护层是覆盖在电阻体上，从而起到保护电阻的作用。在片式电阻加工过程中，形成有机保护层时，会放出缩聚作用的挥发物或溶剂蒸气。在使用过程中，电阻受热会导致部分挥发物扩散到电阻体中，引起阻值的增大。此过程虽可持续1～2年，但显著影响阻值的时间为2～8个月。为了保证成品的阻值稳定性，把产品在库房中搁置一段时间再出厂是比较适宜的。

(6)机械损伤。电阻是否可靠很大程度上取决于电阻的机械性能。电阻体、引线帽和引出线等均应具有足够的机械强度，基体缺陷、引线帽损坏或引线断裂均可导致电阻失效。

17 为什么一般电阻怕“硫”？

空气中存在着各种形式的硫黄成分，如汽车尾气和温泉的硫黄气体等。这种硫黄成分吸附在金属表面，慢慢地和金属发生反应。厚膜贴片电阻的内部电极采用了银，如果有硫黄成分气体从保护膜和电镀层之间的缝隙侵入，就会发生图1.17.1所示的反应，慢慢地生成硫化银（参考图1.17.2）。由于硫化银不导电，因此随着硫化银越来越多，电阻值逐渐增大，直至最终成为开路。我们把这种现象称为电阻硫化。

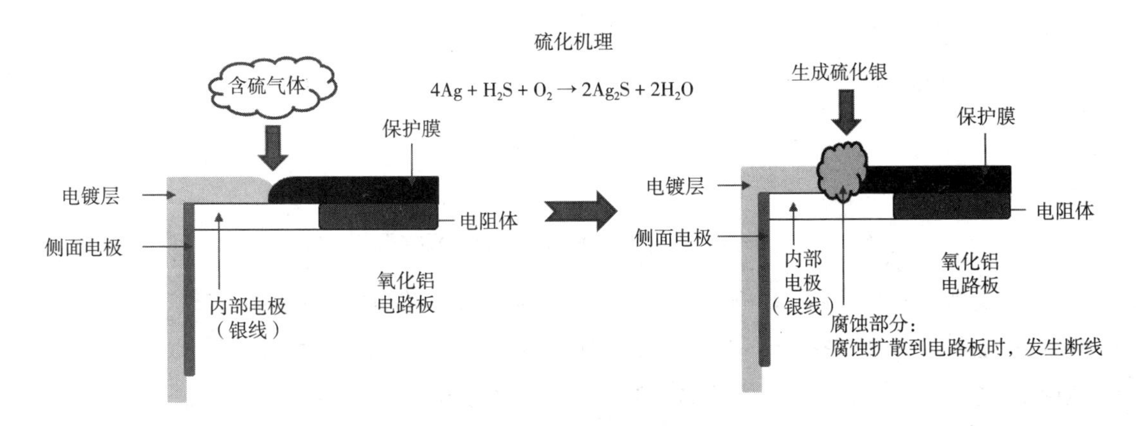

图 1.17.1　电阻硫化过程

如图 1.17.2 所示，电阻硫化之后，电阻的电极内侧出现黑色斑点，用放大镜能看到“长毛”。这个“长毛”就是硫化银的结晶。

电阻硫化过程是怎样发生的呢？通常厚膜电阻的结构如图 1.17.3 所示。

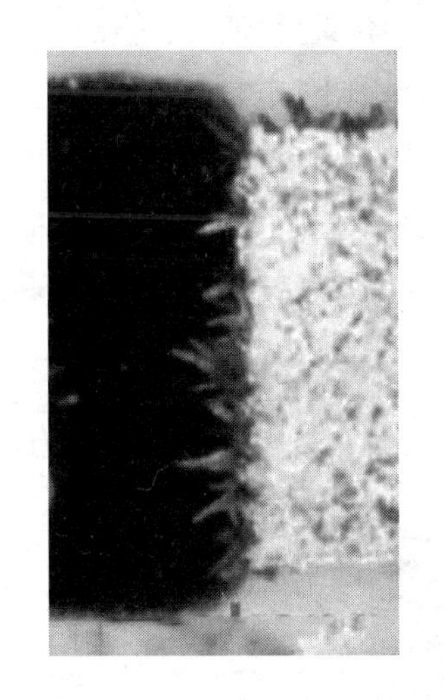

图 1.17.2　电阻电极硫化后放大

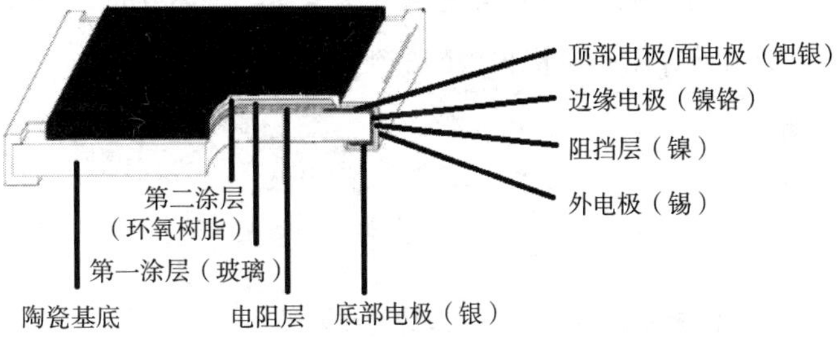

顶部电极/面电极（钯银）
边缘电极（镍铬）
阻挡层（镍）
外电极（锡）
第二涂层
（环氧树脂）
第一涂层（玻璃）
陶瓷基底
电阻层
底部电极（银）

图 1.17.3　厚膜电阻的结构

其中，面电极是连接二氧化钌电阻体和焊接端头用的内部电极，这种电极一般是钯银合金。由于电阻表面的二次保护层和焊接端头不是严丝合缝的，导致面电极部分暴露在空气中。因此，当空气中含有大量硫化气体时，银遇硫化物反应生成硫化银。

电阻硫化非常常见，如有的新建化工厂运行一年左右，电子设备纷纷出现故障。经失效分析发现，主因是电路板上含银电子元器件，如贴片电阻、触点开关、继电器和LED(发光二极管)等被硫化腐蚀而失效。银由于优质的导电特性，会被作为电极、焊接材料、电接触材料，因此在电子元器件中大量使用。正是由于电子元器件大量使用银，因此不只是电阻，其他元器件如果其使用银的部分接触到空气中的硫、硫化氢等物质，也都会出现硫化现象。银被硫化之后，会出现发黑、开路、接触不良等现象。

银极易与硫和硫化氢发生化学反应。

银与硫的反应：

$$2Ag + S = Ag_2S$$

银与硫化氢的反应：

$$4Ag + 2H_2S + O_2 = 2Ag_2S + 2H_2O$$

实际上，并非只有用在化工厂的电阻会被硫化，在矿业、火力发电厂、停车场等场合的电阻同样存在被硫化的危险，甚至在某些场合仅仅因为在封闭环境中使用了含硫的橡胶、油而导致在高温下释放的硫使电阻硫化。因此，汽车电子行业非常重视电阻硫化问题。

为了防止电阻硫化，人们开始进行抗硫化电阻的研制。一般来说，薄膜电阻是由镍铬合金或氮化钽制成的，这种薄膜电阻中不含银，所以天生就具有良好的抗硫化能力。所以，一般而言，抗硫化电阻常常指的是厚膜电阻。厚膜电阻的抗硫化设计一般采用调整面电极成分和调整厚膜电阻结构的方法进行，把电极中的银保护起来，如图 1.17.4 所示。

面电极是钯银合金，提高钯的含量能增强抗硫化性能。但是，增加钯的含量后，钯银合金的熔点会升高，会对工艺产生一定影响。所以，目前主要生产抗硫化电阻的厂家都在调整电阻结构上下足了功夫。防止面电极直接暴露在空气中是通过调整电阻结构来实现抗硫化设计的主要方法。这种方法是在面电极上再使用一种不易被腐蚀的材料做成一个保护性中间层，中间层填补了二次保护膜和焊接端头之间的空隙，以避免面电极直接暴露。最常见的一种结构是采用金质材料作中间层，图 1.17.5 所示是通过镀镍阻挡层保护银的抗硫化电阻的结构。

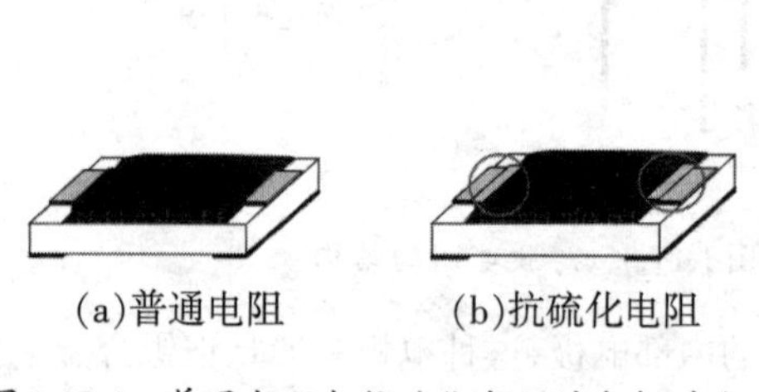

图 1.17.4　普通电阻与抗硫化电阻的电极对比

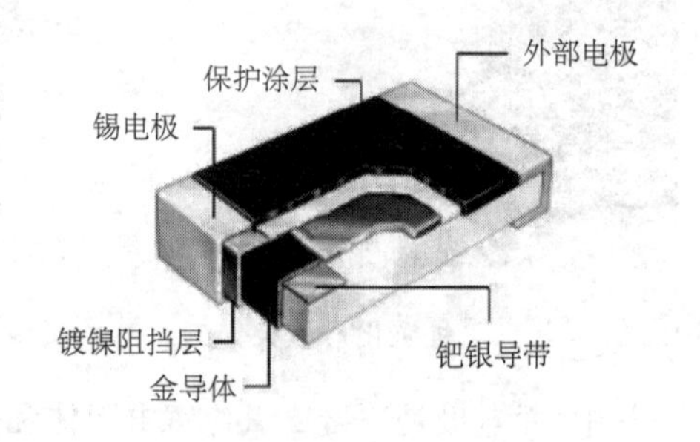

图 1.17.5　抗硫化电阻的结构

如图 1.17.5 所示，在面电极外部使用了金质导电层作为面电极的保护层。由于金属于贵金属，因此这种抗硫化电阻的成本比较高。

为了降低成本，电阻厂商在这层中间保护层成分上开始想办法，如有的抗硫化电阻是用特殊的树脂材料代替金，还有一些厂商则根据自己技术、工艺的特点使用镍铬作为金的替代品。

而一些电阻厂商的抗硫化电阻延长了二次保护包覆层设计尺寸，同时让底层电极覆盖上二次保护，并达到一定尺寸，在电镀时，镍层和锡层均能容易地覆盖上二次保护层。这样避免了相对薄弱的二次保护包覆层边缘直接暴露于空气环境中，提高了产品的抗硫化能力。

目前抗硫化电阻价格较普通厚膜电阻要昂贵，一般抗硫化电阻除用于化工、矿业、火力发电、汽车电子外，还用于某些对可靠性要求严格的高端应用中，如电信等行业。

除选择抗硫化电阻外，涂敷三防漆也是一种常用的抗硫化措施。PCB单板组件涂敷三防漆，这样增加了一层保护膜，起到隔绝空气、防止电阻硫化的作用。三防漆的类型有很多，如丙烯酸类、聚氨酯类等。

案例：电阻硫化失效导致电源无输出问题

（1）问题现象。××单板运行过程中发生多起电压跌落告警，分析发现电源模块无3.3V输出。单板运行时间超过6年。

（2）问题根因。输入欠电压保护电阻（120kΩ）硫化失效，导致误触发输入欠电压保护，电源模块掉电重启，更换电阻后故障消失。电源板其他器件都有三防漆覆盖，但120kΩ电阻处由于有白胶，因此三防漆未能覆盖到。

（3）解决方案。修改电源板工艺规程，调整加工步骤：先涂覆三防漆，再点白胶。

（4）案例点评。室外应用场景的设备需要考虑积尘、进水和硫化腐蚀的防护，推荐采用密闭的外壳或三防漆涂覆。

18 影响电阻可靠性的因素有哪些？

影响电阻可靠性的因素有温度系数、额定功率、最大工作电压、固有噪声和电压系数。

1 温度系数

电阻的温度系数表示当温度改变1℃时，电阻阻值的相对变化，单位为ppm/℃。电阻温度系数的计算公式为

$$\mathrm{TCR} = \frac{R_2 - R_1}{R_1 \cdot \Delta T} \tag{1.18.1}$$

实际应用时，通常采用平均电阻温度系数，其计算公式为

$$\mathrm{TCR}_{平均} = \frac{R_2 - R_1}{R_1(T_2 - T_1)} \tag{1.18.2}$$

温度系数包括负温度系数、正温度系数及在某一特定温度下电阻值会发生突变的临界温度系数。不同类型电阻温度稳定性从优到次，依次为金属箔电阻、线绕电阻、金属膜电阻、金属氧化膜电阻、碳膜电阻、有机实芯电阻。关于温度系数，有以下几点需要注意。

（1）镀金并不是为了减小电阻，而是因为金的化学性质非常稳定，不容易氧化，可防止接触不良（不是因为金的导电能力比铜好）。

（2）众所周知，银的电阻率最小，在所有金属中，它的导电能力是最好的。

(3)其实镀金或镀银的电路板不一定就好，良好的电路设计和PCB设计比镀金或镀银对电路性能的帮助更大。

(4)银的导电能力好于铜，铜好于金。在制造电阻时不要局限于银、铜、金这几种常见金属，而要基于温度稳定性、电阻率、成本等因素综合考虑。常见金属的电阻率及其温度系数如表1.18.1所示。

表1.18.1 常见金属的电阻率及其温度系数

物质	温度t/℃	电阻率ρ/($10^{-8}\,\Omega\cdot$m)	电阻温度系数α/(ppm/℃)
银	20	1.586	3800
铜	20	1.678	3930
金	20	2.40	3240
铝	20	2.6548	4290
钙	0	3.91	4160
铍	20	4.0	2500
镁	20	4.45	1650
铱	20	5.3	3925
锌	20	5.196	4190
钴	20	6.64	6040
镍	20	6.84	6900
镉	0	6.83	4200
铁	20	9.71	6510
铂	20	10.6	3740
锡	0	11.0	4700
铬	0	12.9	3000
铅	20	20.684	3760
锰铜	20	31～36	12

注意：电阻率、温度系数是随着温度变化而变化的，表1.18.1中电阻率测量时的环境温度为“温度”这一列的温度。温度系数相对于温度的变化相对比较小，可以近似看作常数。

2 额定功率

贴片电阻目前较为常见的封装有10种，用两种尺寸代码来表示。一种是英制代码，是由EIA(Electronic Industries Association，美国电子工业协会)制定的4位数字代码，前两位表示电阻的长，后两位表示电阻的宽，单位是in(英寸)。例如，常见的0603封装就是指英制代码。另一种是公制代码，也由4位数字表示，其单位为mm。贴片电阻封装英制和公制的关系及详细的尺寸和对应的功率如表1.18.2所示。

表1.18.2 贴片电阻封装英制和公制的关系及详细的尺寸和对应的功率

英制/in	公制/mm	功率/W	长L/mm	宽W/mm	高T/mm	正电极/mm	背电极/mm
0105	0402	1/32	0.40 ± 0.03	0.20 ± 0.03	0.13 ± 0.05	0.10 ± 0.05	0.10 ± 0.05
0201	0603	1/20	0.60 ± 0.03	0.30 ± 0.03	0.23 ± 0.03	0.10 ± 0.05	0.15 ± 0.05
0402	1005	1/16	1.00 ± 0.10	0.50 ± 0.05	0.35 ± 0.05	0.20 ± 0.10	0.25 ± 0.10
0603	1608	1/10	1.60 ± 0.10	0.80 ± 0.15	0.45 ± 0.10	0.30 ± 0.20	0.30 ± 0.20
0805	2012	1/8	2.00 ± 0.15	1.25 ± 0.15	0.55 ± 0.10	0.45 ± 0.20	0.40 ± 0.20
1206	3216	1/4	3.10 ± 0.15	1.55 ± 0.15	0.55 ± 0.10	0.45 ± 0.20	0.45 ± 0.20
1210	3225	1/2	3.10 ± 0.10	2.60 ± 0.15	0.55 ± 0.10	0.50 ± 0.25	0.50 ± 0.20
1812	4832	1/2	4.50 ± 0.20	3.20 ± 0.20	0.55 ± 0.20	0.50 ± 0.20	0.50 ± 0.20
2010	5025	3/4	5.00 ± 0.10	2.50 ± 0.15	0.55 ± 0.10	0.60 ± 0.25	0.50 ± 0.20
2512	6432	1	6.35 ± 0.10	3.20 ± 0.15	0.55 ± 0.10	0.60 ± 0.25	0.50 ± 0.20

3 最大工作电压

电阻在其工作电路中,作用于其两端的电压不应超过其最大工作电压。最大工作电压主要基于绝缘的要求,取决于电阻的材料和工艺。如果电阻的电压超过其最大工作电压,则很可能会击穿电阻上的一些绝缘部分,甚至直接击穿空气。

有些教材中直接按照功率公式,通过额定功率折算最大工作电压。这个方法是不对的,后面有专题会专门讲解:电阻有了“额定功率”,为什么还需要“最大工作电压”?

4 固有噪声

电阻的固有噪声产生于电阻中的一种不规则的电压起伏,是指其自身产生的噪声,包括热噪声和过剩噪声。

热噪声是由于导体内部不规则的电子自由运动,使导体任意两点的电压不规则变化。在高于绝对零度(−273℃或0K)的任何温度下,物质中的电子都在持续地热运动。由于其运动方向是随机的,任何短时电流都不相关,因此没有可检测到的电流。但是,连续的随机运动序列可以导致热噪声。电阻热噪声的幅度和其阻值的关系为

$$V_n^2 = 4K_bTRB\text{(以V}^2\text{/Hz为单位)} \quad (1.18.3)$$

式中,V_n为噪声电压,单位为V;K_b为玻尔兹曼常数,1.38×10^{-23}J/K;T为温度,单位为K;R为电阻,单位为Ω;B为带宽,单位为Hz。

在室温下,式(1.18.3)可简化为

$$V_n = 4\sqrt{R} \quad (1.18.4)$$

图1.18.1所示是热噪声和电阻的关系及电阻在25℃的热噪声。虽然该噪声电压和功率很小,但如果该电阻在一个高增益的有源滤波器中,则噪声可能会很明显。噪声与温度和电阻值平方根成正

比。带宽越宽，总功率越大。因此，即使单位为dBm/Hz的功率幅度看上去很小，但给定带宽内的总功率也会很大。如果把V_n使用公式V_n^2/R转换成功率，其中R是噪声终端电阻，然后乘以Hz为单位的总带宽，则所得的整个带宽上的总噪声功率对低噪声应用可能是不可接受的。

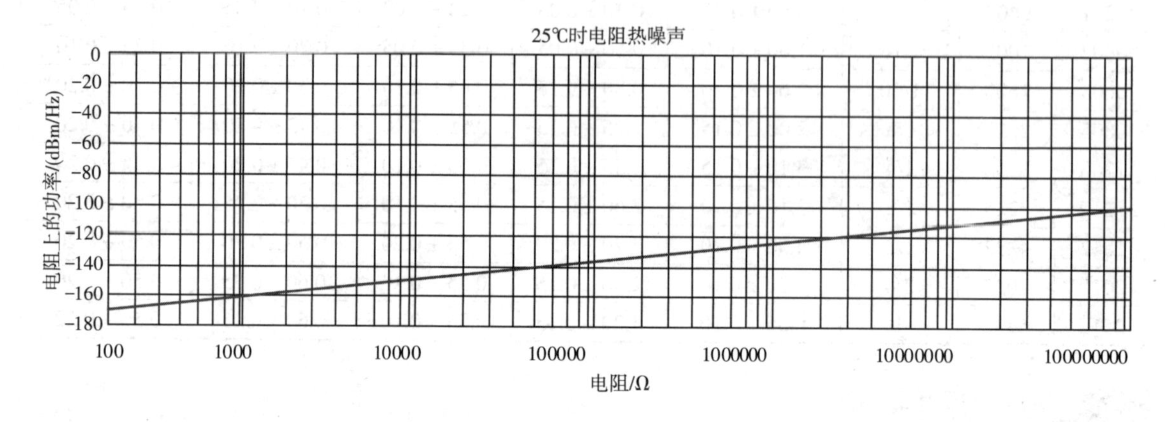

图1.18.1 热噪声和电阻的关系及电阻在25℃时的热噪声

实际电阻的固有噪声往往远大于热噪声，超过热噪声幅度的噪声称为过剩噪声。与热噪声不同，过剩噪声来源于电阻内部结构不连续性和非完整性，与电阻类型有非常大的关系。线绕电阻内部为金属体，不连续性很小，是过剩噪声最小的电阻；合成材料的电阻内部结构不连续，是过剩噪声最大的电阻。

5 电压系数

电压系数是指在规定的电压范围内，电压每变化1V所引起的电阻阻值的变化量。理想电阻两端电压与流过其中的电流成正比，其阻值与电压无关。但实际上，电阻导电粒子具有分散性，内部存在接触电阻，因而出现非线性关系，即电流和电压并不是严格成正比，阻值会随电压增大而减小。电压引起了电阻阻值的变化，必然会影响电阻分压、分流结果。电压系数就是每单位电压变化所引起的电阻值的百分比变化量，其公式表达式为

$$电压系数(\%V)=\frac{(R_2-R_1)}{R_1}\cdot\frac{1}{(V_2-V_1)}\times100\% \tag{1.18.5}$$

式中，R_1为施加第一个电压（V_1）时计算出的电阻值；R_2为施加第二个电压（V_2）时计算出的电阻值。其中，$V_2>V_1$。

一个10GΩ电阻电压系数的典型值大约为−0.008%/V或−80ppm/V。所以，如果一个测量电路需要使用高阻值电阻，则在进行误差分析时，除考虑所有其他时间和温度等误差因素外，还必须考虑由电阻电压系数所引起的误差。

19 电阻的寿命有多长?

一般来说,电阻的失效率相对于其他器件来说是比较低的,所以一般很少评估电阻寿命。但是,在高压高温时电阻的失效率会上升,所以仍需要掌握电阻的寿命情况。

电阻寿命的影响因素如下。

(1)温度:温度过高可以很快使其烧毁。

(2)环境的酸碱度:直接腐蚀电阻,导致其损坏。

(3)外力:超过一定的力的限度,电阻就会断裂。

所以,要使电阻寿命延长,散热要好,防止烧毁现象的发生;环境要干燥,无污染物;避免外力作用。电阻值大的电阻寿命相对更长。兆欧级的电阻阻值很大,在低压中使用时由于功率消耗少,工作环境影响甚微,一般寿命都很长,不需要特别注意(相对其他如电解电容等元件)。电阻寿命变短大都是在高压工作时产生的。在高压工作场景,对电阻的制造工艺、使用材料都有相应的要求。由于电阻的实际功率往往会达到电阻额定功率的上限,因此要严格限制电阻的环境温度,随着环境温度的升高,电阻的额定功率会下降。另外,瞬间脉冲电压和涌浪电流也会对电阻造成影响。对于引脚焊接不良,绝缘制程有瑕疵的产品,使用不久就会崩溃烧毁。如果正确使用电阻,则电阻的使用寿命一般在100000h以上。

所以,像1MΩ这样的高阻值电阻应区分高压专用和一般用途。高压专用的电阻价格比一般电阻高数倍,不过电阻终究是低价元件,而且在高压使用的电阻数量不是很多。对于高压大电流的场景,留有足够的降额设计,可以有效延长电阻寿命。

所以,电阻在使用和不使用的情况下寿命一定不同,电阻在不同的使用场景下寿命也会不同。

电阻寿命包括负载寿命(Load Life Stability)和货架寿命。

电阻在额定功率长期负荷下,阻值相对变化的百分数是表示电阻寿命长短的参数。

电阻的负载寿命是指电阻在被使用的情况下预估的寿命,其与影响电阻的三方面因素(功率、温度和使用时间)相关。电阻阻值变化的活跃期是在使用前的几百个小时内,电阻使用时间越长,其阻值变化越是趋于稳定。这是由于随着时间的推移,电阻元素本身趋于稳定,或者电阻元素和基体之间的应力逐渐释放。电阻的负载寿命的指标只能通过抽样测试,通过样品测试折算出产品的预计寿命。这种测试至少需要1000h,且这种测试是破坏性的实验。电阻的负载寿命一般会被标注在器件资料中,如图1.19.1所示(表示在70℃、反复上下电的条件下,电阻的负载寿命为1000h)。

Load Life	70℃ on-off cycle 1000hrs.	±5%

图1.19.1 电阻器件资料中的负载寿命参数

电阻的货架寿命是指电阻在不被使用的场景下,只是存储在库房时的寿命。电阻的货架寿命取决于存储条件下的阻值稳定性。电阻的货架寿命和负载寿命一样，电阻存放时间越长，其阻值的变化越趋于稳定。通常采用精密仪器来制造设备时，所用到的电阻不会立即使用，而是存储一段时间后再使用。另外，电阻的存储尤其要注意湿度控制，湿度对于任何电阻的阻值都会产生很大的影响。湿度一般控制在25%~75%。

20 为什么电阻没有固定的额定环境温度？

一般IC（Integrated Circuit，集成电路）或一些无源器件会有一个额定的环境温度，但是在电阻的器件资料中一般没有一个固定的温度，只提供一个曲线，并且一些特性是基于工作在额定功率，环境温度为70℃条件下。图1.20.1所示是电阻器件资料中的特性参数，第一行额定功率表述为Rated Power@70℃，即额定功率是基于70℃的环境温度的条件设定的。

Characteristics – Electrical

		0201			0402			0603				0805			
Rated Power @ 70 °C (W)		0.05			0.063			0.1				0.125			
Resistance Range	Min	10	1	11	10	1	11	1	101	1	11	1	101	1	11
(Ohms)	Max	1M0	10	1M0	2M0	10	3M3	100	1M0	10	10M	100	1M0	10	10M
Tolerance (%)		1	5	5	1	5	5	1	1	5	5	1	1	5	5
Code letter		F	J	J	F	J	J	F	F	J	J	F	F	J	J
Selection Series		E24 E96	E24	E24	E24 E96	E24	E24	E24	E24 E96	E24	E24	E24	E24 E96	E24	E24
Temp. Coefficient (ppm/°C)		±200	±400	±200	±100	±400	±200	±200	±100	±200	±200	±200	±100	±400	±200

图1.20.1　电阻器件资料中的特性参数

正是由于图1.20.1中额定功率是基于70℃的环境温度的条件设定的，因此有些资料并不严谨地将70℃称为电阻的额定温度，所以有些工程师也很困惑：为什么电阻可以超过它的额定功率去使用？其实，不管是无源器件还是有源器件，其某个位置的温度极限是由其材质、结构、自散热的条件决定的。如果其自身发热量很少，或者发热量比较确定，则规格书会给一个明确的额定环境温度，这样便于设计；但是，如果其自身发热量比较大，则需要将其自身功耗产生的热量叠加到环境温度中，以两者叠加之后对自身不能造成不可恢复的损伤为前提，来约定其额定环境温度。也就是说，自身功耗变化比较大的器件，其额定环境温度是动态的，其中表现最典型的就是电阻。

从能量的角度来看，电阻是一个耗能元件，将电能转化为热能。任何物体都存在电阻，导体也不例外。读者可能有这样的体验：电饭煲在煮饭时导线会有些许发热，究其原因，就是由于制造导线的铜存在电阻，固然电阻很小，但是在煮饭的大电流状况下仍会耗费局部电能，以热的方式散发出来，如图1.20.2所示。

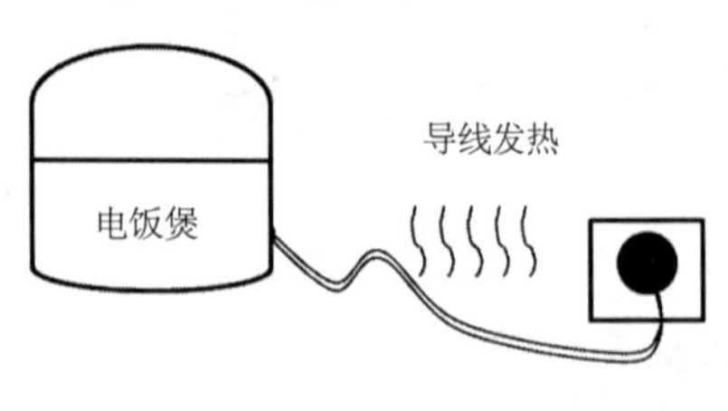

图1.20.2　电饭煲导线发热

电阻通过电流时自身会消耗功率产生热量，所以电阻要标注能够承受的功率，1/4W 就表示承受功率不能超过0.25W。

功率的参考公式为：功率 = 电流^2 × 电阻值，即

$$P = I^2 \cdot R \tag{1.20.1}$$

电阻的额定功率是指电阻在一定的气压和温度下长期连续工作所允许承受的最大功率。如果电阻上所加功率超过额定值，电阻就可能被烧毁。电阻额定功率的单位为W。

电阻的额定功率是按照国家标准进行标注的，标称值有1/8W、1/4W、1/2W、1W、2W、5W、10W等。

由于电阻本身是发热的，并且电阻的功率可能是0W到额定功率之间的任意值，当电阻的功率变化时，电阻对环境温度的要求也随之改变，因此通常以70℃的环境温度为条件，来描述电阻的额定功率。随着电阻实际功率的下降，叠加在电阻上的功率产生的总的温升会下降，那么电阻能够承受的环境温度可以相应地提升。

在实际应用中，往往还需要了解不同温度点对应的额定功率，一般用一条曲线来标称电阻的额定功率和额定环境温度的关系，如图1.20.3所示。

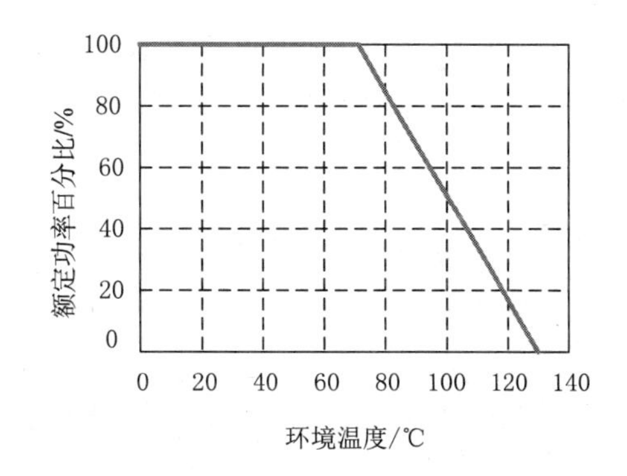

图1.20.3 电阻的额定功率和额定环境温度的关系

如图1.20.3所示，当电阻达到100%额定功率时，其可以承受的最高环境温度为70℃。

21 为什么电阻的额定功率需要降额使用?

降额设计是使电子元器件的工作应力适当低于其规定的额定值，从而达到降低基本故障率，保证系统可靠性的目的。降额设计是电子产品可靠性设计中最常用的方法。简单地说，就是如果一个电阻的额定功率为1W，那么在使用该电阻过程中不应让其实际功率正好等于1W，要略小一点，留一些余量。

降额能提高可靠性的原因如下。

(1)降额可以减小处于应力边缘状态的元器件在系统寿命期内失效的可能性。

(2)降额可以降低元器件参数初始容差的影响(如器件个体之间的差异、批次波动、工艺更改)。

(3)降额可以减小元器件参数值的长期漂移带来的影响。

(4)降额可以为应力计算中的不确定性提供余量。

(5)降额可以为意外事故提供余量，如机房空调故障、电压峰值瞬变应力等(设备按照长期、短期进行评估)。

不同的电子元器件所要考虑的应力因素是不同的，有的是电压，有的是电流，有的是温度，有的是

频率，有的是振动，等等。电阻要考虑的重要的应力因素之一就是功率。

决定电阻功率的外因是作用于电阻两端的电压，决定电阻功率的内因是电阻的阻值。由于外因电压可能不稳（电压可能波动），内因电阻可能不准（电阻值有一定的离散性和变化率），因此就会导致电阻的实际功率与理论计算会存在一定的差异。如果非常靠近额定功率去使用电阻，则外因和内因都可以导致电阻超规格使用，并且产生不可预计的后果。

案例：光耦限流电阻选型不当导致电阻烧毁

（1）问题现象。××单板运行过程中发生多起电阻R_1失效问题，分析失效原因是过电流损坏。

（2）问题根因。1kΩ 0603电阻R_1为光耦KPC357NT的限流电阻，光耦V_F为1.4V，则R_1两端最大电压$V_{R1}=48-1.4=46.6(\text{V})$，通过$R_1$的电流$I_r=46.6/1=46.6(\text{mA})$，电阻$R_1$的功率$P=46.6\times46.6\times10^{-3}\approx2.17(\text{W})$。而$R_1$的额定功率为0.1W。问题原因为$R_1$的实际功率超过额定功率。电阻的指标如图1.21.1所示。

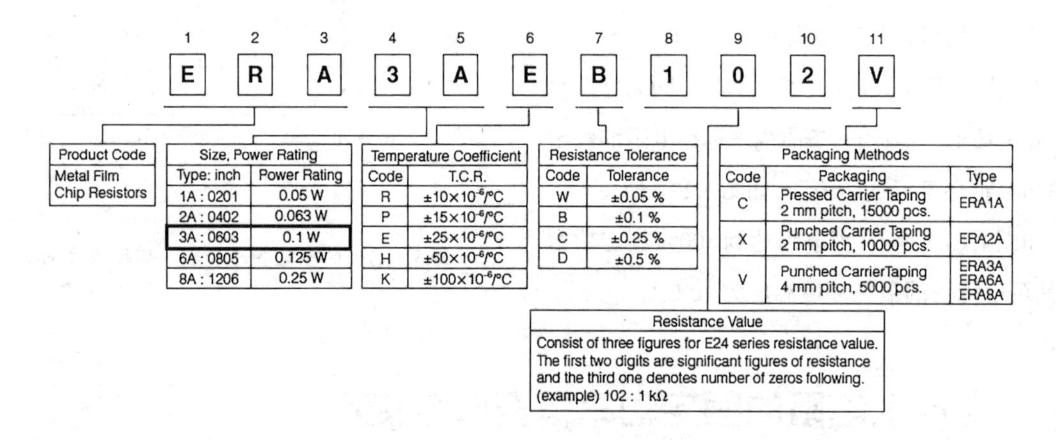

图1.21.1 电阻的指标

（3）解决方案。更换大功率电阻，考虑60%降额，选择额定功率为3.6W[2.17/0.6≈3.6(W)]的电阻。

（4）案例点评。电阻选型，特别是在功率比较大的场景中，都需要考虑功率降额。

22 电阻有了“额定功率”，为什么还需要“最大工作电压”？

我们在审核电路时，往往比较关注电阻的额定功率，而且会想当然地认为，根据欧姆定律，只要在电阻一定的情况下，电压确定了，功耗也就确定了，如式（1.22.1）所示。

$$P=UI=\frac{U^2}{R}=I^2R \tag{1.22.1}$$

很多开发人员认为，只要关注电阻的额定功率就可以了，电阻的最大工作电压是多余的参数，不需要关注。电阻的额定参数如表1.22.1所示。

表 1.22.1 电阻的额定参数

参数	值
70℃时功率/W	0.1
电阻容差/%	±1
温度系数/(ppm/℃)	±100
工作温度/℃	−55～+125
最大工作电压(Max. Working Voltage)/V	150
跳线芯片电阻/mΩ	50(最大值)
70℃时电流/A	1(仅0欧姆电阻)
尺寸(长×宽×厚)/mm	1.6×0.8×0.45

实际上,电阻正常工作时,电压不应该超过最大工作电压,否则可能导致内部绝缘损坏而击穿电阻。超过最大工作电压时,即使没有达到额定功率,也会导致电阻损坏。若电阻的散热条件较好、电阻温度较低,则理论上功率可以超过额定功率。但实际上,若没有特殊的散热措施,则不会出现这种情况。所以,电阻的最大工作电压和额定功率两个条件都要遵守。

最大工作电压主要基于绝缘的要求,取决于电阻的材料和工艺。额定功率主要基于电阻的散热能力。实际运行时,有的情况下,电阻在最大工作电压下的实际功率已经超过了额定功率;有的情况下,电阻在满足额定功率时,电压已经超过了最大工作电压。上述两种情况,第一种与电阻的阻值有关;第二种与电阻的封装和工艺有关,也与施加在电阻两端的电压是连续电压还是脉冲电压有关。另外,有时可以超过额定功率,前提是温度不超过额定温度,但这种情况比较少。

正是由于不同电阻工艺的散热能力不同,材料的绝缘特性不同,才导致不同的电阻额定功率和最大工作电压的要求不同,相应的降额要求也不同。

注意:本书为了避免概念混淆,不使用"电阻的额定电压"这个说法,而使用最大工作电压的说法。

---

23 浪涌对电阻有什么影响?

浪涌是指施加于电路的瞬态大电压或瞬态大电流。电阻被施加浪涌电压或浪涌电流时,过度的电应力会使电阻特性受到影响,最坏的情况是导致电阻后端的芯片损坏。

常用的增强抗浪涌特性的方法如下。

(1)使用抗浪涌性强的材料。

(2)拉长电极间距,使电位梯度平缓,从而减少对芯片的损坏。

(3)扩大电阻尺寸,则电极间距变大,抗浪涌性能变强。但使用大尺寸电阻需要更多的电路板空间，如果电路板没有多余空间，则希望能在电阻小型化的同时确保抗浪涌性。不同尺寸电阻的抗浪涌特性如表 1.23.1 所示。

表 1.23.1 不同尺寸电阻的抗浪涌特性

类型	尺寸/mm(in)	抗浪涌保证值/kV
ESR01	1005（0402）	2
ESR03	1608（0603）	3
ESR10	2012（0805）	3
ESR18	3216（1206）	3
ESR25	3225（1210）	5
LTR10	2012（0805）	3
LTR18	3216（1206）	3
LTR50	5025（2010）	3
LTR100	6432（2512）	3

例如，一些公司推出的抗浪涌贴片电阻采用抗浪涌特性优异的材料，并采用独有的电阻体元件设计，使电位梯度平缓，减轻对芯片的损坏。通用贴片电阻与抗浪涌贴片电阻的区别如图 1.23.1 和图 1.23.2 所示。

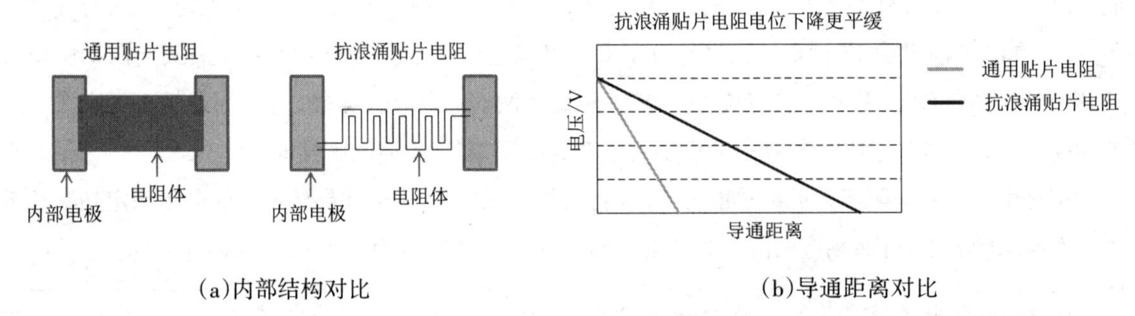

图 1.23.1 通用贴片电阻与抗浪涌贴片电阻的区别

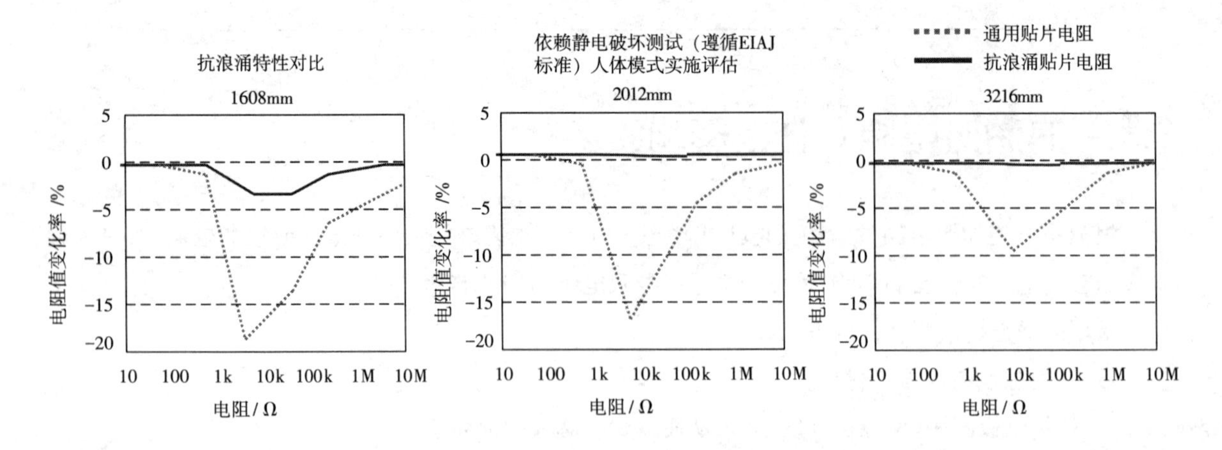

图 1.23.2 通用贴片电阻与抗浪涌贴片电阻静电破坏测试结果对比

与通用贴片电阻相比,抗浪涌贴片电阻通过提高耐压特性,调整元件形状,实现了更大的额定功率。

24 电阻有哪些降额要求?

可能导致元器件失效的电、热、机械等负载称为应力。下面从电阻的几个应力参数(电压、功率、温度)来讨论降额。如果电阻在使用过程中超出了这几个参数的额定值,则可能导致电阻失效。另外,这几个参数的应力值越大,越影响电阻的使用寿命。所以,应从这几个方面对电阻进行降额使用。

1 电压

电阻的工作电压参数有两个:额定功率对应的工作电压和最大工作电压。电阻两端能够达到的电压值取于额定功率对应的工作电压与最大工作电压两者之中的更小的值。电阻的电压降额是针对两者之中的更小的值来进行的。电阻厂家技术手册中列出的最大工作电压(Max. Working Voltage或Max. Overload Voltage)如图1.24.1所示。

	0201	0402	0603	0805	1206	2010	2512
Working Voltage (V)	25	50	50	150	200	200	200
Max. Overload Voltage (V)	50	100	100	300	400	400	400
Operating Temp. Range (℃)	-55 to +125						
Climatic Category (℃)	55/125/56						
Insulation Resistance Dry Min (Mohms)	1000						
Stability (%)	3						
Zerohm (A) Current Max	0.5	1	1	2	2	2	2
Resistance Max	<50 mOhm			<50 mOhm			

图1.24.1 电阻厂家技术手册中列出的最大工作电压

下面举例说明如何确定最高使用电压。例如,一个尺寸为0603、功率为1/8W、阻值为1MΩ的电阻,根据额定功率和电阻值计算最大工作电压约为354V($P = U^2/R$,则$U = (P \cdot R)^{0.5}$)。查阅厂家手册,对于该系列0603、1/8W的电阻,其最大工作电压为50V。二者取其小,则最高使用电压为50V(因为超过50V时,虽然从散热的角度可以接受,但可能会在膜层的刻槽间发生飞弧击穿而损坏电阻)。再考虑70%的降额,最高使用电压不能超过35V。所以,在48V电源中使用贴片电阻时,不能选用小尺寸的电阻。

对用于非脉冲状态下电阻电压的测试,可采用万用表或示波器。

对用于脉冲状态下电阻电压的测试,因为涉及脉冲占空比,用万用表无法测试,所以必须采用示波器(≥20MHz)进行测试。

对于线绕电阻,限制最高使用电压是为了避免线圈间产生短路。对于其他电阻,限制最高使用电压是为了防止产生极间飞弧现象。

一般来说，不管什么电阻类型，最大工作电压都按照75%进行降额。

2 功率

电阻的功率分为稳态功率和瞬态功率，相应的降额也分为稳态功率降额和瞬态功率降额。

(1)稳态功率。稳态功率降额是在相应的工作温度下的降额，即是在元器件符合曲线所规定环境温度下的功率的进一步降额，采用式(1.24.1)进行计算。

$$P = U^2/R \tag{1.24.1}$$

为了保证电阻正常工作，各种型号的电阻厂家都通过试验确定了相应的功率降额曲线，必须严格按照功率降额曲线使用电阻。

当环境温度低于额定温度时($T < T_s$)，可以施加60%额定功率，不需要考虑温度降额。当环境温度高于额定温度时，需要考虑温度降额，应该进一步降额功率使用，具体降额功率用式(1.24.2)进行计算。

$$P = P_r\left[0.6 - \frac{T - T_s}{T_{max} - T_s}\right] \tag{1.24.2}$$

式中，P_r为额定功率；T为环境温度；T_s为额定温度；T_{max}为零功率时最高环境温度。

(2)瞬态功率。不同厂家，其电阻脉冲功率和稳态功率的转换曲线不同，具体应用时，要查询转换曲线，将瞬态功率转换为稳态功率，然后在此基础上降额。

如果厂家额定温度为70℃，那么低于该温度时，直接按照60%进行降额；当超过该温度时，降额曲线是一条斜线。降额曲线的起点是70℃时最大功率的60%，终点是最大温度的降额(121℃)，从起点到终点绘制一条虚线表示的斜线，按照斜线进行降额，如图1.24.2所示。

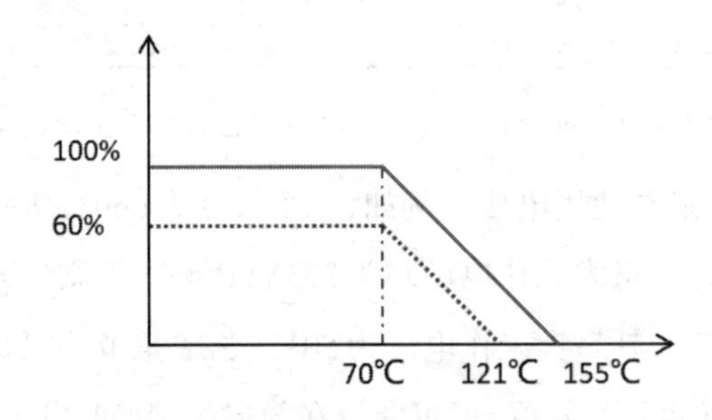

图1.24.2 电阻瞬态功率降额曲线

只要时间足够短，电阻就可以承受比额定功率大得多的瞬态功率。具体需要参考厂家资料中的最高过负荷电压参数，再在此基础上降额。瞬态功率应按照单脉冲和多脉冲分别进行讨论和分析。

①单脉冲。单脉冲场景电阻瞬态功率降额曲线如图1.24.3所示。

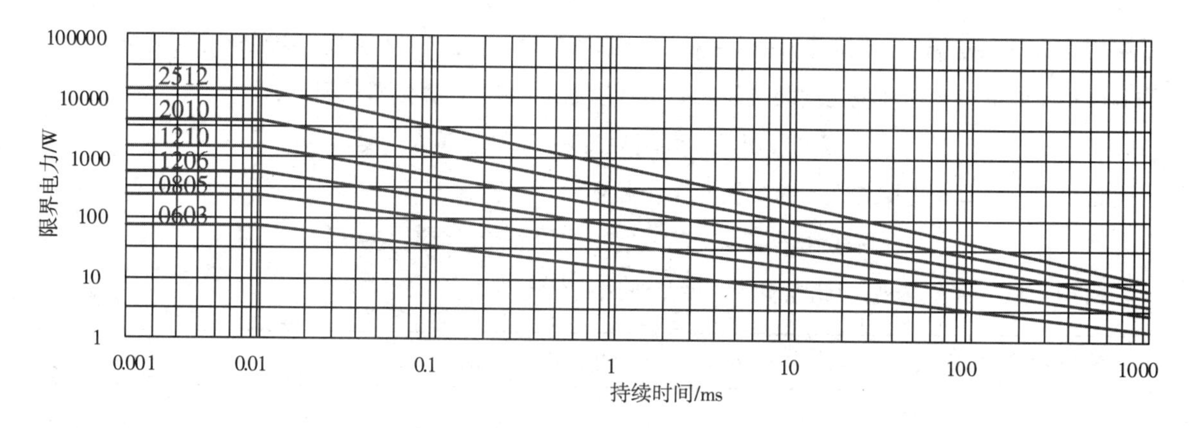

图 1.24.3 单脉冲场景电阻瞬态功率降额曲线

②多脉冲。多脉冲场景电阻瞬态功率降额曲线如图 1.24.4 所示。

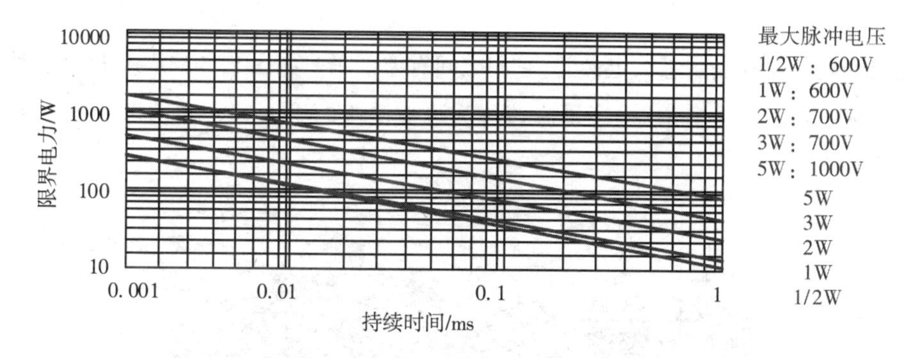

图 1.24.4 多脉冲场景电阻瞬态功率降额曲线

不同公司、不同产品的应用场景不同，所以降额的参数也会不同。所以，本章节给出的降额参数只作为设计参考。一些权威机构给出的降额参数往往也是经验值或统计值，不可以普适。

各公司应该根据自己的产品领域和案例、器件失效统计的情况不断地刷新自己的降额规范。所以，降额规范不但不是普适的，而且是动态的。

因为不同电阻工艺特点会导致不同的负荷能力，所以各种电阻的功率降额的要求是不同的。合成型电阻器件体积小，过负荷能力强，但它们的阻值稳定性差，热和电流噪声大，电压和温度系数较大。线绕电阻分为精密型和功率型，具有可靠性高、稳定性好、无非线性，以及电流噪声、电压和温度系数小的优点。薄膜电阻的高频特性好，电流噪声和非线性较小，阻值范围大，温度系数小，性能稳定。正是由于电阻工艺不同，因此导致电阻的特性不同，内部结构不同，散热能力不同，从而降额要求也可能不同。

3 温度

测试电阻的工作环境温度时，对于发热不大的电阻，不用逐个测量环境温度，可根据器件分布划分出区域，每个区域测量一个最热点温度作为环境温度即可。对于功率较大的电阻，可利用热电耦测量电阻上方的环境温度，离器件1.2cm左右，注意不要贴着电阻。在实验室环境条件下，测量电阻达到温度稳定时的机箱内环境温度与当时实验室环境温度之差，计算出器件温升：

温升 = 机箱内环境温度 － 实验室环境温度

通过温升计算出电阻在运行时的实际工作温度：

实际工作温度 = 产品短期工作的最高环境温度 + 温升

由于电阻本身会发热，因此电阻的温度是按照负荷特性曲线降额。

注意：具体的降额要求和降额规范，详见“38.电阻降额规范”。

---

25 电位器与可变电阻是什么关系？

可变电阻和电位器到底是怎么定义的，它们之间有差别吗？如图1.25.1所示，这么多种可以调节电阻的器件，到底应该称为电位器，还是应该称为可变电阻？下面首先介绍可变电阻和电位器的定义。

图1.25.1　各种可以调节电阻阻值的器件外观

（1）可变电阻：阻值可以调整的电阻，用于需要调节电路电流或需要改变电路阻值的场合。日常电路设计中通常通过改变可变电阻实现电压不变的情况下调整电流的大小。例如，调节台灯的亮度，启动电动机或控制电动机的转速都是采用可变电阻。其实广义上来说，所有阻值能够进行调节的电阻都可称为可变电阻。常用可变电阻的外观如图1.25.2所示。

（2）电位器：为了获得某个电位（电势、电压）的器件。其本质就是在一个固定阻值的电阻中间增加一个触点，滑动电阻的中间触点，获得期望的分压。电位器是具有3个引出端、阻值可按某种变化规律调节的电阻元件。电位器通常由电阻体和可移动的电刷组成。当电刷沿电阻体移动时，在输出端即获得与位移量成一定关系的电阻值或电压。常用电位器的外观如图1.25.3所示。

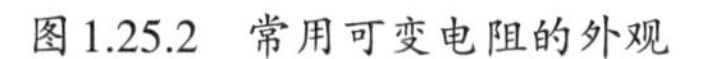

图1.25.2　常用可变电阻的外观

图1.25.3　常用电位器的外观

电位器一般有3个端子，其中两个端子固定在电阻体两端，另外一个端子与电阻体之间的可移动触点连接。电位器的工作原理如下：电位器的电阻体有两个固定端，通过手动调节转轴或滑柄，改变动触点在电阻体上的位置，则会改变动触点与任一个固定端之间的电阻值，从而改变电压与电流的大小，如图1.25.4所示。当旋钮或滑块移动时，第3个端子（动片）对总的电阻的阻值划分发生变化。

电位器在电路中的作用是获得与输入电压（外加电压）成一定关系的输出电压。电位器基本上就是滑动变阻器，由于它具有可以调整输出电压的特性，因此电位器大量应用于参数动态可调的电路中，如一般用于音响音量开关（图1.25.5）和激光头功率大小调节。

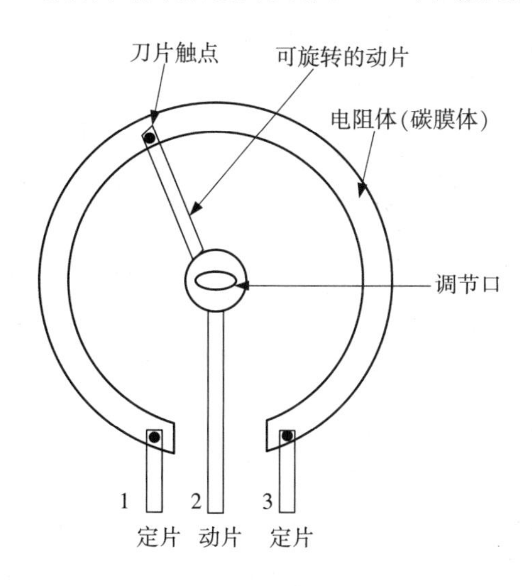

图1.25.4　电位器的工作原理

图1.25.5　音响音量旋钮

电位器按材料可分为线绕电位器、碳膜电位器、实芯式电位器；按输出与输入电压比与旋转角度的关系可分为直线式电位器（呈线性关系）、函数电位器（呈曲线关系）。电位器广泛用于电子设备中，在音响和接收机中作音量控制用。双联电位器其实就是两个相互独立的电位器的组合，在电路中可以调节两个不同的工作点电压或信号强度。例如，双声道音频放大电路中的音量调节电位器就是双联电位器，可以同时调节两个声道的音量。当旋转音量调节按钮时，电位器内部相当于有两个独立的电位器发生了相同的阻值变化。

1 可变电阻和电位器的区别是什么？

根据上面的描述可知，可变电阻强调的是电阻值的变化和调节，电位器强调的是分压的调整。两者的物理本质没有太大的区别。如果用于分压，一般就称为电位器；如果把固定阻值的端子与滑动端子短接在一起，实现一个阻值可变化的电阻，就称为可变电阻。

相同的3个端子的电位器，如果采用不同的连接方法，则可以实现不同的功能。

（1）用作分压器时，电位器是一个连续可调的电阻。当调节电位器的转柄或滑柄时，动触点在电阻体上滑动，此时在电位器的输出端可获得与电位器外加电压和可动臂转角或行程成一定关系的输出电压，如图1.25.6所示。

（2）用作可变电阻时，应把它接成两端器件，这样在电位器的行程范围内移动滑动端子时，便可获得一个连续平滑变化的电阻值。实际上，市面上使用的可变电阻都没有做成两端的，都是3个端子。将其中一个固定阻值的端子与滑动端子短接在一起，即可实现电阻可调。这样也可避免一段走线和电阻在电路中悬空，从而引入干扰，如图1.25.7所示。

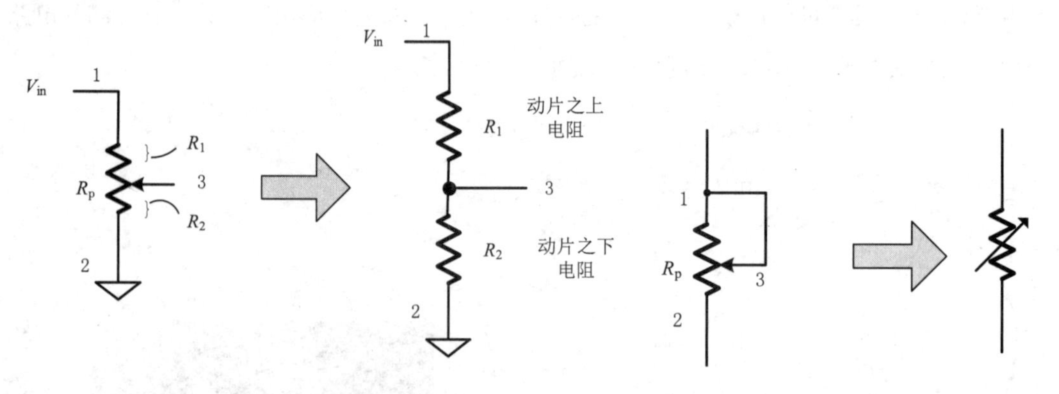

图1.25.6　电位器用作分压器时电路　　图1.25.7　电位器用作可变电阻时电路

2 可变电阻是不是包含电位器？

按照上面的描述，似乎某个器件既可以称为可变电阻，也可以称为电位器。有的工程师认为电位器是可变电阻的一种，当可变电阻用作分压时，就称为电位器；有的工程师则认为可变电阻是电位器的一种，可变电阻的变化关系是线性的，即调节量与阻值的变化成正比，而电位器的变化关系包括线性和非线性；还有的工程师认为电位器就是可变电阻，一种东西两种叫法，电路用法不同，叫法不同。

笔者认为，在日常的说法和使用过程中两者并没有严格的定义，且两者的定义有偏差并不影响使用和设计。

电位器的狭义定义：带操作柄的，用于调节某个物理量的，做成分压电路的器件。其变化关系有3种：线性、指数型和对数型，即X型、Z型和D型，以适应不同的需要，如作为音量调节的电位器，一般采用的就是指数型。电位器的种类很多，除传统的通过滑动变阻器实现的电位器外，还有数字电位器。按结构分，电位器还有双联电位器、多联电位器。常见的双联电位器如图1.25.8所示，旋钮旋转时，双联电位器内部两个电位器的滑块会发生相同的位移。

图1.25.8 常见的双联电位器

可变电阻的狭义定义：没有操作柄的，电阻体均匀分布的，线性调节的器件。可变电阻一般不用于产品使用过程中调节参数的场景。常见的小功率可变电阻如图1.25.9(a)所示，常见的大功率可变电阻如图1.25.9(b)所示。

(a)常见的小功率可变电阻

(b)常见的大功率可变电阻

图1.25.9 常见的可变电阻

根据上面的描述，可将电位器与可变电阻的对比列于表1.25.1中。

表1.25.1 电位器与可变电阻的对比

对比项目	狭义定义的电位器	狭义定义的可变电阻
操纵柄	有	没有
阻值特性	有各种输出函数特性的电位器，包含数字电位器	电阻体的分布特性相同，一般都是线性调整阻值
联数	多联、双联	无

广义上来说，只要能够实现分压调整的器件就可以称为电位器。广义上的电位器包含各种狭义定义的可变电阻，因为可变电阻一般也是3个端子，都可以实现分压并调整。

广义上来说，只要是电阻可以调节的器件就可以称为可变电阻。广义上的可变电阻包含线性的机械电位器。

所以，实际工作中，我们很可能混淆着去称呼电位器和可变电阻，并没有严格的定义区分。

26 电位器都有哪些种类？

电位器是一种机电元件，靠电刷在电阻体上的滑动，获得与电刷位移成一定关系的输出电压。

电位器按阻值变化规律可分为直线型电位器、指数型电位器和对数型电位器。

(1)直线型电位器。直线型电位器的阻值按旋转角度均匀变化。它适于用作分压、调节电流等。

(2)指数型电位器。指数型电位器的阻值按旋转角度依指数关系变化(阻值变化开始缓慢，以后变快)，普遍使用在音量调节电路中。人耳对声音响度的听觉特性是接近于对数关系的，当音量从零开始逐渐变大的一段过程中，听觉最灵敏；当音量大到一定程度后，听觉逐渐变迟钝。音量调整采用指数式电位器，使声音变化听起来显得平稳、舒适。

(3)对数型电位器。对数型电位器的阻值按旋转角度依对数关系变化(阻值变化开始快，以后缓慢)，多用于仪器设备的特殊调节。

电位器按材料可分为碳膜电位器、线绕电位器、合成碳膜电位器、金属膜电位器、有机实心电位器和导电塑料电位器等。

(1)碳膜电位器。碳膜电位器的电阻体是在绝缘基体上蒸涂一层碳膜制成的。碳膜电位器的特点是结构简单，绝缘性能好，噪声小且成本低。

(2)线绕电位器。线绕电位器是将康铜丝或镍铬合金丝作为电阻体，并将其绕在绝缘骨架上制成的。线绕电位器的特点是接触电阻小，精度高，温度系数小；缺点是分辨力差，阻值偏小，高频特性差。线绕电位器主要用作分压器、变阻器、仪器中调零和工作点等。

(3)合成碳膜电位器。合成碳膜电位器的电阻体是用经过研磨的炭黑、石墨、石英等材料涂敷于基体表面而成的。合成碳膜电位器的特点是分辨力高，耐磨性好，寿命较长；缺点是电流噪声大，非线性大，耐潮性及阻值稳定性差。

(4)金属膜电位器。金属膜电位器的电阻体可由合金膜、金属氧化膜、金属箔等分别组成。金属膜电位器的特点是分辨力高，耐高温，温度系数小，动噪声小，平滑性好。

(5)有机实心电位器。有机实心电位器是用加热塑压的方法，将有机电阻粉压在绝缘体的凹槽内制成的。与合成碳膜电位器相比，有机实心电位器具有耐热性好、功率大、可靠性高、耐磨性好的优点；但温度系数大，动噪声大，耐潮性能差，制造工艺复杂，阻值精度较低。有机实心电位器在小型化、高可靠、高耐磨性的电子设备及交、直流电路中用作调节电压、电流。

(6)导电塑料电位器。导电塑料电位器用特殊工艺将DAP(邻苯二甲酸二烯丙酯)电阻浆料覆在绝缘机体上，加热聚合成电阻膜，或者将DAP电阻粉热塑压在绝缘基体的凹槽内形成实心的电阻体。导电塑料电位器的特点是平滑性好，分辨力高，耐磨性好，寿命长，动噪声小，可靠性高，耐化学腐蚀。导电塑料电位器主要用于宇宙装置、导弹、飞机雷达天线的伺服系统等。

特殊的电位器包括带开关的电位器、单联电位器、双联电位器、直滑式电位器和数字电位器(Digital Potentiometer)等。

(1)带开关的电位器。带开关的电位器包括弹簧旋转式电位器、拨头旋转式电位器和推拉式开关电位器。

(2)单联电位器。单联电位器是用得较多的一种电位器,其轴只控制一组电位器。

(3)双联电位器。双联电位器是两个电位器同装在一个轴上,当调整转轴时,两个电位器的触点同时转动。例如,立体声音响设备中,两个声道的音量和音调的调节要求同步时,便要选用双联电位器。有的双联电位器是异步异轴,即两个轴采用的是同心轴,互不干扰,各轴调节自己所关联的触点。

(4)直滑式电位器。直滑式电位器采用直滑方式改变电阻值,其外观如图1.26.1所示。

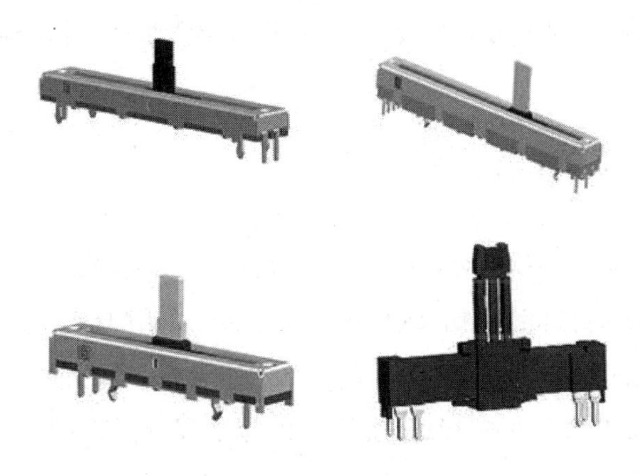

图1.26.1 直滑式电位器的外观

(5)数字电位器。数字电位器也称为数控可编程电阻,是一种代替传统机械电位器(模拟电位器)的新型CMOS数字、模拟混合信号处理的集成电路。数字电位器由数字输入控制,产生一个模拟量的输出。依据数字电位器的不同,抽头电流最大值可以从几百微安到几毫安。数字电位器采用数控方式调节电阻值,具有使用灵活、调节精度高、无触点、低噪声、不易污损、抗震动、抗干扰、体积小、寿命长等显著优点,可在许多领域取代机械电位器。

27 是否可以使用电位器代替电阻?

因为电位器可以很方便地改变阻值,所以如果没有电路设计经验,则很容易犯一个错误,即用电位器代替电阻以方便调试,或者获得电阻没有的阻值。当对可靠性、成本、噪声等维度有要求时,这种做法非常不提倡。

(1)电位器没有电阻可靠。电位器调整电阻阻值时依赖的是机械装置:利用旋钮移动电位器上的滑块。由于是机械装置,因此当发生震动时,旋钮有可能会发生位置变化,那么预设的电阻值也就会发生变化。有时在不得已的情况下,还需要对调整好的电位器进行点胶、点油漆的操作。另外,由于滑块与电阻体之间依赖的是机械接触，因此在震动时可能会发生短时间的阻值增大或开路情况，随着使用的时间增加，也可能因为灰尘、油污、松动等原因产生接触不良。

(2)因为需要调整电阻，所以要实现相同的阻值的功能，电位器的成本必然会比固定阻值电阻高很多。另外，在电路设计过程中，电阻比电位器的使用量要大很多，因此电阻的产业更成熟，发展更快。

(3)电位器的阻值变化是非线性的。对线绕电位器来说，当动触点每移动一圈时，输出电压不连续地发生变化，该变化量与输出电压的比值称为分辨率。直线式线绕电位器的理论分辨率为绕线总匝数N的倒数，并以百分数表示。电位器的总匝数越多，分辨率越高。所以，电位器也不是一定能达到预想的电阻阻值。

(4)电位器有一个触点，结构更复杂，体积更大，所以噪声特性并不是特别好。

28 为什么不推荐使用排阻？

排阻(Wire-wound Resistor)也称为网络电阻(Network Resistor)，是将若干个参数完全相同的电阻集中封装在一起组合制成的。它们的一个引脚连到一起，作为公共引脚；其余引脚正常引出。所以，如果一个排阻是由n个电阻构成的，那么对于表贴排阻就有$2n$个引脚，对于直插排阻就有$n+1$个引脚。一般来说，其最左边的引脚是公共引脚，一般用一个色点标出。排阻具有装配方便、安装密度高等优点，在集成度要求比较高的场景下使用比较多。排阻通常都有一个公共端，在封装表面用一个小白点表示，其颜色通常为黑色或黄色。排阻一般应用在数字电路上，如作为某个并行口的上拉或下拉电阻用。使用排阻比用若干个固定电阻更方便，电路的简洁度更高。表贴排阻的外观如图1.28.1(a)所示，直插排阻的外观如图1.28.1(b)所示。

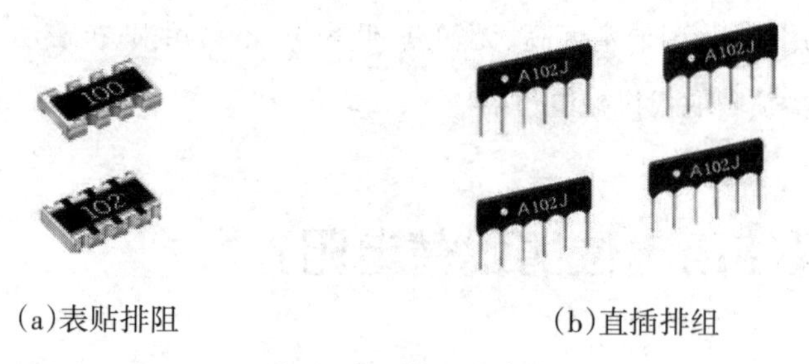

(a)表贴排阻　　(b)直插排组

图1.28.1　排阻的外观

排阻的优点是集成度高，使用方便。但是，基于以下3个原因，我们往往还是选择独立的电阻，而不选择排阻。

(1)调整阻值不方便。一旦选用排阻之后，想单独改变其中一个电阻阻值将变得不可行。例如，用排阻作为阻抗匹配时，就无法单独调整某一路的阻抗。

(2)排阻容易硫化。目前已经有些电阻厂家开始推出抗硫化排阻，但并不普及，所以选型时不太方便。

(3)连锡。由于排阻引脚之间的间距更小,因此焊接过程中出现连锡的概率变得更高。两个及多个焊点被焊料连接在一起,会造成外观及功能不良,在实际生产过程中排阻的连锡现象确实比电阻高很多。

基于以上3个原因,一般情况下尽量不使用排阻。但是在集成度挑战很大时,由于排阻集成度更高,因此不得不选用排组。

29 为什么需要使用0欧姆电阻?

直接用PCB走线即可实现0欧姆的功能,那为什么还需要焊接一个0欧姆电阻呢?

0欧姆电阻是电路设计的过程中经常使用的一个特殊电阻。0欧姆电阻又称为跨接电阻,是一种特殊用途的电阻,0欧姆电阻的阻值与常规贴片电阻一样有误差精度这个指标,其阻值并非刚好为0欧姆。电阻厂家一般会标注0欧姆电阻的最大阻值,如图1.29.1所示,图中的0欧姆电阻的阻值小于或等于20mΩ。正是由于0欧姆电阻的特殊性,因此它的阻值和精度的标注方法比较特殊。0欧姆电阻的器件资料中都会标注这些参数,如图1.29.1所示。

STANDARD ELECTRICAL SPECIFICATIONS

MODEL	SIZE INCH	SIZE METRIC	RATED DISSIPATION $P_{70\,°C}$ W	LIMITING ELEMENT VOLTAGE $U_{max.}$ AC/DC	TEMPERATURE COEFFICIENT ppm/K	TOLERANCE %	RESISTANCE RANGE Ω	SERIES
D10/CRCW0402	0402	RR 1005M	0.063	50	± 100 ± 200	± 1 ± 5	1R0 to 10M	E24; E96 E24
			Zero-Ohm-Resistor: $R_{max.}$ = 20 mΩ, $I_{max.}$ at 70 °C = 1.5 A					
D11/CRCW0603	0603	RR 1608M	0.10	75	± 100 ± 200	± 1 ± 5	1R0 to 10M	E24; E96 E24
			Zero-Ohm-Resistor: $R_{max.}$ = 20 mΩ, $I_{max.}$ at 70 °C = 2.0 A					
D12/CRCW0805	0805	RR 2012M	0.125	150	± 100 ± 200	± 1 ± 5	1R0 to 10M	E24; E96 E24
			Zero-Ohm-Resistor: $R_{max.}$ = 20 mΩ, $I_{max.}$ at 70 °C = 2.5 A					
D25/CRCW1206	1206	RR 3216M	0.25	200	± 100 ± 200	± 1 ± 5	1R0 to 10M	E24; E96 E24

图1.29.1 0欧姆电阻规格书中的部分参数

我们经常在电路中见到0欧姆电阻,读者可能会有疑惑:既然是0欧姆电阻,那就是导线,为何要装上它呢?这样的电阻市场上有销售吗?

1 0欧姆电阻的功能

0欧姆电阻的功能如下。

(1)作为跳线使用。0欧姆电阻作为跳线既美观,安装也方便。例如,某个电路在最终设计定稿时可能断开,也可能短接,此时就可以使用0欧姆电阻作为跳线。这样的操作,很可能会避免一次

PCB改板。再如，某个电路板可能需要做兼容设计，可以使用0欧姆电阻兼容不同的电路连接方式。

（2）在数字和模拟等混合电路中往往要求两个地分开，并且单点连接。此时，可以用一个0欧姆电阻来连接这两个地，而不是直接连接在一起。这样做的好处就是地线被分成了两个网络后，在大面积铺铜等处理时会方便得多，并且可以选择是否对两个地平面进行短接。另外，在这样的场合中，有时也会用电感或磁珠等来连接。

（3）作为熔丝使用。PCB走线的熔断电流较大，当发生短路过电流等故障时很难被熔断，可能会带来更大的事故。由于0欧姆电阻电流承受能力比较弱，因此过电流时会先将0欧姆电阻熔断，从而将电路断开，可防止更大事故的发生。有时也会用一些阻值为零点几或几欧姆的小电阻来作熔丝，不过不太推荐这种做法，因为不安全。

（4）为调试预留的位置。有时需要预留一个电阻的位置，在实际使用时，根据实际需要再决定是否安装这个电阻，以及这个电阻的阻值。这个位置可以放一个0欧姆电阻，并用“*”来标注，表示由调试时决定。

（5）作为配置电路使用。该作用与跳线或拨码开关类似，0欧姆电阻是通过焊接固定上去的，这样就避免了普通用户随意修改配置。通过安装不同位置的电阻，就可以更改电路的功能或设置地址。例如，某些电路板的版本号通过高低电平的方式获取，我们可以选用0欧姆电阻实现不同版本高低电平的变更。

2　0欧姆电阻的功率

0欧姆电阻的规格一般按功率来分，如1/8W、1/4W等。表1.29.1列出了不同封装0欧姆电阻对应的通流能力。

表1.29.1　不同封装0欧姆电阻对应的通流能力

封装类型	额定电流（最大过负荷电流）/A
0201	0.5（1）
0402	1（2）
0603	1（3）
0805	2（5）
1206	2（5）
1210	2（5）
1812	2（5）
2010	2（5）
2512	2（5）

3 模拟地和数字地单点接地

只要是地，最终都要接到一起，然后入大地；如果不接在一起就是“浮地”，存在压差，容易积累电荷，造成静电。地是参考0电位，所有电压都是参考地得出的，地的标准要一致，因此各种地应短接在一起。人们认为大地能够吸收所有电荷，始终维持稳定，是最终的地参考点。虽然有些电路板没有接大地，但发电厂是接大地的，电路板上的电源最终还是会返回发电厂入地。如果把模拟地和数字地大面积直接相连，则会互相干扰，但不短接又不妥，可以用以下4种方法解决此问题。

（1）用磁珠连接：磁珠的等效电路相当于带阻限波器，只对某个频点的噪声有显著抑制作用，使用时需要预先估计噪点频率，以便选用适当型号。对于频率不确定或无法预知的情况，不适合采用磁珠。

（2）用电容连接：电容“阻直流，通交流”，造成“浮地”。

（3）用电感连接：电感体积大，杂散参数多，不稳定。

（4）用0欧姆电阻连接：阻抗范围可控，阻抗足够小，不会有谐振频点等问题。

4 0欧姆电阻如何降额？

0欧姆电阻一般只标注额定最大电流和最大电阻。降额规范一般针对普通电阻，很少单独描述0欧姆电阻如何降额。我们可以通过欧姆定律计算，用0欧姆电阻的额定电流乘最大电阻，如果额定电流为1A，最大电阻为50mΩ，则认为其能允许的最大电压为50mV。但是0欧姆电阻在实际的使用场景中，其实际电压非常难测试，一是电压非常小；二是一般用于短接，短接两端的压差是波动的。

所以，一般会简化该过程，直接使用额定电流降额50%使用。例如，用电阻连接两个电源平面，电源供电是1A，则近似认为电源和GND（电线接地端）的电流都是1A，按照上述的简单降额方法，选择2A的0欧姆电阻进行短接。

30 电阻主要用在哪些电路？

从使用数量的角度来看，电阻在电子元器件中的数量要占到30%以上。电阻可以在电路中用于分压、分流、负载、阻抗匹配、RC滤波、上下拉等。下面介绍一下电阻的基本应用。

1 分压电路

分压电路是通过电阻串联实现的，如图1.30.1所示。分压电路有以下几个特点。

（1）通过各电阻的电流是同一电流，即各电阻中的电流相等，$I = I_1 = I_2 = I_3$。

(2)总电压等于各电阻上的电压之和，即$V = V_1 + V_2 + V_3$。

(3)总电阻等于各电阻之和，即$R = R_1 + R_2 + R_3$。

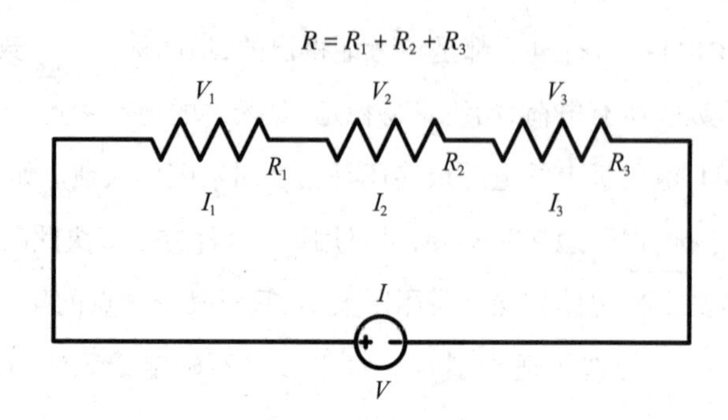

图1.30.1　分压电路

无论是分压电路还是分流电路，通过基尔霍夫定律和欧姆定律都可以分析清楚。在实践中，可利用电阻串联电路来进行分压以改变输出电压，如收音机和扩音机的音量调节电路、半导体管工作点的偏置电路及降压电路等。

电源的反馈电路就是一个典型的分压电路。为了通过分压得到与内部参考电压接近的输出电压值，可以采用图1.30.2中R_3和R_4组成的分压电路。

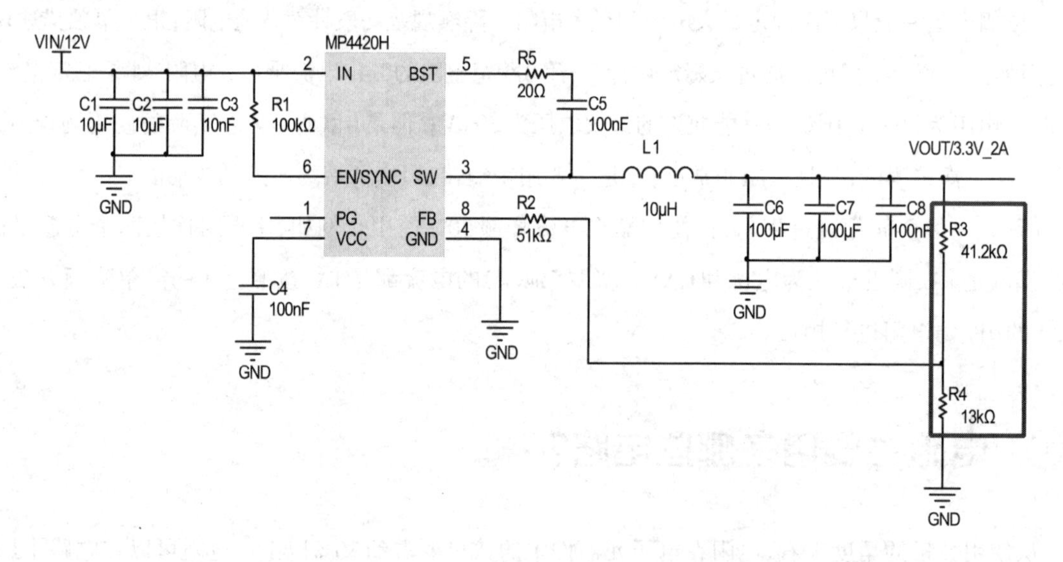

图1.30.2　电源电压反馈电阻分压电路

电源控制器通过外接反馈电阻形成一个闭环的电路，从而使输出电压稳定在3.3V。输出的电压值由分压反馈电阻R_3和R_4决定，计算公式如式(1.30.1)所示。选择合适的分压反馈电阻，就能得到想要的电压值。

$$\frac{V_{\text{out}}}{R_3 + R_4} R_4 \approx 0.8(\text{V}) \tag{1.30.1}$$

2　分流电路

分流电路是通过电阻并联实现的，如图1.30.3所示。分流电路有以下几个特点。

（1）各支路两端的电压相等。

（2）总电流等于各支路电流之和，即$I = I_1 + I_2 + I_3$。

（3）总电阻的倒数等于各支路电阻倒数之和，即$\frac{1}{R} = \frac{1}{R_1} + \frac{1}{R_2} + \frac{1}{R_3}$。

I　I_1　V_1　R_1　I_2　V_2　R_2　I_3　V_3　R_3　V

$1/R = 1/R_1 + 1/R_2 + 1/R_3$

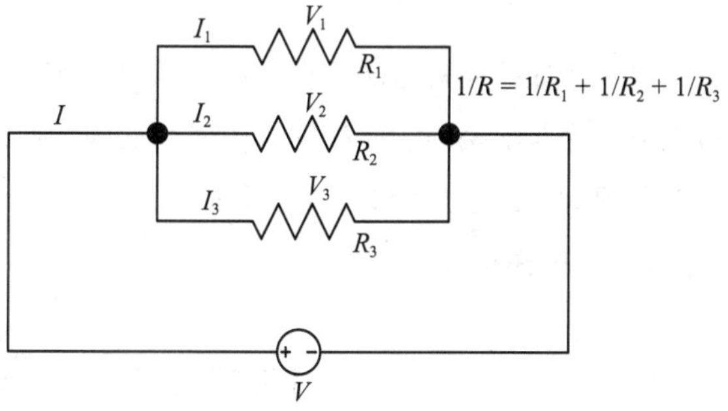

图1.30.3　分流电路

在实际的电路设计中，分流电路采用电阻与另一个元器件相并联，让一部分电流通过电阻，以减小流过另一个元器件的电流，减轻该元器件的负担，如图1.30.4所示。

图1.30.4中的电阻起到分流作用，如果没有该电阻，则所有的电流都将通过三极管。电阻并联在三极管集电极与发射极之间，这样电阻与三极管构成并联电路。电流的一部分流过电阻，一部分流经三极管，总电流为流过三极管和电阻的电流之和。在一些线性电源功率不足的场合，可以通过该方法，用一个电阻跨接输出端和输入端，利用分流电阻实现更大的输出电流。

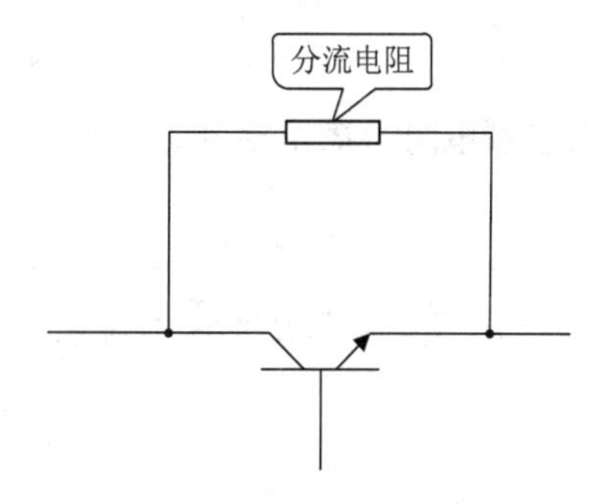

图1.30.4　电阻分流实际应用电路

在电路中接入分流电阻可起到保护三极管的作用，因此这样的电阻又被称为分流保护电阻。

3　限流电路

很多器件对于通过的最大电流都有限制，常通过串联电阻进行限流，如图1.30.5所示。

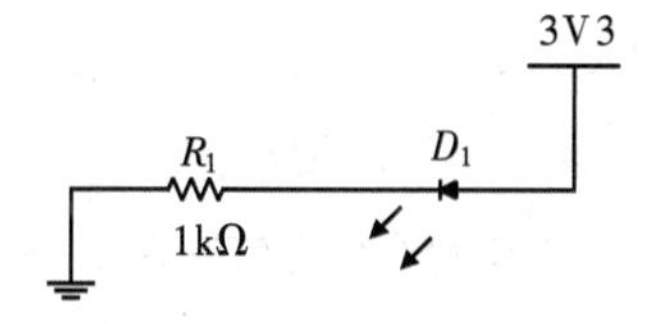

图1.30.5　电阻限流电路

图1.30.5中的R_1用于限制通过LED灯D_1的电流，D_1的导通压降$U_{\text{LED}} = 0.7\text{V}$，流过$D_1$的电流$I = (3.3 - 0.7)/1 = 2.6(\text{mA})$。在选择$R_1$的阻值时，要确保利用电流公式计算出的实际工作电流要小于LED的额定电流。

除此之外，有热插拔的场景中也经常通过串联电阻进行限流，防止热插拔时的冲击电流损坏接口电路。其原理是根据欧姆定律预计出最大的冲击电压，除以串联的电阻阻值，就可以实现瞬态电流的最大值。

4 阻抗匹配电路

阻抗匹配的通常做法是在源和负载之间插入一个无源网络，使负载阻抗与源阻抗共轭匹配，该网络也被称为匹配网络。匹配网络中使用最为普遍的器件就是电阻。阻抗匹配在低频场景和高频场景的差异很大。以电压源为例，如图1.30.6所示，一个实际电压源可以等效成一个理想的电压源与一个电阻r串联的模型。

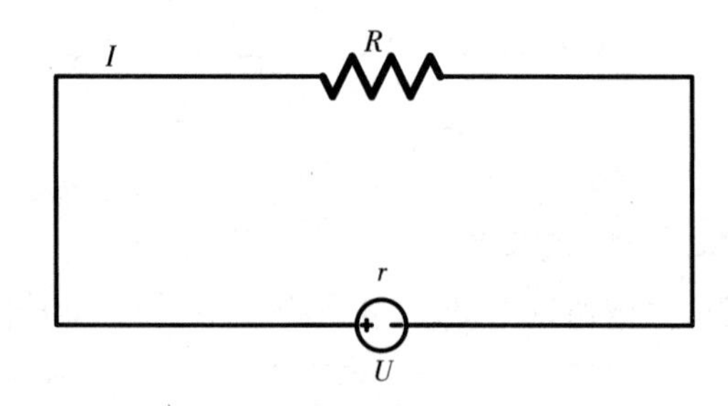

图1.30.6 理想电压源

假设负载电阻为R，电源电动势为U，内阻为r，那么可以计算出流过电阻R的电流为

$$I = \frac{U}{R + r} \tag{1.30.2}$$

可以看出，负载电阻R越小，则输出电流越大。负载R上的电压U_R为

$$U_R = IR = \frac{U}{1 + \frac{r}{R}} \tag{1.30.3}$$

负载电阻R越大，则输出电压U_R越大。电阻R消耗的功率为

$$P = I^2R = \left(\frac{U}{R + r}\right)^2 R = \frac{U^2R}{R^2 + r^2 + 2Rr} = \frac{U^2}{\frac{(R - r)^2}{R} + \frac{4Rr}{R}} \tag{1.30.4}$$

对于内阻为r的信号源，负载电阻R由不同的负载决定。当$R = r$时，$(R - r)^2/R$可取得最小值0，此时负载电阻R上获得的功率最大，$P_{max} = U^2/4r$，即当负载电阻与信号源内阻相等时，负载可获得的输出功率最大，这就是阻抗匹配。

对于纯电阻电路，上述结论在低频电路和高频电路中都成立。但当交流电路中包含容性阻抗或感性阻抗时，负载阻抗除实部需要与信号源的相等外，虚部还需要与信号源的互为相反数，才能实现阻抗匹配。

（1）在低频电路中，一般不考虑传输线的匹配问题，只需要考虑负载与信号源之间的阻抗匹配。

因为相对于传输线的长度，低频信号的波长很长，所以传输线反射对低频信号的影响可以忽略不计。

(2)在高频电路中，传输线的反射对高频信号影响非常大。所以，负载阻抗还需要与传输线的阻抗匹配。

注意：有时阻抗不匹配还有另外一层意思，例如，一些仪器输出端是在特定的负载条件下设计的，如果负载条件改变，则可能达不到原来的性能，这时会称其为阻抗失配。

---

5 RC充放电电路

RC充放电电路是一种非常常见的电路，如图1.30.7所示，当开关S停留在B点时，电路处于关断状态，电容C两端的电压等于零。当开关接到A点时，电路处于导通状态，电源E通过R向电容C充电，电容两极上电荷逐渐增加，电容C两端的电压V_C逐渐增大，电阻R两端的电压$V_R = E - V_C$。电容C的充电电流$i = (E - V_C)/R$，随着V_C的增大而减小，V_C的上升速度也越来越慢。

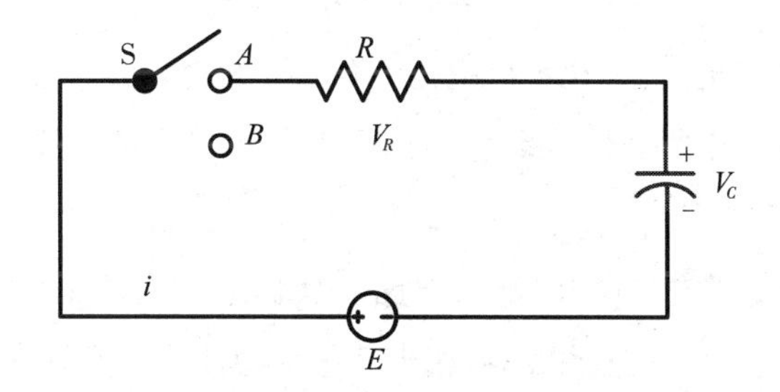

图1.30.7 RC充放电电路

试验证明，充电过程可用式(1.30.5)和式(1.30.6)来描述，即

$$V_C = E\left(1 - e^{-\frac{t}{RC}}\right) \tag{1.30.5}$$

$$i = \frac{E}{R} \cdot e^{-\frac{t}{RC}} \tag{1.30.6}$$

式中，e为自然对数；t为时间。

从式(1.30.5)和式(1.30.6)中不难看出，充电过程中V_C和i是按指数规律变化的，而充电的快慢取决于电阻和电容的乘积，因此称RC为时间常数τ，即$\tau = RC$。如果R和C的单位取Ω和F，则τ的单位为s。

当电路开关S在C充满电荷后由A点置于B点时，电容C上的电荷通过R放电，其放电也是按指数规律进行的。利用RC充放电特性可组成很多应用电路，如积分电路、微分电路、去耦电路及延时电路等。

RC充放电是电路分析课程的基础内容，也是非常重要的内容。但是，学习者往往会陷入烦琐的微分方程计算中，而忽略物理现象。图1.30.8所示是为了便于展示，做的一个仿真电路。用信号发生器产生一个1Hz频率脉冲波，接入一个RC电路，①处为输入信号，②处为经过一个RC电路之后的波形。

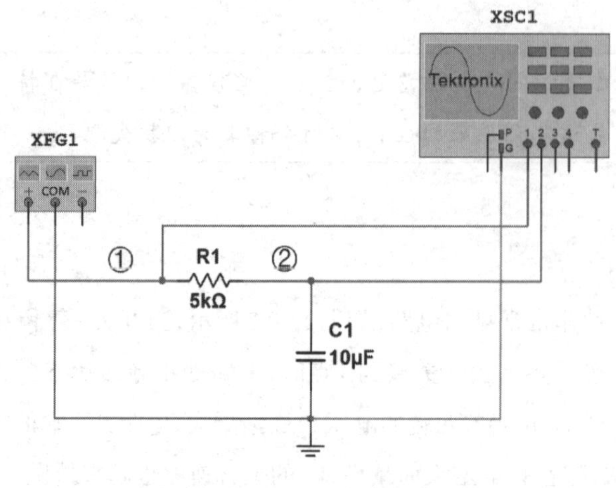

图1.30.8　RC仿真电路

RC电路可以视作一个延时电路，也可以视作一个滤波电路。从时域的角度，可认为波形被延迟。如图1.30.9所示，输出信号晚于输入信号到达高电平，我们可以通过调整R、C的数值实现不同的上升时间，来满足延时需求。

同时，该电路也可以被视为一个RC滤波电路。我们通过仪器也可以看到RC电路波特图，如图1.30.10所示。RC电路是一个低通滤波器，相当于把脉冲信号上升沿和下降沿的高频分量进行了滤波，所以上升沿和下降沿变得平缓。

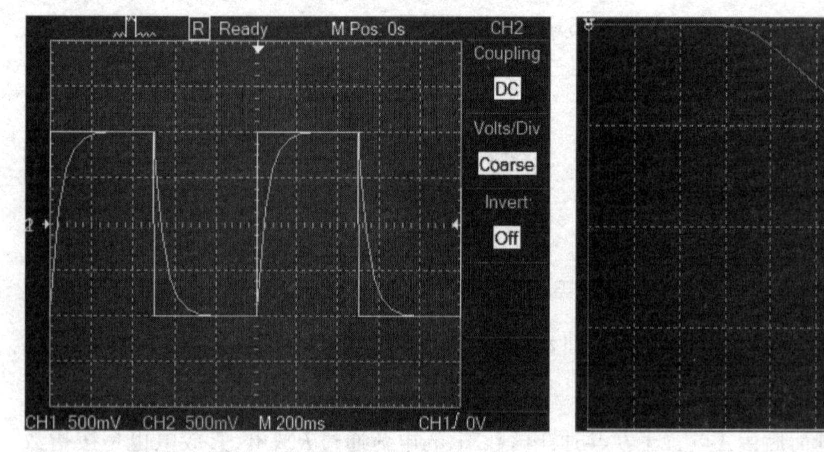

图1.30.9　RC电路波形

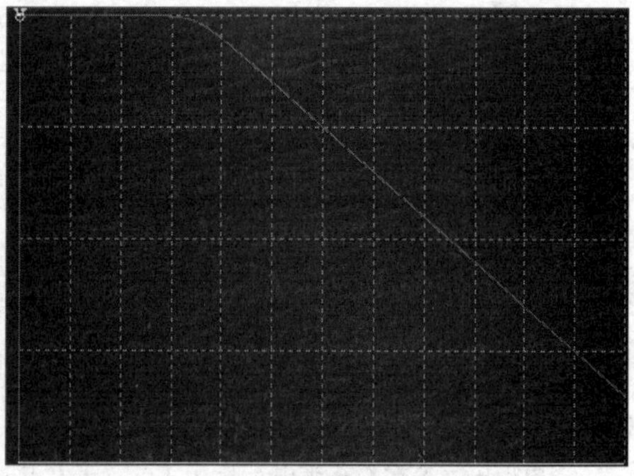

图1.30.10　RC电路波特图

6　上下拉电路

上拉就是将不确定的信号通过一个电阻拉偏到高电平，电阻同时起限流作用；下拉同理。上拉是对器件注入电流，实际项目的原理如图 1.30.11 所示；下拉是输出电流。

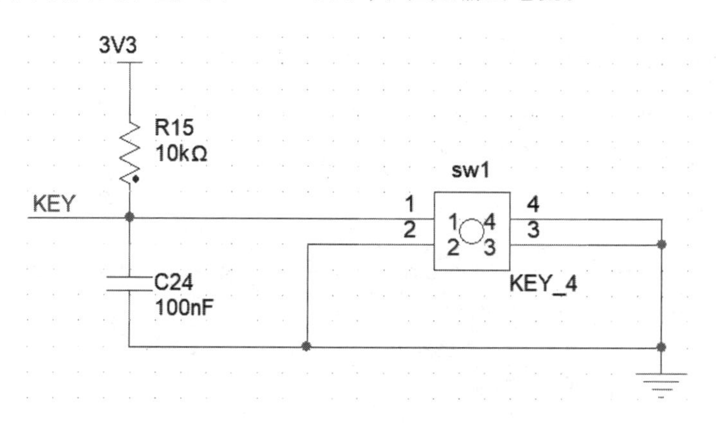

图 1.30.11 上拉电路

上下拉电阻的内容比较丰富，将会在“31.上拉电阻和下拉电阻在电路中有什么作用?”中展开分析。

7 运算放大器外围电路

理想运算放大器有虚短和虚断的概念。虚短可理解成“等效短路”(实际不是短路)，运算放大器处于线性状态时，把两个输入端视为等电位，即运算放大器正输入端和负输入端的电压相等；虚断可理解成“等效断路”(实际不是断路)，运算放大器处于线性状态时，把两个输入端视为开路，即流入正负输入端的电流为零。利用运算放大器的虚短和虚断特性，配合不同的电阻，可以设计出特定放大倍数的放大器。典型的运算放大器外围电路如图 1.30.12 所示。

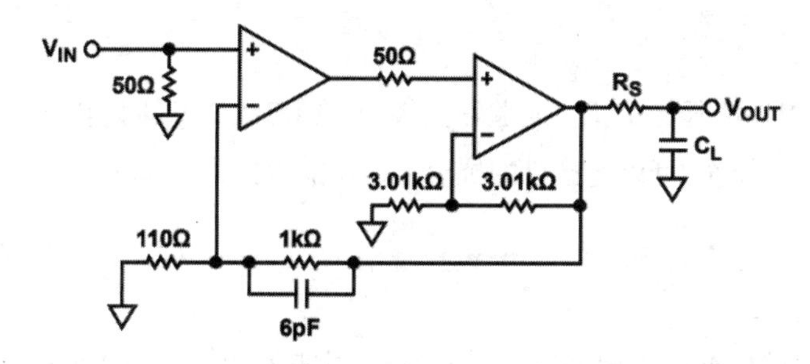

图 1.30.12 典型的运算放大器外围电路

图 1.30.12 中，运算放大器外围电路通过电阻的阻值来调节放大器的放大倍数，同时通过电阻实现需要的输入/输出阻抗。在运算放大器实现其他电路，如微分、积分、滤波、加法器等功能时，电阻也是非常重要的组成部分。各电路的基本原理都差不多，都是利用了欧姆定律、基尔霍夫定律，以及运算放大器的虚短、虚断特性进行分析，相关内容可以参看运算放大器相关资料。

8 兼容设计电路

为了在同一电路板上实现不同的功能，常使用电阻选焊的方法来做兼容设计。一个实际应用的案例如图 1.30.13 所示，通过同一电路板兼容两种功能特性的产品：一种带 Wi-Fi 功能，另一种不带

Wi-Fi功能。对于不带Wi-Fi功能的产品，为了避免Wi-Fi模块不焊接时在PCB上留下长距离的悬空走线，产生干扰，所以在MCU（Microcontroller Unit，微控制单元）和Wi-Fi模块J8之间的走线上增加5个0Ω电阻R218～R222（Wi-Fi模块不焊接时，这几个电阻也不焊接），电阻靠近MCU引脚放置。

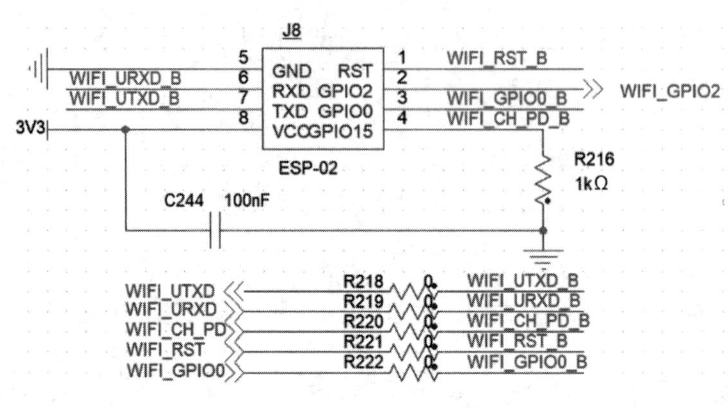

图1.30.13　电阻应用于兼容设计实例

9 电流转电压电路

对于电流型输出的传感器，为了用ADC（Analog-to-Digital Converter，模拟/数字转换器）采集传感器的输出值，必须先将电流值转换为电压值，然后送到ADC进行采样。此处也运用了欧姆定律。

10 抗干扰电路

除阻抗匹配外，电阻还能降低干扰。实验数据表明，在RS-232接口上串联1kΩ的电阻，能有效抑制浪涌电压对内部电路的损伤，可以将接口的抗浪涌电压能力提升至500V以上。

11 负载电路

负载是指连接在电路中的电源两端的电子元器件，其主要功能就是将电能转换成其他形式的能量，以实现能量的转换。负载电阻是电阻的一种，是指电路中的“负载”，即电路中的工作设备的电阻。例如，照明电路中灯泡的电阻就是负载电阻。

有时为了让电路处于预计的功率范围内，会通过串联或并联电阻实现实际功率可控。例如，有些电路为了防止空载，会直接把电源用一个电阻接到GND。

31 上拉电阻和下拉电阻在电路中有什么作用?

1 什么是上下拉电阻?

上拉电阻是把信号通过一个电阻接到电源(V_{CC}),下拉电阻是把信号接到地(GND)。如果电路功能已经完成,那么为什么还需要额外增加一个电阻连接到电源或地呢?这个电阻的阻值为什么这么大?依据是什么?如果我们不理解为什么需要上拉电阻和下拉电阻,则电路设计中很可能只会“抄电路”。一旦电路出现异常,就会束手无策。

我们经常听到“强上拉”“弱上拉”,其实有弱强只是因为上拉电阻的阻值不同,没有太严格的区分。例如,50Ω上拉电阻称为强上拉电阻,100kΩ上拉电阻则称为弱上拉电阻。下拉电阻同理。强拉电阻的极端就是0欧姆电阻,即将信号线直接与电源或地相连接。

2 上下拉电阻的作用

上下拉电阻的作用非常宽泛,所以很少有教材对上下拉电阻的应用方法进行汇总。另外,不同的领域上下拉电阻的使用方法也不同。下面整理一些上下拉电阻常见的使用方法。

(1)维持输入引脚处于稳定状态。芯片引脚有3种类型:输出(Output,简称O)、输入(Input,简称I)和输入/输出(Input/Output,简称I/O)。芯片的输入引脚的输入状态有3个:高电平、低电平和高阻。当输入是高阻,即输入引脚悬空时,很可能造成输入结果是不定态,引起输出振荡。有些应用场合不希望出现高阻状态,可以通过上拉电阻或下拉电阻的方式使该输入引脚处于稳定状态。

用法示例:当接有上拉电阻的端口设为输入状态时,常态为高电平,用于检测低电平输入,如图1.31.1(a)所示;当接有下拉电阻的端口设为输入状态时,常态为低电平,用于检测高电平输入,如图1.31.1(b)所示。

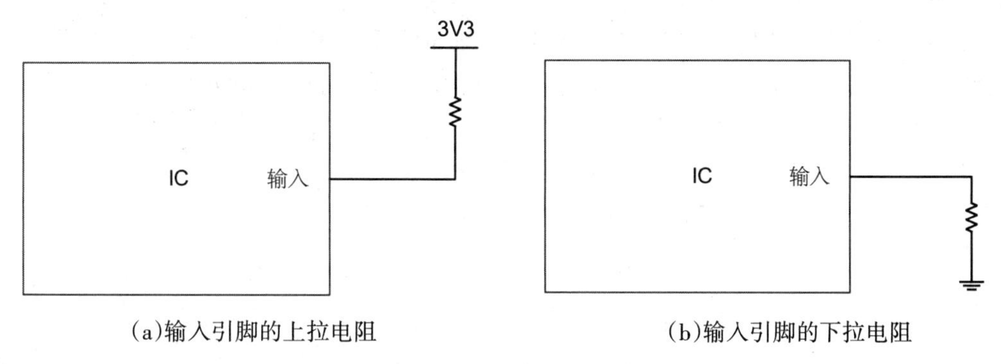

(a)输入引脚的上拉电阻　　(b)输入引脚的下拉电阻

图1.31.1 输入引脚的上下拉电阻

按键电路设计、复位电路设计等都是这种情况的上下拉电阻。至于具体是上拉电阻还是下拉电阻,则取决于我们需要的默认状态,如图1.31.2所示。

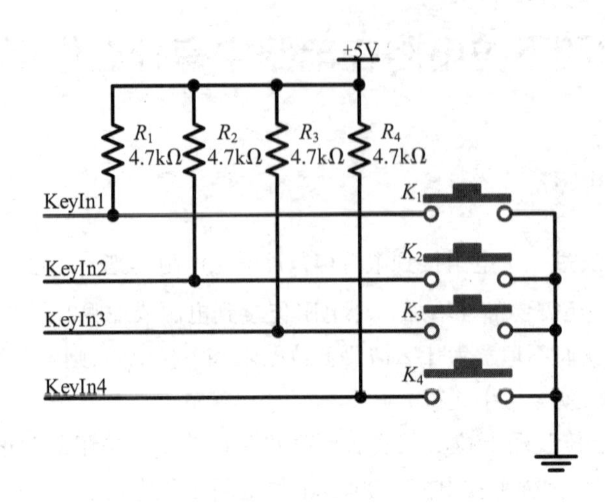

图 1.31.2　按键电路的上下拉电阻

在按键电路中，增加上拉电阻的目的是当按键断开时，给按键电路一个稳定的高电平状态。如果没有上拉电阻，则按键电路会处于悬空状态，电平无法确定。断开为 1，闭合为 0，数字逻辑关系明确。

在 COMS 芯片上，为了防止静电造成损坏，不用的引脚不能悬空，一般通过接上拉电阻来降低输入阻抗，提供泄放电荷的通道。

（2）配合三极管设计电平转换电路。首先要了解三极管的基本原理，三极管属于电流控制电流型元件，与 MOS 管不同，MOS 管属于电压控制电压型元件。三极管有 3 个工作区：截止区、放大区和饱和区。以 NPN 三极管（基极用 B 表示，集电极用 C 表示，发射极用 E 表示）为例，BE 之间的箭头很像一个二极管，其实 BE 之间就是一个二极管，BE 的压差（U_{BE}）约为 0.6V（实际大小与元器件的型号有关）。当 U_{BE} < 0.6V 时，BE 间的等效二极管没有导通，此时的三极管处于截止状态；随着 BE 间的电压增大，三极管进入放大区。三极管处于放大或饱和状态时 U_{BE} = 0.6V，这时 BE 的压差不会随着输入电压的增大而继续增大，体现出二极管的特性，保持一个导通电压。

如图 1.31.3 所示，如果输入信号为 3.3V 电压信号，则三极管的 BE 之间等效于一个二极管。一般不会把二极管两端直接接到电压和 GND 之间，而是会串联一个电阻，进行电流控制。

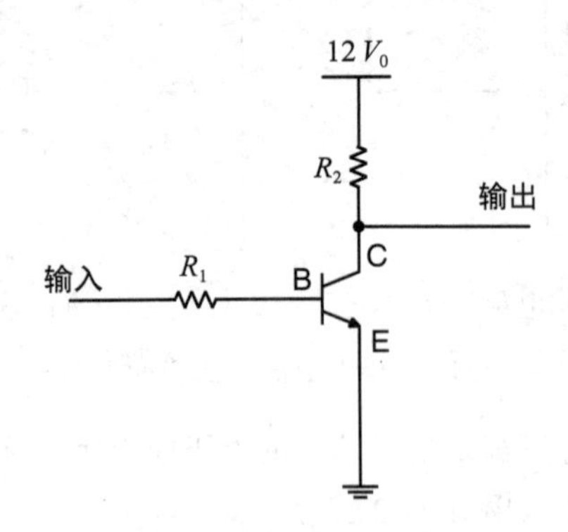

图 1.31.3　三极管电平转换电路

R_1电阻属于限流电阻，因为三极管属于电流控制元件，当三极管处于放大或饱和状态时，$U_{BE}=0.6V$，可以根据输入电压U计算基极的电流，计算公式为$I_b=(U-0.6)/R_1$。从该公式也可以看出，若不接限流电阻R_1，则当输入电压大于0.6V时，基极的电流会非常大，从而烧毁三极管。

R_1的电阻值大小，需要根据输入电压、三极管的特性进行计算。例如，三极管的放大倍数β为50（三极管的固有特性，在放大状态I_c的电流大小是I_b的β倍）时，计算过程如下。

输出电压$V_{out}=V_{CC}-I_c \cdot R_2$。由该公式可以看出，$V_{CC}$确定（图1.31.3中$V_{CC}$为12V），$V_{out}$在$I_c$为0时达到最大值12V，等于$V_{CC}$，由于是数字电路，$V_{out}$需要达到0V附近，实现低电平的效果，那么如果$R_2$选定为1kΩ，则很容易计算出让三极管达到饱和状态的I_c的值，即

$$I_c=\frac{(V_{CC}-0)}{R_2}=\frac{12}{1}=12(\mathrm{mA}) \tag{1.31.1}$$

三极管的通流能力是有限的，如果选定的三极管集电极的额定电流为500mA，那么I_c的最大值$I_{c(max)}=500mA$。所以，R_2的选值不能太小，避免I_c太大导致三极管烧毁。根据公式理解饱和的概念会更容易，即集电极电阻越大，越容易饱和。饱和区的现象是：两个PN结均正偏，I_c不受I_b的控制，因为V_{out}已经接近GND，不可能凭空产生负电压。

如果要求输入电压为3.3V，设计时三极管处于饱和状态，则$I_{c(饱和)}=12mA$，$I_{b(min)}=I_{c(饱和)}/\beta=12/50=0.24(mA)$，基极限流电阻$R_{1(max)}=(3.3-0.6)/I_{b(min)}=11.25(k\Omega)$。如果要求输入电压为3.3V，设计时三极管处于饱和状态，并且要求考虑三极管放大倍数β、电阻、V_{CC}电压的离散型、精度、波动等因素，则阻值选择时需要留出足够的余量。此时，一般可能选择R_1为1kΩ，让三极管足够饱和。另外，R_1的阻值也不能太小，需要考虑I_b的额定电流。另外，R_1、R_2都不能太小的一个原因是需要考虑功耗和节能。

若把图1.31.3的NPN三极管换成N沟道的MOS管，则原理也是一样的，当输入高电平时，MOS管导通；当输入低电平时，MOS管截止，如图1.31.4所示。但此时需要注意的是，MOS管进入打开的状态条件是G极和S极之间的电压，这个电压不同于三极管的BE之间的0.6V，GS开启电压一般在2V以上。

图1.31.3所示的电路是反向逻辑电路。当输入为高电平时，输出为低电平。可以连续用两个三极管把逻辑做成正向逻辑电路。此时，R_2就很可能成为下一级电路的R_1。这种情况下，R_2就既不能太大，也不能太小，如图1.31.5所示。

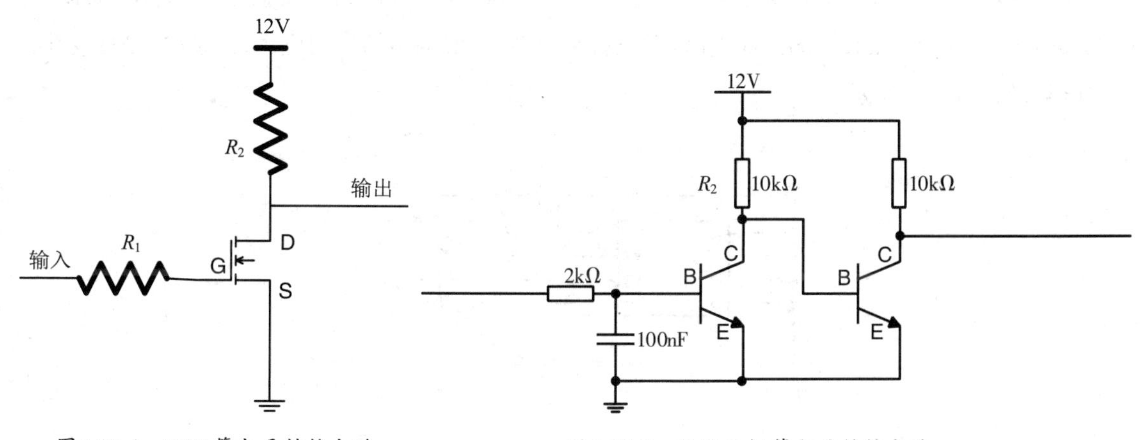

图1.31.4　MOS管电平转换电路

图1.31.5　两级三极管电平转换电路

(3)OC(Open Collector,集电极开路)、OD(Open Drain,漏极开路)电路。对于OC、OD电路,上拉电阻的功能主要是为集电极开路输出型电路提供输出电流通道。有些芯片的输出引脚集成了三极管或MOS管,但是没有集成上拉电阻到V_{CC}。典型的OC电路如图1.31.6所示。这些引脚其实就是一个集电极,而且是开路,所以就称为OC引脚。对于OC或OD引脚,必须在外围增加上拉电阻。

之所以会有OC或OD电路,是为了便于“线与”设计。两个或多个输出信号连接在一起可以实现逻辑“与”的功能,如图1.31.7所示,两个输入只要其中一个输入为低电平,就可以使输出为低电平;而只有两个输入都为高电平,输出才为高电平。

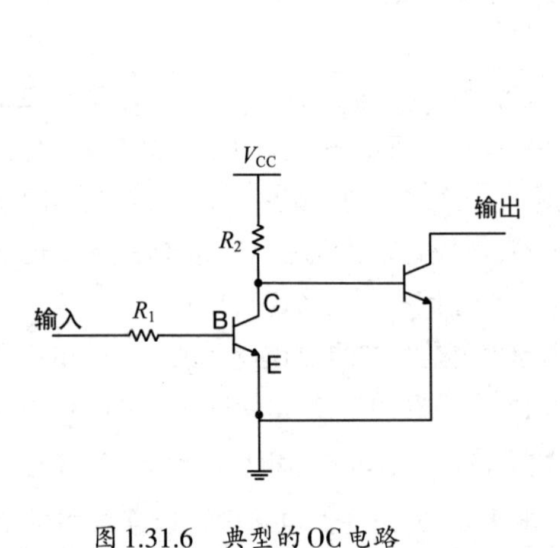

图1.31.6　典型的OC电路

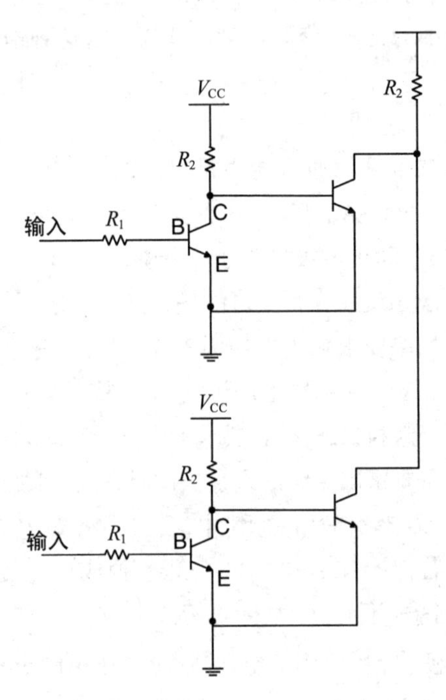

图1.31.7　两个OC电路实现“线与”

(4)总线的I/O接口上下拉电阻。一些总线有输入和输出接口,其本质就是OC或OD的接口。I^2C(Inter-Integrated Circuit,内部集成电路)总线就是典型的OD输出结构的应用,典型的I^2C总线都有上拉电阻,如图1.31.8所示。

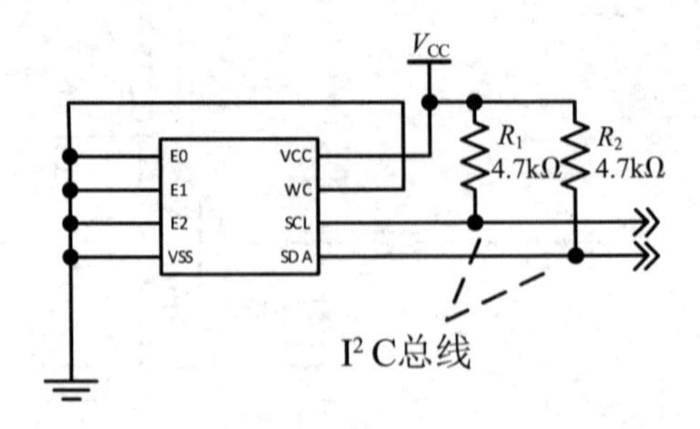

图1.31.8　I^2C总线上拉电阻

I^2C接口的SCL(时钟线)和SDA(数据线)都是OD输出结构,这样的好处是可以用作双向数据总线。有些双向的I/O口,其实就是把输入和输出短接在一起,然后把输入和输出做成OC或OD。这样处理不但用一根信号线实现了双向数据通信,还解决了双向数据同时发送信号带来的数据冲突问题。

一般来说,芯片的输出引脚是推挽结构。如果两个芯片的推挽结构输出引脚连接在一起,则某一个时刻两个芯片同为输出。如果一个输出为高、一个输出为低,则可能出现短路现象,工作中称其为总线冲突,如图1.31.9所示。用OC、OD电路可以避免短路,所以绝大多数总线会采用这种方式设计,如I^2C、LPC、PCI等总线的输入/输出引脚都是这样的类型。当然,也有一些总线方式的I/O端口不需要外接,因为其芯片中内置了上拉电阻。

对于I^2C总线,当总线上有多个芯片时,不管各个芯片的引脚输出什么状态,都不会因为短路引起数据冲突。利用各自芯片内部的数据识别电路及仲裁系统,各个芯片都可以主动给另一方发送信息。也就是说,任何一方都可以将总线拉低,不拉低时就是释放总线,总线上为高电平,总线释放后就不会有数据冲突,如图1.31.10所示。

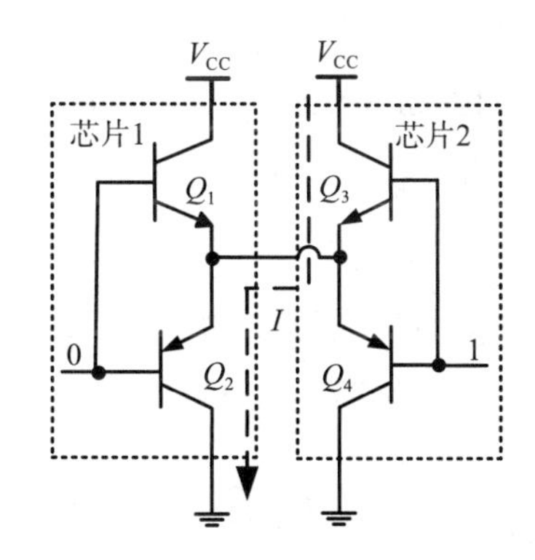

图1.31.9　推挽结构输出引脚短路

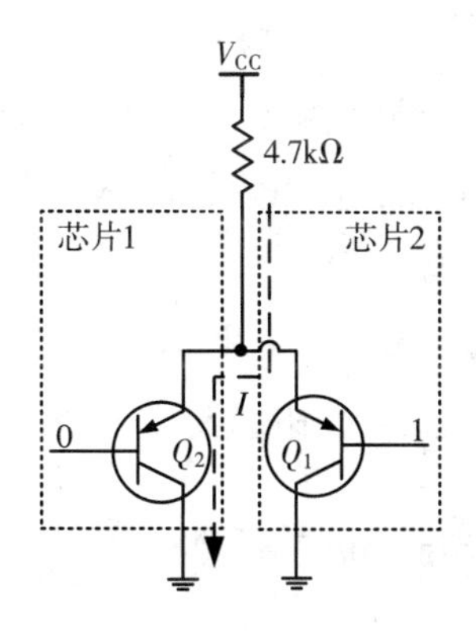

图1.31.10　OC输出引脚避免短路问题

(5)增加输出引脚的驱动能力。芯片的输出引脚本身并不是OC、OD电路,但有时也会增加一个上拉电阻或下拉电阻,通过上拉或下拉来增加或减小驱动电流。

例如,一个单片机的I/O口内部有一个几十千欧姆的电阻,其最大输出电流也就是250μA。因此,当增加一个上拉电阻时,可以形成和内部上拉电阻并联的结构,增加了高电平时电流的输出能力。在负载增大时,其仍然能够保持足够的电压。

(6)电平标准匹配。用于不同标准的电平之间的匹配,最常见的是TTL电平和CMOS电平之间的匹配。当TTL电路驱动COMS电路时,若TTL电路输出的高电平低于COMS电路的最低高电平(一般为3.5V),这时就需要在TTL的输出端接上拉电阻,以提高输出高电平值。需要注意的是,此时上拉电阻连接的电压值应不低于CMOS电路的最低高电压,同时又要考虑TTL电路的电流(如某端口最大输入或输出电流)的影响。

(7)增强电路抗干扰能力。芯片的引脚加上拉电阻可以提高输出电平,从而提高芯片输入信号的噪声容限,增强抗干扰能力。在长线传输中,电阻不匹配容易引起反射波干扰,可以通过加上拉或下拉电阻进行匹配，从而有效地抑制反射波干扰。在总线传输中，悬空的引脚比较容易受外界的电磁干扰，加上拉电阻可以提高总线的抗电磁干扰能力。

3 上拉电阻阻值选择原则

(1)从节约功耗及芯片的灌电流能力考虑，电阻值应当足够大，电阻越大，电流越小。

(2)从确保足够的驱动电流考虑，电阻值需要足够小，电阻越小，电流越大。

(3)对于高速电路，过大的上拉电阻可能使信号的边沿变平缓，因为电阻与电路寄生电容形成RC滤波电路，影响信号的高频分量的传输。

(4)驱动能力与功耗的平衡。以上拉电阻为例，一般来说，上拉电阻越小，驱动能力越强，但功耗越大，设计时应注意两者之间的均衡。

(5)下级电路的驱动需求。同样以上拉电阻为例，当输出高电平时，开关管断开，应选择适当的上拉电阻，以确保能向下级电路提供足够的电流。

(6)高低电平的设定。不同电路的高低电平的门槛电平不同，电阻应适当设定，以确保能输出正确的电平。以上拉电阻为例，当输出低电平时，开关管导通，上拉电阻和开关管导通电阻分压值应确保在零电平门槛之下。

(7)频率特性。以上拉电阻为例，上拉电阻和开关管漏源极之间的电容与下级电路之间的输入电容会形成RC延迟，电阻越大，延迟越大。上拉电阻的设定应考虑电路在这方面的需求。

4 吸电流、拉电流、灌电流

在集成电路中，吸电流、拉电流和灌电流是非常重要的概念。

吸是主动吸入电流，是从输入端口流入。

拉是主动输出电流，是从输出口输出电流。

灌是被动输入电流，是从输出端口流入。

吸电流和灌电流就是从芯片外电路通过引脚流入芯片内的电流，区别在于吸电流是主动的，从芯片输入端流入的叫作吸电流；灌电流是被动的，从输出端流入的叫作灌电流。

拉电流是数字电路输出高电平给负载提供的输出电流，灌电流是输出低电平时外部给数字电路的输入电流，它们实际就是输入、输出电流能力。

吸电流是相对输入端(输入端吸入)而言的，而拉电流(输出端流出)和灌电流(输出端被灌入)是相对输出端而言的。

5 上下拉电阻的应用实例

电阻的参数不能一概而定，而是要根据电路的其他参数确定。例如，通常用在输入引脚上的上拉电阻如果是为了抬高峰峰值，就要参考该引脚的内阻来定电阻值。

实例一 驱动LED

电源为+5V，假设使用单片机引脚驱动一个压降为0.7V的LED，为加大输出引脚的驱动能力，应使用多大的上拉电阻？

【分析】LED的驱动电流一般为几毫安，最大不超过20mA。LED的导通压降为0.7V，如果需要20mA的驱动电流，则上拉电阻$(5-0.7)\div 20\times 10^3=215(\Omega)$。如果需要2mA的驱动电流，则上拉电阻$(5-0.7)\div 2\times 10^3=2.15(\mathrm{k}\Omega)$。考虑功耗和寿命问题，一般选择1～2kΩ的上拉电阻。

实例二 驱动光耦合器

对于驱动光耦合器，如果是高电位有效，即耦合器输入端接端口和地之间，那么与LED的情况是一样的，需要选择合适的上拉电阻，确保光耦合器内部的LED正常发光；如果是低电位有效，即耦合器输入端接端口和V_{CC}之间，那么除要串接一个1～4.7kΩ的电阻外，上拉电阻的阻值也应特别大，100kΩ～500kΩ均可。

实例三 驱动晶体管

下面将驱动晶体管分为NPN管和PNP管两种情况进行介绍。

（1）NPN管是高电平有效，因此上拉电阻的阻值为2kΩ～20kΩ。上拉电阻的具体阻值取决于晶体管的集电极接的负载类型，对于LED类负载，由于其发光电流很小，因此上拉电阻的阻值可以为20kΩ；对于继电器类负载，由于其集电极电流很大，因此上拉电阻的阻值最好不要大于4.7kΩ，有时甚至会选择2kΩ。

（2）PNP管是低电平有效，因此上拉电阻的阻值为100kΩ以上即可，同时基极必须串接一个1～20kΩ的电阻。基极串接的电阻的具体阻值取决于晶体管的集电极接的负载类型，对于LED类负载，由于其发光电流很小，因此基极串接的电阻的阻值可以为20kΩ；对于继电器类负载，由于其集电极电流很大，因此基极串接的电阻的阻值最好不要大于4.7kΩ。

实例四 驱动TTL集成电路

对于驱动TTL集成电路，上拉电阻的阻值应为1～10kΩ，不宜过大。但是，对于CMOS集成电路，上拉电阻的阻值可以很大，一般不小于20kΩ，通常为100kΩ。实际上对于CMOS电路，上拉电阻的阻值为1MΩ也是可以的，但需要注意的是，上拉电阻的阻值太大时，容易产生干扰，尤其是线路板的走线很长时，这种干扰更严重，这种情况下上拉电阻不宜过大，一般要小于100kΩ，有时甚至小于10kΩ。

实例五 I^2C的上拉电阻

因为I^2C接口的输出端是漏极开路或集电极开路，所以必须在接口外接上拉电阻。上拉电阻的取值与I^2C总线的频率有关，当工作在标准模式时，上拉电阻的典型值为10kΩ；当工作在快速模式时，为减少时钟上升时间，满足上升时间的要求，上拉电阻的阻值一般为1kΩ。电阻的大小对时序有一定影响，对信号的上升时间和下降时间也有影响。总之，一般情况下，当电压为5V时，上拉电阻的阻值一般为4.7kΩ左右；当电压为3.3V时，上拉电阻的阻值一般为3.3kΩ左右，这样可加大驱动能力和加速边沿的翻转。

I^2C上拉电阻的计算公式为

$$R_{\min} = \left(V_{\mathrm{dd(min)}} - 0.4\mathrm{V}\right)/3\mathrm{mA} \tag{1.31.2}$$

$$R_{\max} = (T/0.874)\cdot C \tag{1.31.3}$$

式中，$V_{\mathrm{dd(min)}}$为工作电压的最小值；T为周期，$T_{\max} = 1\mu\mathrm{s}$（对应标准模式，$I^2C$工作频率为100kHz），$T_{\min} = 0.3\mu\mathrm{s}$（对应快速模式，$I^2C$工作频率为400kHz）；$C$为总线电容。

实例六　场效应管的漏极开路门电路

TTL电平标准如下：输出L < 0.8V，H > 2.4V；输入L < 1.2V，H > 2.0V。

CMOS电平标准如下：输出$L < 0.1V_{\mathrm{CC}}$，$H > 0.9V_{\mathrm{CC}}$；输入$L < 0.3V_{\mathrm{CC}}$，$H > 0.7V_{\mathrm{CC}}$。

注意：场效应管导通或截止可以理解为单片机的软件对端口置1或0。

（1）如果没有上拉电阻（10kΩ），则将5V电源直接与场效应管相连。当场效应管导通时，场效应管等效于一个电阻，大小为1kΩ左右，因此5V电压全部加在此等效电阻上，输出端$V_{\mathrm{out}} = 5\mathrm{V}$；当场效应管截止时，场效应管的等效电阻很大，可以理解为无穷大，因此5V的电压也全部加在此等效电阻上，$V_{\mathrm{out}} = 5\mathrm{V}$。这两种情况下的输出都为高电平，没有低电平。

（2）如果有上拉电阻（10kΩ），则将5V电源通过此上拉电阻与场效应管相连。当场效应管导通时，场效应管等效于一个电阻，大小为1kΩ左右，其与上拉电阻串联，输出端电压为加在此等效电阻上的电压，其大小为V_{out} = 5V × 场效应管等效电阻/(上拉电阻 + 场效应管等效电阻) = 5V × 1/(10 + 1)，为低电平；当场效应管截止时，场效应管的等效电阻很大，可以理解为无穷大，其与上拉电阻串联，输出端电压为加在此等效电阻上的电压，其大小为V_{out} = 5V × 场效应管等效电阻/(上拉电阻 + 场效应管等效电阻) = 5V × 无穷大/(无穷大 + 1)，为高电平。在前极输出高电平时，V_{out}引脚输出电流，U为高电平，有以下两种情况。

① $I_0 \geqslant I_1 + I_2$。这种情况下，R_{L1}和R_{L2}两个负载不会通过R取电流，因此对R阻值大小要求不高，通常$4.7\mathrm{k}\Omega < R < 20\mathrm{k}\Omega$即可。此时，$R$的主要作用是增加信号可靠性，当$V_{\mathrm{out}}$连线松动或脱落时，抑制电路产生的鞭状天线效应会吸收干扰。

②$I_0 < I_1 + I_2$：

$$I_0 + I = I_1 + I_2$$

$$U = V_{\mathrm{CC}} - IR$$

$$U \geqslant V_{\mathrm{H(min)}}$$

式中，$V_{\mathrm{H(min)}}$为高电平的最小值。由以上公式计算得出，$R \leqslant (V_{\mathrm{CC}} - V_{\mathrm{H(min)}})/I$。其中，$I_0$、$I_1$、$I_2$都可以从器

件资料中查到，I可以计算求出，$V_{H(min)}$也可以从器件资料中查到。

当前级V_{out}输出低电平时，各引脚均为灌电流，则

$$I' = I_1' + I_2' + I_0'$$

$$U' = V_{CC} - IR$$

$$U' \leqslant V_{L(max)}$$

式中，$V_{L(max)}$为低电平的最大值。由以上公式可以得出，$R \geqslant (V_{CC} - V_{L(max)})/I'$。

通过以上公式计算出R的上限值和下限值，从中取一个较靠近中间状态的值即可。需要注意的是，如果负载的个数、大小不定，则要按照最坏的情况计算，即上限值要按负载最多时计算，下限值要按负载最少时计算。

另一种选择方式是基于功耗的考虑，即根据电路实际应用时，输出信号的电平状态来选择电阻。若信号V_{out}长期处于低电平，则宜选择下拉电阻；若信号V_{out}长期处于高电平，则宜选择上拉电阻。

32 为什么电路端接电阻能改善信号完整性?

由于电信号在PCB上传输，因此在PCB设计中可以把PCB走线认为是信号的通道。当该通道的物理结构(线宽、线到参考面的距离等)发生变化，特别是有一些突变时，都会产生反射。此时，一部分信号继续传播，一部分信号就可能反射。而我们在设计过程中一般是控制PCB的宽度。所以，我们可以把信号在PCB走线上传输，假想为河水流淌在河道里面。当河道的宽度发生突变时，河水遇到阻力自然会发生反射、旋涡等现象。同样地，当信号在PCB走线上遇到PCB的阻抗突变时，信号也会发生反射。

这里以光的反射类比信号的反射。光的反射是指光在传播到不同物质时在分界面上改变传播方向，返回原来物质中的现象。光在遇到介质界面时，其折射率和反射率由材料的介电常数决定。光线在临界面上的反射率仅与介质的物理性能、光线的波长，以及入射角相关。同样地，信号/电磁波在传输过程中，一旦传输线瞬时阻抗发生变化，那么就将发生反射。信号的反射中有一个参数，称为反射系数(ρ)，其计算公式为

$$\rho = \frac{Z_2 - Z_1}{Z_2 + Z_1} \tag{1.32.1}$$

式中，Z_1为变化前的阻抗；Z_2为变化后的阻抗。

假设PCB传输线的特性阻抗为50Ω，传输过程中遇到一个理想的100Ω的贴片电阻接地，那么反射系数可运用式(1.32.1)计算得到：$\rho = \frac{100 - 50}{100 + 50} = \frac{1}{3}$，信号有1/3被反射回源端。反射系数$\rho$的计算公式的推导过程此处不展开。

信号沿传输线向前传播时，每时每刻都可能发生阻抗变化，例如，PCB走线宽度或厚度变化，PCB走线换层，PCB过孔，PCB转角及PCB走线上的电阻、电容、电感、接插件和器件引脚都会产生阻抗变化；这个阻抗可能是传输线本身的，也可能是中途或末端其他元件的。对于信号来说，它不会区分到底是什么阻抗，信号是否反射，只会根据阻抗而变化。如果阻抗是恒定的，那么信号就会正常向前传播；只要阻抗发生了变化，不论是什么因素引起的，信号都会发生反射。

不管是COMS电路还是SSTL电路，抑或是射频电路，电路设计工程师希望整个传输链路阻抗都是一致的，最理想的情况就是源端、传输线和负载端都一样。但是，实际总是事与愿违，因为发送端的芯片内阻通常会比较小，而传输线的阻抗又为50Ω，这就造成了不匹配，使信号发生反射。这种情况在并行总线和低速信号电路中常常出现，而通常对于高速SerDes电路而言，芯片内阻与差分传输线的阻抗是匹配的。

如果确实出现了阻抗不匹配，那么通常的做法是在芯片之外采用电阻端接匹配来实现阻抗一致性。常用的端接方式有源端端接、并联端接、戴维宁端接、RC端接等。那端接电阻要使用几个？端接电阻怎么放置？阻值选择多大呢？

1　点对点拓扑结构

在介绍端接之前，先来了解一下电路的拓扑结构。电路的拓扑结构是指电路中各个元件之间的连接关系。常见的电路拓扑结构包括点对点拓扑、星型拓扑、T型拓扑、菊花链拓扑等，最简单的就是点对点拓扑结构的连接设计。点对点设计也是最常见的电路拓扑设计，在高速电路中几乎都是点对点的连接设计。点对点拓扑虽然简单，但是其限制了带负载的数量。在点对点设计中，由于驱动端的内部阻抗与传输线的阻抗常常不匹配，因此很容易发生信号反射，使信号失真。这就是一个信号完整性问题。

图1.32.1所示是点对点拓扑结构，由驱动端、传输线和接收端组成。

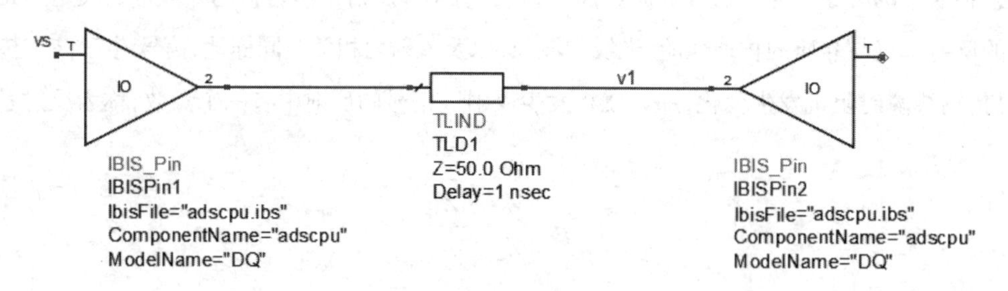

图1.32.1　点对点拓扑结构

在该电路拓扑中，其接收端的信号波形如图1.32.2所示。

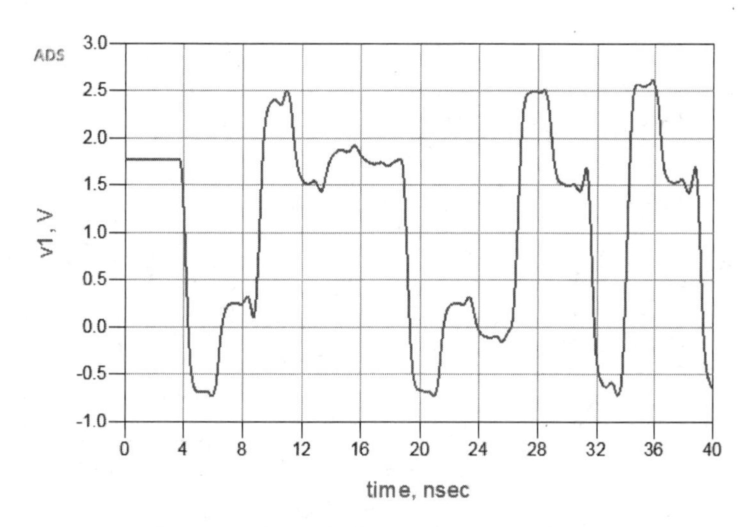

图 1.32.2　点对点拓扑结构接收端的信号波形

从上述信号波形可以看出，信号在高电平时稳定电压为1.8V，但是最大值达到了2.619V，有819mV的上过冲；最小值达到了−731mV，有731mV的下过冲。这种情况在电路设计中需要尽量避免，因为这么大的过冲很容易损毁芯片，即使不损毁，也会存在可靠性问题。所以，在设计中需要把过冲降低，尽量保证电压幅值在电路可接受的范围内，如此案例应尽量保证满足1.8V ± 5%。这时就需要通过端接电阻来改善信号质量。

2　源端端接

源端端接设计也称为串联端接设计，是一种常用的端接设计。源端端接是指在芯片端出来之后添加一个端接电阻，并使其尽量靠近输出端。在此电路结构中，关键问题是加多大阻值的电阻，这需要根据电路的实际情况进行仿真或计算确认。计算原则是源端阻抗R_S与所加端接电阻R_0的值等于传输线的阻抗Z_0。在前文介绍的点对点拓扑结构中，加入端接电阻值为33Ω的R_1，其拓扑结构如图1.32.3所示。

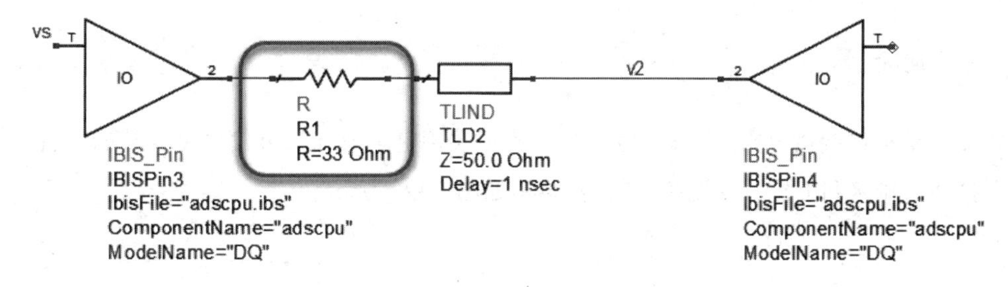

图 1.32.3　源端端接拓扑结构

使用源端端接后，其接收端的信号波形如图1.32.4所示。

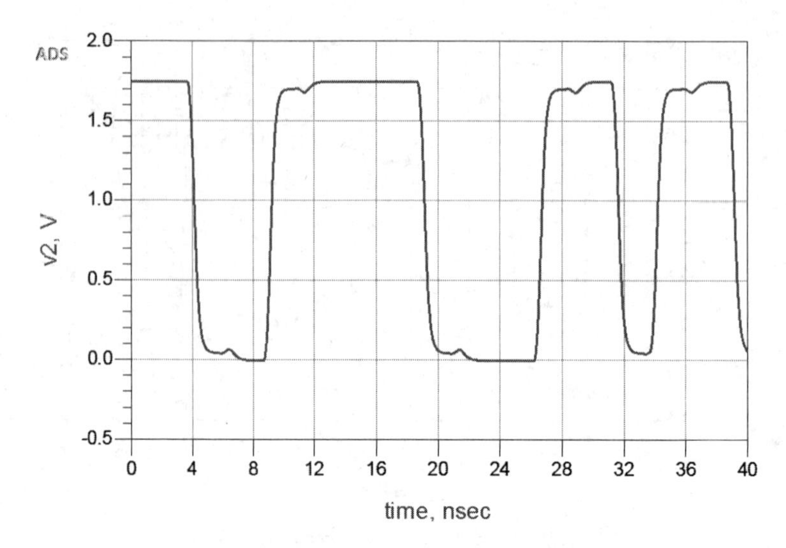

图 1.32.4　源端端接拓扑结构接收端的信号波形

使用源端端接后，原本存在的过冲已经基本消除，信号质量得到极大的改善。在加入源端端接电阻之后，信号的上升沿变缓，上升时间变长。

源端端接可以使电路匹配得非常好，但其并不适用于所有电路设计。源端端接有自身的一些特性，大致归纳如下。

(1)源端端接非常简单，只需要使用一个电阻即可完成端接。

(2)当驱动端器件的输出阻抗与传输线特性阻抗不匹配时，使用源端端接在开始时就可以使阻抗匹配；当电路不受终端阻抗影响时，非常适合使用源端端接；如果接收端存在反射现象，就不适合使用源端端接。

(3)适用于单一负载设计时的端接。

(4)当电路信号频率比较高时，或者信号上升时间比较短(特别是高频时钟信号)时，不适合使用源端端接。因为加入端接电阻后，会使电路的上升时间变长。

(5)合适的源端端接可以减少电磁干扰(Electromagnetic Interference，EMI)辐射。

3　并联端接

并联端接是指把端接电阻并联在链路中，一般把端接电阻放在靠近信号接收端的位置。并联端接分为上拉并联端接和下拉并联端接，其拓扑结构如图 1.32.5 所示。

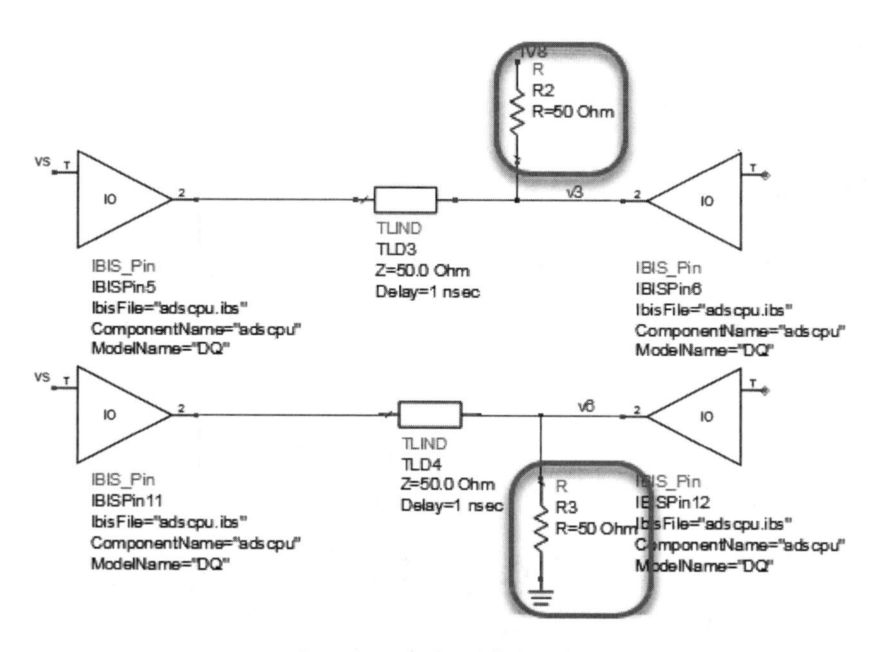

图 1.32.5 并联端接拓扑结构

端接电阻 R_0 与传输线的阻抗一致。使用并联端接后，其接收端的信号波形如图 1.32.6 所示。

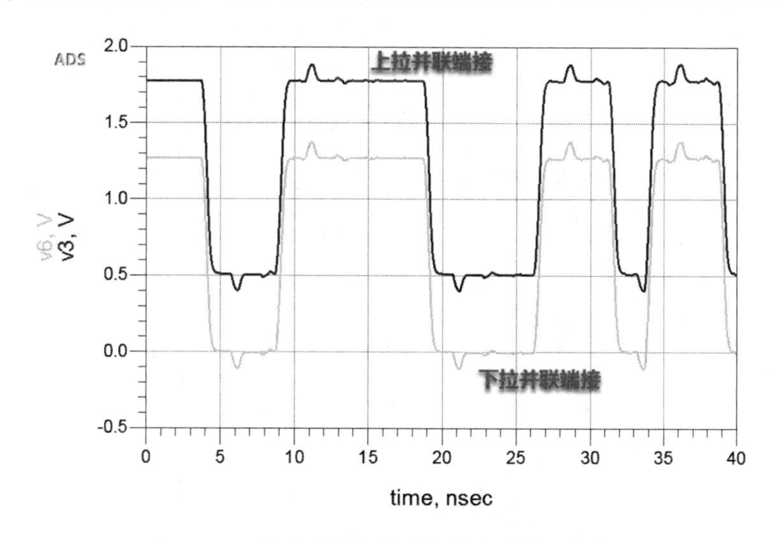

图 1.32.6 并联端接拓扑结构接收端的信号波形

从接收端的信号波形可以看出，过冲基本被消除。上拉并联端接的波形低电平有很明显的上移，下拉并联端接的波形高电平有很明显的下移。不管是上拉并联端接还是下拉并联端接，信号波形的峰峰值都比使用源端端接时小一些。

并联端接放在接收端，所以能很好地消除反射，使用的元件也只有电阻。

从电路结构可以看出，即使电路保持在静态情况，并联端接依然会消耗电流，所以驱动的电流需求比较大。很多时候驱动端无法满足并联端接的设计，特别是在多负载时，驱动端更加难以满足并联端接需要消耗的电流。所以，一般并联端接不用于TTL和COMS电路。同时，由于并联端接的幅度降低了，因此噪声容限也被降低。

4 戴维宁端接

戴维宁端接就是使用两个电阻组成分压电路，即用上拉电阻R_1和下拉电阻R_2构成端接，通过R_1和R_2吸收反射能量。戴维宁端接的等效电阻必须等于走线的特性阻抗。戴维宁端接拓扑结构如图1.32.7所示。

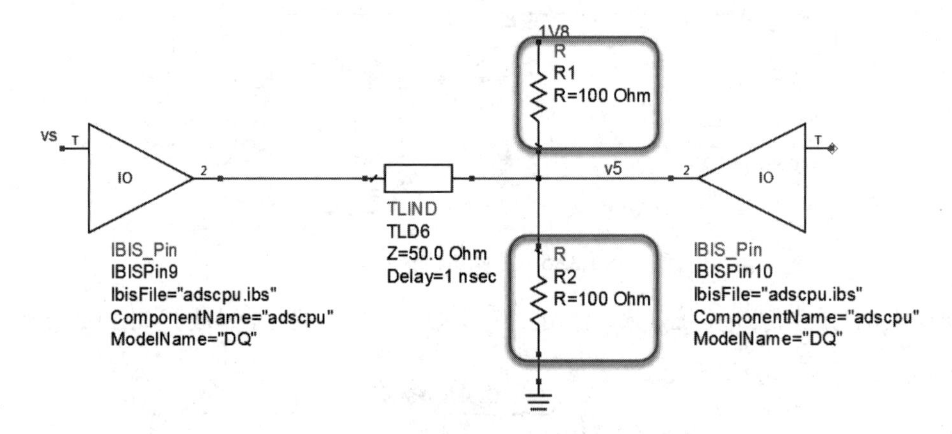

图 1.32.7　戴维宁端接拓扑结构

使用戴维宁端接后，其接收端的信号波形如图1.32.8所示。

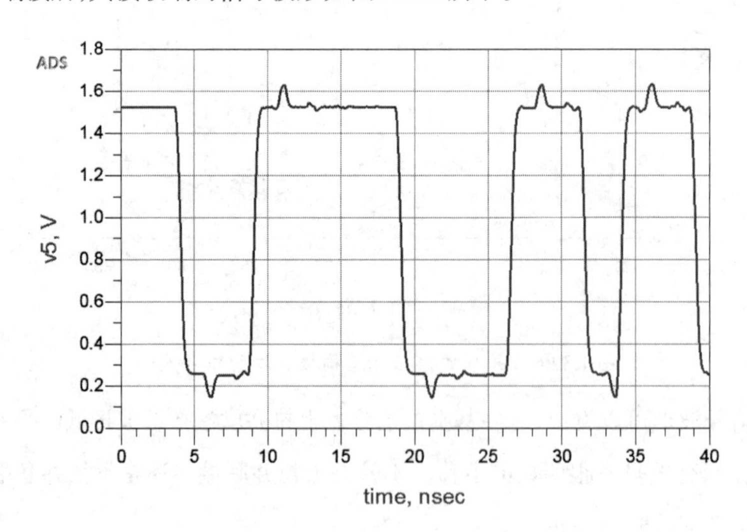

图 1.32.8　戴维宁端接拓扑结构接收端的信号波形

从接收端的信号波形可以看出，戴维宁端接匹配的效果也非常好，过冲基本被消除。

戴维宁端接由于一直存在直流功耗，因此其对电源的功耗要求比较高，也会降低源端的驱动能力。从接收端的信号波形也可以看出，戴维宁端接的幅度降低了，所以噪声容限也被降低。同时，戴维宁端接需要使用两个分压电阻，电阻的选型相对比较复杂，因此很多电路设计工程师在使用这类端接时总是非常谨慎。

DDR2和DDR3的数据和数据选通信号网络的ODT端接电路就采用了戴维宁端接。

5 RC端接

RC端接在并联下拉端接的电阻下面增加了一个电容，并下拉到地，所以RC端接是由一个电阻和一个电容组成的。RC端接也可以看作一种并联端接，其电阻等于传输线的阻抗，电容通常取值比较小。RC端接拓扑结构如图1.32.9所示。

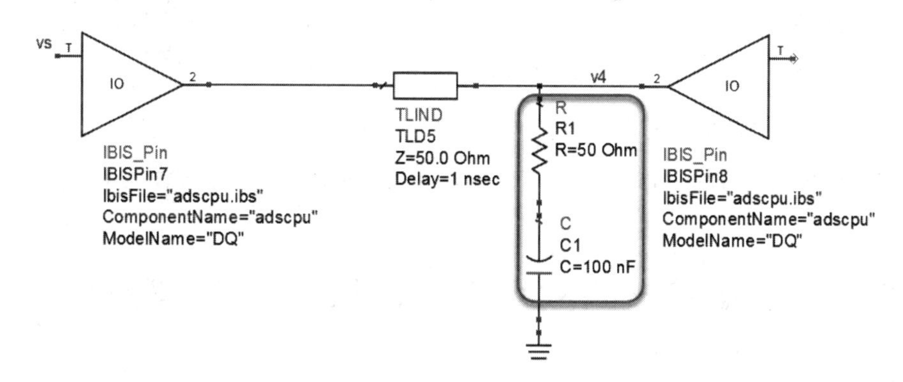

图1.32.9　RC端接拓扑结构

使用RC端接后，其接收端的信号波形如图1.32.10所示。

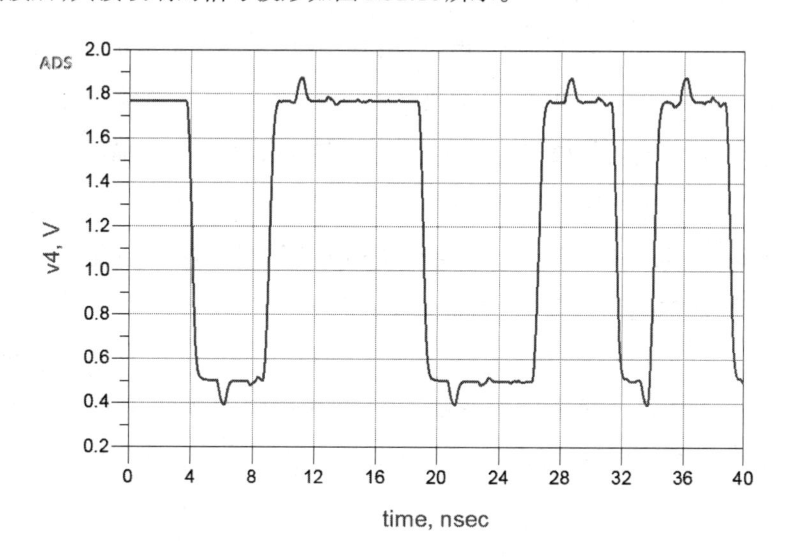

图1.32.10　RC端接拓扑结构接收端的信号波形

从接收端的信号波形可以看出，过冲基本被消除。RC端接能非常好地消除源端带来的反射影响，但是RC电路也有可能导致新的反射。由于RC端接电路中有电容存在，因此电路静态时的直流功耗非常小。

信号波形的低电平电压提升了很多，所以RC端接后电路的噪声容限被降低。RC端接后，由于引入了RC延时电路，因此信号波形边沿也明显变缓慢，其变化程度与RC端接的电阻和电容有直接关系。所以，RC端接并不适合非常高速的信号及时钟电路的端接。同时，RC端接需要使用电阻和电容两种器件。

从上面分析的几种电阻端接类型来看，它们基本都能达到电路匹配端接的效果，使信号在传递过程中保持信号不失真，即满足信号完整性的设计要求。对于电子产品设计而言，这是一个系统工程，其中涉及各个方面，包括信号完整性与电源完整性（Power Integrity，PI），也包括电磁兼容性、电路可靠性、可加工性、成本等。那么，在使用电阻端接来解决反射问题时，也要考虑到这些方面的影响。在实际项目的应用中，需要根据项目工程的应用来选择电阻端接的类型。

总而言之，从电气性能的角度来说，电阻端接匹配不仅可以改善信号质量，还可以用于控制信号边沿变化的速率，即控制信号的上升时间；也可以改变信号电平的类型，即起到转换作用。

33 选择串联端接电阻的大小时如何在信号完整性和电磁兼容性之间平衡？

在“32. 为什么电路端接电阻能改善信号完整性？”中介绍了几种端接的方式，也知道了端接用于匹配电路的阻抗，解决了信号完整性问题。串联端接是一种比较常见的端接方式，这不仅体现在其应用于端接上，还在于其能控制信号的边沿变化快慢。单纯地从信号传递的角度看设计，工程师都希望信号边沿尽量陡峭，这样上升时间段信号传递的时序裕量就会大，产品更加可靠。但是，电磁环境越来越复杂，产品不仅要满足电气特性，还需要满足各个国家和地区电磁兼容性的要求。

图1.33.1所示是一个信号分别使用30Ω、40Ω和50Ω三个电阻端接后获得的波形，所有波形都满足V_{ih}和V_{il}的要求，同时也满足信号完整性其他指标的要求。

很显然，3个波形的上升沿变化是不同的，电阻为30Ω时，上升时间为228ps；电阻为40Ω时，上升时间为298ps；电阻为50Ω时，上升时间为434ps。对于相同的信号码型，不同的上升时间，其频谱是不同的，上升时间越短，频谱能量越高。把3个波形转换为频谱，如图1.33.2所示。

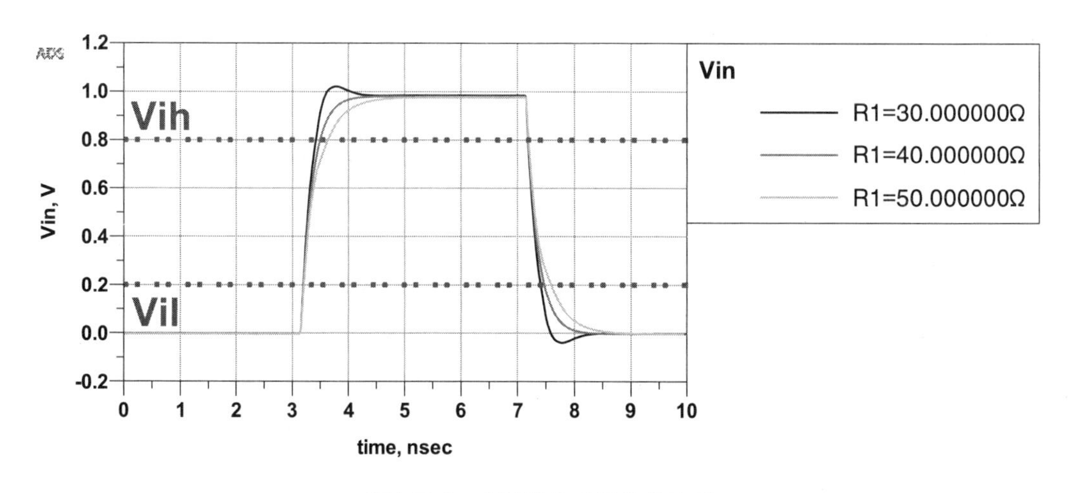

图 1.33.1 串联端接后的信号波形

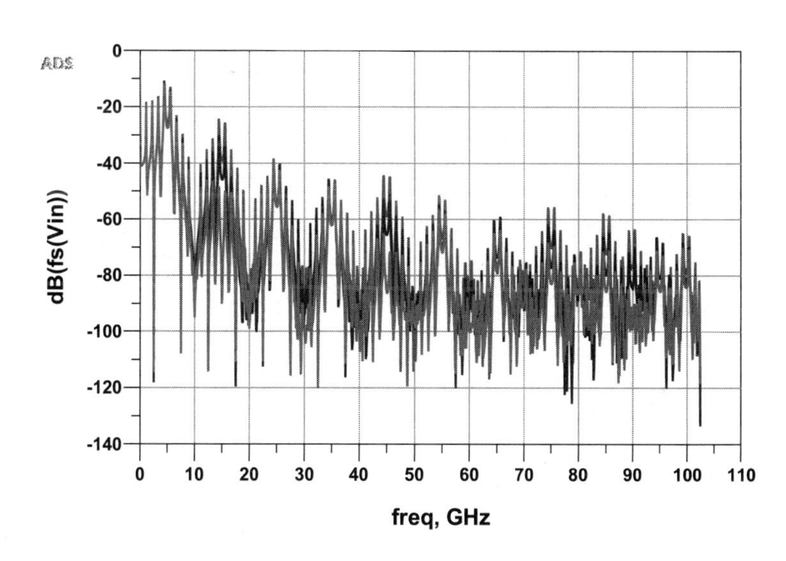

图 1.33.2 串联端接后的信号频谱

在电磁兼容性认证时，当频谱分量超过认证标准值时，就会导致无法满足电磁兼容性认证标准。所以，在选择端接电阻时，要综合考量信号完整性和电磁兼容性的需求，以求达到一个平衡的状态。

34 为什么有时在电路中串联220Ω电阻？

根据电阻端接的介绍可知：通常在电路输出引脚处串联一个33Ω的电阻。但有的电路却串联了220Ω，甚至1kΩ的电阻。这是为什么呢？一般在低速接口和连接到背板或面板的接口上采用这种设计。

这个电阻的作用是热插拔保护。那么，这个电阻是如何实现对电路的接口电路进行热插拔保护的呢？

首先介绍一下CMOS电路。MOS管有NMOS管和PMOS管两种，当NMOS管和PMOS管成对出现在电路中，且二者在工作中互补时，称为CMOS管。MOS管有增强型和耗尽型两种，在数字电路中多采用增强型。CMOS管的等效电路如图1.34.1所示，形成了一个反相器的功能。

CMOS管内部由多个N型和P型半导体组成。除形成了两个MOS管外，由于半导体的结构，还产生了一些寄生的晶体管。寄生的两个晶体管又组合在一起形成了“N-P-N-P”结构。图1.34.2所示是一个集成的CMOS管结构半导体的剖面图，从图中可以发现有两个多发射极晶体管Q_1和Q_2寄生。

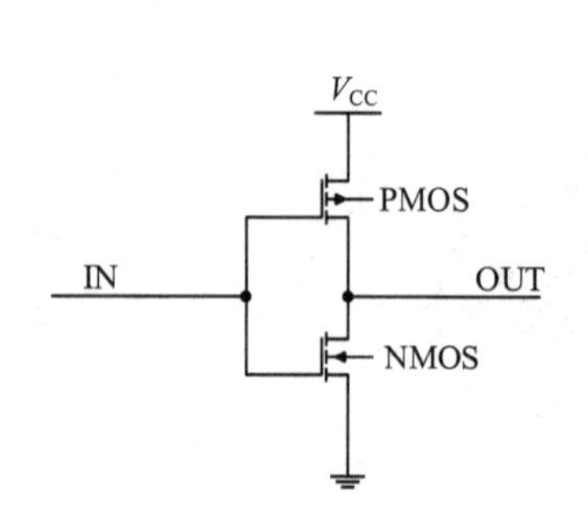

图1.34.1 CMOS管的等效电路

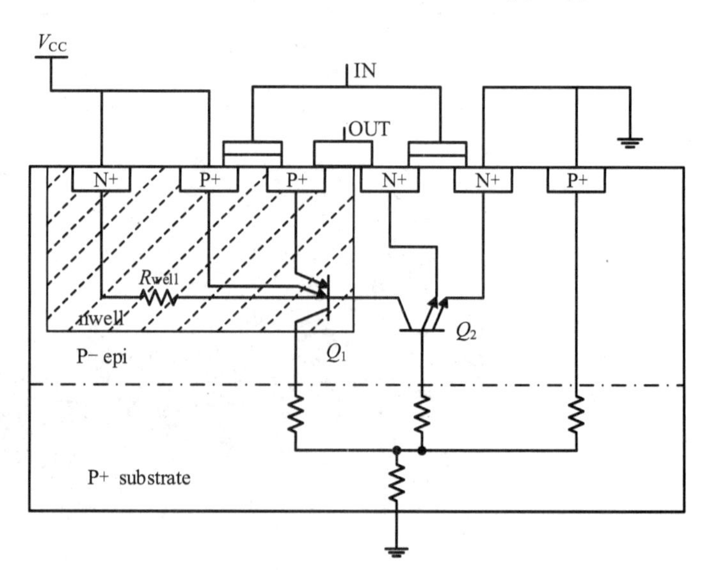

图1.34.2 CMOS管结构半导体的剖面

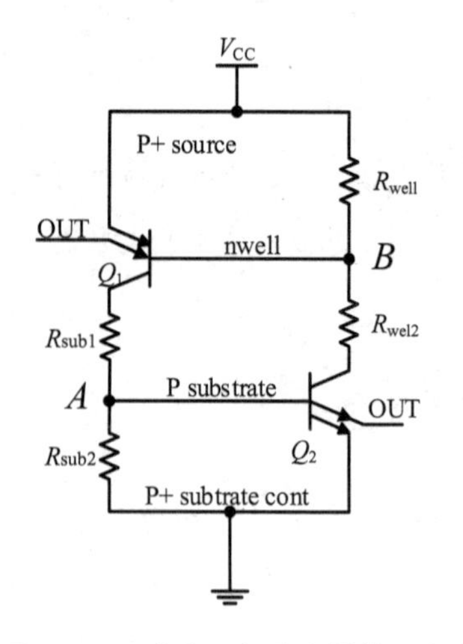

图1.34.3 寄生双极晶体管等效电路

多发射极晶体管就是把多个发射极做在同一个发射区中的晶体管，实际上也就是多个晶体管并联在一起，但共用一个基区和一个集电区的一种复合晶体管。多发射极晶体管除能够提高集成电路的集成度外，同时还具有其特殊的应用特性。它主要用于TTL与非（NAND）逻辑IC（Integrated Circuit，集成电路）中，可以提高IC的工作速度。

可以把多发射极晶体管看成多个晶体管并联，这个电路并不难理解。如果单独把寄生电路拿出来，则可以得到一个可控硅（Silicon Controlled Rectifier，SCR）的结构。所以，很多地方把这个寄生电路称为寄生可控硅，寄生双极晶体管等效电路如图1.34.3所示。

CMOS反相器在正常工作的情况下，输出引脚不会出现电压大于V_{CC}或小于GND的情况，与输出相连的PN结不会出现正向导通的情况，器件正常工作。

有些公司的设计文档为了便于工程师理解，把寄生双极晶体管等效于两个二极管。这两个二极管烧毁时，器件失效，但其实该PN结比较难烧毁。那到底是什么原因导致了器件失效呢？

当热插拔时，由于V_{CC}上电有一个过程，因此可能出现器件引脚的电压先于V_{CC}上电。此时，如果出现了输出电压导致这两个PN结导通，则会进一步导致Q_1、Q_2两个晶体管导通。P-N-P-N正反馈结构的形成过程如下：如果A点有触发电流流过衬底电阻R_{sub1}，使得R_{sub1}上的压降U_A升高，当达到晶体管Q_1发射极正向导通压降时，就会使T_1导通。T_1管的集电极电流I_{C1}增大，使得衬底电阻R_{wel2}上的压降U_B下降；U_B的下降使得T_2的U_{BE2}增大而导通，I_{C2}增大，结果导致U_A继续增加。如果环路电流增益不小于1，则这种状态将持续下去，直到两个晶体管完全导通。导通后，CMOS反相器处于闩锁状态，其导通电流取决于整个环路的负载及电源电压。

当Q_1、Q_2其中任意一个晶体管完全导通时，就会构成正反馈，很可能导致器件V_{CC}到GND产生一个很大的电流，过大的电流导致寄生晶体管烧毁，从而导致器件损坏，该现象就称为闩锁。ESD和相关的电压瞬变都会引起闩锁效应，这是半导体器件失效的主要原因之一。在闩锁情况下，器件在电源与地之间形成短路，造成大电流、EOS（Electrical Over-Stress，电过载）和器件损坏。

要实现闩锁效应的触发，必须具备以下几个条件。

（1）其P-N-P-N结构的环路电流增益要求大于等于1，即$\beta_{NPN} \cdot \beta_{PNP} \geqslant 1$。

（2）触发条件使一个晶体管处于正向偏置，并产生足够大的集电极电流；使另一寄生晶体管也处于正向偏置而导通。

（3）外来干扰噪声消失后，只有当电源提供的电流大于寄生可控硅的维持电流或电路工作电压大于维持电压时，导通状态才能继续维持，否则电路将退出闩锁状态。

ESD电压大，持续时间短，热插拔电压小，但是持续时间较长。当电路承受静电或热插拔时，会产生一个闩锁电压。在半导体设计时，可以通过调整半导体结构来优化寄生半导体寄生可控硅的β值，减少闩锁产生的概率。从硬件设计的角度，可以在一些需要热插拔、防静电、防电磁干扰的电流设计中，通过串联一个电阻来减少闩锁的产生。但需要注意的是，这个电阻的阻值不能太大，太大可能导致上升沿变缓，最终破坏信号完整性。所以，这样的大电阻串联的设计几乎不会在高速接口中使用。

35 无感电阻的电感真的为0吗？

无感即无感值，这里的无感是指电阻上的感抗值非常小，可以忽略不计，但不能说电感值为0。一些精密的仪器仪表设备、电子工业设备常常需要用到此类无感电阻，因为普通具有高感抗的电阻在使用中容易产生振荡，损坏回路中的其他器件。

1 无感电阻的特性

严格地说，所有电阻都是LCR的复合体，既存在电阻，也存在电容、电感。我们平时所说的有感电阻是与无感电阻相对应的，无感电阻是用双线并绕的方法生产的，最终接线时将两线按相反的方向接入，使两条线上产生的自感互相抵消。由于无感电阻绕制工艺复杂，成本较高，因此无感电阻售价较高。因为不同工艺生产的电阻功率范围不同，所以可以按照大功率无感电阻和小功率无感电阻分别进行介绍。

(1)大功率无感电阻。无感电阻生产工艺是针对线绕电阻的，主要用于大功率电路。单线线绕电阻都是有感电阻。由线绕电阻的形状可知，线绕电阻是由一圈一圈的导线绕制而成，与电感相比就少了个磁芯，所以线绕电阻的寄生电感是比较大的。

水泥电阻由于其寄生电感特别小，因此一般被称为无感电阻。无感水泥电阻是根据不同的功率将对应的优质合金无感电阻片放入不同形状的陶瓷壳内部，用特殊不燃性耐热水泥电子填充料，经自然阴干后高温烘烤而成的。MPR无感水泥电阻是一款在电路中最常见的无感型电阻，在日本习惯称其为BRP，在欧洲习惯称其为SLR。无感水泥电阻具有很好的耐久性，温度系数小，噪声小，负载能力强，温度范围宽，电感量小。无感水泥电阻被广泛用于电视、监控设备、计算机、全自动控制系统、高级音频等电路中。

(2)小功率无感电阻。常见的小功率无感电阻主要是碳膜电阻和金属膜电阻，以及少量的金属氧化膜电阻。这些电阻的生产工艺是通过真空刻蚀的方法控制沉积在瓷管上的碳膜(或金属膜/金属氧化膜上的刻槽圈数)来得到不同阻值。它们本身存在很小的寄生电感。

除双线无感电阻外，碳质电阻也可以近似认为是无感电阻。小功率无感电阻与一般电阻相比有以下优点：电阻本身的电感值很小(仅为几微亨)，频率响应特性优异，除可广泛用于交、直流电路外，还适用于中、高频电路；伏安特性线性度好，电气性能稳定，耐高压，有良好的绝缘性能；过载能力强，特别适用于间歇式供电和脉冲大电流的电路；电阻的温度特性良好，适用温度范围较宽；机械强度高，可耐冷、热冲击。

2 无感电阻的选型注意事项

(1)无感电阻最注重的就是感抗值，还要注意设备使用的一致性和稳定性。

(2)无感电阻作为负载时产生大量的热量，散热好也是其重要标准之一。

(3)如果设备对体积要求较高，则不适合选择线绕电阻这类体积大的无感电阻。

(4)在高频测量、耐脉冲负载、泄放等应用中优选厚膜无感电阻。传统上很多选用线绕无感电阻，但性能方面与厚膜无感电阻有很大差距。对无感电阻的感值做测试：200W厚膜无感功率电阻，测试频率为6.78MHz，使用阻抗测试仪进行感值测试，电感值为192nH；同功率的线绕电阻，电感值为2.8μH。在失效形式方面，厚膜电阻较为安全，为断路状态，线绕电阻可能会发生爆炸。

36 用GPIO控制LED时该如何选择串联限流电阻?

现实场景中经常会使用单片机的GPIO口来控制LED,一般会通过一个电阻进行限流,用于保护单片机和LED。单片机GPIO口控制LED的电路如图1.36.1所示。

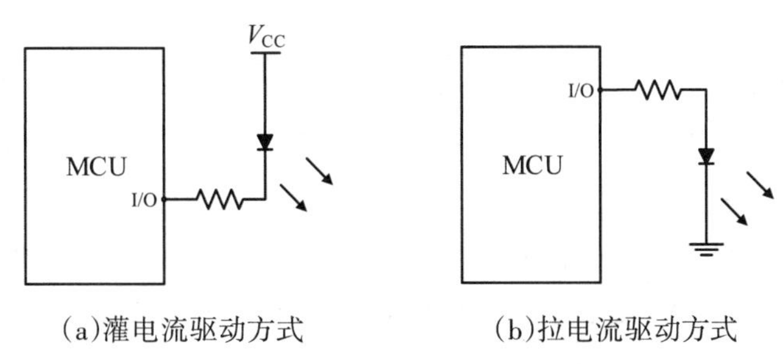

(a)灌电流驱动方式　　(b)拉电流驱动方式

图1.36.1　单片机GPIO口控制LED的电路

图1.36.1(b)所示电路一般不使用,因为GPIO的驱动能力有限。一般I/O输出高电平时最大输出电流小,输出低电平时最大输入电流大,但是其电流仍有限,只能驱动小电流的外部设备。具体可查看相应芯片手册I/O口通流参数。

1 若电路中没有串联电阻会产生怎样的后果?

LED发光时的正向导通压降约为2V,因此采用3V电压供电能满足发光要求。如果电路中没有串联电阻,则相当于电源过二极管降压后直接接地,会使电路电流过大,超过LED和GPIO的最大工作电流,从而损坏LED和GPIO。

2 电阻阻值使用过大能点亮LED吗?

根据欧姆定律:

$$I = \frac{U}{R} \tag{1.36.1}$$

可知,电路中的电流$I = \frac{\Delta U}{R} = \frac{V_{CC} - U_R}{R}$,其中$V_{CC}$为电源电压,$U_R$为LED正向导通压降。若$R$过大,直到无穷大,$I$就会无穷小,接近于0,电流远远不能满足LED的工作电流,所以LED不工作,不会发光。

3 怎样才能在保证点亮LED的同时,不会损坏单片机与LED?

为保证电路能正常工作,应当使用合适的电阻。那么,使用多大的电阻才合适呢?

图1.36.2所示是表贴式LED(SMD) KP-2012SRC-PRV的手册参数。为保证LED正常工作,需要LED工作在指定的工作电流范围内;若需要调节LED亮度,则需通过调整电路中的阻值来控制电流

的大小。

Absolute Maximum Ratings at TA=25°C

Parameter	Super Bright Red	Units
Power dissipation	75	mW
DC Forward Current	30	mA
Peak Forward Current [1]	155	mA
Reverse Voltage	5	V
Operating Temperature	-40°C To +85°C	
Storage Temperature	-40°C To +85°C	

(a)25℃下的最大值参数说明

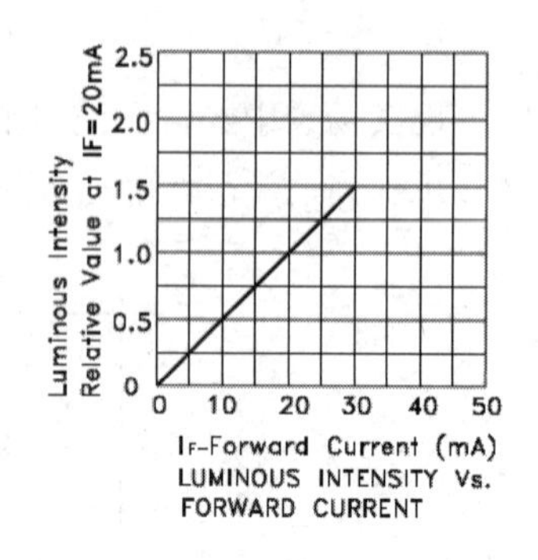

(b)流明与电流的关系

图 1.36.2　表贴式LED(SMD) KP-2012SRC-PRV的手册参数

变换欧姆定律公式，即

$$R = \frac{U}{I} \tag{1.36.2}$$

式中，R为电压U和电流I的比例常数，称为电阻。那么，图1.36.1中的电阻选择多大合适呢？当电压U为1V，电流I为1A时，根据式(1.36.2)可求得电阻R为1Ω。换句话说，1Ω指的是施加1V电压并流过1A电流时的电阻，或者流过1A电流并产生1V电压时的电阻。

变换欧姆定律公式，即

$$U = I \cdot R \tag{1.36.3}$$

可知，5Ω电阻流过1A电流时，需要的电压U为5V。

欧姆定律在电路中总是成立，对于电压、电流、电阻三项内容，只要知道其中两项，根据欧姆定律就能求得另一项的值。

下面计算图1.36.1中使用的电阻阻值。LED正常工作时的电压约为2V，电源电压V_{CC}为3V，则电阻两端的电压$U_R = 3 - 2 = 1(\mathrm{V})$。

若LED流过的电流I_{LED}为15mA，则根据欧姆定律，电阻$R = \frac{U_R}{I_{LED}} = \frac{1}{0.015} \approx 67(\Omega)$。

因此，图1.36.1中的电阻为67Ω。

4　如何安全使用电阻?

电动机、加热器、灯等电器工作时需要电能。表示这些电器需要能量的参数就是消耗功率，功率（消耗功率也一样）用电压和电流的乘积表示，其计算公式为

$$P = U \cdot I \tag{1.36.4}$$

电阻有电流流过时，根据欧姆定律，两端产生电压，与电器一样，电阻也消耗电能。例如，1Ω电阻流过1A电流时，根据欧姆定律产生1V电压，电阻的消耗功率$P = 1 \times 1 = 1(\mathrm{W})$。

电阻情况下，该功率会全部变成热能散发出来，如果消耗功率过高，则电阻的温度上升，最后可能烧断电阻。因此，电阻需要标注能够承受的功率，即额定功率。出于电阻的安全考虑，通常按额定功率的50%降额使用。

37 片式厚膜电阻生产工艺过程是怎样的？

片式厚膜电阻通常采用丝网印刷的方法分别将导电浆料和电阻膜浆料印制在陶瓷基体表面上，经高温烧结后调整阻值，制作侧面电极，再在电阻体表面上制作绝缘保护层，并打上标志而制成。片式厚膜电阻常规产品成分和组成如表1.37.1所示。

表1.37.1 片式厚膜电阻常规产品成分和组成

序号	组件名称	材料	材料中所含主要成分
1	陶瓷基片	Al_2O_3陶瓷基片	96% Al_2O_3及其他氧化物
2	背电极	背电极浆料	Ag或Ag/Pd、玻璃粉、氧化物等
3	面电极	面电极浆料	Ag或Ag/Pd、玻璃粉、氧化物等
4	电阻体	电阻浆料	RuO_2/Ag/Pd、玻璃粉、氧化物等
5	一次保护	绿色玻璃浆料	玻璃粉、绿色颜料等
6	二次保护	黑色保护浆料	玻璃粉、有机类材料、黑色颜料等
7	标记	标记浆料	玻璃粉、白色颜料、有机类材料等
8	端电极	端电极浆料	Ag、玻璃粉、氧化物或Ag、有机类材料等
9	中间电极	电镀Ni	金属Ni
10	外部电极	电镀Sn	金属Sn

下面对片式厚膜电阻的详细生产工艺流程进行介绍。

1 基体处理→印刷电极→电极烧结

在一整块陶瓷基板的上表面和下表面的两边电极位置增加导体，如图1.37.1所示。

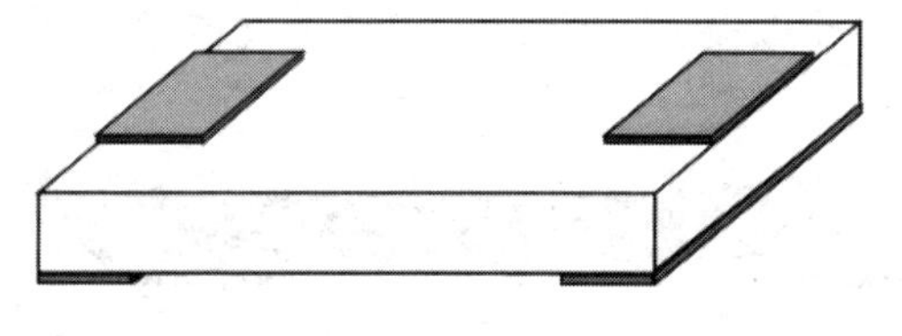

图1.37.1 电极烧结

基板大小：通常0402/0603封装的陶瓷基板是50mm×60mm，1206/0805封装的陶瓷基板是60mm×70mm。

背电极：Ag印刷→140℃干燥。背面电极作为连接PCB焊盘使用。

正电极：Ag/Pd印刷→140℃干燥。正面电极导体作为内电极连接电阻体。

整个基板电极烧结后的变化效果如图1.37.2所示。

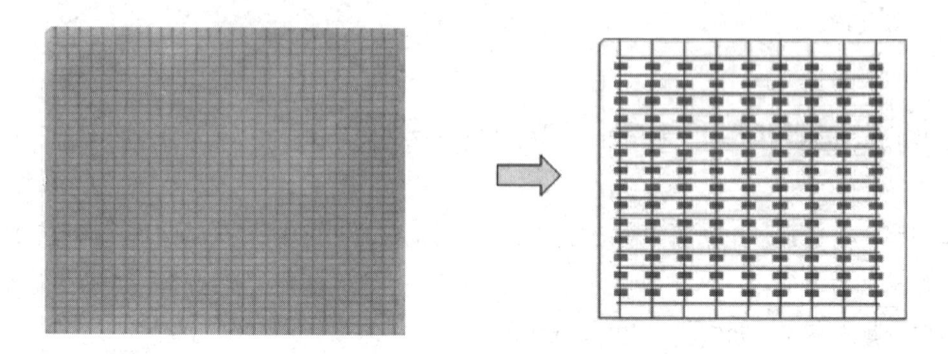

图1.37.2　整个基板电极烧结后的变化效果

经历了背电极印刷、烘干（140℃，10min）、正电极印刷、烘干（140℃，10min）之后，850℃烧结大约10min，温度曲线如图1.37.3所示。

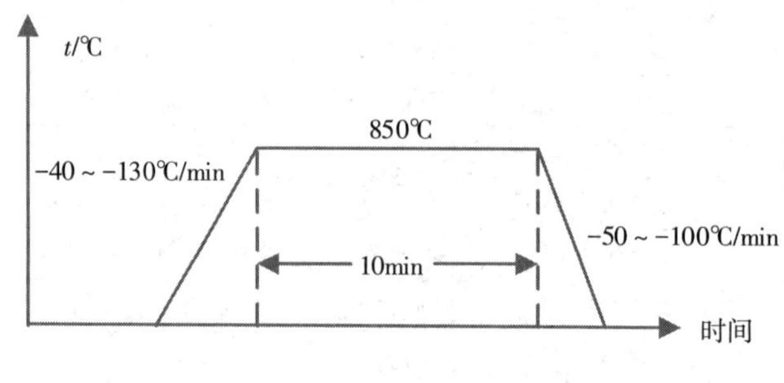

图1.37.3　电极烧结温度曲线

2　电阻体印刷→电阻体烧结

电阻体：RuO_2、Ag、Pd/RuO_2/$Pb_2Ru_2O_6$印刷→140℃干燥。

烧结：850℃烧结。

就单个电阻来看，就是在两个电极之间形成了一个电阻初值，如图1.37.4所示。

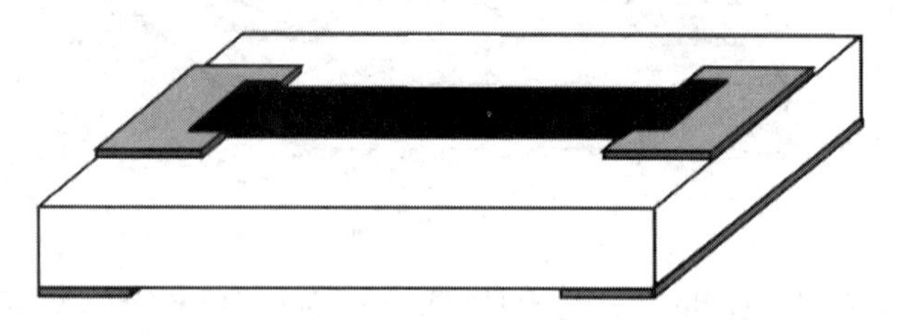

图1.37.4　电阻体烧结

整个基板电阻体烧结后的变化效果如图1.37.5所示。

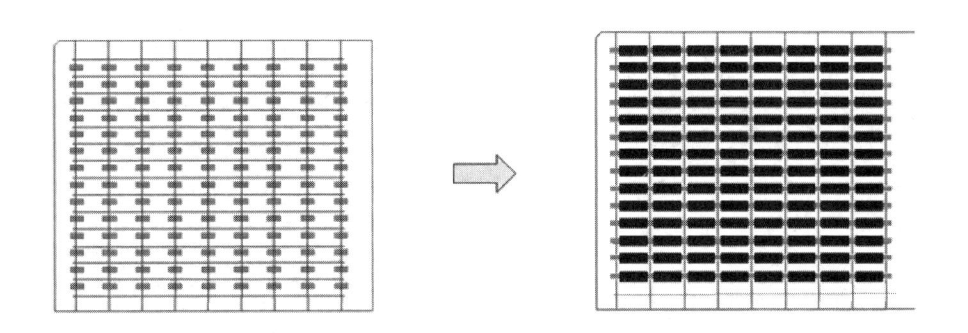

图 1.37.5 整个基板电阻体烧结后的变化效果

3 一次玻璃印刷→一次玻璃烧结

一次玻璃印刷和一次玻璃烧结的目的是对印刷的电阻层进行保护，防止下道工序激光修整时对电阻层造成大范围破坏，如图 1.37.6 所示。

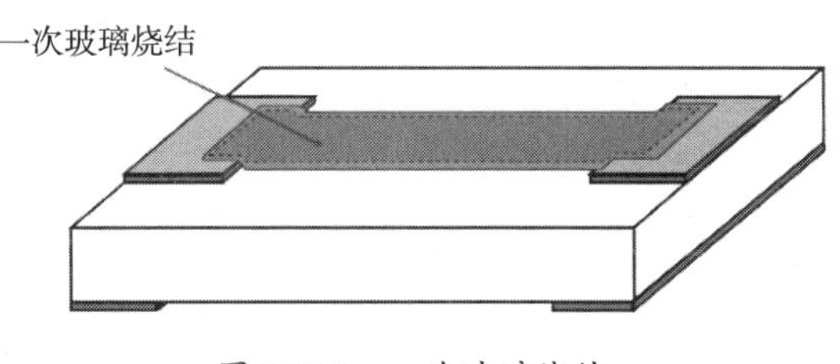

图 1.37.6 一次玻璃烧结

一次玻璃：玻璃膏印刷→140℃干燥。

烧结：600℃烧结 35min。

整个基板一次玻璃烧结后的变化效果如图 1.37.7 所示。

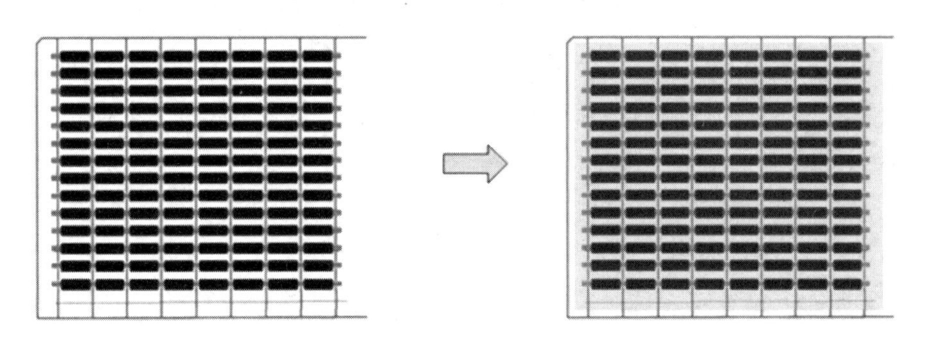

图 1.37.7 整个基板一次玻璃烧结后的变化效果

4 激光调阻

通过激光调整电阻的阻值，如图 1.37.8 所示。整个基板激光调阻后的变化效果如图 1.37.9 所示。根据电阻规格，使用激光切割电阻体来改变长宽比，使电阻值增大到需求值。

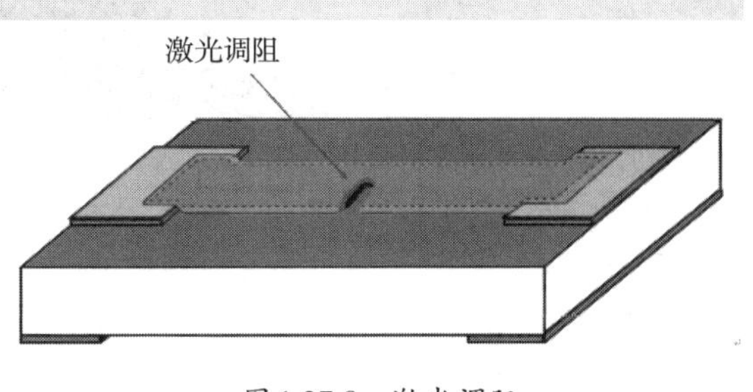

图 1.37.8 激光调阻

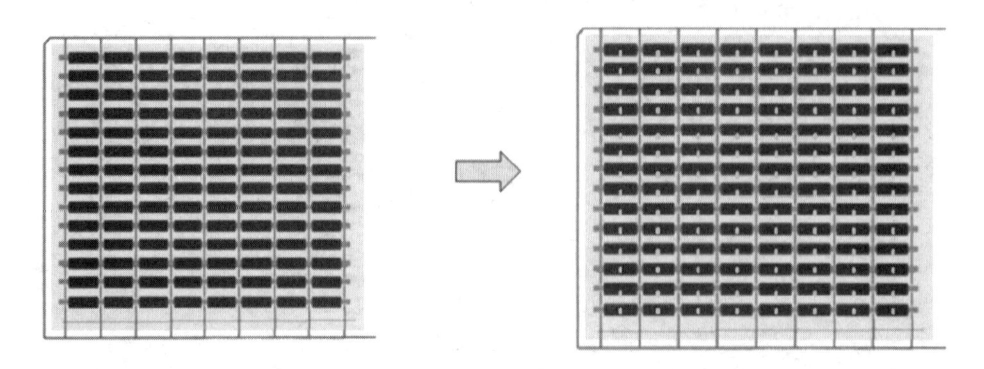

图 1.37.9　整个基板激光调阻后的变化效果

5　二次玻璃印刷→二次玻璃烧结

二次玻璃烧结如图 1.37.10 所示。

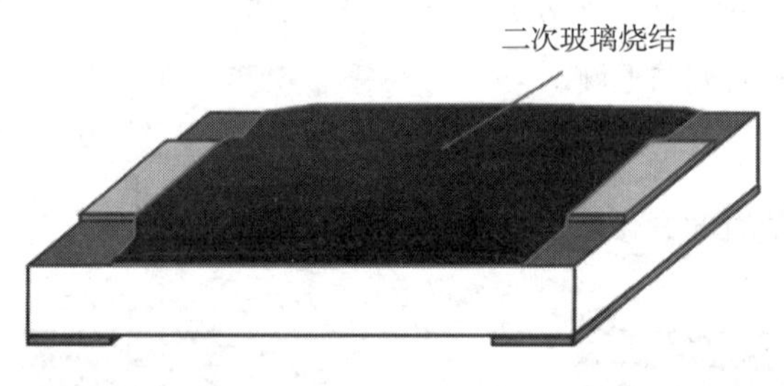

图 1.37.10　二次玻璃烧结

二次玻璃：环氧树脂印刷→140℃干燥。

烧结：600℃烧结。

6　字码印刷→字码烧结

字码烧结如图 1.37.11 所示。

图 1.37.11　字码烧结

字码印刷：黑色油墨（主要成分为环氧树脂）印刷→140℃干燥。

烧结：230℃烧结。

整个基板字码烧结后的变化效果如图 1.37.12 所示。

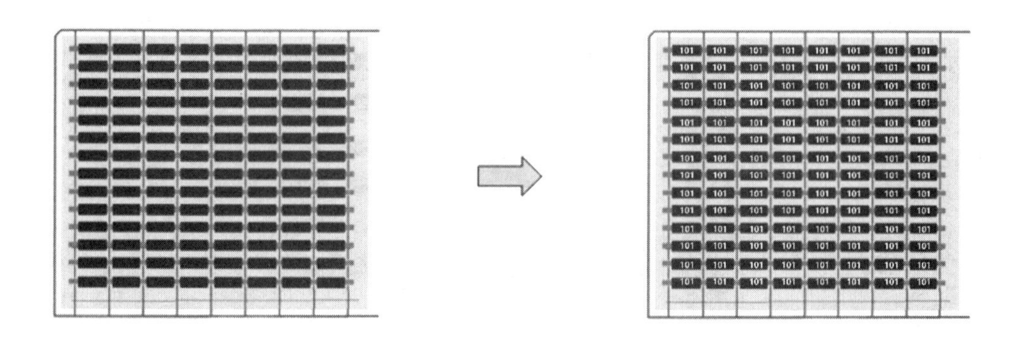

图 1.37.12　整个基板字码烧结后的变化效果

7　折条

如图 1.37.13 所示，用折条机按照基板上原有的分割痕将基板折成条。

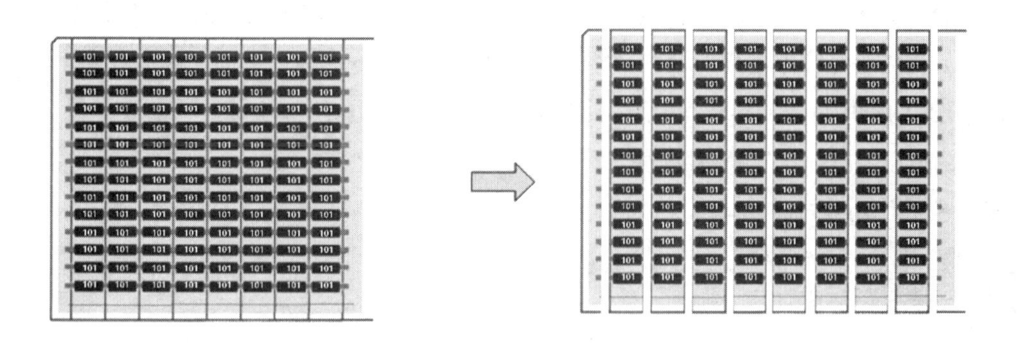

图 1.37.13　折条

8　端电极涂覆

将堆叠好的折条放入真空溅镀机中进行溅镀。

端电极涂覆：110℃预热→Ni/Cr 喷溅涂覆。

先进行预热，预热温度为 110℃；然后利用真空高压将液态的镍溅渡到端面上，形成侧面导体。镍具有良好的耐腐蚀性，并且镀镍产品外观美观、干净，主要用在电镀行业。

9　折粒

使用胶轮与轴心棒搭配皮带来对已经折条的基板进一步进行分割，将条状工件分割成单个的粒状，如图 1.37.14 所示。

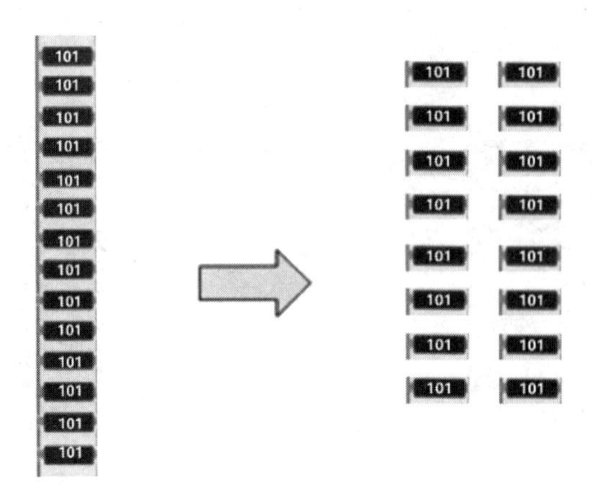

图 1.37.14　折粒

10　电镀

利用滚筒在电镀液中进行电解电镀，滚筒端作为电解的阴极得电子在阴极端还原成镍/锡，电解槽端用镍金属和锡金属作为阳极失电子氧化成镍/锡离子，进而补充电解液中的镍/锡离子。电镀好后的电阻放入热风烤箱中进行干燥，干燥温度为140℃，约10min。在电镀前一般加入 Al_2O_3 球和Steel钢球，Al_2O_3 球的作用是使搅拌更均匀，Steel钢球的作用是使导电性更好。

镀镍的作用：保护电极端不被侵蚀。

镀锡/铅的作用：增加可焊性。

11　磁性筛选

利用镍的磁性将不良品筛选出来：不良品的磁性小，吸引力小，筛选时会自动掉落到不良品盒；良品掉落到良品盒。

12　电性能测试

利用自动测试机对两电极端的阻值进行测试，按不同精度需求筛选出合格产品。将自动检测机的电阻表上表示精度的百分比数先设定好（一般设为5%、1%、0.1%等），自动检测机上分别安置5%精度盒、1%精度盒、0.1%精度盒等及不良品盒。当测试到的产品阻值精度为5%时，利用气压嘴将产品吹入5%精度盒，1%、0.1%类同。当测试到的产品阻值精度不在设定的5%、1%、0.1%精度范围之内时，将产品打入不良品盒。

13　包装

包装工序是将电阻装入纸带包装成卷盘，如图1.37.15所示。电阻是有正反面的，装入纸带的电阻一定要正面(字码面)朝上。那么,如何确保编带时电阻字码面朝上?一般电阻体在装入纸带前会装上激光点检器,当字码面朝上时检测通过,当字码面朝下时利用气压嘴将其矫正为字码面朝上。

图 1.37.15　电阻装入纸带并包装成卷盘

38 电阻降额规范

电阻选型时,需要遵守4条准则:(1)电阻的实际功率最大不能超过额定功率的50%;(2)电阻在实际使用时,室内机温度应小于80℃,室外机温度应小于90℃;(3)电阻的工作电压应小于额定电压;(4)在强电电路中使用,且电阻温升小于15K时应选用玻璃釉电阻或金属釉电阻,电阻温升大于15K时应选用氧化膜电阻。

1　电阻的实际功率

当电阻工作的环境温度小于额定温度时,电阻的实际功率必须小于额定功率的50%;当电阻工作的环境温度大于额定温度时,电阻的实际功率必须小于电阻功率降额曲线上对应功率限制的50%。额定温度通常为70℃,具体数值应参阅各厂家的电阻规格书。电阻功率降额使用曲线如图1.38.1所示。

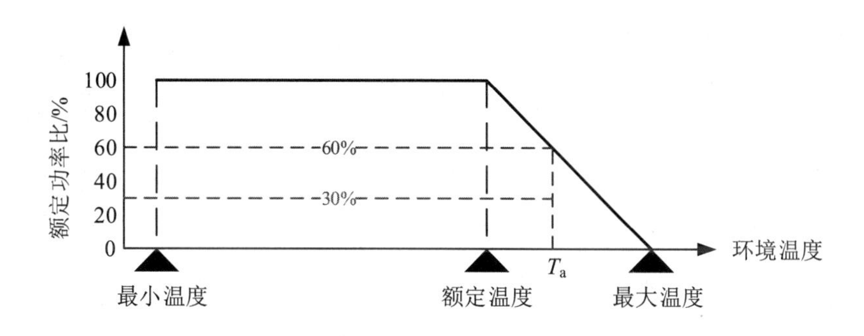

图 1.38.1　电阻功率降额使用曲线

假设电阻实际工作的环境温度为 T_a,电阻功率降额使用曲线对应额定功率比为60%,则

$$电阻的实际功率 \leqslant 50\% \times (60\% \times 额定功率) = 30\% \times 额定功率$$

注意：一般电阻规格书中给出的工作温度范围多指图1.38.1中“最小温度～最大温度”对应的范围，图1.38.1中“额定温度”指标若未给出，则取70℃，将最大温度作为零额定功率比对应温度。也就是说，在通常使用电阻的环境温度下（70℃以内），电阻实际消耗的最大功率应小于电阻额定功率的50%。

---

2 电阻的表面温度

对于用于室内控制器的电阻，在电压220V ± 15%、温度32℃、相对湿度80%下测试，电阻的表面温度应小于80℃；对于用于室外控制器的电阻，在电压220V ± 15%、温度43℃、相对湿度80%下测试，电阻的表面温度应小于90℃。

3 电阻的工作电压

电阻的最大工作电压应小于其额定电压：

$$额定电压 = \min\left(\sqrt{额定功率 \times 标称电阻}, 极限电压\right)$$

各类电阻的极限电压如表1.38.1所示。

表1.38.1　各类电阻的极限电压

电阻类型	额定功率/W	极限电压/V
氧化膜电阻	0.5	250
	1	350
	2	350
	3	350
	5	500
金属膜电阻	0.25	250
	0.5	300
	1	350
	2	400
碳膜电阻	0.5	250
	1	350
	2	350
	3	350
	5	500

续表

电阻类型	额定功率/W	极限电压/V
玻璃釉电阻	0.25	500
	0.5	600
	1	800
	2	1000
	3	1000
	5	1000
金属釉电阻	0.25	800
	0.5	1500
	1	3000
	2	6000

4 强电电路使用要求

在强电电路使用条件下，且电阻实际应用时的最大温升小于15K的场景，推荐选用玻璃釉电阻或金属釉电阻，避免使用金属膜电阻和氧化膜电阻。强电电路中，当电阻的温升大于15K时应选用氧化膜电阻，在跨越中性线和相线使用时需采用两个氧化膜电阻串联。

最后，电阻选型时还需要满足降额标准，具体如表1.38.2所示。

表1.38.2　电阻降额标准

器件	降额参数[①]		降额要求[②]
玻璃釉电阻 金属膜电阻 金属氧化膜电阻 熔断电阻 线绕电阻 网络电阻 片式厚膜电阻 片式薄膜电阻	功率	稳态功率	$T \leqslant T_s$时：$\leqslant 0.5P_r$ $T > T_s$时：$\leqslant [0.5-(T-T_s)/(T_{max}-T_s)] \cdot P_r$
		瞬态功率	脉冲功率$\leqslant P_m$，且平均功率$\leqslant 0.7P_r$
	电压	稳态电压	$\leqslant 0.7U_r$
		瞬态电压	$\leqslant 0.7U_m$
	环境温度		$\leqslant T_s + 0.6(T_{max}-T_s)$
玻璃釉膜电位器 碳膜电位器	功率		$T \leqslant T_s$时：$\leqslant 0.5P_r$ $T > T_s$时：$\leqslant [0.5-(T-T_s)/(T_{max}-T_s)] \cdot P_r$
	电压		$\leqslant 0.7U_r$
	环境温度		$\leqslant T_s + 0.5(T_{max}-T_s)$

注：①电阻上存在不超过1s的脉冲负荷时，需要同时满足瞬态降额要求（大于1s时仍按稳态降额考虑）。
②电阻降额需要同时满足功率、电压和温度的降额要求，表中各符号含义如下：P_r为额定功率，P_m为峰值脉冲功率，U_r为最大工作电压，U_m为峰值脉冲电压，T为实际环境温度，T_s为额定功率对应的环境温度，T_{max}为标称最高工作温度。

2

电　容

1 电容是如何实现存储电荷的?

电容的种类繁多,结构也有所不同,但电容的基本原理是一样的,都是依赖电荷的相互作用力把电荷存储起来。由于电容的基本原理需要用到电场的基本概念,因此这里简单介绍一些物理知识。

两个电荷之间的作用力称为库仑力。作用力与自然界中的很多现象相似:同性相斥,异性相吸。库仑力的大小与两个电荷的距离有关,距离越远力越小;也与两个电荷的电量有关,电量越大力越大。该规律与万有引力相似,特别是力与距离的平方成反比这一点。如图2.1.1所示,r表示两个电荷的距离,q_1、q_2表示电量。

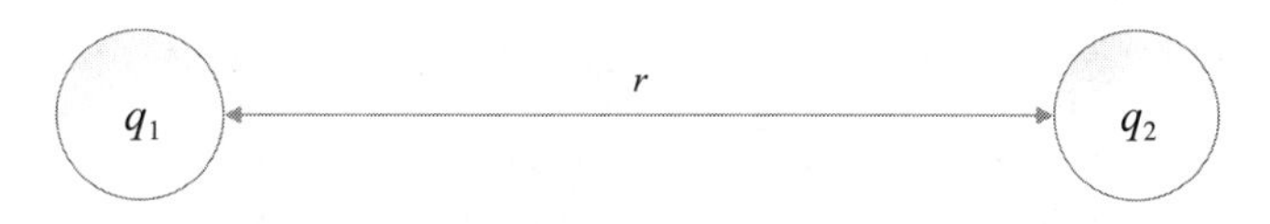

图2.1.1 两个电荷之间的位置关系

库仑定律的数学表达式为

$$\vec{F}_{12} = k\frac{q_1 q_2}{r_{12}^3}\vec{r}_{12} \tag{2.1.1}$$

表示力的$\vec{F}_{12}$,字符上方有一个箭头,表示它是矢量(既有大小又有方向的物理量),有的教材用粗体表示矢量。式(2.1.1)在中学物理中就做了讲解,只不过当时没有用矢量的方式进行描述。

根据库仑定律,如果两个异性电荷靠近,则它们之间就会产生相互作用力。如果把正负电荷分别储存在两个平行放置的导体上,那么在外部情况相同时,两个导体上能够储存的电荷数量与$\vec{F}_{12}$有关,$\vec{F}_{12}$越大则存储的电荷越多。两个导体的距离越近,则引力越大,存储的电荷越多。同时,由于同性相斥,因此在一个导体上能够容纳的电荷数量是有限的,导体的面积越大,能够容纳的电荷数量越多,如图2.1.2所示。

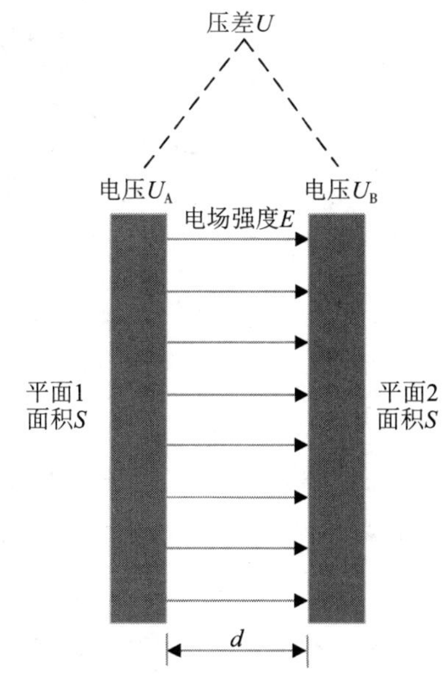

图2.1.2 两个带电导体之间的电场

电容最简单的结构可由两个相互靠近的导体平面中间夹一层绝缘介质组成。当在电容两个极板间加上电压时,电容就会储存电荷,所以电容是一个充放电荷的电子元器件。电容量是电容储存电荷多少的一个量值。平板电容的电容量可由式(2.1.2)计算得出。

$$C=\frac{Q}{U}=\frac{\varepsilon S}{4\pi d} \tag{2.1.2}$$

式中，C为电容量，单位为F；Q为一个电极板上储存的电荷，单位为C；U为两个电极板上的电位差，单位为V；ε为绝缘介质的介电常数；S为金属极板的面积，单位为m^2；d为导体间的距离，单位为m。

从式(2.1.2)中可以看到，一个电极板上储存的电荷Q是结果，由内因和外因决定。内因就是C，即电容本身容纳电量的能力；外因就是外部的电压，即外部对电荷施加的压力。同时，在相同电压的情况下，一个电容能够容纳的电量是一定的，用电容值表示，导体的面积S和导体间距d会影响电容的电容值。人们发现在两个导体中间放上不同的物质也会影响电容值，此时是式(2.1.2)中的ε发生了变化。

电路中常用的电容其实就是运用了上述基本原理，电容就是两个导体中间夹一个绝缘体构成的电子元器件，就像三明治一样。如果两个导体平行放置，那么它们所占的面积会非常大，将不利于焊接、安装、保存、运输等操作。考虑到可靠性、体积、稳定度等原因，一般不会使用平板电容(两个导体平面结构的电容)。除平板电容外，还有其他类型的电容，最常用的是陶瓷电容、电解电容、固体电容等。铝电解电容就是把两个平面卷起来，图2.1.3所示是铝电解电容的内部结构。

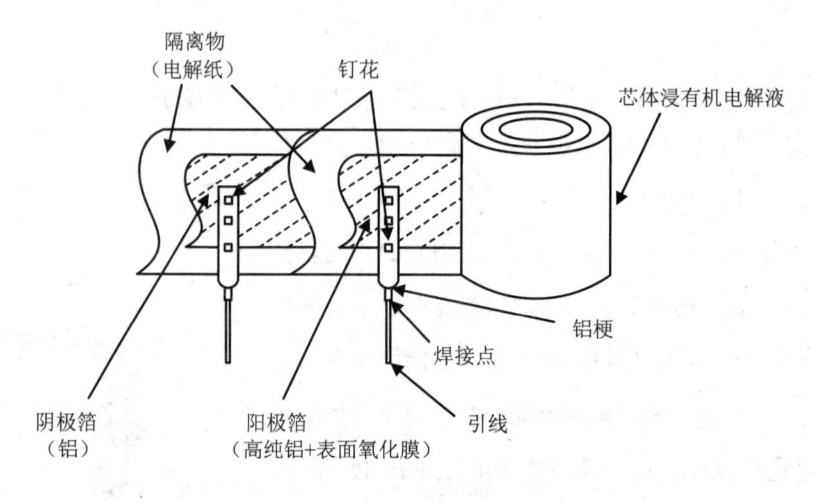

图2.1.3　铝电解电容的内部结构

根据国际规定，如果一个电极板所带的电荷为1C，两个电极板之间的电位差为1V，则此时电容的容量为1F。在实际应用时，单位F太大，工程上常用它的导出单位。其导出单位如下。

$$1F = 1\times10^{3}mF = 1\times10^{6}\mu F = 1\times10^{9}nF = 1\times10^{12}pF$$

图2.1.4所示是一些常用电容的外形。

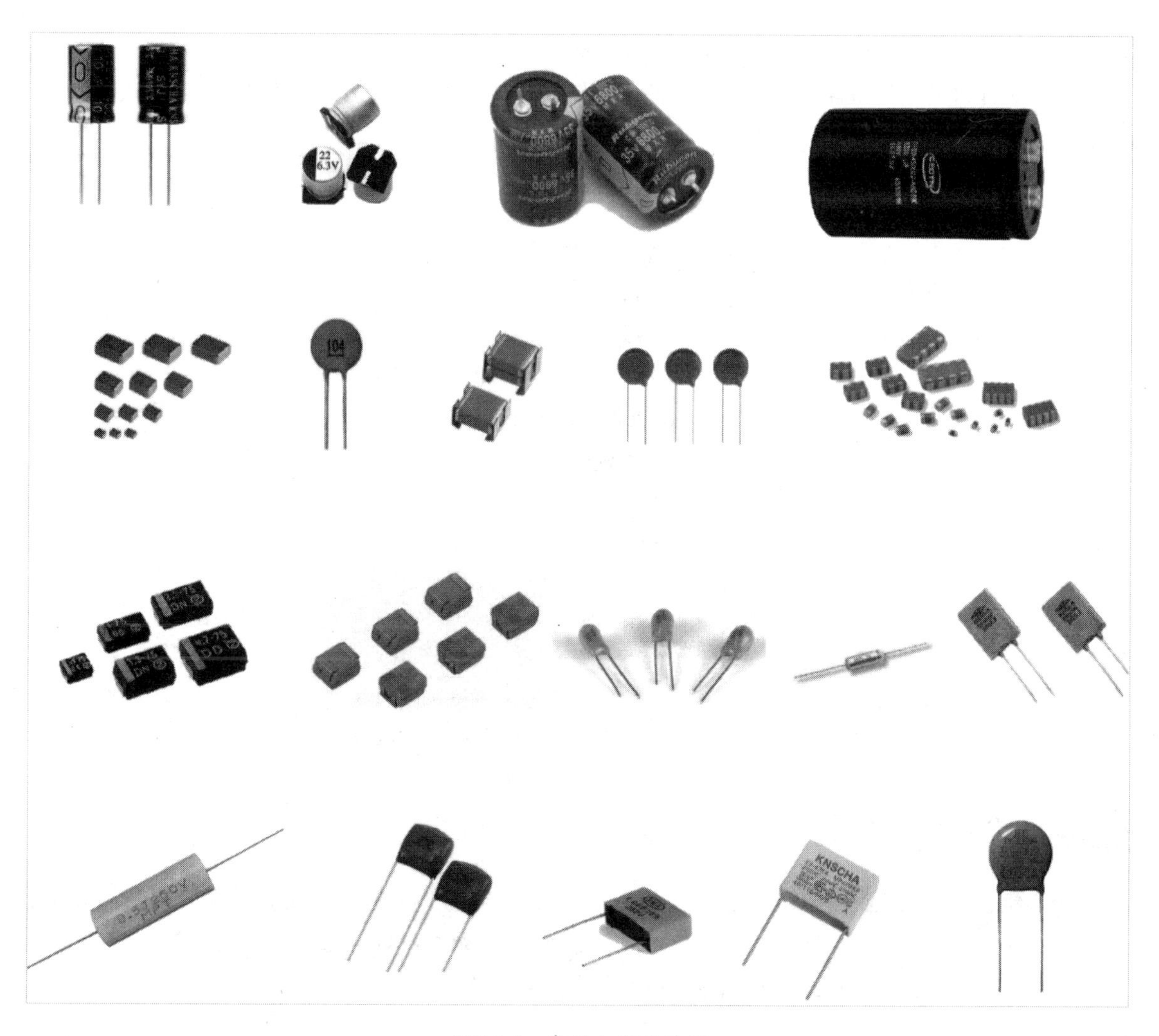

图 2.1.4　常用电容的外形

2 电容的主流厂家都有哪些?

电容在电阻、电容、电感3个基础分离元器件中有独特性。一些电容生产的技术门槛和技术断裂点决定了电容是一个国家工业技术能力的体现,尤其是高档电容。美国、日本是世界上电容设计研究能力最强的两个国家,电容的生产对精密加工、化工、材料、基础研究都有非常高的要求,高档电容的设计制造要求甚至不亚于CPU(Central Processing Unit,中央处理器)。电阻的生产厂家比较多,常规工艺的质量成本各厂家之间差异并不大。而电容的生产厂家的情况却不太一样。

由于有的电容生产工艺要求比较高,因此能够生产电容的厂家并不多,特别是国产厂家并不多。高档电容的一些特殊工艺决定了只有美国和日本的公司有能力制造。由于各个厂家之间的产品质量参差不齐,不同要求的电路有可能选择不同厂家的同规格产品,因此这里特别介绍一些电容厂家的情况。

图2.2.1所示是某个品种比较全面的元器件采购网站的品牌列表，括号中为物料种类的数量。下面对常见的电容厂家进行简单介绍。

AVX (2531)
EPCOS (33)
KEMET (2344)
muRata(2277)
RS PRO (9)
Samsung Electro-Mecnanics (527)
Syfer Technology (337)
Talyo Yuden (38)
TDK (2434)
Vishay (445)
Wurth Elektronik (570)
Yageo (1299)

图2.2.1　某个品种比较全面的元器件采购网站的品牌列表

1　AVX（中国香港）

1984年，AVX公司亚洲公司于香港成立。AVX公司通过产品创新、联合及收购众多优质资源，实力逐步壮大。AVX公司的产品范围涵盖无源元器件、连接器和铁氧体器件。

AVX公司的主要电容产品：陶瓷电容、钽电容、薄膜电容。

2　KEMET（美国）

KEMET（基美）公司是全球知名的电容生产商，创建于1919年，总部位于美国南卡罗纳州格林维尔市。KEMET公司在美国、中国及墨西哥等11个国家拥有工厂，销售和分销网络遍布全球。其钽电容销量位居全球第一，在无源电子技术领域处于全球领先地位。

KEMET公司的主要电容产品：铝电解电容、钽电容、陶瓷电容、Polymer、薄膜电容。

3　muRata（日本）

muRata（村田制作所）创立于1944年，其产品被广泛应用于家电、手机、汽车电子等领域。坐落在日本京都府内的muRata是一家从事电子器件、陶瓷电容和过滤器生产的企业，该公司生产的微波过滤器、陶瓷电容等产品占世界市场份额的50%～85%。即使在金融危机、日币升值风波等背景下，一般企业都感到巨大的经营压力时，muRata还能保持相当可观的收益。这些都得益于muRata的专注和专业，他们具备非常专业和精细的工艺，并且自己控制和生产高质量的原材料。

muRata的产品种类比较丰富，如电容、电感、静电保护器件、电阻、传感器、时钟元件、声音元件、电源、微型机电产品、RFID、滤波器、接插器、隔离器、射频模块等。

muRata的主要电容产品：陶瓷电容、导电性高分子铝电容、微调电容、单层微片电容、硅电容。

4 TDK（日本）

TDK是一个著名的电子工业品牌，一直在电子原材料及元器件领域处于领先地位。TDK的创始人加藤与五郎和武井武两位博士在东京发明了铁氧体后，于1935年创办了东京电气化学工业株式会社（Tokyo Denkikagaku Kogyo K.K），其前身是东京工业大学电化学系，加藤与五郎博士和武井武博士在该大学电化学系授课。1983年，东京电气化学工业株式会社正式更名为如今的TDK株式会社，取的是原名称Tokyo（东京）、Denki（电气）、Kagaku（化学）的首字母。

TDK公司的主要产品：电容、电感、变压器、射频器件、光学器件、电磁干扰抑制器件、电源模块、传感器、磁芯等。

TDK公司的主要电容产品：陶瓷电容、铝电解电容。其电容产品还包括一些特种电容、电力电子设备用电容、超高电压陶瓷电容、超级电容等。

5 Vishay（美国）

Vishay（威世）通过收购许多著名品牌的分立电子元器件的厂商促进了公司发展，如Dale（达勒）、Sfernice（思芬尼）、Draloric（迪劳瑞）、Sprague（思碧）、Vitramon（威趋蒙）、Siliconix（硅尼克斯）、General Semiconductor（通用半导体）、BCcomponents（BC元件）、Beyschlag（贝士拉革）、International Rectifier（国际整流器）的某些分立半导体与模块。Vishay品牌的产品代表了包括分立半导体、无源元件、集成模块、应力感应器和传感器等多种相互不依赖产品的集合。

Vishay公司的主要产品：裸片与晶圆、二极管和整流器、分离式晶闸管、MOS管、光电子、电阻、电容、电感、传感器。

Vishay公司的主要电容产品：铝电解电容、陶瓷电容、薄膜电容、聚合物电容、钽电容。

6 Samsung（韩国）

Samsung（三星）品牌因为在个人消费品市场占有率很高，大家已经很熟悉了。三星电机有限公司是三星集团旗下的，创立于1973年，起初是一个电子产品核心部件的生产商，现已成长为韩国拥有61.2亿美元总收入的电子零部件生产业的领头羊，并在全球市场中扮演着重要角色。三星电机有限公司由4个部门构成：LCR（电感电容电阻）部门负责多层陶瓷贴片电容和钽电容，ACI（高级电路互连）部门负责高密度互连和IC基板的业务，CDS（电路驱动解决）部门的业务包括数字调谐器、网络模块、能源模块和其他普通模块，OMS（光感及机械电子）部门的业务包括图像传感器模块及精密电动机等。

Samsung公司的主要电容产品：陶瓷电容、钽电容。

7 EPCOS（德国）

EPCOS（爱普科斯）公司总部在德国慕尼黑，是世界上较大的电子元器件制造商之一。其前身是西门子松下有限公司（Siemens Matsushita Components），它于1989年在德国慕尼黑成立。其产品主要市场在通信领域、消费领域、汽车领域及工业电子领域。

2009年10月1日，EPCOS公司与TDK元件事业部合并，由位于日本的TDK-EPC公司管理。从2009年10月底开始，TDK-EPC公司和关联的TDK公司持有EPCOS公司的全部股份。

在陶瓷元件、电容和电感等领域，EPCOS公司的产品始终代表着卓越的电子性能。

EPCOS公司的主要电容产品：铝电解电容、薄膜电容和电力电容。

8 Yageo（中国台湾地区）

Yageo（国巨）公司创立于1977年，是中国台湾地区第一大无源元件供货商、世界第一大专业电容制造厂，是中国台湾地区第一家上市的无源元件公司，是一家拥有全球产销据点的国际化企业。

Yageo公司的主要产品：传统碳膜、皮膜金属、氧化皮膜、无导线、线绕电阻及运用于表面黏着技术（SMT）的厚膜贴片电阻、薄膜贴片电阻、网络电阻，以及贴片排阻、贴片电容[MLCC（Multi-layers Ceramic Capacitor，片式多层陶瓷电容）]、贴片电感。

Yageo公司的主要电容产品：陶瓷电容。

9 TAIYO YUDEN（日本）

TAIYO YUDEN（太阳诱电）株式会社可以说在相当长的时间中代表了光存储盘片的最佳品质，旗下That's盘片在CD时代风靡一时，至今仍代表着最好的CD盘片。到了DVD刻录时代，That's日本原装的DVD盘片占领了顶级消费市场。随着社会的发展和公司自身的发展，TAIYO YUDEN公司的产品已不局限于光盘。

TAIYO YUDEN公司的主要产品：陶瓷电容、电感、电路模块（电源、高频）、光记录媒体、陶瓷片状天线、滤波器、平衡-不平衡变压器、压敏电阻、NTC热敏电阻。

TAIYO YUDEN公司的主要电容产品：陶瓷电容，尤其在大尺寸大容量高电压贴片陶瓷电容中技术全球领先。

10 WALSIN（中国台湾地区）

WALSIN（华新科技）是在中国台湾地区上市的公司，凭借领先业界的技术与遍布全球的配销网，已成为被动组件产业的领导名牌。目前WALSIN公司已经晋身世界前三大片式多层陶瓷电容（MLCC）制造商。

WALSIN公司的主要产品:被动元件(MLCC、晶片电阻、电感与磁珠)、感控元件(正负温度系数热敏电阻、氧化锌变阻)、晶片变阻、晶片负温度热敏电阻等。

WALSIN公司的主要电容产品:MLCC。

11 合科泰(中国广东)

广东合科泰实业有限公司(以下简称合科泰)初创于1992年,是全球领先的半导体生产服务商,为国家认证高新技术企业。其初期致力于被动元器件,即贴片电阻、贴片电容的研发及生产,由于业务发展需求又于2000年注册成立深圳市合科泰电子有限公司(今为实业公司旗下子公司)。与此同时,企业扩大规模投资研发并且生产主动元器件,如二极管、三极管、场效应管(MOS)及IC等领域系列产品,主要应用于电源类、可穿戴数码产品、家电产品、通信电子、汽车电子、仪器仪表、电子玩具、医疗电子、安防电子、航空航天等领域。

合科泰的主要电容产品:陶瓷电容和钽电容。

12 风华高科(中国广东)

广东风华高新科技股份有限公司(以下简称风华高科)成立于1984年,是一家专业从事包括贴片电容、贴片电阻、贴片电感等高端新型元器件、电子材料、电子专用设备等电子信息基础产品的高新技术企业,1996年在深圳证券交易所挂牌上市。风华高科自进入电子元器件行业以来,实现了跨越式的发展,现已成为国内最大的新型元器件及电子信息基础产品科研、生产和出口基地,拥有自主知识产权及核心关键技术的国际知名公司。

风华高科的主要电容产品:陶瓷电容和铝电解电容。

13 宇阳科技(中国广东)

深圳市宇阳科技发展有限公司(以下简称宇阳科技)成立于2001年,一直致力于电子元器件产品的研发、生产与销售。公司先后在东莞及安徽滁州搭建完成全套MLCC生产线,目前已成为国内产量最大的MLCC厂商。

宇阳科技的主要电容产品:MLCC。

3 电容有哪些种类?

电容是电子设备中不可缺少的电子元器件,在电子电路中发挥着重要的作用,应用十分广泛。电容的产量占全球电子元器件产品的40%以上。绝大多数的电子设备,小到U盘、数码相机、手机、计算机主板,大到航空母舰、航天飞机、火箭、军舰、坦克、潜艇中都可以见到它的身影。

电容相比于电阻,种类更多,知识体系更庞杂。所以,电子工程师需要掌握各种电容的基本原理、制造工艺、特性参数、规格标志方法、选型方法、可靠性等。

电容的分类如图2.3.1所示。

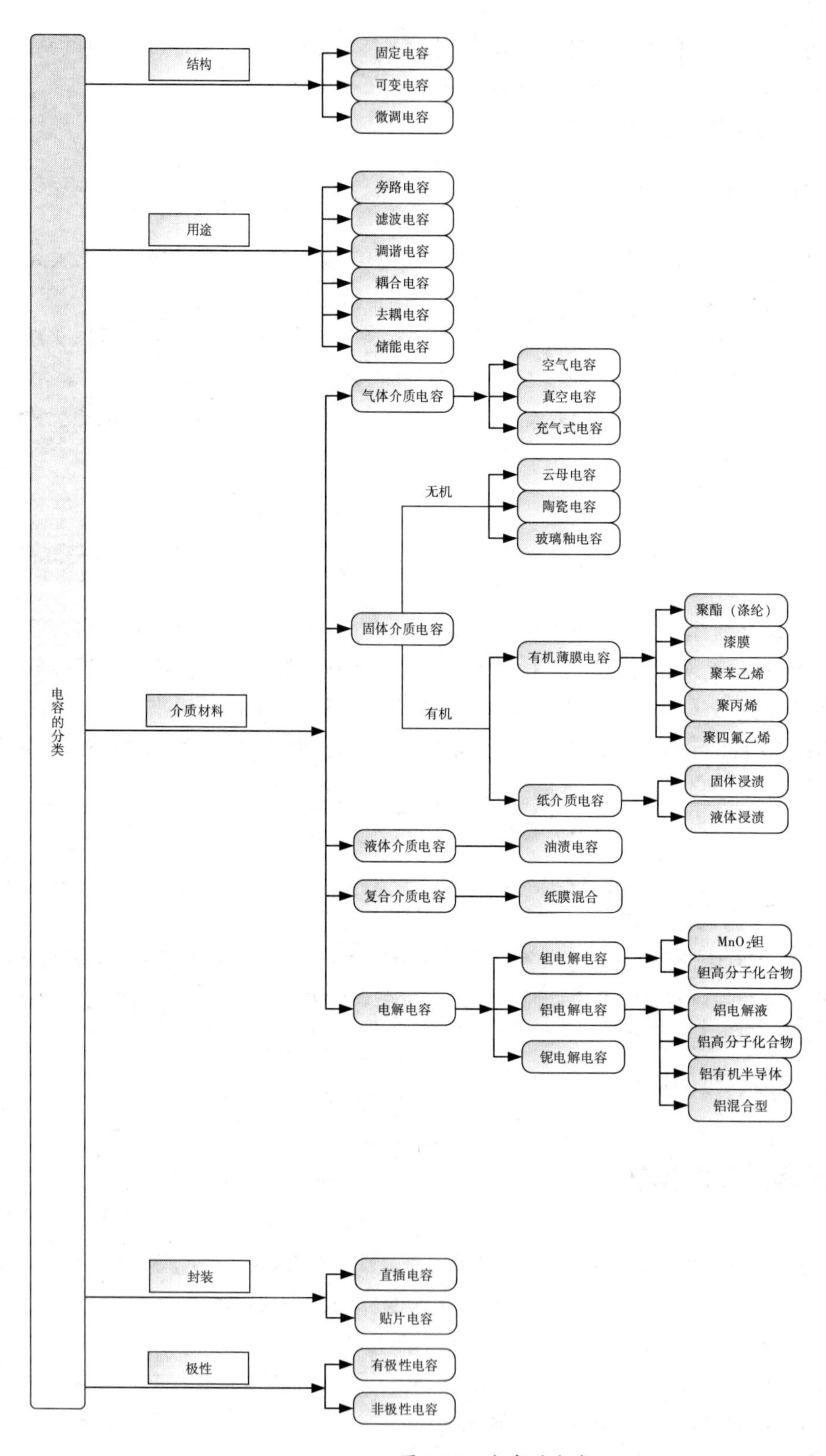
电容的分类
结构
固定电容
可变电容
微调电容
用途
旁路电容
滤波电容
调谐电容
耦合电容
去耦电容
储能电容
介质材料
气体介质电容
空气电容
真空电容
充气式电容
固体介质电容
无机
云母电容
陶瓷电容
玻璃釉电容
有机
有机薄膜电容
聚酯（涤纶）
漆膜
聚苯乙烯
聚丙烯
聚四氟乙烯
纸介质电容
固体浸渍
液体浸渍
液体介质电容
油渍电容
复合介质电容
纸膜混合
电解电容
钽电解电容
MnO_2钽
钽高分子化合物
铝电解电容
铝电解液
铝高分子化合物
铝有机半导体
铝混合型
铌电解电容
封装
直插电容
贴片电容
极性
有极性电容
非极性电容

图 2.3.1　电容的分类

1 按结构分类

按结构分类，可将电容大致分为固定电容、可变电容和微调电容。

(1)固定电容。固定电容就是电容量固定的电容。电容实际电容量与标称电容量的偏差称为误差，允许的偏差范围称为精度。电容在使用过程中一般不需要变化电容值，所以也就不需要改变电容的机械结构。

(2)可变电容。可变电容由一组定片和一组动片组成，其容量随着动片的转动可以连续改变。可变电容的外观如图2.3.2所示。把两组可变电容装在一起同轴转动，称为双连。可变电容的介质有空气和聚苯乙烯(Polystyrene，PS)两种。空气介质可变电容体积大，损耗小，多用在电子管收音机中；聚苯乙烯介质可变电容一般做成密封式的，体积小，多用在晶体管收音机中。

(3)微调电容。微调电容又称为微变电容，也称为半可变电容，由一组定片和一组动片组成，其容量在5 ~ 45pF，电容值随动片的转动而连续改变，如图2.3.3所示。在实际的电路应用中，微调电容又根据封装方式的不同分为贴片可调电容(SMD)、插件可调电容(DIP)；根据制造材料的不同分为陶瓷可调电容、PVC可调电容、空气可调电容等。微调电容的主要作用是与电感线圈等振荡元件配合，共同调整谐振频率。微调电容的灵活性在于可以调整容量大小，通过改变这一数据，可与电感等元件配合实现电路的共振。通常体现微调电容的一个重要指标是共振频率，共振频率越高，其精度就越高。

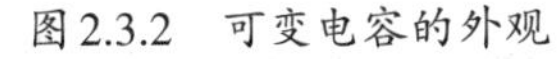
图2.3.2 可变电容的外观

图2.3.3 微调电容的外观

可变电容和微调电容在常规项目中用得比较少，一般运用在调谐放大、选频振荡、调谐等电路中，收音机、电视机等电路中运用比较多。

2 按用途分类

按用途分类，可将电容大致分为旁路电容、滤波电容、调谐电容、耦合电容、去耦电容和储能电容等。

（1）旁路电容。旁路电容的作用是将系统中的高频噪声旁路到GND。一般是在电源引脚和GND之间并联一些容值较小的（典型值为0.1μF）电容，从而避免噪声进入器件的供电引脚，如图2.3.4所示。

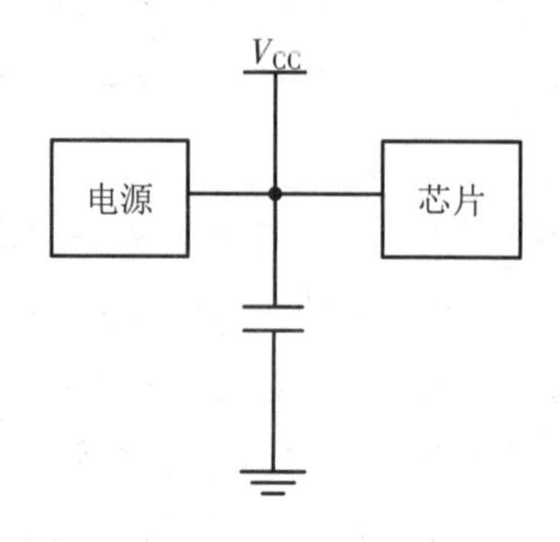

图2.3.4　旁路电容

所以，旁路电容的功能是针对外部的高频干扰或噪声，提供一个泄放到GND的路径，避免这些高频分量进入芯片。

（2）滤波电容。从理论上来说（假设电容为纯电容），电容越大，阻抗越小，通过的频率也越低。但实际上，超过1μF的电容大多为电解电容，有很大的电感成分，所以阻抗不会随着频率的升高而一直减小，到高频端时会因为电感成分而增大。

有时会看到一个电容量较大的电解电容并联了一个小电容，这时大电容滤低频，小电容滤高频。电容的作用就是“通交流，阻直流；通高频，阻低频”，电容值越大，低频越容易通过。

滤波其实是把电容作为精密器件使用。在去耦、耦合、储能、旁路等应用场景，往往只关注直流还是交流，或者只关注使用的频段。但是，当电容与电感、电阻形成LC、RC滤波电路时，就必须精确计算频率点和电容的容值，因为容值偏差会影响滤波结果。所以，电容使用在滤波场景时，需要关注电容的稳定性、温度、精度和一致性等特性。

（3）调谐电容。在含有电容和电感的电路中，如果电容和电感串联，则可能出现在某个很小的时间段内：电容的电压逐渐增大，电流却逐渐减小；与此同时，电感的电流逐渐增大，电压却逐渐减小。而在另一个很小的时间段内：电容的电压逐渐减小，电流却逐渐增大；与此同时，电感的电流逐渐减小，电压却逐渐增大。电压的增大可以达到一个正的最大值，电压的减小也可以达到一个负的最大值，同样地，电流的方向在这个过程中也会发生正负方向的变化，这种现象称为电路发生电的振荡。

调谐就是调节一个振荡电路的频率，使其与另一个正在发生振荡的电路（或电磁波）发生谐振。LC谐振的频谱特性如图2.3.5所示。

（4）耦合电容。耦合电容的作用是阻止直流通过而允许交流通过，本质是电容与其后面的负载形成滤波器，滤除了低频信号，保留了高频信号，形成一个高通滤波器。由于直流就是频率为0Hz的信号，因此阻直流、耦合交流是同时发生的。

耦合电容作为两个电路之间的连接，允许交流信号通过并传输到下一级电路。当交流信号到达电容某一端的引脚时，该引脚接的电路的电压逐渐增大，电容内部开始积聚电荷；待该引脚所接的电路的电压减小时，电容再将积聚的电荷返回电路中。整个过程就是电容阻直流、通交流的过程。

(5)去耦电容。去耦电容的作用是防止器件工作时对外干扰。去耦电容通过减小器件驱动电流的变化率来降低器件之间的耦合干扰，避免器件在工作过程中由于其负载电流突变造成电源上产生的高频分量耦合到其他器件，产生干扰。

当芯片的数字信号输出发生01跳变时，输出引脚作为驱动电路要把其负载的电容充电、放电，才能完成信号的跳变。在上升沿比较陡峭时，电流比较大，这样驱动的电流就会吸收很大的电源电流。由于电路中的电感会加剧该电流，这种电流相对于正常情况来说实际上就是一种噪声，会影响前级的正常工作，这就是耦合。电容可以防止这种噪声向外传播，所以一般会在靠近器件的电源引脚处放置一些电容，这些电容可以解除、去掉器件电源引脚对外释放的噪声，所以称为去耦电容。

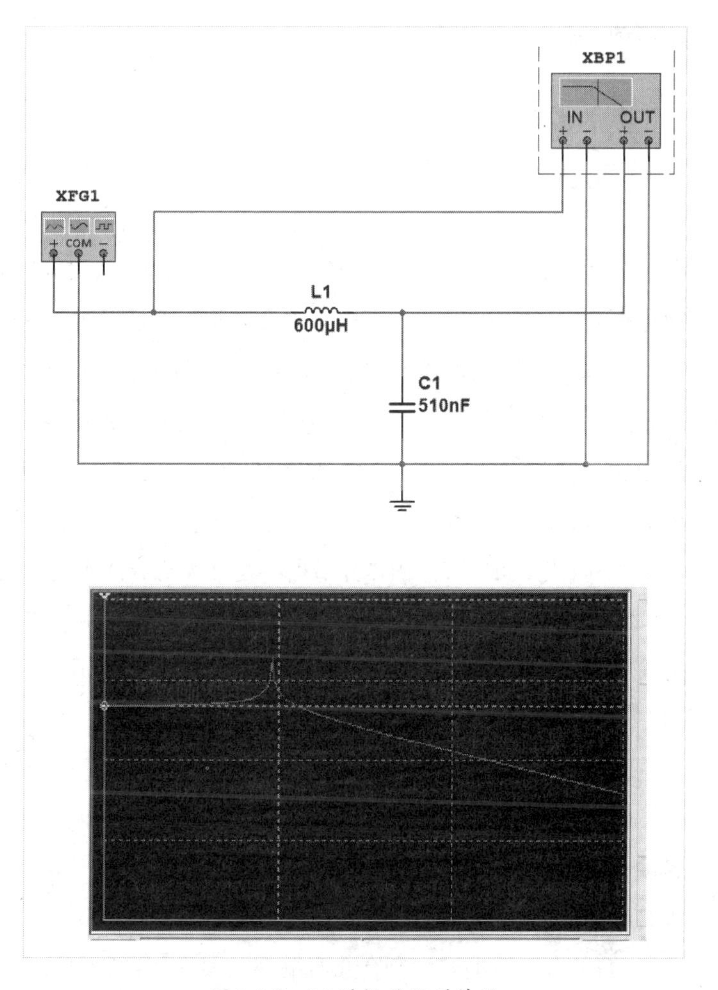

图 2.3.5 LC谐振的频谱特性

将旁路电容和去耦电容结合起来介绍更容易理解。旁路电容是把输入信号中的干扰作为滤除对象；而去耦电容是把输出信号的干扰作为滤除对象，防止干扰信号返回电源。这是两者的本质区别。其实，去耦电容在某种程度上也起到旁路的作用。

(6)储能电容。储能电容通过整流器收集电荷，并将存储的能量通过变换器引线传送至电源的输出端。电压额定值为40～450VDC、电容值在220μF～150000μF的铝电解电容较为常用。根据不同的电源要求，器件有时会采用串联、并联或两者组合的形式。对于功率级超过10kW的电源，通常采用体积较大的罐形螺旋端子电容。一般超级电容也用于储能。

3 按介质材料分类

按介质材料分类，可将电容大致分为气体介质电容、固体介质电容、液体介质电容、复合介质电容和电解电容等。

(1)气体介质电容。气体介质电容是一种由两个接近并相互不接触的导体制成的电极组成的储存电荷和电能的器件。气体介质电容与其他种类电容的结构类似，都是利用两个导体的面积和导体间距来调节电容的大小，只不过导体中间的介质是气体。

气体介质电容总体上使用非常少，使用相对较多的是空气介质可变电容。由于空气的介电常数比较小，因此空气介质可变电容能够实现的电容值也比较小，可变电容量为100～1500pF。其最重要的用途是用于射频领域，如共振频率调谐收音机、精密电容表、射频匹配网络、磁共振成像(Magnetic Resonance Imaging，MRI)设备。

(2)固体介质电容。固体介质电容包括无机介质电容和有机介质电容。

①无机介质电容。无机介质电容包括云母电容、陶瓷电容和玻璃釉电容。在CPU中会经常看到陶瓷电容。陶瓷电容的综合性能很好，可以应用到吉赫兹级别的超高频器件上，如CPU、GPU(Graphics Processing Unit，图形处理器)。

②有机介质电容。例如，薄膜电容，电容经常用在音箱上，其特性是比较精密、耐高温高压。

(3)液体介质电容。液体介质电容由芯子、外壳和引出电极组成。为了增加使用寿命，避免氧化腐蚀，可通过填充绝缘液体来防止芯子与外部空气水分接触。绝缘液体一般是聚丁烯、硅油、蓖麻油等绝缘油。

(4)复合介质电容。复合介质电容一般采用纸膜复合介质，以铝箔为电极卷绕而成，然后放入塑料、瓷管或金属外壳内封装，而小型复合介质电容多采用树脂浸涂包封。有的复合介质电容采用聚酯/聚丙烯材料制成。采用金属化复合膜介质的电容称为金属化复合介质电容。

(5)电解电容。常见的电解电容有钽电解电容、铝电解电容和铌电解电容。电解电容的内部有储存电荷的电解质材料，分正、负极性，类似于电池，不可接反。正极为粘有氧化膜的金属基板，负极通过金属基板与电解质(固体和非固体)相连接。

无极性(双极性)电解电容采用双氧化膜结构，类似于两个具有极性的电解电容将两个负极相连接，其两个电极分别与两个金属基板(均粘有氧化膜)相连，两组氧化膜中间为电解质。

有极性电解电容通常在电源电路或中频、低频电路中起电源滤波、去耦、信号耦合及时间常数设定、阻直流等作用。无极性电解电容通常用于音响分频器电路、电视机S校正电路及单相电动机的起动电路。

4 按封装分类

按封装分类，可将电容分为直插电容和贴片电容。

（1）直插电容。直插电容的封装大，可生产性差，寄生电感大。

（2）贴片电容。贴片电容的封装小，可生产性好，寄生电感小。其原理与电阻一样，引脚引线越短，寄生电感越小。

5 按极性分类

按极性分类，可将电容分为有极性电容和无极性电容。

（1）有极性电容。有极性电容大多采用电解质作为介质材料，通常同体积的电容有极性电容容量大。另外，不同的电解质材料和工艺制造出的有极性电容同体积的容量也会不同。

有极性电容的主要应用场景是电源滤波。有极性电容是不可逆的，也就是说，正极必须接高电位端，负极必须接低电位端，否则会损坏。

（2）无极性电容。无极性电容介质材料也很多，大多采用金属氧化膜、涤纶等。介质材料的可逆或不可逆性决定了有极性电容和无极性电容的使用环境。

某些材料做成的电容，既有有极性的，也有无极性的，如钽电容。无极性钽电容非常少见，有极性钽电容非常多见。

无极性电容的主要应用场景是谐振、耦合、选频、去耦等。

6 特殊的电容——超级电容

超级电容的类型比较多，按不同方式可以分为多种产品，其容值可以非常大。超级电容的材料工艺等方面有别于普通电容，这里将其作为一种特殊电容单独进行介绍。

按原理分类，可将超级电容分为双电层型超级电容和赝电容型超级电容。

（1）双电层型超级电容。双电层型超级电容的电极材料类型很多，具体如下。

①活性炭电极材料：采用活性炭材料经过成型制备电极。

②碳纤维电极材料：采用碳纤维成型材料，如布、毡等经过增强，喷涂或熔融金属增强其导电性制备电极。

③碳气凝胶电极材料：采用前驱材料制备凝胶，经过炭化活化得到电极材料。

④碳纳米管电极材料：碳纳米管具有极好的中孔性能和导电性，采用高比表面积的碳纳米管材料，可以制得非常优良的超级电容电极。

以上电极材料可以制成以下电容。

①平板型超级电容：在扣式体系中多采用平板状和圆片状的电极，另外也有以ECOND公司产品为典型代表的多层叠片串联组合而成的高压超级电容，其可以达到300V以上的工作电压。

②绕卷型溶剂电容：采用电极材料涂覆在集流体（集流体是指汇集电流的结构或零件，如铜箔、铝箔等）上，经过绕制得到。这类电容通常具有更大的电容量和更高的功率密度。

双电层型超级电容的电容量特别大，可以达到几百法拉。因此，这种电容可以用作UPS（Uninterruptible Power Supply，不间断电源）的电池，作用是储存电能。

（2）赝电容型超级电容。赝电容也称为法拉第准电容，其储能原理是在电极表面或体相中的二维或准二维空间上，电活性物质进行欠电位沉积，发生高度可逆的化学吸附/脱附或氧化/还原反应，从而进行能量存储。赝电容型超级电容的电极材料包括金属氧化物电极材料和聚合物电极材料。金属氧化物赝电容以NiO_x、二氧化锰（MnO_2）、五氧化二钒（V_2O_5）等作为正极材料，以活性炭作为负极材料。聚合物赝电容以PPY、PTH、PAni、PAS、PFPT等经P型或N型或P/N型掺杂制取电极。赝电容型超级电容具有非常高的能量密度，除NiO_x型外，其他类型多处于研究阶段，还没有实现产业化生产。

4 电容的种类为什么这么多？

大多数硬件工程师经常接触的电容是陶瓷电容、铝电解电容、钽电解电容，这是因为大部分电路设计的场景是以MCU、CPU为核心的数字电路，以及外围的时钟和电源电路，而上述3种电容正好能够满足数字电路的这几个场景。

数字电路的芯片主要是一些I/O引脚，其工作原理如图2.4.1所示。

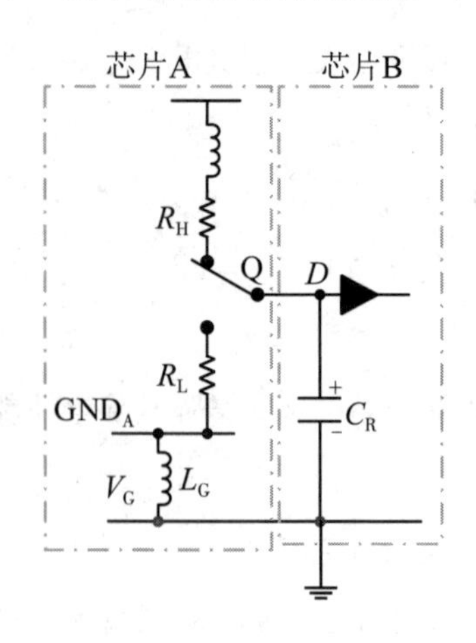

图2.4.1　数字芯片I/O引脚的工作原理

图2.4.1左侧为芯片A，为数字输出引脚；右侧为芯片B，为数字输入引脚。在该简化模型中，芯片A输出的电路被简化为一个开关Q。当开关Q接通电源时，输出高电平1；当开关Q接通GND时，输出低电平0。开关Q的不同位置代表输出0和1两种状态。假定由于电路状态转换，开关Q接通R_L低电平，负载电容对地放电，随着负载电容电压减小，它积累的电荷流向地，在接地回路上形成一个大的电流浪涌。

随着放电电流建立然后衰减，这一电流变化作用于接地引脚的电感L_G，这样在芯片外的电路板"地"与芯片内的地之间会形成一定的电压差，即V_G。同样地，对于电源端，每次信号翻转都会引入电压差。

当很多I/O同时翻转时，该电压差就会叠加在一起，引起电源电压波动。此时，就需要运用去耦电容，去耦电容可以防止这种噪声向外传播，所以可以放一些电容靠近器件的电源引脚。

正是由于这种电源平面上的滤波对频率没有具体精确的要求，因此去耦电容一般对电容的精度没有特别严格的要求，并且由于去耦需要滤除的电源噪声范围相对比较宽，因此并不是由一个或一种电容去实现非常宽范围的滤波。所以，在去耦场景中，需要的电容的特征如下。

(1)去耦电容本质是一种宽频带范围的滤波器，所以需要一种电容值为0.1nF ~ 10μF，且精度要求不高的电容。

(2)由于芯片特别是CPU、FPGA、DSP等多I/O引脚、大功率芯片的电源引脚也比较多，因此去耦电容的用量比较大。因此，需要一种成本比较低、相同容量情况下体积比较小的电容。

(3)电源系统的去耦设计的一个原则，就是在需要考虑的频率范围内，使整个电源分配系统的阻抗最小。所以，需要一种ESR(Equivalent Series Resistance，等效串联电阻)、ESL(Equivalent Series Inductance，等效串联电感)比较小的电容(需要去耦的信号频率比较高，并保证去耦效果)。

根据上述描述：容量范围、精度要求低、成本低、体积小、ESR小、ESL小等，MLCC就显得非常合适，如图2.4.2所示。

图2.4.2 MLCC用于去耦场景

一般芯片由于速率越来越快，因此接口电平也就越来越低，导致电路板上会有多种电压值的电源。早期数字电路电源以5V、3.3V为主；现在数字电路电源越来越丰富，如2.5V、1.8V、1.5V、1.1V、1.0V、0.9V、可调可控电源等。所以，这些开关电源需要使用的输入电容和输出电容也越来越多。

由于铝电解电容容量容易做大，耐压容易做高，因此电源的输入电容会选择铝电解电容，输出电容会选择铝电解电容和钽电解电容。铝电解电容的电容量为0.47μF ~ 10000μF，额定电压为6.3 ~ 450V。铝电解电容的主要特点是容量大，损耗大，漏电流大，耐压比较高。在大容量的陶瓷电容能够被制造出来之前，开关电源的输入电容和输出电容会使用铝电解电容，在对期望ESR比较小的场景中会选择钽电解电容。

但是，铝电解电容有一个致命的弱点，即电解液会干涸，寿命比较短，且ESR比较大。钽电解电容的失效模式比较危险，即会爆炸，可能引起燃烧。目前，随着MLCC的工艺优化持续发展，在一些小电流低电压的开关电源的输入、输出端会选择MLCC代替铝电解电容和钽电解电容。同时，由于MLCC具有低ESR，因此其作为电源输出滤波时效果相对较好，对纹波电压(Ripple Voltage)的抑制比较有效。电容ESR特性曲线如图2.4.3所示。

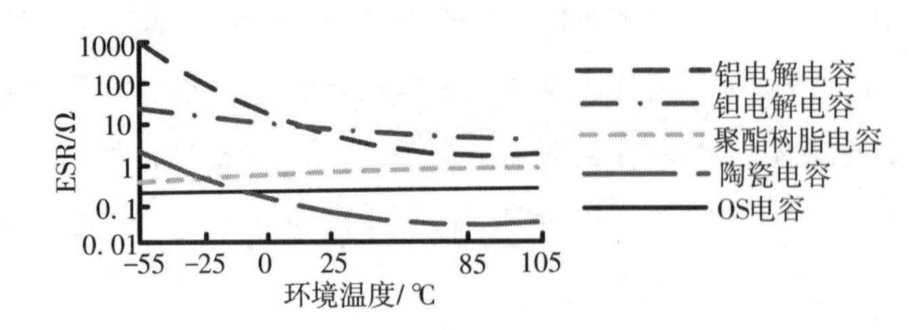

图2.4.3　电容ESR特性曲线

一般来说，开关电源的输出端电容一般在100μF以上。MLCC虽然标称值可以达到100μF，比100μF容值更大的MLCC也有，但是封装也会进一步变大，更容易应力失效。并且MLCC的温度稳定性差，电容值会随着直流电压的增大而减小。所以，开关电源输出电容一般不推荐选用MLCC。另外，输出端电容的电容值很可能需要数百甚至数千微法拉，如果使用MLCC，则往往会由于其单体容量有限，达不到滤波效果。所以，在大电流开关电源的输出电容应用场景仍然大量使用铝电解电容和钽电解电容。

目前大量的固体钽电容、固体铝电容逐步替代铝电解电容和钽电解电容。固体钽电容和固体铝电容相比铝电解电容寿命长、更可靠；相比MnO_2钽电解电容来说，没有危险的失效模式，且更不容易失效。固体钽电容和固体铝电容相对MLCC来说，直流偏压特性更稳定，温度特性更稳定。图2.4.4所示是松下高分子聚合物固体电容与MLCC的直流偏压特性和温度特性对比。目前一些利润比较高的行业已经逐步大量使用固体铝电解电容。由于钽元素相对比较稀缺，有可能全球耗尽，因此固体铝电解电容的使用率逐步变高。高分子聚合物电容相对来说价格更昂贵一些，在对成本非常敏感的场景仍然不能被大规模应用。

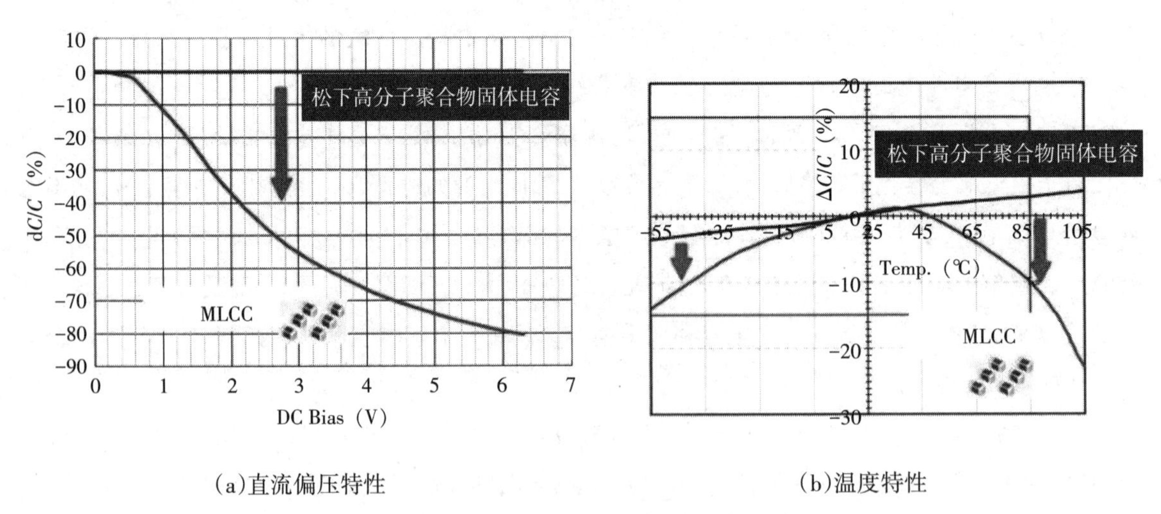

（a）直流偏压特性　　（b）温度特性

图2.4.4　松下高分子聚合物固体电容与MLCC的直流偏压特性和温度特性对比

由于固体电容的耐压和容量还需要进一步提升，因此固体电容还会有一个发展过程。固体电容的发展其实非常迅速，成本、耐压、容量每年都有新的进展。

由于固体电容一般选用高分子聚合物作为电容的阴极，因此它也被称为Polymer电容或高分子聚合物电容。

固体电容也有弱点，如固体钽电容比MnO_2钽电容在热稳定性上稍差。MnO_2钽电容不存在老化寿命的问题；而固体钽电容的退化机理主要是高分子有机体在高温下会分解导致电导率下降，相当于半永久失效。固体钽电容在潮敏性能上不如MnO_2钽电容，主要原因是阴极材料高分子聚合物在特定温度下会与水和氧起作用而分解，导致容量、ESR等特性下降甚至失效。因此，固体钽电容会特别要求回流焊温度条件下不能有潮气侵入。

以上说的“去耦”“开关电源的输入电容”“开关电源的输出电容”等几种场景本质都是电源滤波。滤波场景对于电容的温度稳定性、精度要求都不是很高。

在上述几种常用于电源滤波的电容中，MLCC并不是只能应用于去耦电容或电源滤波，还可以用于振荡器、谐振器的槽路电容，以及高频电路中的耦合电容。槽路电容和耦合电容由于需要更高的精度和稳定性，这时X7R、X5R普通特性的陶瓷电容已经不能满足要求，因此需要温度特性更好的陶瓷电容。带温度补偿的NP0电容适合作为振荡器、谐振器的槽路电容，以及高频电路中的耦合电容。

但是，模拟电路除电源滤波、储能、去耦等场景外，还有一个比较重要的应用就是信号滤波。交流耦合的本质就是一种信号滤波，如图2.4.5所示。

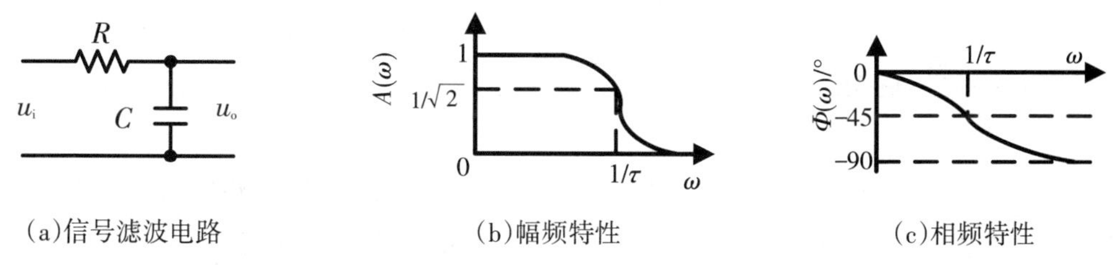

(a)信号滤波电路 (b)幅频特性 (c)相频特性

图2.4.5 信号滤波电路及其幅频特性和相频特性

RC、LC滤波时，C值的精度和稳定度显得尤为重要。由图2.4.5(b)和(c)可知，电容容值会影响幅频特性和相频特性。例如，在滤波器的应用场景，为了获取良好的幅频特性，即不同频点的增益明确、稳定、可控，所以组成滤波器的电容容值就需要精确稳定。同时，还有一些需要相频特性的场景。例如，在一些多通道信号的设备（相控阵雷达、声呐系统等）中需要保证各个通道的信号相位一致性和稳定度，为了获取不同频点的相位变化的一致性，需要使用更稳定精确的电容容值。这时，无极性钽电容、聚苯乙烯电容，高稳定性的陶瓷电容、云母电容就有了其特有的需求场景。

在设计一次电源[AC/DC(交流/直流)]时，还需要使用安规电容。安规电容的需求是内阻小、耐压高。安规电容是行业对抑制电源电磁干扰用固定电容的俗称，因为该类电容符合安全规范且通过了安全规范测试认证，同时其本体印刷有多个国家的安全认证LOGO标志，故而称为安规电容。此类电容在实际应用中的“安规”表现在：即使电容失效也不会导致电击，不危及人身安全；此外，它采用阻燃材料制造，最多导致爆炸（只是炸裂，没有火产生，只产生气体）、开路，不会导致火灾发生。聚酯薄膜类电容就符合这种场景的需求。

通常，安规电容多选用纹波电流（Ripple Current）比较大的聚酯薄膜类电容。这种类型的电容体积较大，但其允许瞬间充放电的电流也很大，而其内阻相应较小。普通电容纹波电流的指标很低，动态内阻较大。用普通电容代替安规电容，除电容耐压无法满足标准外，纹波电流指标也难以满足要求。

在时钟或射频信号中，还需要振荡器、谐振器等，不但要求电容值稳定精准，还要求更好的Q值（品质因数），因此会选择一些瓷片电容（Ceramic Disc Capacitor）。大多数应用不一定要考虑Q值，一般普通电容可能已经非常适合应用。然而，需要注意的是，Q值是与频率相关应用中重要的电容参数之一，特别是高频应用，如射频电路。高频应用时，一般选择Q值较大、ESR较小、损耗因数（Dissipation Factor，DF）较小的电容。一般Q值较小的电容用在高频电路时响应能力比较差，甚至对信号衰减严重。这种场景下，一般会选择稳定性好的高Q值瓷片电容。

在电路设计过程中，由于不同的应用场景，因此需要不同容值、耐压、精度、温度稳定度、电压稳定度、Q值、ESR、ESL等参数的电容。而一种工艺和材料的电容很难满足电路设计的各种场景，所以各种电容不断衍生出来。但是，由于数字电路的发展迅猛，而模拟电路市场相对萎缩，因此很多电容种类已经不为硬件工程师所知。虽然电容的应用领域没有那么广，但是很多电容仍然存在市场需求，也正是由于存在不同的应用场景和使用需求才有了这么多的电容种类。

5 电容选型时，需要关注哪些参数？

电容的参数相对电阻更多，有些也更难理解，这就给工程师在电容选型时带来了一些困扰。有些设计只关注电容的容量、精度、耐压，但是在一些特殊场景中使用时，则需要关注更多的特性参数。

1 标称电容量

标称电容量是标注在电容上的电容量。电容的容值取决于在交流电压下工作时所呈现的阻抗。因此，容值，即交流电容值，会随着工作频率、电压及测量方法的变化而变化。由前文可知，生产厂家通过控制两个导体的面积、导体间距及电介质的介电常数来实现期望的电容值。在电子设备用固定式电容器试验方法（JIS C5102）中规定：铝电解电容的电容量的测量是在频率为120Hz，最大交流电压为0.5Vrms，DC偏压为1.5～2.0V的条件下进行。

在实际应用时，电容量在10000pF以上的电容通常以μF为单位，如0.047μF、0.1μF、2.2μF、47μF、330μF、4700μF等；电容量在10000pF以下的电容通常以pF为单位，如2pF、68pF、100pF、680pF、5600pF等。当然，电容也可以以nF为单位，如1nF、10nF、100nF这几个规格是去耦电容常用的电容值。

2 允许误差

电容的实际电容值一般很难达到理想电容值。电容量误差是指实际容量与标称容量间的偏差。

精密电容的允许误差较小，而电解电容的允许误差较大，它们采用不同的误差等级。可用精度等级来描述允许误差的情况，即005级为±0.5%，01级为±1%，02级为±2%，Ⅰ级为±5%，Ⅱ级为±10%，Ⅲ级为±20%，Ⅳ级为-10%～20%，Ⅴ级为-20%～50%，Ⅵ级为-30%～50%。

小于10pF的电容不用百分比表示误差，一般用容值作为单位表示误差，如±0.1pF、±0.2pF、±0.5pF、±1pF。

根据国家标准《电阻器和电容器的标志代码》(GB/T 2691—2016)规定，电容的标称容量允许误差用文字符号表示，如表2.5.1所示。

表2.5.1 电容的标称容量允许误差

允许误差/%	文字符号	允许误差/%	文字符号
±0.005	E	±3	H
±0.01	L	±5	J
±0.02	P	±10	K
±0.05	W	±20	M
±0.1	B	±30	N
±0.25	C	-10～+30	Q
±0.5	D	-10～+50	T
±1	F	-20～+50	S
±2	G	-20～+80	Z

3 额定电压

额定电压是指在最低环境温度和额定环境温度下可连续加在电容上的最高直流电压有效值，一般直接标注在电容外壳上。如果工作电压超过电容的额定电压，则电容将被击穿，造成不可修复的永久损坏。

4 绝缘电阻

直流电压加在电容上，并产生漏电电流，电压除以漏电电流得到的电阻值称为绝缘电阻。电容的两个电极是导体，介于两个电极中间的是介质材料，绝缘电阻表征的是介质材料在直流偏压梯度下抵抗电流的能力。

(1)MLCC。除材料和尺寸外，还有其他一些物理因素会对MLCC的绝缘电阻产生影响，如电容体表面电阻率、电介质内部缺陷等。

①电容体表面电阻率。由于表面吸收了杂质和水分，因此介质表面电阻率与体电阻率并不一

致。正是由于电容表面是裸露在空气中的，因此表面电阻率会随着空气中杂质和水分的影响而改变。

②电介质内部缺陷。介质是由多晶体陶瓷聚合体组成的，其微观结构中存在的晶界和气孔总会降低材料的本征电阻率。从物理学的角度讲，这些物理缺陷出现的概率与元件体积及结构复杂程度成正比。因此，对于尺寸大、电极面积大、电极层数多的元件来说，其电阻率和绝缘强度均低于小尺寸的元件。

当电容容值较小时，电容的绝缘电阻主要取决于电容的表面状态；当电容容值大于0.1μF时，电容的绝缘电阻主要取决于介质的性能及内部缺陷情况。

(2)电解电容。决定电解电容漏电流和绝缘电阻的重要的工艺因素有阳极片的金属纯度、配制工作电解质用的试剂、氧化膜形成的方法及规范，以及工作电解质的成分和黏度等。

与其他类型的电容一样，电解电容的漏电流和绝缘电阻还受工作温度和工作电压的影响。

不同于其他介质的电容，存储时间的长短也会影响电解电容的漏电流和绝缘电阻。

由于电解电容的漏电流和绝缘电阻与电压及时间有着很大的关系，因此为明确起见，通常以连接直流额定工作电压10min之后确定的漏电流值和绝缘阻值来表示这类电容的特性。

虽然目前在电解电容生产中采用的是极纯的材料及试剂，而且在形成工艺及工作电解质选择方面由于长时间的生产经验获得了相当大的进步，但电解电容同其他介质的电容相比，其绝缘电阻仍然相当小。

在电解电容上施加额定工作电压时，漏电流在最初的几十秒内迅速减小。漏电流的下降速度随时间的增加而逐渐减慢，这个过程会持续几十分钟以上。

5 损耗

电容在电场作用下，在单位时间内因发热所消耗的能量称为损耗。各类电容都规定了其在某频率范围内的损耗允许值，电容的损耗主要是由介质损耗、电导损耗和电容所有金属部分的电阻所引起的。

在直流电场的作用下，电容的损耗以漏导损耗的形式存在，一般较小；在交变电场的作用下，电容的损耗不仅与漏导有关，而且与周期性的极化建立过程有关。

6 频率

随着频率升高，一般电容的电容量呈现下降的规律。当电容工作在谐振频率以下时，表现为容性；当电容工作在谐振频率以上时，表现为感性，此时就不是一个电容而是一个电感了。所以，一定要避免电容工作在谐振频率以上。

7 ESR和ESL

自身不会产生任何能量损耗的完美电容只存在于理论中，实际的电容总是存在着一些缺陷。实际的电容损耗，在电路中等效为一个电阻和一个理想电容的串联。另外，由于引线、卷绕等物理结构因素，因此电容内部也存在着电感成分。引入ESR和ESL，可使得模型更接近于电容在电路中的实际表现。

8 相位角

当交流电流过电容时，电容两端的电压相位会滞后电流90°；当交流电流过电感时，电感两端的电压相位会超前电流90°。所以，采用单相交流电供电的电扇、洗衣机、空调等带电机的设备，内部都会用一个电容来“移相”，给电机提供转矩。

电路含有电感和电容，交流电压和交流电流的相位差一般不等于零，即一般是不同相的，或者电压超前于电流，或者电流超前于电压。

理想电容：超前当前电压90°。

理想电感：滞后当前电压90°。

理想电阻：与当前电压的相位相同。

由于电容有寄生电感(ESL)，因此其相位角往往也不是理想值，会有一定的偏差。

9 损耗因数

损耗因数又称为耗散系数，用字母DF表示。因为电容的泄漏电阻、ESR和ESL三个指标很难分开，所以许多电容制造厂家将它们合并成一个指标，称为损耗因数，主要用来描述电容的无效程度。损耗因数定义为电容每周期损耗能量与储存能量之比，又称为损耗角正切。损耗角正切值表示为$\tan\delta$。电容的泄漏电阻R_p、有效串联电阻R_S和有效串联电感L是寄生元件，可能会降低外部电路的性能。

在电容的泄漏电阻、ESR和ESL三个指标中，ESR起到的作用最大。所以，把ESR同容抗$1/\omega C$之比称为$\tan\delta$，这里的ESR是在120Hz的情况下获得的值。显然，$\tan\delta$随着测量频率的升高而增大，随测量温度的下降而增大。所以，简化模型下损耗因数的计算公式为

$$\mathrm{DF} = \tan\delta(\text{损耗角}) = \mathrm{ESR}/X_C = 2\pi fC\cdot\mathrm{ESR} \tag{2.5.1}$$

电容的泄漏是指电容两端施加电压时，电介质会流过微小电流的现象。虽然在电容的等效模型中，泄漏表现为与电容并联的简单绝缘电阻R_p，但实际上泄漏与电压并非线性关系。制造商常常将泄漏特性表述为电阻和电容的乘积，该值一般表述为MΩ-μF积，用来描述电介质的自放电时间常数，单位为s。其范围介于毫秒与数百秒之间，铝电容和钽电容为1s左右；陶瓷电容为数百秒；玻璃电容

为1000s以上；CBB电容和薄膜电容的泄漏性能最佳，时间常数超过1000000s。对于CBB电容和薄膜电容，电介质的泄漏非常小，器件外壳的表面污染或相关配线、物理装配会产生泄漏路径，其影响远远超过电介质的泄漏。

ESL产生自电容引脚和电容板的电感，它能将一般的容抗变成感抗，尤其是在较高频率时。ESL的幅值取决于电容内部的具体构造。铝电解电容的引脚电感显著大于模制辐射式引脚配置的引脚电感。多层陶瓷电容和薄膜电容的串联阻抗通常最小，而铝电解电容的串联阻抗通常最大。因此，电解电容一般不适合高频旁路应用。

损耗因数常常随着温度和频率的变化而变化。采用云母和玻璃电介质的电容，其损耗因数范围为0.03%～1.0%。室温时，陶瓷电容的损耗因数范围为0.1%～2.5%。电解电容的损耗因数通常会超出上述范围。薄膜电容通常是最佳的，其损耗因数小于0.1%。

10 品质因数

理论上，一个完美的电容应该表现为ESR为0欧姆、纯容抗性的无源元件。无论何种频率，电流通过该电容时都会比电压提前正好90°的相位。实际上，电容是不完美的，其总会或多或少存在一定值的ESR。一个特定电容的ESR随着频率变化而变化，并且是有等式关系的。

由于ESR受导电电极和绝缘介质结构特性的影响，因此为了模型化分析，把ESR当成单个的串联寄生元件。过去，所有的电容参数都是在1MHz的标准频率下测得的，但当今是一个更高频的世界，1MHz的条件远远不够。一个性能优秀的高频电容给出的典型参数值应该为：200MHz，ESR = 0.04Ω；900MHz，ESR = 0.10Ω；2000MHz，ESR = 0.13Ω。Q值是一个无量纲数，数值上等于电容的电抗除以寄生电阻（ESR）。Q值随频率变化而有很大的变化，这是由于电抗和电阻都随着频率变化而变化。频率或容量的改变会使电抗有非常大的变化，因此Q值也会发生很大的变化。

电容的品质因数（Q值）为电容的储存功率与损耗功率之比，即

$$Q_C = (1/\omega C)/\text{ESR} \tag{2.5.2}$$

Q值对高频电容来说是比较重要的参数：

$$Q = \cot\delta = 1/\text{DF} \tag{2.5.3}$$

11 漏电流

电容的介质对直流电流具有很大的阻碍作用。例如，铝电解电容的铝氧化膜有阻碍直流作用。由于铝氧化膜介质上浸有电解液，因此在施加电压时，重新形成及修复氧化膜时会产生一种很小的称之为漏电流的电流。通常，漏电流会随着温度和电压的升高而增大。

12 纹波电流和纹波电压

纹波电流和纹波电压即电容所能耐受的纹波电流值和纹波电压值，它们和ESR之间的关系密切，用关系式可表示为

$$V_{\mathrm{rms}} = I_{\mathrm{rms}} \cdot R \tag{2.5.4}$$

式中，V_{rms} 为纹波电压；I_{rms} 为纹波电流；R 为电容的ESR。

当纹波电流增大时，即使在ESR保持不变的情况下，纹波电压也会成倍提高；当纹波电压增大时，纹波电流也随之增大。叠加入纹波电流后，由于电容内部的ESR引起发热，因此会影响电容的使用寿命。一般地，纹波电流与频率成正比，因此低频时纹波电流也比较小。

开关电源的输入端和输出端需要仔细计算纹波电流和纹波电压，进而选择能够满足使用要求的电容。

6 各种电容关键参数及应用场景有什么不同?

1 铝电解电容

铝电解电容用浸有糊状电解质的吸水纸夹在两条铝箔中间卷绕而成，其用薄的氧化膜作介质。因为氧化膜具有单向导电性，所以铝电解电容具有极性。铝电解电容的容量大，能耐受大的脉动电流，容量误差大，漏电流大。普通的铝电解电容不适于在高频和低温下应用，不宜使用在25kHz以上频率，常用于低频旁路、信号耦合、电源滤波。

电容量：0.47μF～10000μF。

额定电压：6.3～450V。

主要特点：体积小，容量大，损耗大，漏电流大。

应用：储能、电源滤波、低频耦合、旁路等。

2 钽电解电容和铌电解电容

钽电解电容(CA)和铌电解电容(CN)用钽或铌金属作正极，电解质使用固体MnO_2。钽电解电容和铌电解电容的温度特性、频率特性和可靠性均优于普通电解电容，特别是漏电流小，储存性良好，寿命长，容量误差小，而且体积小，单位体积下能得到最大的电容电压乘积。其对脉动电流的耐受能力差，若损坏则易呈短路状态。

电容量：0.1μF～1000μF。

额定电压:6.3～125V。

主要特点:损耗、漏电流小于铝电解电容。

应用:在要求高的电路中代替铝电解电容。

3 薄膜电容

薄膜电容的结构与纸质电容相似,但其用聚酯、聚苯乙烯等低损耗材料作为电介质。薄膜电容的频率特性好,介电损耗小,不能实现很大的电容量,耐热能力差,主要用于滤波器、积分、振荡、定时电路等。

(1)聚酯(涤纶)电容(CL)。

电容量:40pF～4μF。

额定电压:63～630V。

主要特点:体积小,容量大,耐热耐湿,稳定性差。

应用:对稳定性和损耗要求不高的低频电路。

(2)聚苯乙烯电容(CB)。

电容量:10pF～1μF。

额定电压:100V～30kV。

主要特点:稳定性好,损耗小,体积较大。

应用:对稳定性和损耗要求较高的电路。

(3)聚丙烯电容(CBB)。

电容量:1000pF～10μF。

额定电压:63～2000V。

主要特点:性能与聚苯乙烯电容相似,但体积小,稳定性略差。

应用:代替大部分聚苯乙烯电容或云母电容,用于要求较高的电路。

4 瓷介电容

瓷介电容按外形结构可分为圆片形、管形、穿心式、支柱式、筒形及叠片式等。其中,穿心式或支柱式结构瓷介电容以安装螺钉作为一个电极。

(1)高频瓷介电容(CC)。

电容量:1pF～6800pF。

额定电压:63～500V。

主要特点:高频损耗小,稳定性好。

应用:高频电路。

(2)低频瓷介电容(CT)。

电容量:10pF ~ 4.7μF。

额定电压:50 ~ 100V。

主要特点:体积小,价格低廉,损耗大,稳定性差。

应用:要求不高的低频电路。

5 独石电容

独石电容是陶瓷电容的一种,特指多层介质结构的陶瓷电容。高介电常数的低频独石电容具有稳定的性能,体积极小,Q值大,容量误差较大,主要用于噪声旁路、滤波器、积分、振荡电路。

电容量:0.5pF ~ 100μF。

耐压:2倍额定电压。

主要特点:电容量大,体积小,可靠性高,电容量稳定,耐高温、耐湿性好等。

应用:电子精密仪器及各种小型电子设备中的谐振、耦合、滤波、旁路电路。

6 纸质电容

纸质电容一般是用两条铝箔作为电极,中间以厚度为0.008 ~ 0.012mm的电容纸隔开重叠卷绕而成。其制造工艺简单,价格低廉,能得到较大的电容量。

纸质电容一般用在低频电路中,通常不能在高于4MHz以上的频率上运用。油浸纸质电容的耐压比普通纸质电容高,稳定性也好,适用于高压电路。

7 微调电容

微调电容的电容量可在某一小范围内调整,并可在调整后固定于某个电容值。瓷介微调电容的Q值大,体积也小,通常可分为圆管式和圆片式两种。云母和聚苯乙烯介质的微调电容通常采用弹簧式,结构简单,但稳定性较差。线绕瓷介微调电容是通过外电极来变动电容量的,故容量只能变小,不适合在需要反复调试的场合使用。

(1)薄膜介质微调电容。

电容量:1pF ~ 29pF。

主要特点:损耗较大,体积小。

应用:在收录机、电子仪器等电路中作电路补偿。

(2)陶瓷介质微调电容。

电容量:0.3pF ~ 22pF。

主要特点:损耗较小,体积较小。

应用:精密调谐的高频振荡回路。

8 玻璃釉电容

玻璃釉电容(CI)能耐受各种气候环境,一般可在200℃或更高温度下工作,额定工作电压可达500V,损耗因数小。

电容量:10pF ~ 0.1μF。

额定电压:63 ~ 400V。

主要特点:稳定性较好,损耗小,耐高温。

应用:脉冲、耦合、旁路等电路。

7 独石电容、瓷片电容、陶瓷电容是什么关系?

1900年意大利人隆巴迪发明了陶瓷电容。20世纪30年代末,人们发现在陶瓷中添加钛酸盐可使介电常数成倍增长,因而制造出较便宜的瓷介电容。1940年前后,人们在发现了现在的陶瓷电容的主要原材料钛酸钡($BaTiO_3$)具有绝缘性后,开始将陶瓷电容应用于小型、精度要求极高的军事电子设备中。而陶瓷叠片电容于1960年左右作为商品开始开发。到了1970年,随着混合IC、计算机及便携电子设备的进步,陶瓷电容也随之迅速地发展起来,成为电子设备中不可缺少的零部件。

相比其他电容,陶瓷电容可以做到更小的体积、更大的电压范围,且价格相对较低。陶瓷电容体积小,容易集成,性价比高,因此其市场占比不断提升。因此,小型化趋势下对小体积陶瓷电容需求巨大。目前,陶瓷电容已经占据了所有电容种类中最多的市场份额。

陶瓷电容按结构的不同可分为单层陶瓷电容(瓷片电容)和独石电容。其中,独石电容可分为引线型多层陶瓷电容和MLCC。正是由于MLCC使用量巨大,因此其被称为电子行业的“大米”,2019年MLCC全球出货量为4.5万亿只(约120亿美元)。

独石电容和瓷片电容都属于陶瓷电容。独石电容和瓷片电容的区别是:独石电容是由多层介质和多对电极构成的;而瓷片电容一般是由一层介质和一对电极构成的。陶瓷电容的种类很多,常见的几种陶瓷电容如图2.7.1所示。

图 2.7.1 常见的几种陶瓷电容

独石电容和瓷片电容的外观区别是：独石电容由陶瓷贴片电容焊引线后烧结而成，一般是方形；而瓷片电容是片状，大多是圆片形状。

从容量和耐压上看，独石电容和瓷片电容的区别是：同体积下，独石电容的电容量远远大于瓷片电容的电容量，而瓷片电容的耐压高于独石电容的耐压。

1 瓷片电容

瓷片电容以陶瓷为介质，在陶瓷表面涂覆一层金属薄膜，经过高温烧结后形成电极。由于瓷片电容电极的面积比较小，因此其容量比MLCC要小（小于0.1μF）。其主要优点是耐高压，耐压值可以达千伏，适合作高压电容。瓷片电容通常用作安规电容，可以耐250V交流电压。

瓷片电容通常用在高稳定振荡回路中，作为回路、旁路电容。瓷片电容分为高频瓷片电容和低频瓷片电容。高频瓷片电容体积小、稳定性高、高频特性好、损耗小、绝缘强度高、结构简单，可以做成不同温度特性的电容，主要用于电子设备中的高频电路和高频高压电路。低频瓷片电容体积小、容量大、单稳定性差、损耗角较大，主要用于低频旁路、隔直及滤波电路。

2 独石电容

独石电容分为引线型多层陶瓷电容和MLCC。引线型多层陶瓷电容与MLCC两者原理相同，只是封装有差异。MLCC是目前世界上使用量最大的电容，其具有标准化封装，尺寸小，适用于高密度贴片场景。MLCC还具有体积小、容量大、机械强度高、耐湿性好、内感小、高频特性好、可靠性高等一系列优点，并且可制成不同容量温度系数、不同结构形式的片形、管形、穿心形及高压的小型独石电容。各种类型的独石电容被作为外贴元件广泛地应用于混合集成电路和其他小型化、可靠性要求高的电子设备中，其技术、质量水平的高低对于一个国家的电子信息产业的制造水平有着重大的影响。

3 独石电容和瓷片电容的特点及优缺点对比

独石电容的特点如下。

（1）电容量大，电容量稳定，容量范围一般为10pF～100μF，一些厂家最大可以达到330μF。

(2)体积小。

(3)耐高温、耐湿性好。

瓷片电容的特点如下。

(1)体积小,高频特性好。

(2)比独石电容耐压高。

(3)容量小,最大只有0.1μF。

(4)比独石电容价格低。

瓷片电容和独石电容的优缺点对比如表2.7.1所示

表2.7.1　瓷片电容和独石电容的优缺点对比

名称	优点	缺点	主要应用范围
瓷片电容	耐高压,频率特性好	电容量小	高频、高压电路
引线型多层陶瓷电容	温度范围宽,电容量范围宽,介质损耗小,稳定性好,适用自动化插装生产	体积相对MLCC略大	旁路、滤波、谐振、耦合、储能、微分、积分电路
MLCC	温度范围宽;体积小;电容量范围宽;介质损耗小;稳定性好;适用自动化贴片,且价格相对较低	电容量相对电解电容尚不够大	旁路、滤波、谐振、耦合、储能、微分、积分电路

8 MLCC的内部结构是怎么样的?

MLCC的生产过程如下:将印刷了内电极浆料的陶瓷介质膜片以错位的方式叠合起来,经过一次性高温烧结形成陶瓷芯片,再在芯片的两端封上金属层(端电极/外电极)。MLCC的品种繁多,外形尺寸相差甚大,从小型封装的贴片电容到大型的功率陶瓷电容。MLCC按使用的介质材料特性可分为Ⅰ型和Ⅱ型电容;按电极材料可分为贵金属电极(Precious Metal Electrode,PME)和贱金属电极(Base Metal Electrode,BME);按无功功率大小可分为低功率和高功率陶瓷电容;按工作电压可分为低压和高压陶瓷电容。

简单平行板电容的基本结构是一个绝缘的中间介质层加上外部两个导电的金属电极。从结构上看,MLCC是多层叠合结构,可简单认为它是多个简单平行板电容的并联体。在制造MLCC的过程中,可能会选择不同的介质材料和内电极材料,以及连接内电极的端电极/外电极。MLCC的主要组成部分有介质材料、内电极、端电极/外电极、隔离层和锡层。MLCC的原理与结构如图2.8.1所示。

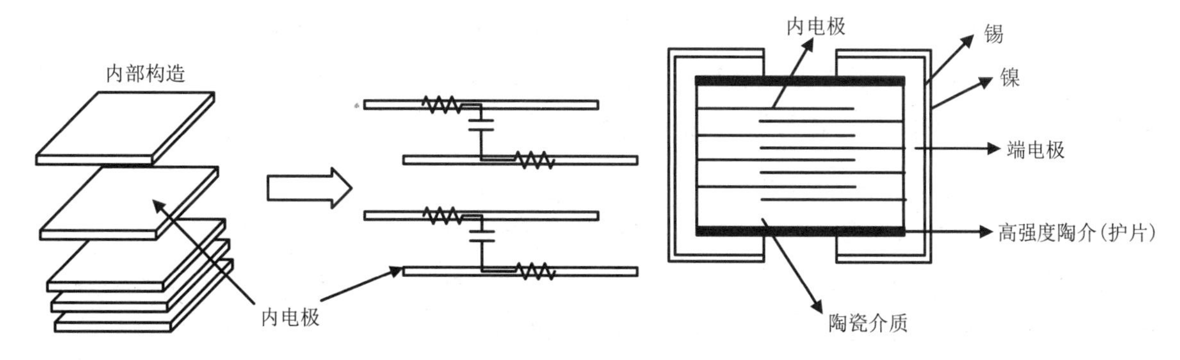

图 2.8.1　MLCC的原理与结构

显微镜下的MLCC的纵向剖面如图2.8.2所示。

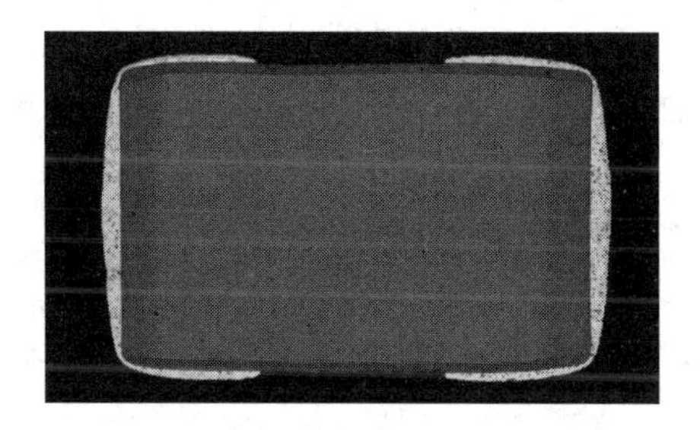

图 2.8.2　显微镜下的MLCC的纵向剖面

1　介质材料

陶瓷电容的绝缘体材料主要使用陶瓷，其基本构造是将陶瓷和内部电极交相重叠。陶瓷材料种类较多，但自从考虑电子产品无害化之后，高介电常数的含铅材料退出陶瓷电容领域，现在主要使用TiO_2和$BaTiO_3$。

陶瓷的介电常数可以实现比较大的值，且可以通过材料的选择实现比较大的跨度范围。表2.8.1列举了几种不同材料的介电常数。

表 2.8.1　几种不同材料的介电常数

材料	介电常数
真空	1.0
空气	1.004
纸	4～6
玻璃	3.7～19
Al_2O_3	9
$BaTiO_3$	1500
结构陶瓷	10～20000

从表2.8.1中可以看出，陶瓷作为电介质材料具有很大的介电常数。由于陶瓷原材料丰富，结构简单，价格低廉，而且电容量范围较宽（一般为几皮法到上百微法），损耗较小，因此电容的温度系数可根据要求在很大范围内调整，即MLCC可以按照需要调整温度系数，但是会牺牲其他参数。

MLCC按电介质分类可分为以下两类。

一类为温度补偿类NP0电介质。使用这种电介质的电容电气性能最稳定，基本上不随温度、电压、时间的变化而变化，属超稳定、低损耗电容材料类型。这类电容称为Ⅰ类电容（低电容率系列），使用在对稳定性、可靠性要求较高的高频、特高频、甚高频电路中。

另一类包括X7R、X5R、X8R、X6S、Y5V等，主材均是$BaTiO_3$，只是添加的贵金属不同，这类电容称为Ⅱ类电容（高电容率系列）。下面以X7R和X5K电介质为例进行介绍。

X7R电介质：由于X7R是一种强电介质，因此它能制造出容量比NP0介质更大的电容。这种电容性能较稳定，随温度、电压、时间的改变，其特有的性能变化并不显著，属稳定电容材料类型，使用在隔直、耦合、旁路、滤波电路及可靠性要求较高的中高频电路中。

Y5V电介质：介电常数较大，常用于生产比容较大、标称容量较大的大容量电容。但其容量稳定性较X7R差，容量、损耗对温度、电压等测试条件较敏感，主要用在电子整机中的振荡、耦合、滤波及旁路电路中。

Ⅰ类电容（低电容率系列）和Ⅱ类电容（高电容率系列）根据温度特性还可以进一步细分，温度特性由EIA（美国电子工业协会）规格与JIS（日本工业标准）规格等制定。MLCC通用分类如表2.8.2所示。

表2.8.2　MLCC通用分类

类型	规格	特性	温度范围/℃	容量变化率/(ppm/℃)
Ⅰ类电容（低电容率系列）：电介质为TiO_2系列	JIS	CH	−25 ~ +85	0 ± 60
		UJ	−25 ~ +85	−750 ± 120
		SL	20 ~ 85	350 ~ 1000
	EIA	C0G	−55 ~ +125	0 ± 30
类型	**规格**	**特性**	**温度范围/℃**	**容量变化率/%**
Ⅱ类电容（高电容率系列）：电介质为$BaTiO_3$系列	JIS	JB(B)	20 ~ 85	±10
		JF(F)	−25 ~ +85	−80 ~ +30
	EIA	X5R	−55 ~ +85	±15
		X7R	−55 ~ +125	±15
		X8R	−55 ~ +150	±15
		Y5V	−30 ~ +85	−82 ~ +22

Ⅰ类电容的长处是由温度引起的容量变化小，短处是因电容率低不能具有太大容量，因此Ⅰ类电容常用于温度补偿、高频电路和滤波器电路等；Ⅱ类电容的长处是因电容率高能够具有大容量，短处

是由温度引起的容量变化大,因此Ⅱ类电容常用于平滑电路、耦合电路和去耦电路等。

2 内电极

电极分为两部分,即内电极和外电极(外电极又称为端电极)。

内电极是相互平行的金属平面。内电极主要用来储存电荷,其有效面积的大小和电极层的连续性是影响电容质量的两大因素。

外电极就是将内电极并联在一起的金属部分,并让电容与外界电路连接。

内电极越密集,总的平板电容的平板面积就越大,平板的间距越小,则电容的容值越大。通过陶瓷介质的薄层化技术,可以逐步减小介电层厚度,如图2.8.3所示。

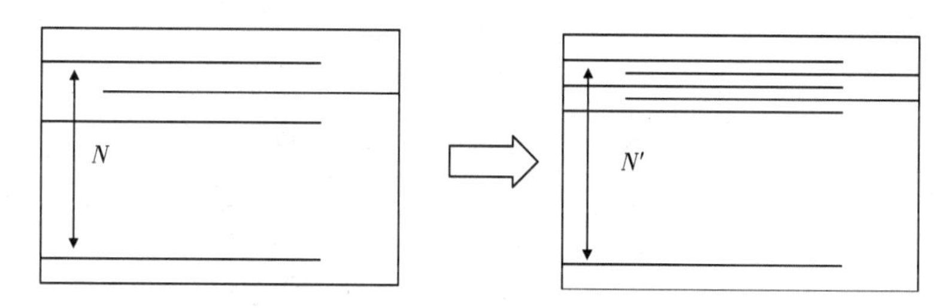

图2.8.3　内电极与电容值的关系

为什么现在MLCC可以实现这么密集的内电极呢?这是由于多层化技术,材料的微粉化、分散化技术的运用,目前电介质或内部电极材料(镍)实现了微粉化、分散化,介质层的尺寸达到了纳米级别;同时,还使用了先进的涂抹工艺与厚膜印刷工艺:利用特殊的超微细丝网在内部电极印刷。

使用接近极限的薄层化技术,通过计算机管理进行精密的温度和空气控制,在扩大容量的同时减小封装。同一形状的3216尺寸电容的容量变化如图2.8.4所示。

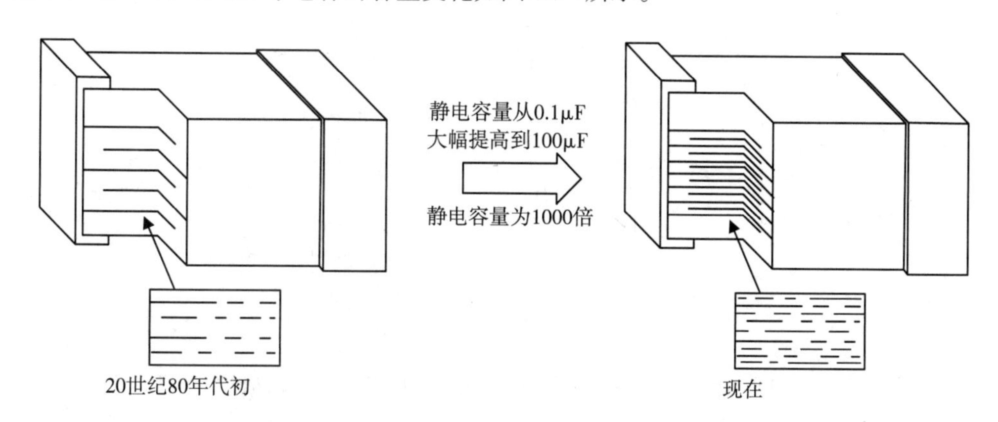

图2.8.4　同一形状的3216尺寸电容的容量变化

相同封装不同容量的MLCC剖面的变化对比如图2.8.5所示。

图 2.8.5　相同封装不同容量的MLCC剖面的变化对比

同一容量(0.1μF)电容的尺寸变化如图2.8.6所示。随着MLCC越来越小型化、大容量化，MLCC的应用领域越来越广。

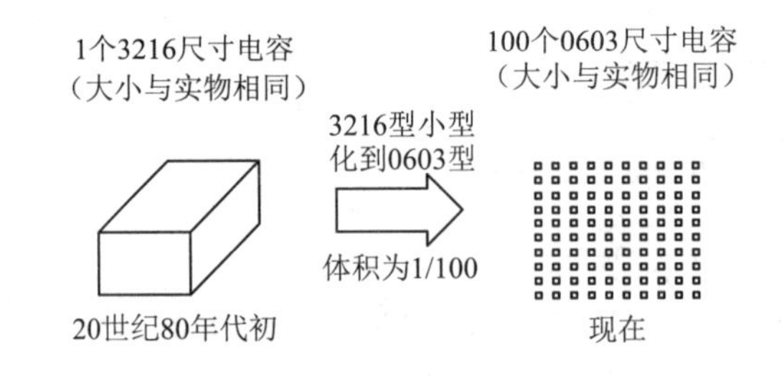

图 2.8.6　同一容量(0.1μF)电容的尺寸变化

MLCC按电极材料可分为两类：贵金属电极和贱金属电极。

(1)贵金属电极：一般内电极是钯、钯银合金，外电极是银，如图2.8.7所示。

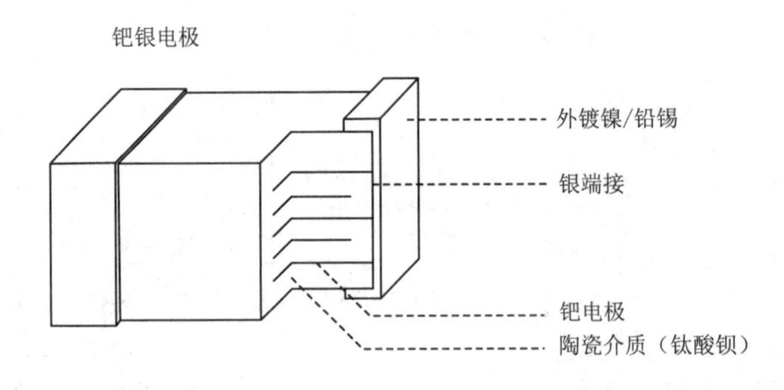

图 2.8.7　贵金属电极 MLCC

(2)贱金属电极：一般内电极是铜、镍等，外电极是铜。厂家会把电极材料从里到外的顺序都列出来，以描述电容电极材料，如铜铜镍锡。

早期MLCC采用贵金属作为电极。电极材料是陶瓷电容又一重要的组成部分，传统的MLCC内电极材料为银和钯，其市场价格很高，成本占整个MLCC的50%以上。在MLCC毛利率不断下滑的情况下，各厂商纷纷致力于开发贱金属电极制程技术，力求以铜、镍等贱金属来取代银和钯。贱金属电极制程技术将成为未来全球MLCC厂商提升市场竞争力的关键。

贱金属制作的内电极主要选择的材料为铜和镍。贱金属镍电极以高介电常数，容量大，体积小，低电压，绝缘电阻小，成本低的优势而越来越多地被使用。目前贱金属电极MLCC已经占据大部分市场，只有少量军用产品还在使用贵金属电极MLCC。

镍电极工艺起步晚，且其寿命和可靠性不及传统的钯银电极，主要原因在于MLCC多采用$BaTiO_3$系列陶瓷作介质，此系列陶瓷材料一般都在900～1300℃烧结而成，在该烧结温度中，贵金属钯银内电极MLCC不会被氧化，贱金属镍内电极MLCC则会在较高烧结温度时发生氧化反应从而失去作为内电极的功能，并且由于在烧成后产生较大的内应力，贱金属铜内电极MLCC容易产生爆瓷。为了解决氧化和爆瓷问题，通常采用低温烧结瓷粉。

在烧成时，由于陶瓷介质和镍电极都是在同一温度下烧成，两者的收缩率不同，因此如果控制不好就会严重影响电容成型，最终导致电容达不到预期的性能。与陶瓷介质相比，镍电极的烧成收缩速度更快，容易造成电极膜断开而失去连续性，其结果是导致电容量下降，ESR增大。由于收缩上的差异，因此电容内部会形成应力，导致介质分层。所以，一般的做法是增加添加剂，控制镍电极的收缩速度。镍电极和陶瓷介质随温度变化的收缩率如图2.8.8所示。

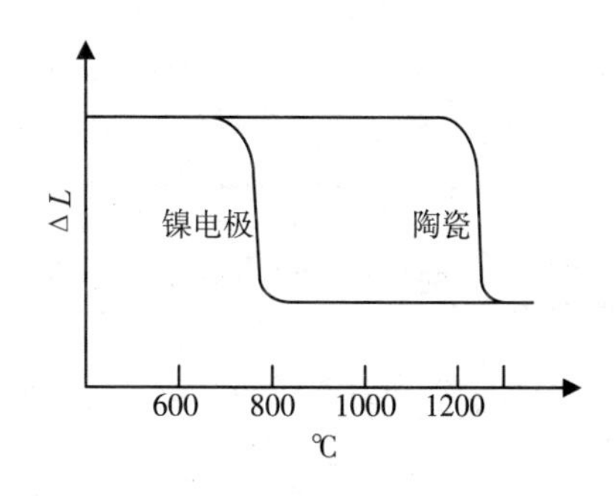

图2.8.8　镍电极和陶瓷介质随温度变化的收缩率

MLCC主要包括镍电极或铜电极电容（BME）和钯银电极电容（PME）。在宇航装备中目前使用最广泛的电容为钯银电极MLCC。钯银电极MLCC具有稳定、高可靠性的特点。但是，目前随着宇航装备向多功能和小型化的方向发展，对电路板的布板空间预留越来越少，对电容的体积容量比要求越来越高。这就要求宇航装备将选用容量比更大的电容，但是钯银电极MLCC存在钯金属氧化膨胀和银离子迁移的先天不足，造成钯银电极MLCC介质层不能做得很薄（GJB 4157A中明确规定厚度大于20μm），印刷层数难以超过150层，因此其产品容量已无突破空间。镍电极MLCC的内电极选用镍，其离子迁移速率远小于钯银，介质层更薄，印刷层数更多，因此镍电极产品具备向小体积、大容量进一步发展的能力。虽然镍电极与陶瓷的膨胀系数有一定的差异，但是相比于其他金属仍有一定优势。相比于镍金属的电极，铜具有电阻率小、附着力强、可焊性好的特点，且具有更好的高频特性和电阻率。因此，业界射频用MLCC采用的是铜电极，如村田的GJM系列具有更高的Q值和低ESR。贵金属电极电容和贱金属电极电容的对比如表2.8.3所示。

表 2.8.3　贵金属电极电容和贱金属电极电容的对比

比较项目	贱金属电极电容	贵金属电极电容
成本	成本低	成本高
比容量	容量大	容量小
介质层致密性	烧结温度高(1300℃),致密	烧结温度中,致密性不如贱金属电极电容
介质层数	有效介质层可达到1000层	有效介质层不超过150层
烧结过程	内电极材料镍,在烧结过程中比较稳定,不会产生应力。因此,介质层数可以较多,介质层可以较薄(目前商用已做到小于1μm)	由于金属钯存在氧化、还原过程,因此烧结过程中陶瓷体内部应力较大,容易出现分层,介质层数不能太多,介质层不能过薄
内电极与陶瓷体匹配性	线膨胀系数方面,镍(13ppm/K)与陶瓷(10ppm/K)比较接近,铜(17ppm/K)与陶瓷相差较大	线膨胀系数方面,30%∶70%的钯银合金(银为19.6ppm/K,钯为12.7ppm/K)与陶瓷(10ppm/K)相差较大
离子迁移	镍离子迁移速率相对较慢	银离子迁移速率较快,容易发生离子迁移
烧结气氛	需要在还原气氛下烧结,陶瓷介质中容易出现氧空位,影响电性能	在空气气氛中烧结,不会出现氧空位
绝缘电阻(常温、高温)	由于烧结过程中可能产生氧空位,因此其绝缘电阻相对较小。商用产品的常温*RC*常数只达到100s	绝缘电阻相对较大,常温*RC*常数大于1000s

3　端电极/外电极

贵金属电极的内电极为银,贱金属电极的内电极一般为铜,但部分MLCC生产厂家在设计大尺寸的产品时会考虑应力问题,一般会采用树脂材料作为外电极,带有树脂电极的产品可以吸收电路板的弯曲应力,也可以吸收由于热冲击导致的焊点膨胀和收缩所产生的应力,这种电容称为软终端电容(Soft Termination MLCC),如图2.8.9和图2.8.10所示,它们分别是三星1206尺寸电容和0805尺寸电容的外电极材料。

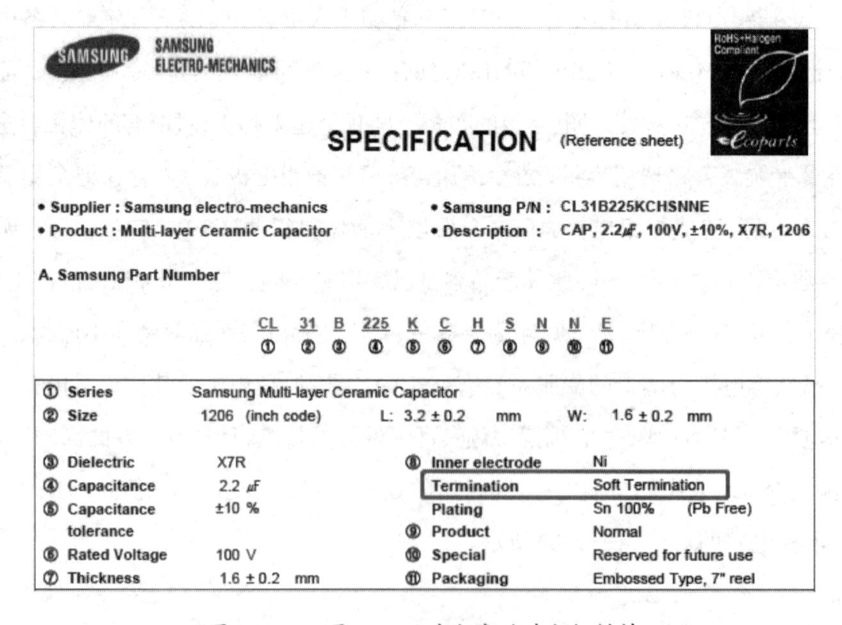
SAMSUNG　SAMSUNG ELECTRO-MECHANICS

RoHS+Halogen Compliant　ecoparts

SPECIFICATION (Reference sheet)

• Supplier : Samsung electro-mechanics　• Samsung P/N : CL31B225KCHSNNE

• Product : Multi-layer Ceramic Capacitor　• Description : CAP, 2.2㎌, 100V, ±10%, X7R, 1206

A. Samsung Part Number

CL ① 31 ② B ③ 225 ④ K ⑤ C ⑥ H ⑦ S ⑧ N ⑨ N ⑩ E ⑪

① Series	Samsung Multi-layer Ceramic Capacitor		
② Size	1206 (inch code)　L: 3.2 ± 0.2 mm　W: 1.6 ± 0.2 mm		
③ Dielectric	X7R	⑧ Inner electrode	Ni
④ Capacitance	2.2 ㎌	Termination	Soft Termination
⑤ Capacitance tolerance	±10 %	Plating	Sn 100% (Pb Free)
		⑨ Product	Normal
⑥ Rated Voltage	100 V	⑩ Special	Reserved for future use
⑦ Thickness	1.6 ± 0.2 mm	⑪ Packaging	Embossed Type, 7" reel

图 2.8.9　三星1206尺寸电容的外电极材料

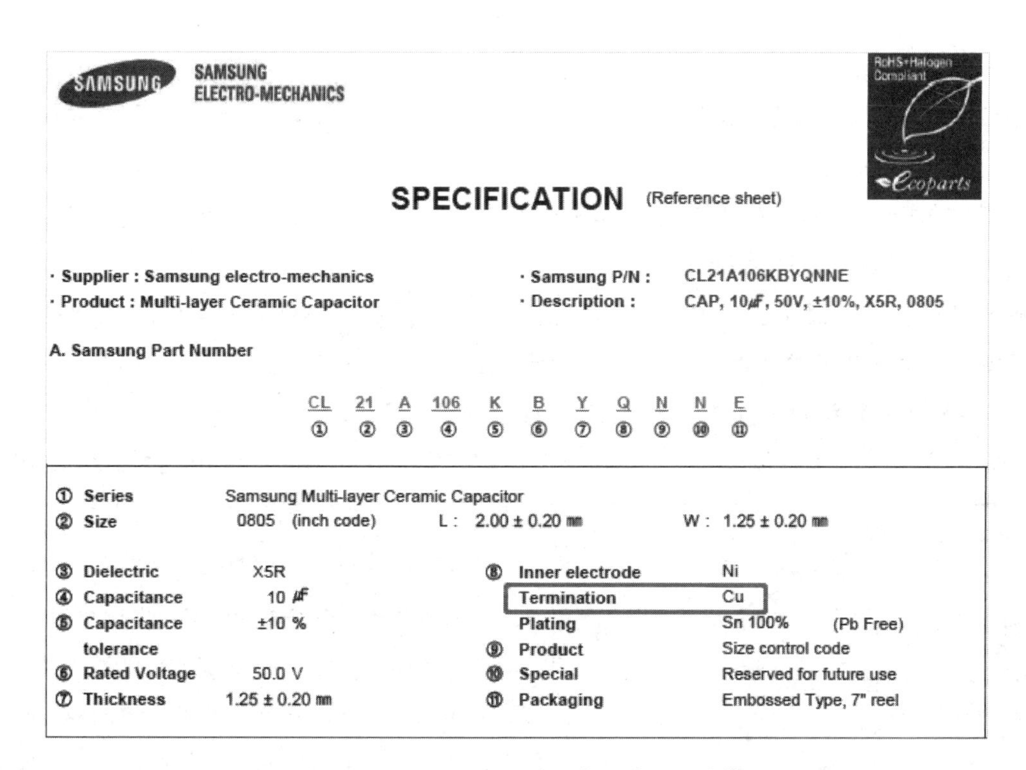

SAMSUNG ELECTRO-MECHANICS

RoHS+Halogen Compliant
Ecoparts

SPECIFICATION (Reference sheet)

· Supplier : Samsung electro-mechanics
· Product : Multi-layer Ceramic Capacitor
· Samsung P/N : CL21A106KBYQNNE
· Description : CAP, 10㎌, 50V, ±10%, X5R, 0805

A. Samsung Part Number

CL	21	A	106	K	B	Y	Q	N	N	E
①	②	③	④	⑤	⑥	⑦	⑧	⑨	⑩	⑪

① Series	Samsung Multi-layer Ceramic Capacitor		
② Size	0805 (inch code) L : 2.00 ± 0.20 ㎜	W : 1.25 ± 0.20 ㎜	
③ Dielectric	X5R	⑧ Inner electrode	Ni
④ Capacitance	10 ㎌	Termination	Cu
⑤ Capacitance tolerance	±10 %	Plating	Sn 100% (Pb Free)
		⑨ Product	Size control code
⑥ Rated Voltage	50.0 V	⑩ Special	Reserved for future use
⑦ Thickness	1.25 ± 0.20 ㎜	⑪ Packaging	Embossed Type, 7" reel

图 2.8.10　三星0805尺寸电容的外电极材料

4　隔离层

根据结构拆解图(图2.8.11)可以看到,外电极之外有一层隔离层,其一般用镍金属实现。MLCC产品在经过上述的高温烧结后,在其银或铜金属外电极表面上,利用电镀沉积法分别镀第一层的镍金属底层和覆盖镍层的第二层锡金属。镍层作为热阻挡层,避免MLCC本体在焊接时承受过大的热冲击。有了阻挡层,就可以阻挡内部银、钯银、铜材料与外部锡在焊接时高温融合,防止外电层发生形变,从而避免电容的外电极开路的情况出现。

图 2.8.11　MLCC隔离层

5　锡层

最外面的焊接端子是一层锡层,其作为可焊接金属层,确保MLCC具有良好的可焊性。

9　为什么陶瓷电容施加一个直流电压后,电容值会变小?

电容的温度特性取决于陶瓷电介质材料的种类,主要使用的陶瓷种类为类型Ⅰ(低介电常数)和类型Ⅱ(高介电常数)。

类型Ⅰ的陶瓷温度稳定性非常好,同时它在DC偏压下静电容量几乎不会发生变化,并且静电容量也不会因老化而发生变化。

类型Ⅱ的陶瓷虽然可以做出电容值很大的电容,但是其温度特性比较差,同时静电容量也会因施加直流电压(DC偏压)或老化而降低。

施加一个直流电压之后会导致电容值变小的特性一般称为偏压特性。正是由于类型Ⅱ陶瓷电容的偏压特性比较差,因此类型Ⅱ陶瓷电容施加直流电压后的静电容量可能远远小于标称值。因此,在设计时应特别注意类型Ⅱ陶瓷电容的偏压特性的具体情况。

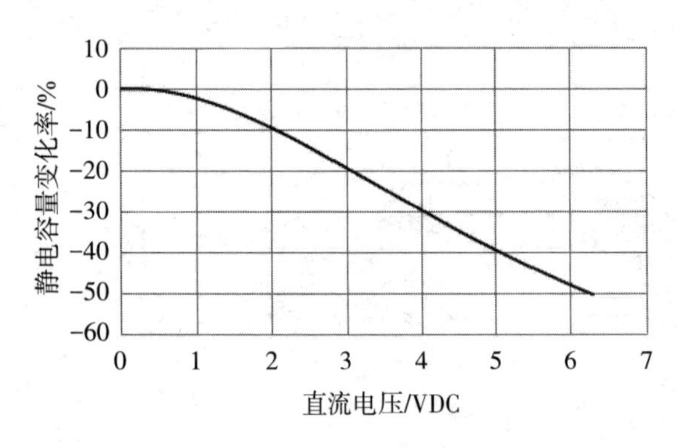

图 2.9.1　陶瓷电容的偏压特性曲线

厂家一般会给出一个偏压特性曲线,如图2.9.1所示。偏压特性是陶瓷电容普遍具有的,只不过类型Ⅱ陶瓷电容的偏压特性更为突出。

类型Ⅱ陶瓷电容施加的直流电压越大,其实际静电容量越小。图2.9.1横轴表示施加在电容的直流电压(V),纵轴表示相对于初始值的静电容量的变化情况。静电容量随着施加的直流电压发生变化的特性称为DC偏压特性。

在使用高介电常数系列电容时需要充分考虑其偏压特性。在器件选型时,需要首先考虑施加在电容两端的直流电压,然后根据偏压特性曲线,查看电容在工作电压状态下表现出来的静电容值。在计算电路特性时,需要选择实际工作电压状态下的电容值。

1　关于DC偏压特性的原理

陶瓷电容中的高介电常数系列电容,现在主要使用以$BaTiO_3$作为主要成分的电介质。

$BaTiO_3$具有图2.9.2所示的钙钛矿(Perovskite)形的晶体结构,在居里温度(Curie Temperature,T_c,约125℃)以上时,为立方晶体(Cubic),Ba^{2+}位于顶点,O^{2-}位于表面中心,Ti^{4+}位于立方体中心。

在一些电介质晶体中,晶胞的结构使正负电荷中心不重合而出现电偶极矩,产生不等于零的电极化强度,使晶体具有自发极化,且电偶极矩方向可以因外电场而改变,呈现出类似于铁磁体的特点,晶体的这种性质称为铁电性。环境温度对材料的晶体结构也有影响,可使内部自发极化发生改变,尤其是在相界处(晶型转变温度点)更为显著。若温度超过居里温度,则铁电性消失。

居里温度又称为居里点,在居里温度以上,铁电材料的自发极化即消失。居里温度是由低温的铁电性改变为高温的非铁电性的温度。

图2.9.2所示是晶体在居里温度以上时的结构。当温度低于居里温度时,晶体会向一个轴的方向

拉长，其他轴略微缩短。此时，Ti^{4+}离子会偏离立方体的中心，从而产生极化现象，如图2.9.3所示。

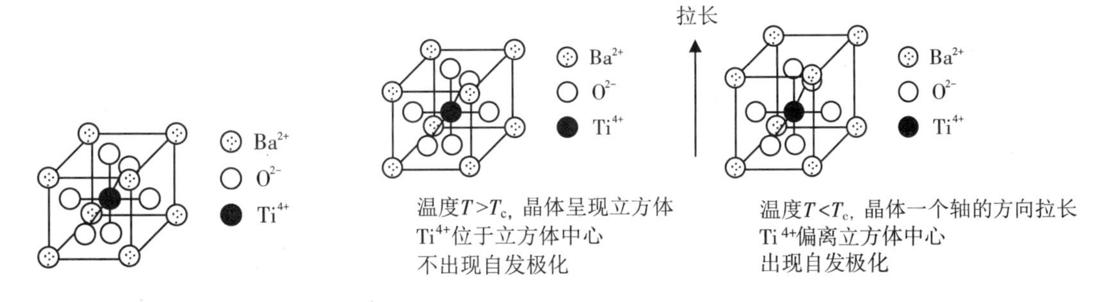

图2.9.2　$BaTiO_3$陶瓷的晶体结构　　图2.9.3　极化

2　自发极化

在一定温度范围内，单位晶胞内正负电荷中心不重合，形成偶极矩，呈现极性。这种在无外电场作用下存在的极化现象称为自发极化。当施加外电场时，自发极化方向沿电场方向趋于一致；当外电场倒向，而且超过材料矫顽电场值时，自发极化随电场而反向；当电场移去后，陶瓷中保留的部分极化量，即剩余极化。自发极化与电场间存在着一定的滞后关系，这是表征铁电材料性质的必要条件。铁电陶瓷、压电陶瓷，如$BaTiO_3$晶体等具有自发极化。利用材料的这种性质，可制作电子陶瓷，如电容及敏感元器件。

所谓极化，就是在压电陶瓷上加一强直流电场，使陶瓷中的电畴沿电场方向取向排列，又称为人工极化。

为了使压电陶瓷处于能量（静电能与弹性能）最低状态，晶粒中会出现若干个小区域，每个小区域内晶胞自发极化有相同的方向，但邻近区域之间的自发极化方向则不同。自发极化方向一致的区域称为电畴，整块陶瓷包括许多电畴，如图2.9.4所示。

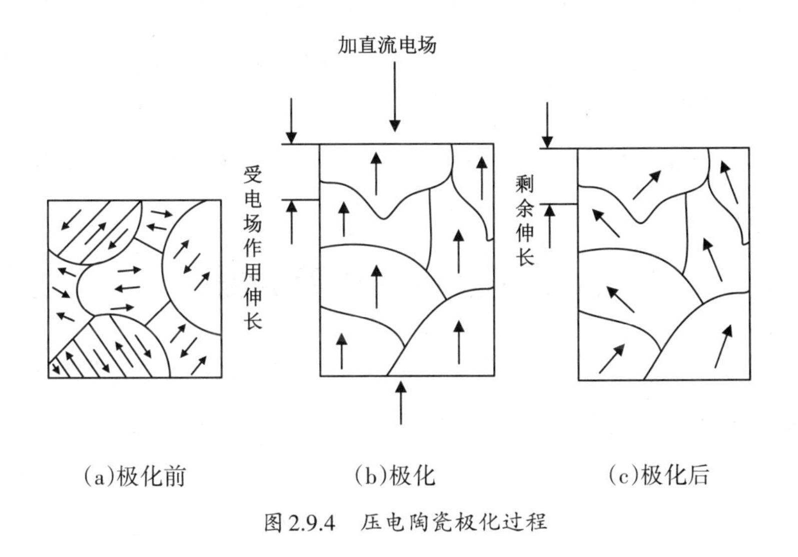

图2.9.4　压电陶瓷极化过程

极化处理前，各晶粒内存在许多自发极化方向不同的电畴，陶瓷内的极化强度为零，如图2.9.4(a)所示。极化处理时，晶粒可以形成单畴，自发极化尽量沿外电场方向排列，如图2.9.4(b)所示。极化处理后，外电场为零，由于内部回复力（如极化产生的内应力的释放等）作用，因此各晶粒自发极化只能在一定程度上按原外电场方向取向，陶瓷内的极化强度不再为零，如图2.9.4(c)所示。这种极化强度称为剩余极化强度。

电容率是与单位体积内的自发极化的自由相转变成正比的，可以使用静电测量方法来测量。当没有外加直流电压时，自发极化为随机取向状态；但当从外部施加直流电压时，由于电介质中的自发极化受到电场方向的束缚，因此不易发生自发极化时的自由相转变，其结果导致得到的静电容量较施加偏压前低。这就是当施加了直流电压后，静电容量降低的原理。

直流偏压使得介质中的固定电荷产生固定偏转，所以材料的性能会退化。高偏置的强电场让电介质定向极化，材料退回到普通陶瓷的情况。陶瓷电容直流偏压特性如图2.9.5所示。

如果在电容两端施加交流信号，则会出现电容值增大的现象。交流信号让介质中的固定电荷来回换向，从而影响介质中的电场分布，吸附更多的电荷。交流信号的幅值增加，电荷方向和电场方向越一致，附加的电场强度上升，可用容量增大；但当介质中固定电荷场强一致之后，该效应就会很小了，所以交流容量特性会饱和，不再继续增大。陶瓷电容交流偏压特性如图2.9.6所示。

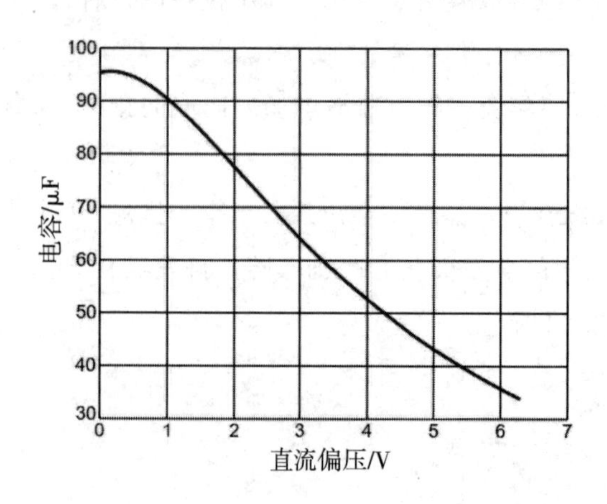

图2.9.5　陶瓷电容直流偏压特性

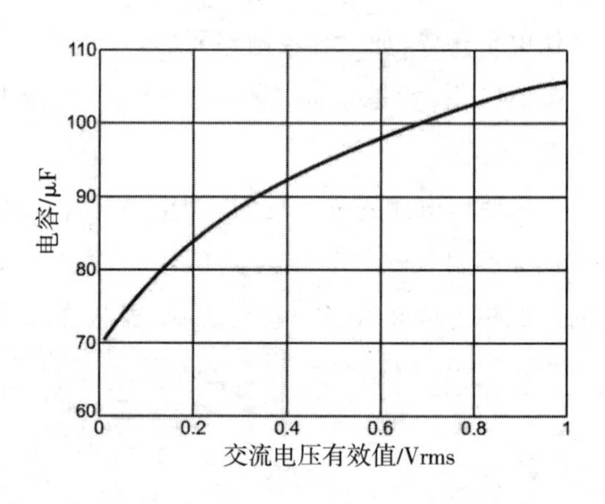

图2.9.6　陶瓷电容交流偏压特性

10 如何对MLCC的偏压特性进行测试？

MLCC的偏压特性的原理前文已经进行了讲解，一般电容表的测试方法都是直接用表笔对电容值进行测试，无法在测试过程中对电容两端添加一个电压。那么，如何才能测量一个MLCC的偏压特性呢？

可以选用阻抗分析仪进行偏压测试，但是一般阻抗分析仪的价格比较昂贵，且能够设置的偏置电压的幅度也比较小。本章节将介绍一种自制简单电路对电容的偏压进行测试的方法。

1 对电容与偏压关系进行测试的电路原理

图2.10.1所示是一个测量电容直流偏压特性的电路。该电路的核心是运算放大器U1(MAX4130)。运算放大器MAX4130作为比较器使用,反馈电阻R_2和R_3增加滞回。D_1将偏置设置在高于GND,所以不需要负电源电压(也可以使用双电源给运算放大器进行供电,这样就不需要D_1了)。C_1和R_1从反馈网络连接至输入负端,使电路作为RC振荡器工作。电容C_1为被测对象(DUT),作为RC振荡器中的C;电位计R_1为RC振荡器中的R。

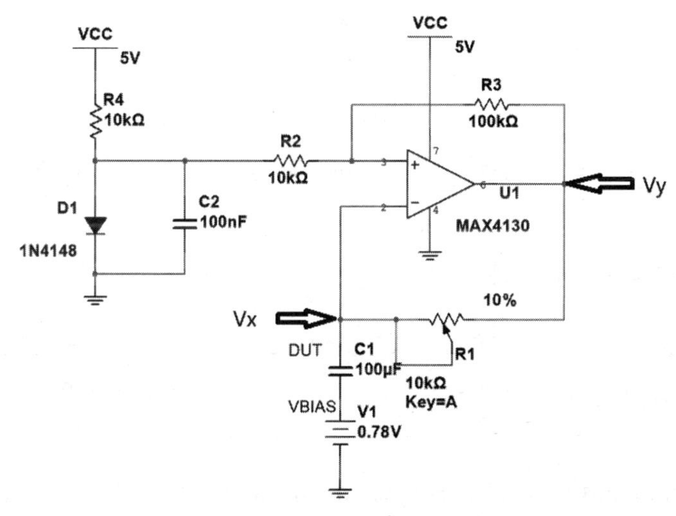

图2.10.1 测量电容直流偏压特性的电路

运算放大器输出引脚的电压波形V_y(方波)和R、C之间连接点的电压波形V_x(三角波)如图2.10.2所示。当运算放大器输出为5V时,通过R_1对C_1进行充电,直到电压达到上限,强制输出为0V。此时,电容放电,直到V_x达到下限,从而强制输出恢复为5V。该过程反复发生,形成稳定振荡。

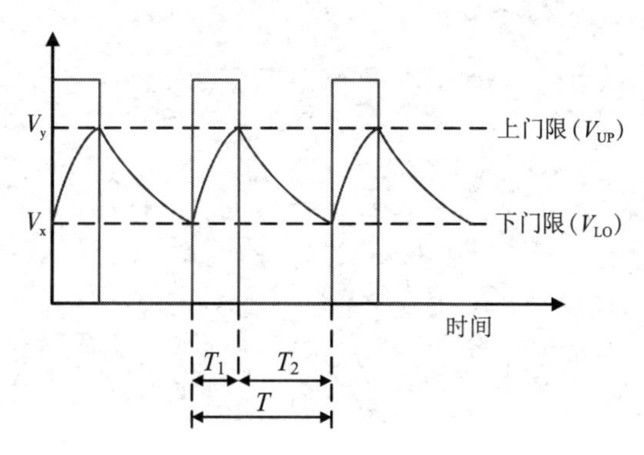

图2.10.2 V_x和V_y的电压波形

振荡周期取决于R、C,以及上门限V_{UP}和下门限V_{LO}:

$$T_1 = RC\ln\left(\frac{5\text{V} - V_{\text{LO}}}{5\text{V} - V_{\text{UP}}}\right) = \alpha RC \tag{2.10.1}$$

$$T_2 = RC\ln\left(\frac{V_{\text{UP}}}{V_{\text{LO}}}\right) = \beta RC \tag{2.10.2}$$

$$T_1 = \frac{\alpha}{\beta}T_2$$

$$T = T_1 + T_2 = \left(1 + \frac{\alpha}{\beta}\right)T_2$$

由于式(2.10.1)和式(2.10.2)中的5V、V_{UP}和V_{LO}固定不变，因此T_1、T_2与RC成比例(RC为时间常数τ)。比较器门限是V_y、R_2、R_3及D_1正向偏压的函数，即

$$V_{\text{THRESHOLD}} = V_{\text{D}}\frac{R_3}{R_2 + R_3} + V_y\frac{R_2}{R_2 + R_3}$$

V_{UP}为$V_y = 5\text{V}$时的门限电压，V_{LO}为$V_y = 0\text{V}$时的门限电压。测得$V_{\text{D}} = 0.59\text{V}$，可求出$V_{\text{UP}} \approx 0.99\text{V}$，$V_{\text{LO}} \approx 0.54\text{V}$。

2 对电容与偏压的关系进行测量分析

测量之前，该电路需要进行简单校准。首先将DUT安装到电路，将偏置电压设定为$V_{\text{AVERAGE}} = 0.765\text{V}$($V_{\text{LO}}$和$V_{\text{UP}}$的平均值，实验中由于精度和误差问题，大概值为0.7V)，所以DUT上的实际平均(DC)电压为0V。

本次测量选用村田100μF/6.3V电容(型号为GRM31CR60J107ME39L)。本次测量中，在0~6.3V整个工作范围内记录电容值。通过测量电路的输出电压和实际振荡周期，确定相对电容。

$V_{\text{DUT}} = 0\text{V}$时，$T = 480\text{ms}$，此时的波形如图2.10.3所示。

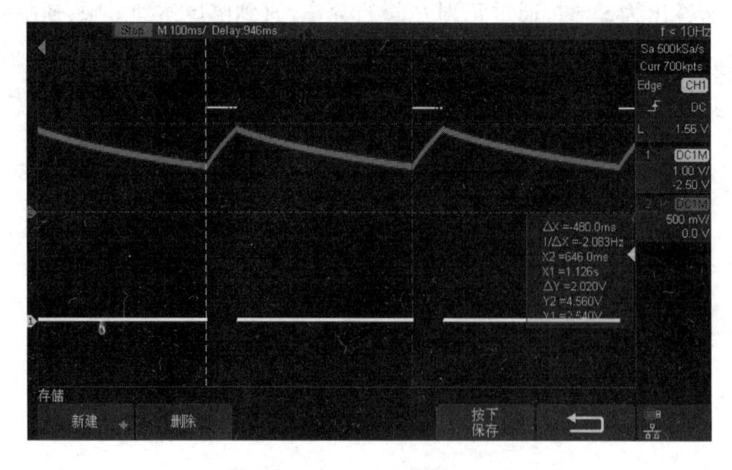

图2.10.3 V_{DUT}为0V时的波形

$V_{\text{DUT}} = 0.5\text{V}$时，$T = 452\text{ms}$，此时的波形如图2.10.4所示。

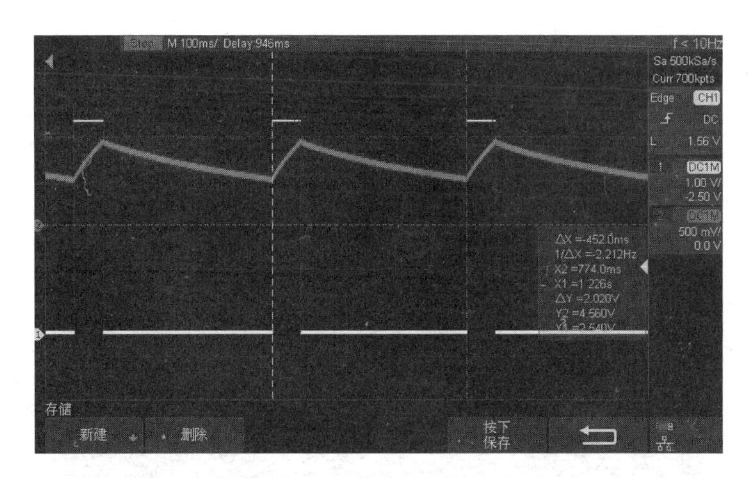

图 2.10.4 V_{DUT} 为 0.5V 时的波形

$V_{DUT}=1V$ 时，$T=408ms$，此时的波形如图 2.10.5 所示。

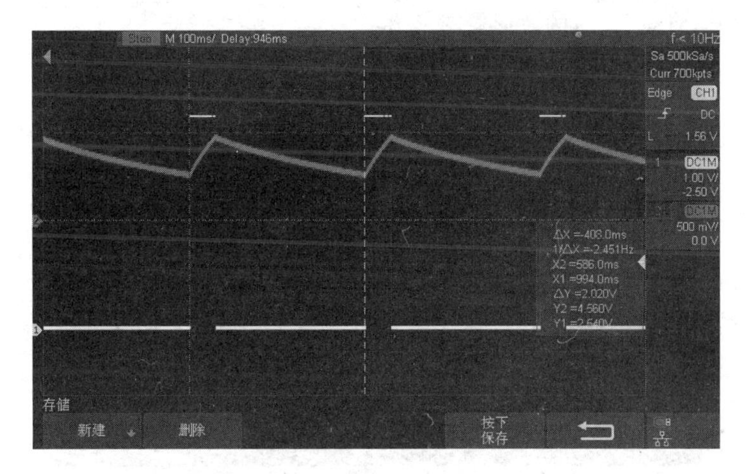

图 2.10.5 V_{DUT} 为 1V 时的波形

$V_{DUT}=2V$ 时，$T=300ms$，此时的波形如图 2.10.6 所示。

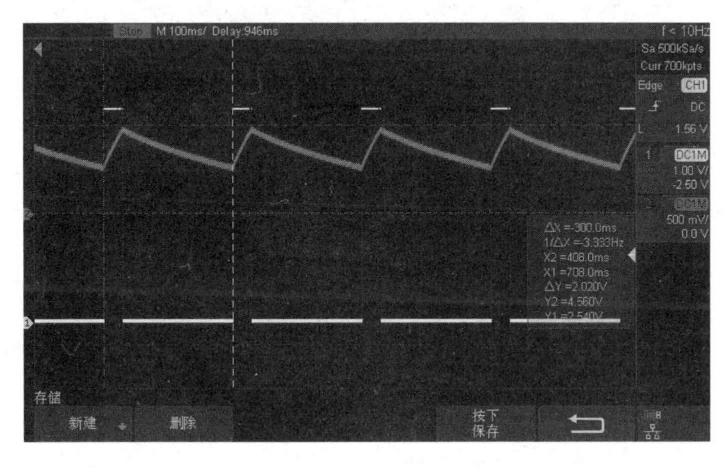

图 2.10.6 V_{DUT} 为 2V 时的波形

$V_{DUT}=4V$ 时，$T=179ms$，此时的波形如图2.10.7所示。

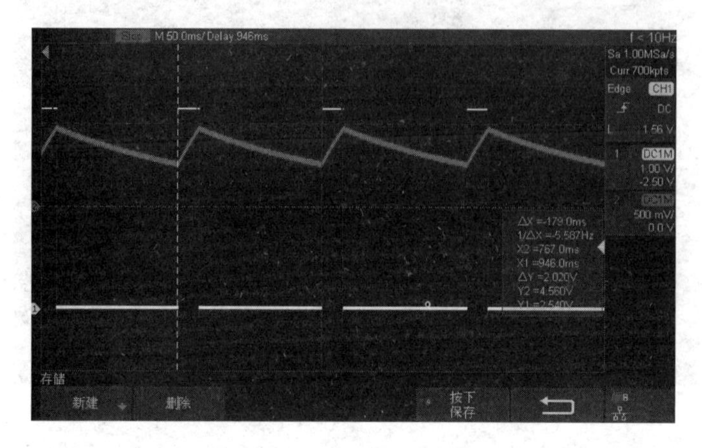

图2.10.7　V_{DUT}为4V时的波形

$V_{DUT}=5V$ 时，$T=151ms$，此时的波形如图2.10.8所示。

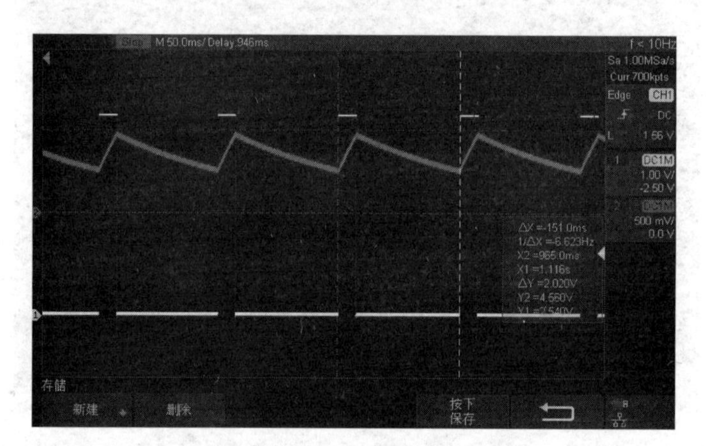

图2.10.8　V_{DUT}为5V时的波形

$V_{DUT}=5.5V$ 时，$T=137ms$，此时的波形如图2.10.9所示。

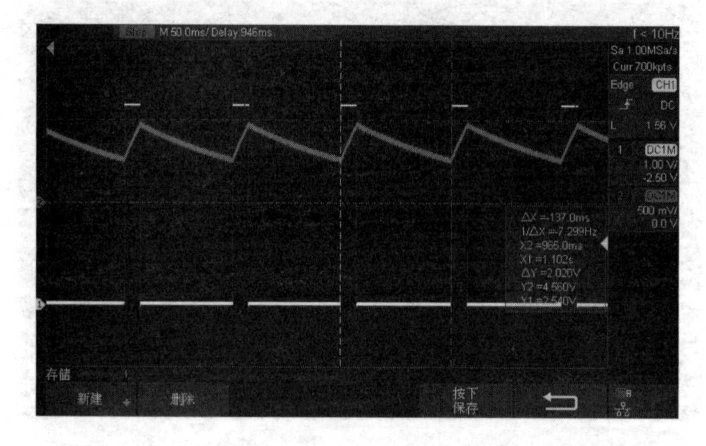

图2.10.9　V_{DUT}为5.5V时的波形

V_{DUT} = 6V时，T = 127ms，此时的波形如图2.10.10所示。

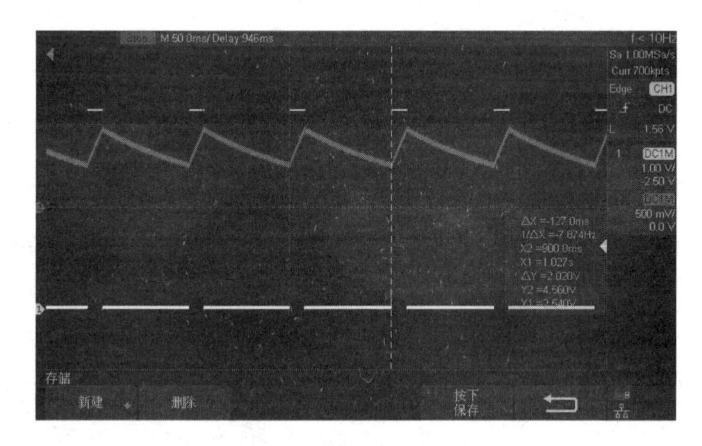

图2.10.10 V_{DUT}为6V时的波形

V_{DUT} = 6.3V时，T = 122ms，此时的波形如图2.10.11所示。

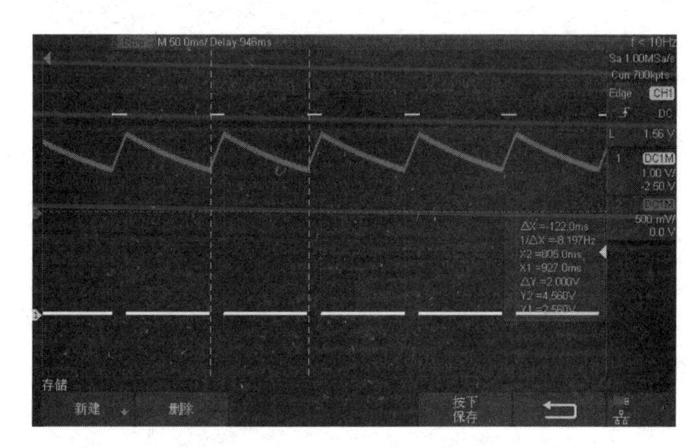

图2.10.11 V_{DUT}为6.3V时的波形

汇总上述实验结果，如表2.10.1和图2.10.12所示。

表2.10.1 实验数据-DC偏压特性

序号	V_{OUT}/V	V_{BIAS}/V	T/ms	容量占比	容量百分比/%	容量变化率	容量变化率百分比/%
1	0	0.7	480	1.00	100.0	0.00	0.0
2	0.5	1.2	452	0.94	94.2	−0.06	−5.8
3	1	1.7	408	0.85	85.0	−0.15	−15.0
4	1.5	2.2	346	0.72	72.1	−0.28	−27.9
5	2	2.7	300	0.63	62.5	−0.38	−37.5
6	2.5	3.2	263	0.55	54.8	−0.45	−45.2
7	3	3.7	225	0.47	46.9	−0.53	−53.1

续表

序号	V_{OUT}/V	V_{BIAS}/V	T/ms	容量占比	容量百分比/%	容量变化率	容量变化率百分比/%
8	3.5	4.2	201	0.42	41.9	−0.58	−58.1
9	4	4.7	179	0.37	37.3	−0.63	−62.7
10	4.5	5.2	165	0.34	34.4	−0.66	−65.6
11	5	5.7	151	0.31	31.5	−0.69	−68.5
12	5.5	6.2	137	0.29	28.5	−0.71	−71.5
13	6	6.7	127	0.27	26.5	−0.74	−73.5
14	6.3	7	122	0.25	25.4	−0.75	−74.6

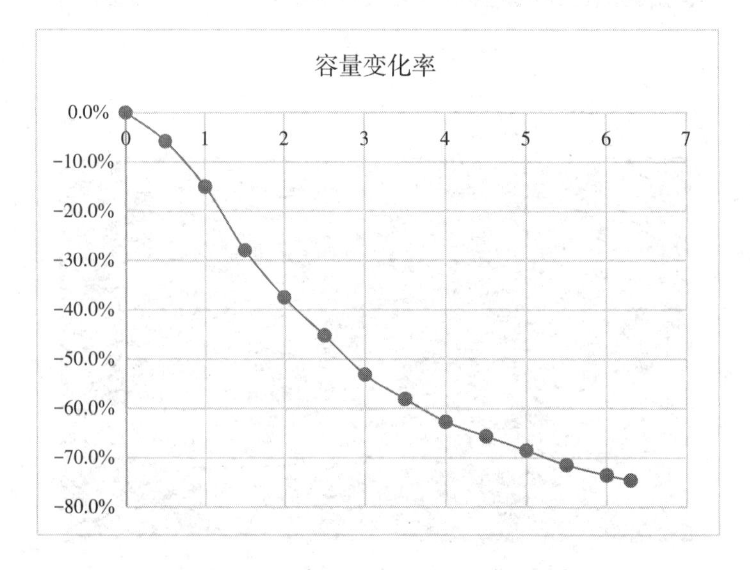

图 2.10.12　实验数据-DC 偏压特性曲线

上述实验证明，电容容量随 DC 偏压的变化趋势符合厂家提供的偏压特性曲线。但是，在实验过程中，如果先给 MLCC 一个比较大的电压（额定电压），然后逐步减小电压，则 MLCC 的测试波形快速变化并稳定。如果从低电平逐步增大电压，则波形的变化比较缓慢，并且需要一个稳定周期。在数分钟之后，容值的变化也与器件资料标称的数据一致。

11 温度对 MLCC 的影响有哪些?

除前文分析的电压会影响 MLCC 的容量外，温度也会影响 MLCC 的特性。MLCC 的温度特性由 EIA 规格与 JIS 规格等制定，具体分类如表 2.8.2 所示。通用 MLCC 可分为 Ⅰ 类电容（低电容率系列、顺电体）和 Ⅱ 类电容（高电容率系列、铁电体）两类。

Ⅰ类电容为温度补偿类NP0电介质，这种电容电气性能最稳定，基本上不随温度、电压、时间的变化而变化，属超稳定、低损耗电容材料类型，使用在对稳定性、可靠性要求较高的高频、特高频、甚高频电路中。

Ⅱ类电容包括X7R、Z5U、Y5V等，主材均是$BaTiO_3$，只是添加的贵金属不同。X7R电容的温度特性次于NP0，属稳定电容材料类型，当温度在-55～+125℃时，其容量变化为15%(需要注意的是，此时电容的容量变化是非线性的)，使用在隔直、耦合、旁路、滤波电路及可靠性要求较高的中高频电路中。图2.11.1所示是1206封装、25V耐压、0.22μF的X7R电容的温度特性曲线。在-55～+125℃的规格温度范围内，电容的最小值为0.204μF，最大值为0.224μF，误差相对NP0大了一个数量级，但是其温度特性表现还是非常不错的。

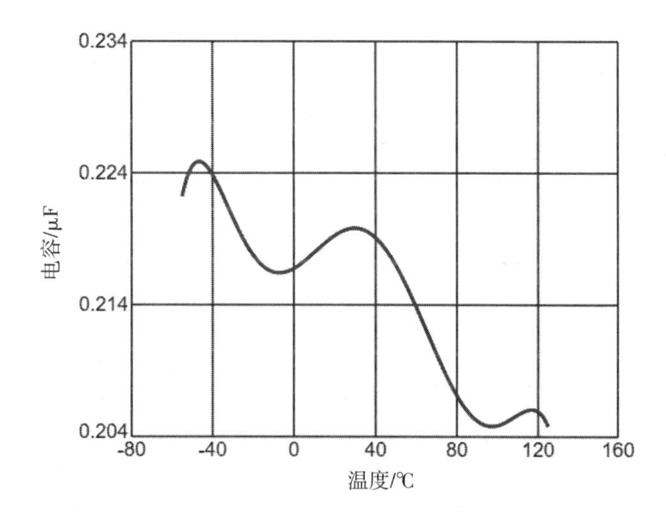

图2.11.1　X7R电容的温度特性曲线

Z5U电容称为通用陶瓷单片电容。这里需要注意的是，Z5U电容的使用温度范围为10～85℃，容量变化为-56%～+22%，介质损耗最大为4%。Z5U电容有最大的电容量，但它的电容量受环境和工作条件影响较大；其老化率也最大，可达每10年下降5%。尽管Z5U电容的电容量不稳定，但由于它具有小体积、ESL和ESR小、良好的频率响应等特点，因此Z5U电容仍具有广泛的应用范围，尤其是在去耦电路中的应用。

Y5V电容是一种有一定温度限制的通用电容，其介质损耗最大为5%。Y5V电容的温度稳定性差，在-30～+85℃范围内其容量变化可达-82%～+22%。温度变化会造成容值大幅变化，设计时一定要考虑到。Y5V电容会逐渐被温度特性好的X7R、X5R电容所取代。

图2.11.2所示是几种MLCC的温度特性对比曲线。

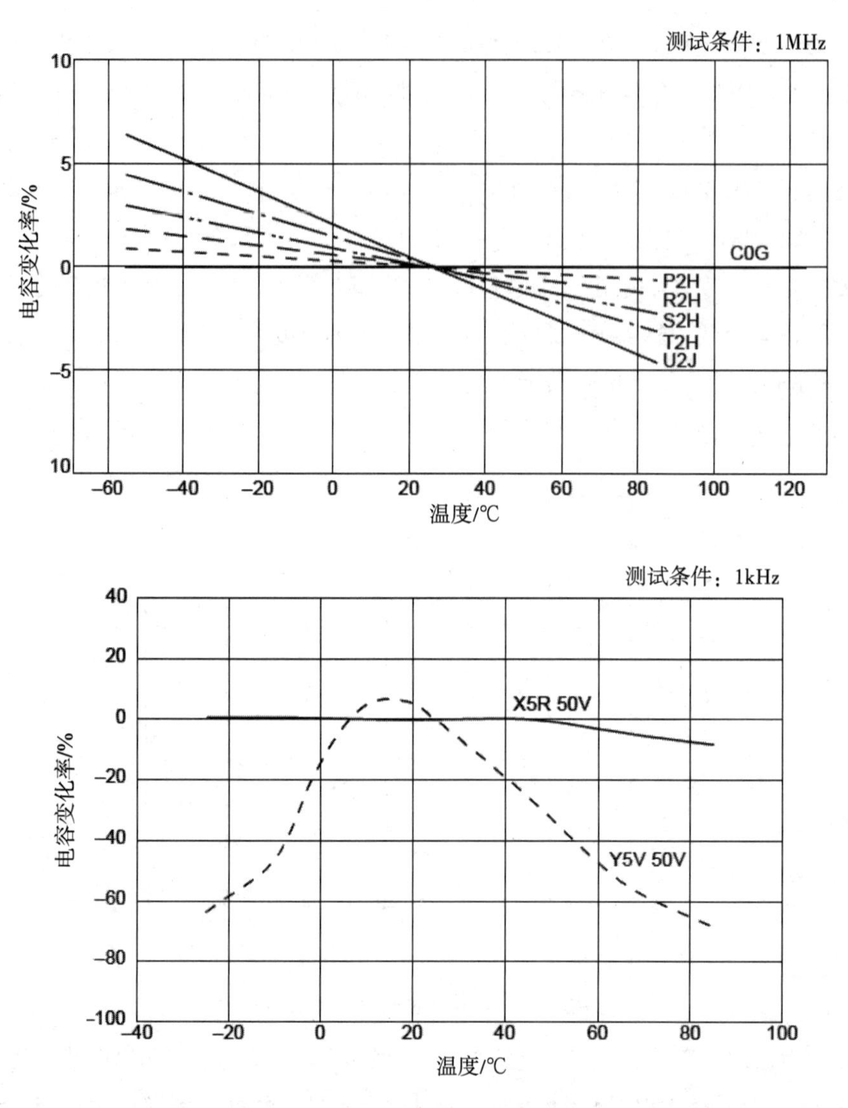

图 2.11.2　MLCC 的温度特性对比曲线

NP0、X7R、Z5U、Y5V 电容的温度特性、可靠性依次递减，相应的成本也依次降低。在选型时，如果对工作温度和温度系数要求很低，则可以考虑用 Y5V 电容。但是，一般情况下要用 X7R 电容，要求更高时必须选择 NP0 电容。一般情况下，MLCC 都设计成使 X7R、Y5V 材质的电容在常温附近的容量最大，容量相对温度的变化轨迹是开口向下的抛物线，随着温度上升或下降，其容量都会下降。

12 为什么有的 MLCC 既称为 NP0，又称为 C0G？

NP0、X7R、Z5U 和 Y5V 的主要区别是它们的填充介质不同。在相同的体积下，不同填充介质所组成的电容的容量就不同，随之带来的电容的介质损耗、容量稳定性等也就不同。所以，应根据电容在电路中的作用不同来选用不同的电容。

陶瓷电容分为Ⅰ类陶瓷电容和Ⅱ类陶瓷电容，C0G和NP0都是Ⅰ类陶瓷电容，X7R、X5R、Y5U、Y5V都是Ⅱ类陶瓷电容。

Ⅰ类陶瓷电容的特点是容量稳定性好，基本不随温度、电压、时间的变化而变化，但是容量一般较小；温度范围为-55～+125℃，温度系数为0±30ppm/℃。

Ⅱ类陶瓷电容的容量稳定性较差，即X7R的工作温度范围为-55～+125℃，X5R的工作温度范围为-55～+85℃，Y5U、Y5V的工作温度范围为-30～+85℃，但是容量相对较大，目前技术最大可达6.3V-100μF/25V-47μF的水平。

NP0（Negative Positive Zero）是美国军用标准（MIL）中的说法，其实应该是NP0（数字），但有时有的文档写成NPO（字母），英语在口语中一般把0直接读成O，所以也会念成NPO。NP0的名称表示其电容值不随正负温度变化而出现电容值漂移，是一种温度特性极好的电容。C0G是美国电子工业协会（EIA）的命名，EIA采用“字母+数字+字母”这种代码形式来表示Ⅰ类陶瓷温度系数。C0G是Ⅰ类陶瓷电容中温度稳定性最好的一种，温度特性近似为0，满足“负-正-零”（NP0）的含义。NP0对应的陶瓷温度特性在-55～+125℃范围内几乎没有变化。NP0电容主要用在射频电路、谐振器、振荡器等对电容容值稳定度要求比较严格的场景中。

这个“0”看怎么理解，也就是说，只是个相对的“0”，不能达到理想的“0”。只是相对于Ⅱ类陶瓷电容来说是“0”。这个0的意思就是：在一定的温度范围内（-55～+125℃），电容值的变化率非常低，在0±30ppm/℃以内变化。所以，C0G其实和NP0一样，只不过是两个标准的两种表示方法。NP0电容特性参数如表2.12.1所示。

表2.12.1　NP0电容特性参数

温度系数的有效数字/(ppm/℃)	符号	有效数字的倍乘因数	符号	随温度变化的容差/ppm	符号
0	C	-1	0	±30	G
0.3	B	-10	1	±60	H
0.8	H	-100	2	±120	J
0.9	A	-1000	3	±250	K
1.0	M	-10000	4	±500	L
1.5	P	1	5	±1000	M
2.2	R	10	6	±2500	N
3.3	S	100	7		
4.7	T	1000	8		
7.5	U	10000	9		

C0G代表的温度系数如下。

(1)C 表示电容温度系数的有效数字为0ppm/℃。

(2)0 表示有效数字的倍乘因数为-1(10^0)。

(3)G 表示随温度变化的容差为±30ppm。

NP0是一种最常用的具有温度补偿特性的单片陶瓷电容。它的填充介质是由铷、钐和其他一些稀有氧化物组成的。NP0电容是电容量和介质损耗极稳定的电容之一。在温度为-55～+125℃时容量变化为0±30ppm/℃，电容量随频率的变化小于±0.3ΔC。NP0电容的漂移或滞后小于±0.05%，相对大于±2%的薄膜电容来说可以忽略不计。其典型的容量相对使用寿命的变化小于±0.1%。NP0电容随封装形式不同，其电容量和介质损耗随频率变化的特性也不同，大封装尺寸的要比小封装尺寸的频率特性好。通常C0G和NP0指的是Ⅰ类电介质，现在为了更准确地表述电容的温度特性，都用C0G来表示，而不用NP0来表示。

笔者认为，C0G用每个字母表示具体含义，作为电容的名称的含义更清晰、严谨一些。但是，NP0作为一大类MLCC的统称，也是日常需要使用的称呼方法。

13 为什么表贴陶瓷电容一般不印字?

常见的电阻表面一般都有印字，但是常见的表贴陶瓷电容表面都不印字。

那么，为什么电阻会印上阻值，而表贴陶瓷电容往往什么都不印呢？我们知道直插的陶瓷电容表面是会印字的，因为直插的陶瓷电容的外面有一层环氧树脂的封装。

首先排除几个“表贴陶瓷电容表面为什么不印字”的推测。

(1)不会是为了省印刷字符的费用。如果这样就可以省下可观的费用，那么电阻也不会印上任何字符。

(2)不会是因为地方小，不够印刷。因为0402电阻上也印上了字符。

(3)不会简单地因为可以不印就不必印了。其实很多时候表贴电阻已经可以不印了，但是为了使用方便，还是会提供更多的参数信息，更利于器件使用和管理。

(4)不会因为电容的参数比较多，而电阻的参数比较少，所以不印刷。其实电阻的参数也不少，如额定功率、额定电流、温度系数、噪声等。

以上推测看似都有道理，但一定不是主要原因。

下面从两个方面分析表贴陶瓷电容表面不印字的原因。

1 生产工艺

从电阻的生产工艺可以看出，电阻在折条、折粒之前就已经完成了“阻值码印刷干燥”。因此，电阻在还是一张整板时就可以进行印刷，然后把一张整板裁成条、折成粒。因为电阻工艺产出的电阻精度相对于电容高很多，所以在折条、折粒之前就可以确定其阻值。当电阻为一张整板时，对电阻进行批量印刷的成本和代价都非常低。

电容的生产工艺是先切割，再经过一系列的高温操作，即烧结、烧附、电镀等高温操作。

第一个原因：电容不适合在一张整板时就进行印刷。如果在切割操作之前进行印刷操作，那么后续的几个高温操作，由于均会达到1000℃以上，会导致前序的印刷成果被破坏。

第二个原因：电容的电容值距离设计的目标会有比较大的差距。如果先把电容的电容值印刷上去，经过测试环节之后，就会发现电容的电容值不能达到预计效果，需要重新印刷。电容是通过测试后，根据其真实的容值进行分选的。电阻的测试后分选，选择的是精度；而电容的测试后分选，很可能选择的是容值。

第三个原因：如前文所述，电容测量之后，可能存在返工（烧端头）后再测量，然后分选之后确定电容值的过程。返工过程中有可能破坏印刷结果，并且测试之后，印刷代价太大。

2　可靠性

表贴陶瓷电容不印字的最主要原因就是陶瓷表面不容易印刷，并且如果非要在陶瓷上进行印刷，则会使陶瓷受力产生形变导致“微裂纹”。因为陶瓷比较脆，所以陶瓷电容最主要的失效模式就是应力损伤。

另外一个原因就是表贴陶瓷电容表面印字可能改变一些电容的参数，如电容值、绝缘电阻。

最后需要说明的是，表贴陶瓷电容表面印字并不是完全做不到，有些表贴陶瓷电容也是会做涂覆层之后印上电容值等参数的。

14 MLCC为什么容易产生裂纹？

引起MLCC中的机械裂纹的主要原因有两种：第一种是挤压裂纹，它产生在元件拾放在PCB上的操作过程中；第二种是由PCB弯曲或扭曲引起的弯曲裂纹。挤压裂纹主要是由不正确的拾放参数设置引起的，而弯曲裂纹主要是由元件焊接上PCB后板的过度弯曲引起的。

如何区分挤压裂纹与弯曲裂纹呢？

挤压裂纹会在元件表面显露出来，通常是颜色变化了的圆形或半月形裂纹，居于或邻近电容中心，如图2.14.1所示。当接下来的加工过程产生的额外应力（包括PCB形变引起的应力）应用到元件上时，这些小裂纹就会变成大裂纹。

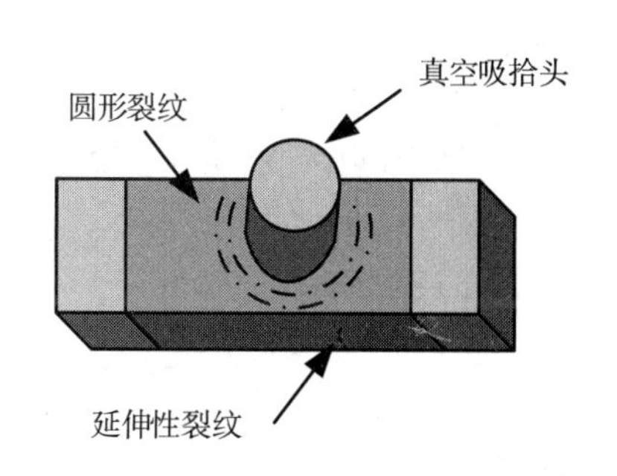

图2.14.1　MLCC产生的挤压裂纹

弯曲裂纹的标志是一个Y形裂纹或45°裂纹，在DPA（Destructive Physical Analysis，破坏性物理分析）切面下可观测到，如图2.14.2所示。这类裂纹有可能在MLCC的外表面观测到，也可能在外表面观测不到。弯曲裂纹主要位于靠近PCB焊点处。

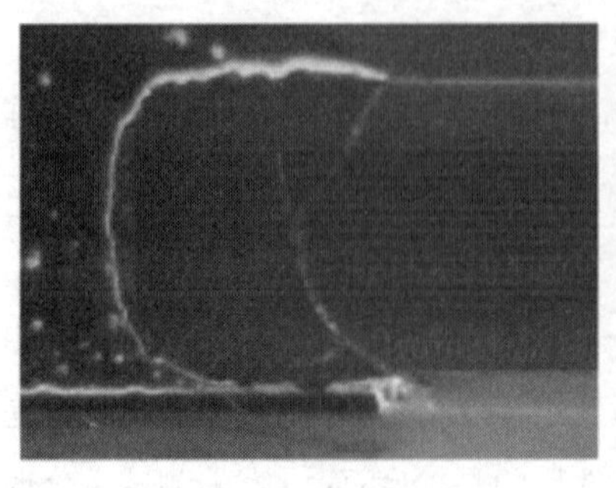
(a)Y形裂纹

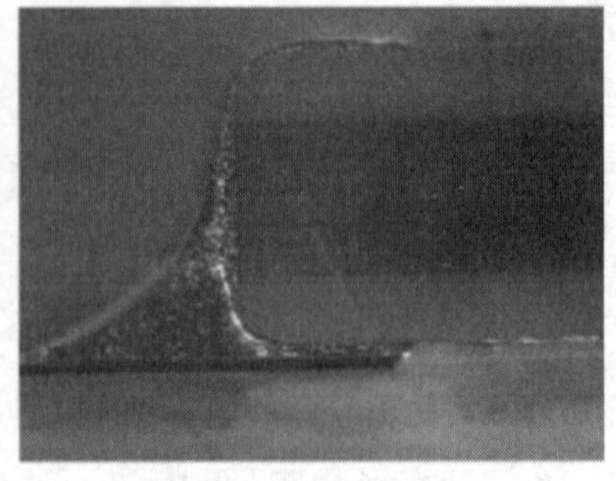
(b)45°裂纹

图 2.14.2 典型弯曲裂纹

挤压裂纹产生的原因如下。

(1)贴片机的拾放头使用一个真空吸管或中心钳给元件定位。X、Y 尤其是 Z 方向的参数调整对避免碰撞元件而言至关重要，因为过大的 Z 轴下降压力会打碎陶瓷元件。如果贴片机拾放头施加足够大的力在某一位置而不是瓷体的中心区域，那么施加在电容上的应力可能足够大到损坏元件，如图 2.14.3 所示。

(2)贴片拾放头的尺寸选取不恰当会容易引起裂纹。小直径的贴片拾放头在贴片时会集中放置力，MLCC 会因为较小的面积承受了较大的压力而引起裂纹。

(3)PCB 上散落的碎片同样会引起裂纹。在放置电容时，PCB 表面不平整会导致对电容的向下压力不均匀分配，这样电容会破碎，如图 2.14.4 所示。

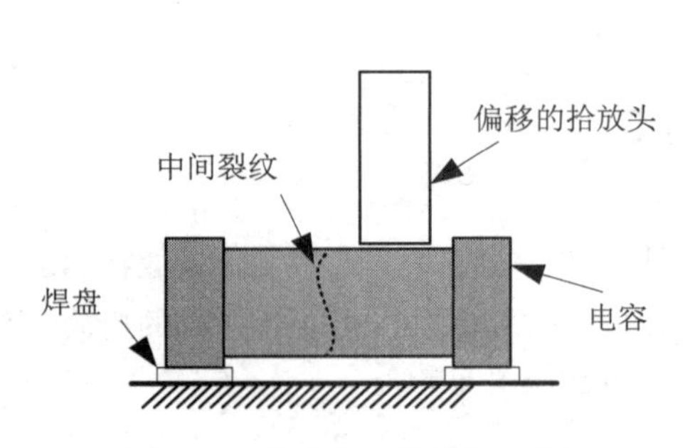

图 2.14.3 拾放头偏移引起的裂纹

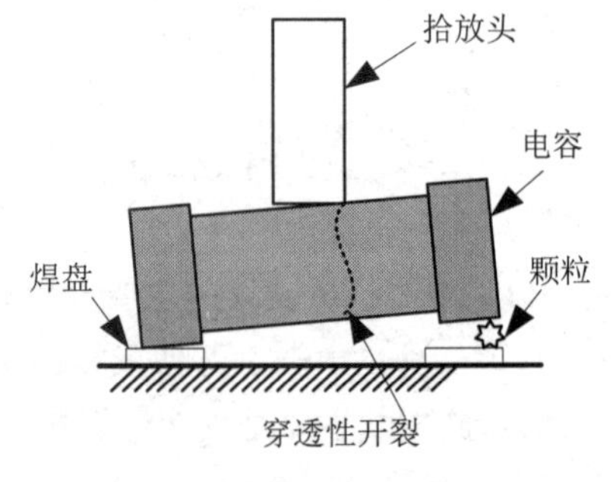

图 2.14.4 表面不平整引起的裂纹

PCB 弯曲引起裂纹的原因如下。

(1)当 MLCC 被贴装在 PCB 上时，它就成了电路板的一部分。而 FR-4 材料最常用作 PCB，其刚度不大，易产生弯曲。贴片电容陶瓷基体是不会随 PCB 弯曲而弯曲的，因而会受到拉伸/压缩应力，如图 2.14.5 所示。

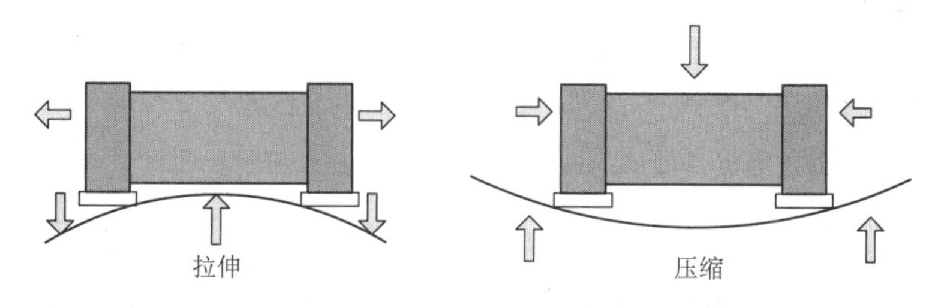

图 2.14.5　弯曲引起的拉伸应力和压缩应力

（2）陶瓷材料压迫强度大，拉伸强度低。当拉伸应力大于瓷体强度时，裂纹产生。影响抗弯强度的主要因素是焊锡量。推荐焊料高度为电容本体高度的50%～75%。焊料太多会在PCB弯曲时增加对MLCC的拉伸应力。不同焊料高度如图2.14.6所示。

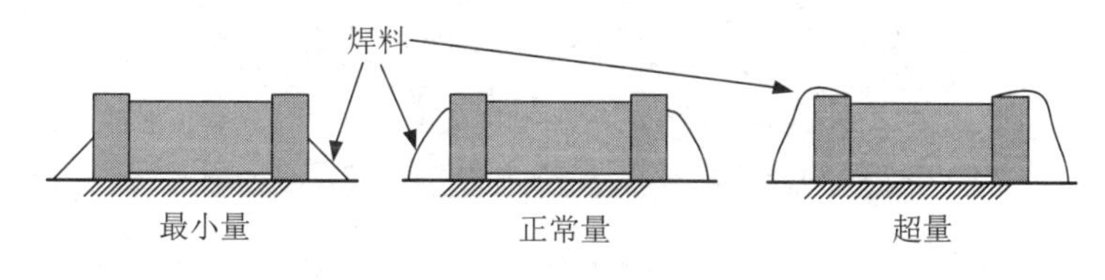

图 2.14.6　不同焊料高度

焊料量不一致会在元件上产生不一致的应力分布，在一端会应力集中，从而产生裂纹，如图2.14.7所示。

图 2.14.7　陶瓷电容焊料量不一致产生的裂纹

焊盘尺寸同样重要。正确的焊盘尺寸能在焊接过程中平衡焊带的形成。非制造商详细规范推荐的焊盘尺寸建议不要使用。

除贴装过程的挤压和加工过程的弯曲外，裂纹还会因热冲击、板内测试和倾斜引起。

15 MLCC如何避免应力失效？

MLCC正确的布局位置及PCB最小的板弯曲是有效避免MLCC应力失效的关键。表面贴装后的PCB分板会对PCB及板上的器件施加一定的应力。分板时的任何工艺都有可能导致弯曲，从而引来应力，但是不同的工艺对MLCC的应力大小不同。

此外，MLCC与PCB分割面的接近度和方向是非常重要的。PCB上的分孔和切槽设计应远离MLCC。MLCC的贴装方位应与开孔平行，以确保MLCC在PCB弯曲时受到最小的拉伸应力。MLCC布置平行于切割线和远离接触点是最佳的放置方向，如图2.15.1所示。

不同方位放置的电容应力排序
A > C > D > B > E

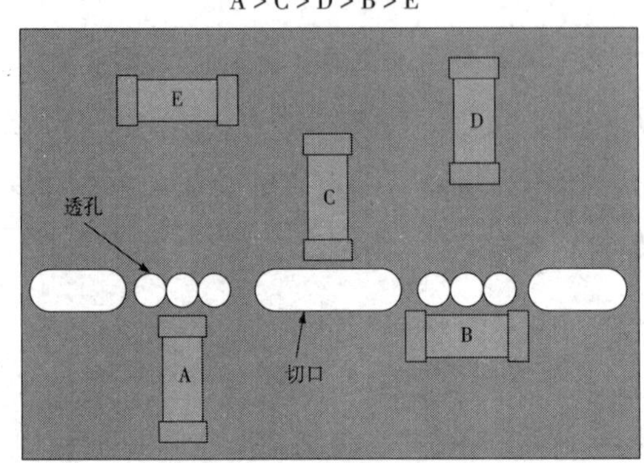

图2.15.1 PCB上元件布置对应力的影响

对图2.15.1的解释如下：在分板时，元件A受到的应力最大，元件C、D其次。元件B和E的摆放方向最佳，但元件E因远离分割线，受到的应力是最小的。把元件放在远离分割线的位置是较好的，因为越接近分割线，应力就越大。

16 MLCC压电效应会带来哪些危害？

压电效应是电介质材料中的一种机械能与电能互换的现象。压电效应有两种：正压电效应和逆压电效应。

（1）正压电效应：对具有压电特性的介质材料施加机械压力，介质晶体会发生结构重组排布，材料表面会感应出电荷，产生电位差。

（2）逆压电效应：对具有压电特性的介质材料施加电压，则会产生机械应力，发生形变。

对MLCC产生影响的主要是正压电效应——当晶体受到固定方向外力的作用时，内部会产生电极化现象，同时在晶体的两个表面产生极性相反的电荷；当外力去掉后，晶体又恢复到不带电的状态。

当MLCC安装到PCB上时，MLCC成为单板的一部分。尽管PCB板材（如FR-4板材）非常坚硬，但随着应力、温度等外界条件的变化，单板会因为产生形变而弯曲，此时MLCC不会跟随单板弯曲。因此，MLCC会因为单板拉伸和压缩（图2.14.5）而承受应力，从而在电容两端产生电压，进而在电路中产生电噪声。在Ⅱ类电容上普遍存在压电效应；在Ⅰ类电容上基本不存在压电效应，温度稳定性也更好。

1　问题现象

电路板进行-25 ~ +65℃温度循环实验，过程中出现10G网口丢包问题，问题发生在温箱温度从高温到低温降温的过程中。

2　问题根因

测试10G网口交换芯片的156.25M时钟相噪，发现问题发生时156.25M时钟产生了相噪跳变。分析发现，156.25M时钟的频率合成器的PLL（Phase Locked Loop，锁相环）电路环路电容选择了X7R陶瓷电容，怀疑在降温过程中如果单板变形，陶瓷电容就会产生压电效应，引起时钟的相噪跳变。针对形变导致压电效应的可能性，进行了3个小实验来验证。

实验1：在常温下，在原来的PLL电容两端并联一个电容，用跳线控制新焊接的电容断开并联和接入并联来模拟电容的突变，实验发现电容突变时会出现和温度循环实验一样的故障问题。

实验2：在常温下，通过按压单板的两端来模拟单板形变，实验发现单板形变时也会发生相噪跳变，出现和温度循环实验一样的故障问题。

实验3：选择温变条件下更稳定的NP0电容代替X7R电容，相同的温度循环实验，没有出现故障问题。

通过以上3个实验，可以证明问题根因是X7R电容的压电效应。

3　解决方案

使用NP0电容代替X7R电容。陶瓷电容有压电效应特性，时钟PLL等对环路稳定性要求特别高的场景需要选择稳定性好的NP0电容。

17　MLCC为什么也会啸叫？

不只是硬件工程师，其实普通人也听过家电电路板发出“吱吱”声。一般这种电路的啸叫声音是由电感或陶瓷电容产生的。那么，MLCC为什么会啸叫呢？

声音源于物体振动，振动频率为20Hz ~ 20kHz的声波能被人耳识别。如果MLCC发出啸叫声音，那么MLCC一定是发生了振动，并且该频率是在人耳能够分辨的频率范围之内。MLCC在电压作用下发生一定幅度的振动，达到了人耳都能听到的振幅，从而发出啸叫声，如图2.17.1所示。

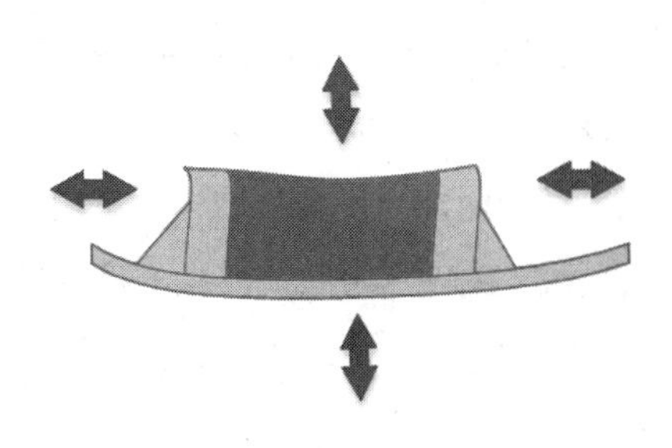

图2.17.1　MLCC振动

那么，MLCC为什么会振动？我们要先了解一种自然现象——电致伸缩。在外电场作用下，所有的物质都会产生伸缩形变，即电致伸缩。对于某些高介电常数的铁电材料，电致伸缩效应剧烈，称为压电效应。

所有MLCC都会啸叫吗？MLCC分为Ⅰ类和Ⅱ类。

Ⅰ类MLCC的介质主要有$SrZrO_3$、$MgTiO_3$等。Ⅰ类MLCC的介质的电致伸缩形变很小，在工作电压下不足以产生噪声。所以，Ⅰ类MLCC，如NP0(C0G)，就不会产生噪声啸叫。

Ⅱ类MLCC的介质主要有$BaTiO_3$、$BaSrTiO_3$等。Ⅱ类MLCC的介质具有强烈的电致伸缩特性，即压电效应。Ⅱ类MLCC，如X7R、X5R特性产品，在较大的交流电场强度作用下会产生明显的噪声啸叫。

哪些场合MLCC啸叫明显？较大的交变电压，频率在20Hz～20kHz，使用X7R、X5R类中的高容量MLCC，会产生明显的啸叫，如开关电源、高频电源等场合。

啸叫有很多危害，移动电子设备（如笔记本电脑、平板电脑、智能手机等）如果有啸叫，则会影响使用感受。剧烈的啸叫除令人不适外，还可能存在可靠性设计不足的隐患。剧烈的啸叫源于剧烈的振动，振动幅度由压电效应程度决定。压电效应与电场强度成正比，外加电压不变，介质越薄，压电效应越强，啸叫声音越大。

降低MLCC产生的可听噪声的方法有很多，但所有解决方案都会增加成本。那么，解决啸叫有哪些对策呢？

（1）改变电容类型是最直接的方法，用Ⅰ类MLCC、钽电容和薄膜电容等不具有压电效应的电容替代，但需要考虑体积空间、可靠性和成本等问题。

（2）调整电路，消除施加在MLCC两端的交变电压或将交变电压的频率调制到人耳听感频段之外（人耳最敏感音频为1kHz～3kHz）。

（3）MLCC由于自身体积较小，因此其自身振动引起的噪声其实是比较小的。主要需要防止MLCC带动PCB一起振动。所以，在PCB设计时需要考虑MLCC的PCB布局，不要将可能产生啸叫的MLCC放置在PCB应力较弱、容易被振动的位置，从而帮助降低啸叫水平。

（4）加厚MLCC底部保护层。由于保护层没有内电极，因此这部分的$BaTiO_3$陶瓷不会发生形变，当两端的焊锡高度不超过底保护层厚度时产生的形变对PCB影响小，可有效地降低噪声，如图2.17.2所示。

（5）附加金属支架结构。采用金属支架把MLCC架空，如图2.17.3所示，MLCC架空之后与PCB不直接接触，逆压电效应产生的形变通过金属支架弹性缓冲，减少传递给PCB的振动能量，减小啸叫。

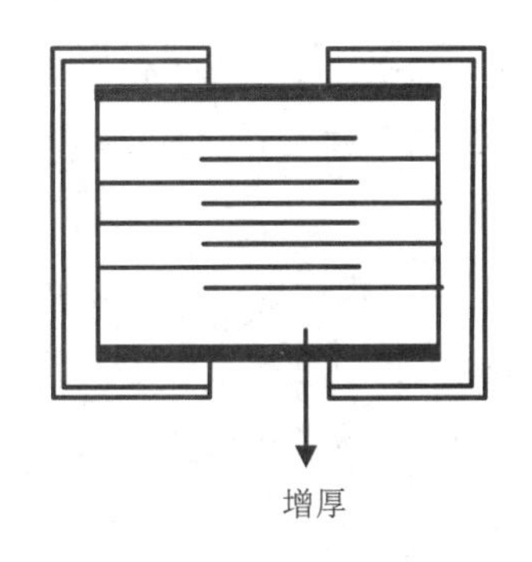

图 2.17.2　加厚底层保护层降低啸叫

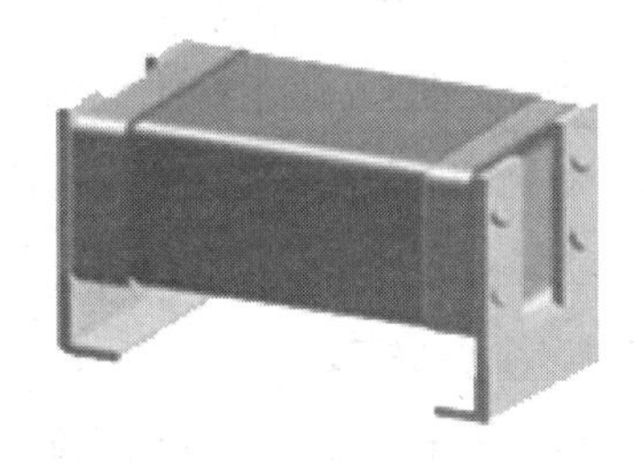

图 2.17.3　附加金属支架结构降低啸叫

(6)使用压电效应弱的介质材料设计制造。通过对 $BaTiO_3$ 进一步掺杂，得到压电效应大大减弱的介质材料，用其制造的MLCC可有效地降低噪声。但是，这样会牺牲一定的介电常数和温度特性。

18 MLCC的失效原因都有哪些？

由于陶瓷的特性一般比较脆，因此温度变化或外部应力导致陶瓷介质破裂或与金属电极错位是MLCC失效的主要原因。陶瓷电容也同样会因为电应力过大导致失效。MLCC的失效原因可能是本身制造方面遗留的问题造成的，也可能是在MLCC被用于制造PCB，或者电路使用过程中造成的。PCB弯曲导致陶瓷电容焊接到PCB的部分产生裂纹，并且裂纹会沿45°向陶瓷电容内部扩展，这是MLCC失效的主要现象，如图2.18.1所示。

图 2.18.1　MLCC失效的主要现象

1　MLCC本身制造方面的因素

介质材料缺陷与生产工艺缺陷可能的原因如下。

(1)介质中的空洞导致耐压强度降低发生过电击穿，与电应力过大导致电极融入形貌相似。

(2)介质分层导致的介质击穿引起短路失效，与电应力过大导致电极融入形貌相似。

(3)电极结瘤导致耐压强度降低发生击穿，与电应力过大导致电极融入形貌相似。

MLCC缺陷可能引入的环节有以下两个。

(1)MLCC烧结时温控失调，有机物挥发速率不均衡，严重时会出现微裂纹。微裂纹在短时间内不影响电气性能，在生产环节不会被检验出来，但微裂纹会在运输、加工、使用过程中进一步增大。

(2)内电极金属层与陶瓷介质烧结时因热膨胀系数不同、收缩不一致导致瓷体内部产生微裂纹。该MLCC质量隐患，如果不影响性能指标，则不会被发现。

2 MLCC应用生产工艺方面的因素

(1)热应力失效。热应力裂纹是由于机械结构不能在短时间内消除因温度急剧变化所带来的机械张力而形成的，这种张力由热膨胀系数、导热性及温度变化率间的差异造成。热应力产生的裂纹主要分布区域为陶瓷体靠近端电极的两侧，常见表现形式为贯穿陶瓷体的裂纹(有的裂纹与内电极呈90°)。需要注意的是，这些裂纹产生后，不一定在现场就表现出来失效，除非是非常严重的裂纹有可能表现为开路的失效模式，大多数在MLCC刚刚使用时均可以使整机正常工作，在使用一段时间后，这些裂纹内部会不断进入水汽或离子，在外加电压的情况下，致使两个端电极间的绝缘电阻减小而导致电容失效，如图2.18.2所示。

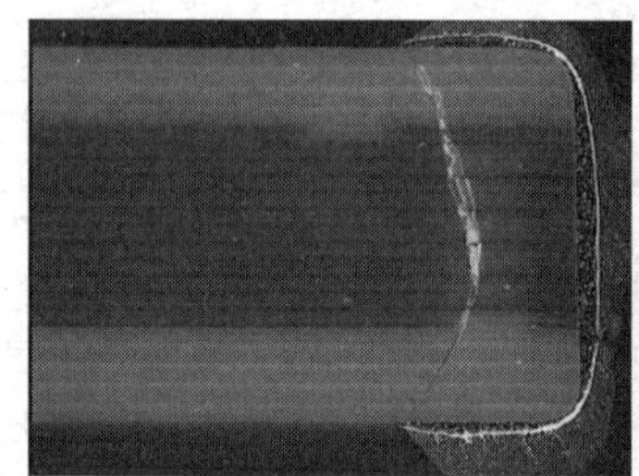

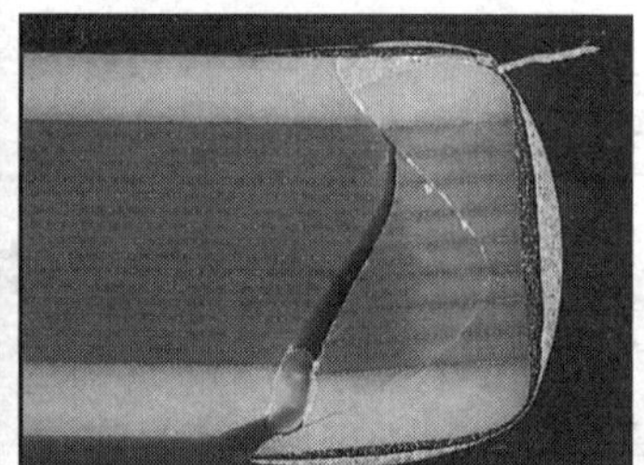

图2.18.2 MLCC热应力失效

图2.18.3 MLCC焊接热应力失效

焊接是MLCC焊盘承受热冲击比较严重的一个情况，此时可能会出现焊接导致的热应力失效，如图2.18.3所示。

(2)机械应力失效。MLCC的特点是能够承受较大的压应力，但陶瓷介质层的脆性决定了其抗弯曲能力较差。因此，在实际使用过程中，由于PCB变形引起陶瓷体出现裂纹的情况很多。在PCB组装过程中，任何可能的弯曲变形操作都可能导致MLCC开裂，常见应力源有贴片过程中吸嘴产生的撞击、单板分割、螺钉安装等。该类裂纹一般起源于元件上下金属化端，沿45°向器件内部扩展。机械应力形成的45°裂纹和Y形裂纹如图2.18.4所示。

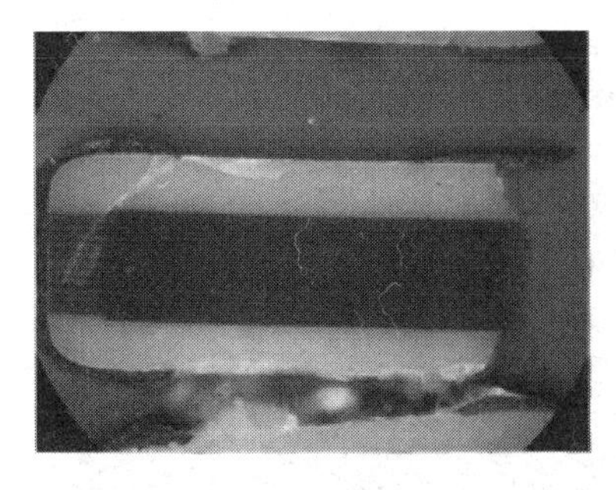

(a)45°裂纹

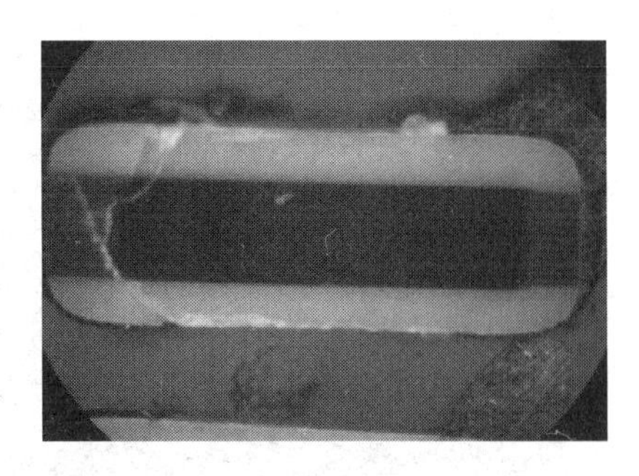

(b)Y形裂纹

图 2.18.4 机械应力形成的45°裂纹和Y形裂纹

造成此种失效的可能性很多,以下这些环节都可能导致机械应力失效。

①贴装应力:主要是真空拾放头或对中夹具引起的MLCC损伤。

②上电扩展的裂纹:贴装时MLCC表面产生了缺陷,后经多次通电扩展的微裂纹。

③翘曲裂纹:在PCB裁剪、测试、元器件安装、插头座安装、PCB焊接、产品最终组装时引起的弯曲或焊接后有翘曲的PCB,主要是PCB的翘曲引起的MLCC裂纹。

④PCB剪裁:手工分开拼接PCB、剪刀剪切、滚动刀片剪切、层压或冲模剪切、组合锯切割和水力喷射切割都有可能导致PCB弯曲。

⑤焊接后变形的PCB:过度的基材弯曲和元器件的应力。

⑥PCB在安装过程中,PCB所受的应力会传导到MLCC。例如,电路板螺钉固定时,多个固定点应力分布不均引起板变形致使MLCC开裂。

MLCC机械应力失效如图2.18.5所示。

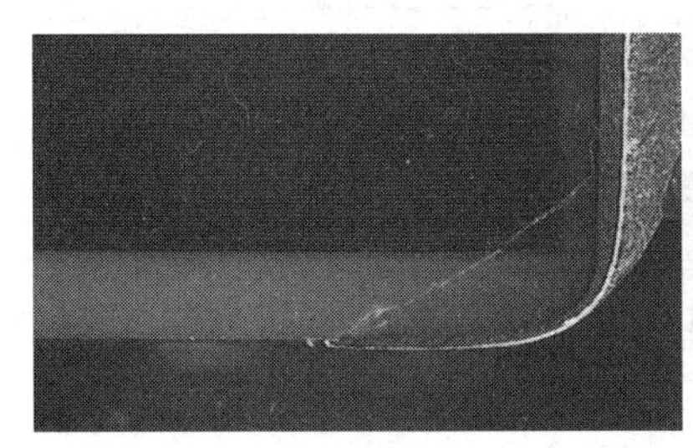

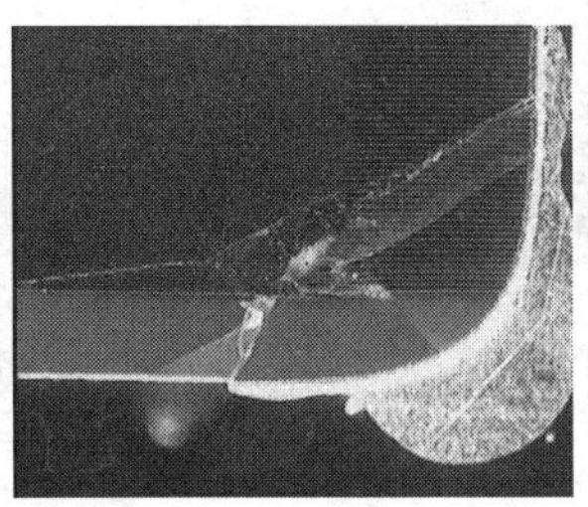

图 2.18.5 MLCC机械应力失效

(3)电应力失效。陶瓷电容也同样会因为电应力过大导致失效,如超规格使用或MLCC本身耐压不足。MLCC的电应力失效一般表现为短路。MLCC的电应力失效一般是过电应力导致电极熔断,引起短路,如图2.18.6所示。

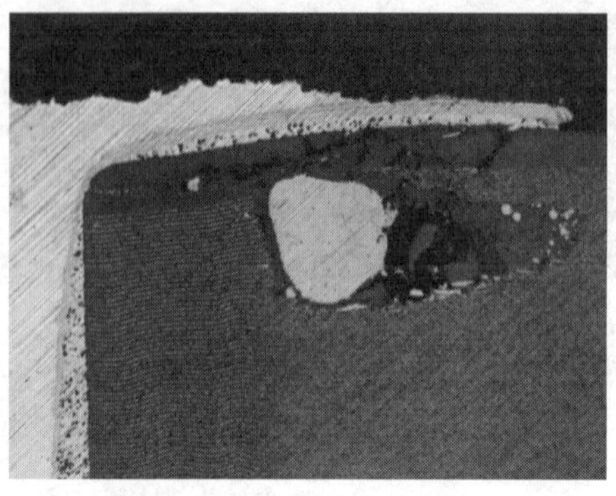

图 2.18.6　MLCC 电应力失效

19 MLCC 的 ESR 由哪几部分组成?

在片式多层元器件类型中，ESR 主要由内电极层电阻、接触电阻、介质层电阻和端电极电阻组成，其中接触电阻包括端电极与内电极的接触、不同的端电极电镀层间的接触等，如图 2.19.1 所示。

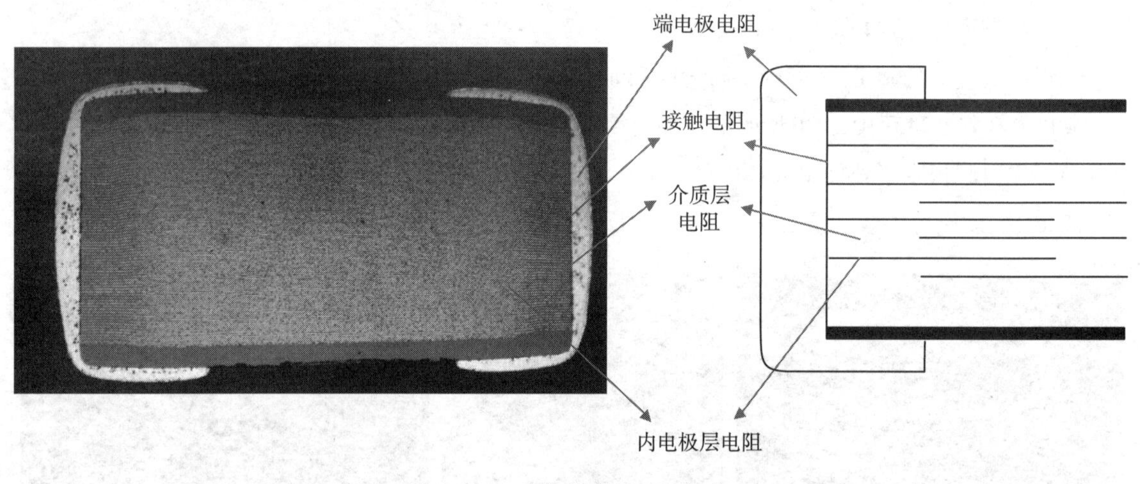

图 2.19.1　陶瓷电容 ESR 的组成

1　内电极层电阻

内电极层可以认为是一个给定厚度、长宽参数的金属平面薄板，因此其自身电阻取决于长和宽的比例。由于内电极层采用涂抹工艺（丝网叠印）加工，因此内电极金属平面会出现厚度不均匀、平面上有空洞等缺陷。这些空洞区域在低频时呈现高阻特性，当频率升高时，在中间夹杂介质的分流作用 下（容抗），减小了整个器件的阻抗。随着频率进一步升高，到较高频时，出现趋肤效应，导致阻抗增大。

2 接触电阻

从微观角度看,任何光滑的表面都是凹凸不平的。因此,两个接触点接触时,不可能是整个接触面接触,而是有限点的接触,差异取决于表面光滑程度和接触压力的大小。往往把内电极层电阻和接触电阻看成一体。同样地,内电极一端与端电极的接触面并不是很完美,接触面并非一个光滑的平面,因而是有限点的接触。接触电阻受接触点电流和温度的影响。工艺上应尽量避免该接触面的不规则,否则会降低长期使用的功率承载能力。事实上,虽然接触表面一些地方有两金属的合金生成,但大多数仍旧是“物理”的接触,某些中间的膜层为玻璃粉,可以认为这些接触点是一个具有阻性和容性的元素。因此,在低频时,MLCC的阻值较大;在高频时,MLCC的阻值较小。

接触电阻包括以下两种。

(1)集中电阻:电流通过接触面时,由于接触面缩小而导致电流线收缩所显示的电阻。

(2)界面电阻:由接触表面膜层及其他污染物所构成的膜层电阻。

3 介质层电阻

在电场中,介质分子极化过程中要损耗一些能量。介质层电阻大小主要受介质常数K和环境温度的影响。随电介质中的极化定向,大量的能量被储备,从而呈现阻抗随着频率升高而增大的趋势。

4 端电极电阻

端电极电阻非常小,对ESR的影响很小,一般可以忽略不计。

20 如何识别MLCC的真假?

1 问题描述

某产品在质量稳定之后,有几个批次的产品投放市场后出现比较多的样本状态异常,失效现象为不上电、电源IC发烫导致机壳有不同程度的烫痕(图2.20.1)。

图 2.20.1　电源IC发烫导致机壳烫痕

2　问题定位

定位到MLCC有一个短路，对应电容型号为muRata/GRM32ER72A225KA35K，如图2.20.2所示。

图 2.20.2　短路电容位置

3　问题分析

（1）该电容用于PoE电路，属于成熟设计，在电气上完全满足要求，余量充足，设计选型无风险。

（2）对PCB进行检查，电容所在位置离板边有一定的距离，电容周边有高一点的器件，电容不容易被碰撞，因此在板上受到外力损伤的概率小。

（3）该项目从2016年开始持续大批量生产，检查变更记录，在此期间没有做任何设计变更，问题突然爆发，怀疑某些批次的部分电容存在质量瑕疵。

4　电容失效分析

（1）外观检查：品名与产品尺寸不符，疑似仿品。器件手册中的电容尺寸如图2.20.3所示。正品与仿品电容尺寸对比如表2.20.1所示。

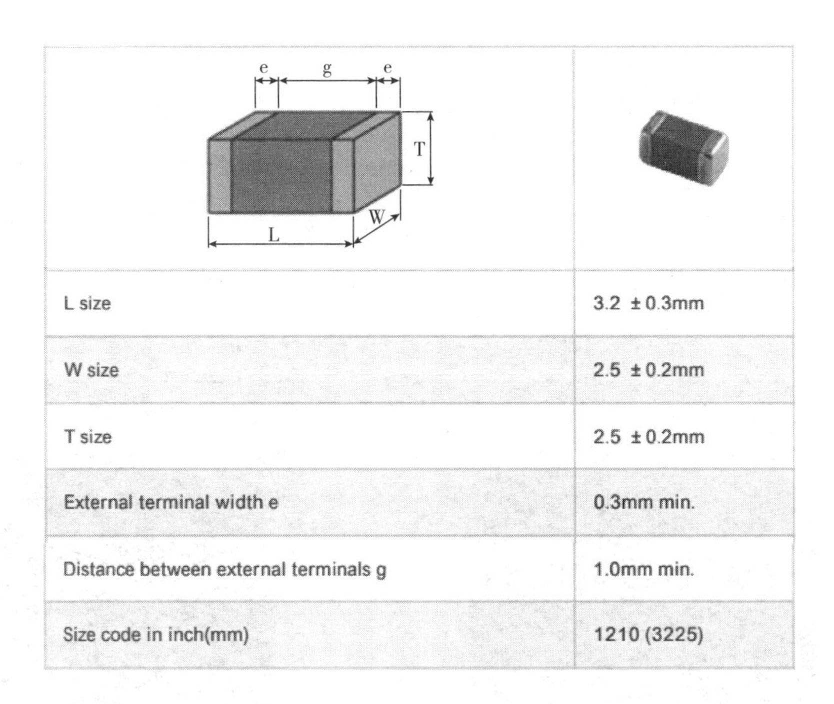

L size	3.2 ±0.3mm
W size	2.5 ±0.2mm
T size	2.5 ±0.2mm
External terminal width e	0.3mm min.
Distance between external terminals g	1.0mm min.
Size code in inch(mm)	1210 (3225)

图 2.20.3　器件手册中的电容尺寸

表 2.20.1　正品与仿品电容尺寸对比

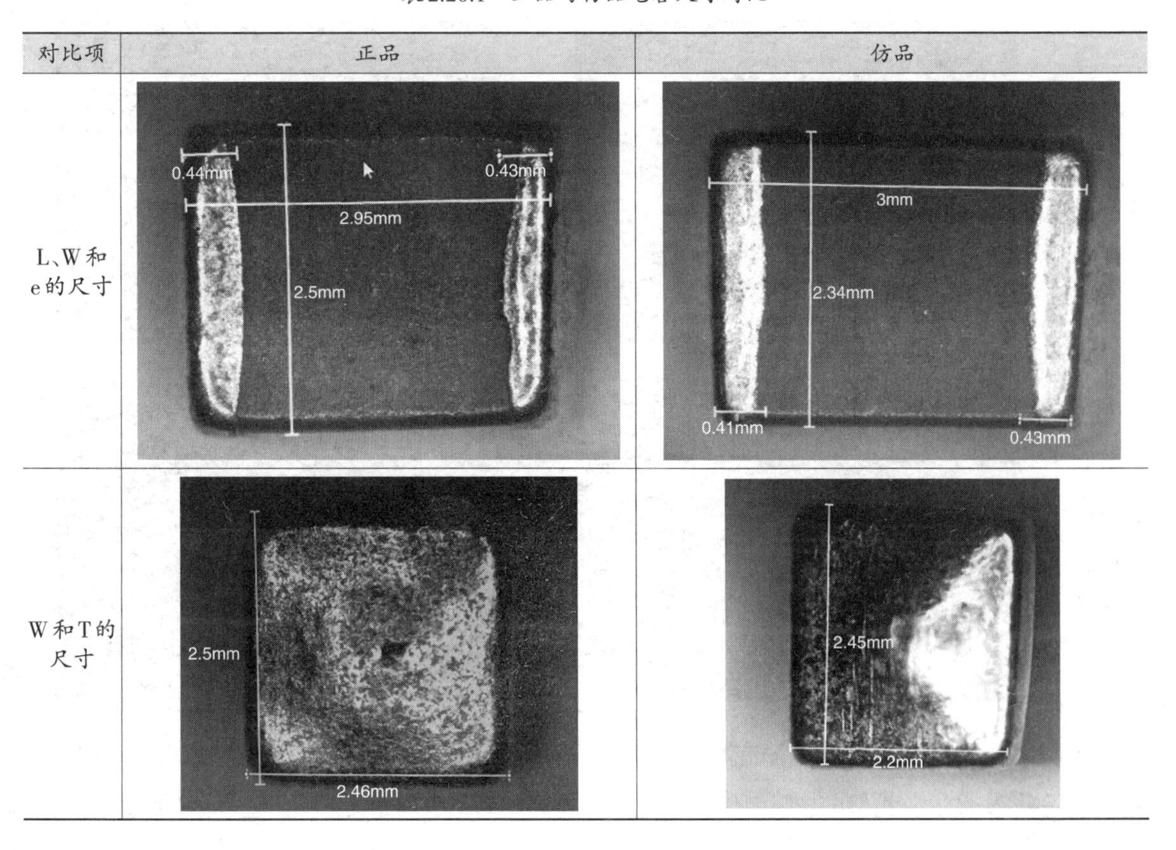

对比项	正品	仿品
L、W 和 e 的尺寸	0.44mm 0.43mm 2.95mm 2.5mm	3mm 2.34mm 0.41mm 0.43mm
W 和 T 的尺寸	2.5mm 2.46mm	2.45mm 2.2mm

由表2.20.1可得出以下结论：对比可见，故障电容的W尺寸异常，故怀疑是假冒MLCC。

（2）制样镜检（表2.20.2）：原厂正品为X7R材质MLCC，由于是1210大尺寸MLCC，因此原厂设计增加了陶瓷基体以增强抗机械应力能力；市场失效品内电极弯曲，推测是使用X5R材质冒充X7R材质的赝品，且中间无陶瓷基体。同时，电极层数和介质层厚度（电极间距）与正品明显不一致，故明确失效根因是采购到了假冒MLCC。

表2.20.2　正品与仿品电容制样镜检对比

对比项	正品	仿品
低倍制样镜检	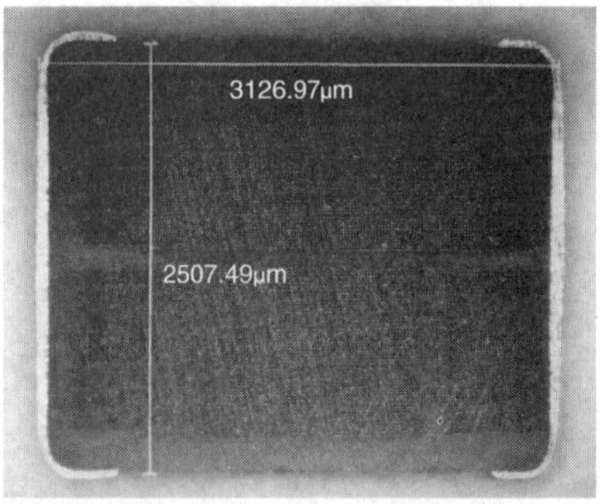 3126.97μm 2507.49μm	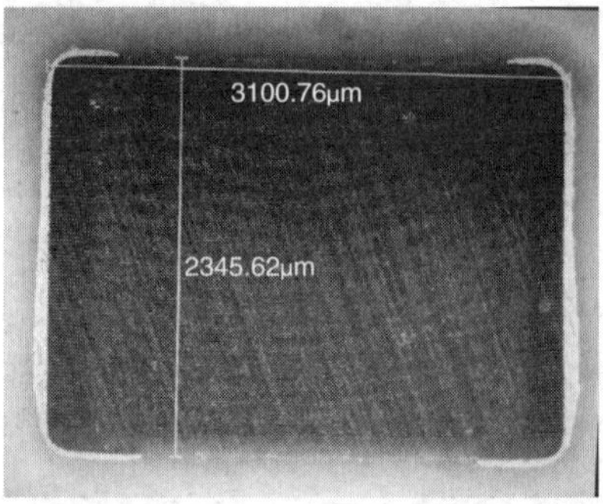 3100.76μm 2345.62μm
中倍制样镜检		
高倍制样镜检	 8.7μm	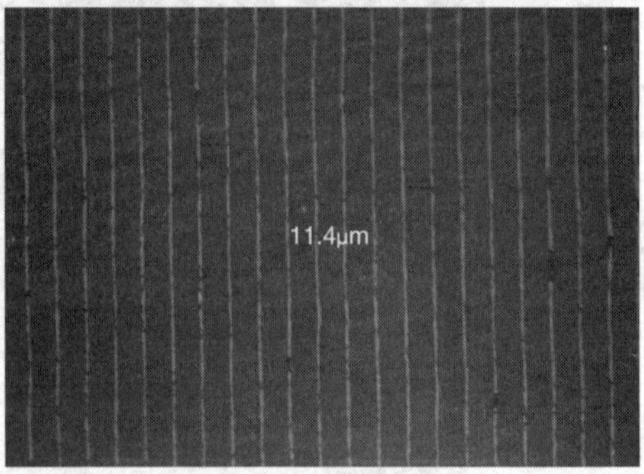 11.4μm

由表2.20.2可知，在高倍显微镜下，正品电容的内电极平直且均匀，仿品电容的内电极弯曲且不均匀。另外，正品电容相邻电极间距为8.7μm，仿品电容相邻电极间距为11.4μm，两者有明显差异。

综上，从结构设计、电极层数和介质层厚度方面比较，仿品电容与正品电容有明显的差异。

5 经验总结：假冒MLCC的鉴别

(1)建立数据库：因为是假冒产品，所以产品的各个细节无法做到和正品一致。可建立产品尺寸数据库(长宽高、电极宽度和形貌等)，对假冒产品进行尺寸检验，即有可能识别假冒MLCC。

(2)进行制样镜检：具体方法可参照《多层瓷介电容器及其类似元器件剖面制备及检验方法》(GJB 4152A—2014)，与正品进行内部形貌和特征尺寸的比较。MLCC容量与电极层数、电极间距等有关，因此通过比较电极层数、电极间距、电极厚度和留边尺寸等特征尺寸，可有效识别假冒MLCC。

21 MLCC的生产工艺流程是怎样的？

MLCC的生产工艺流程：配料→流延→印刷→叠层→制盖→层压→切割→排胶→烧结→倒角→端接→烧端→端头处理。

MLCC的生产工艺详细介绍如下。

(1)配料：将陶瓷粉、黏合剂及溶剂等按一定比例混合在一起，通过球磨机球磨一定时间(经过2～3天球磨，瓷粉配料颗粒直径将达到微米级)，加添加剂将混合材料和成糊状，形成陶瓷浆料。

(2)流延：将陶瓷浆料通过流延机的浇注口，使其涂布在绕行的PET膜上，从而形成一层均匀的浆料薄层，再通过热风区(将浆料中绝大部分溶剂挥发)，经干燥后可得到陶瓷膜片，一般膜片的厚度在10～30μm。

(3)印刷：按照工艺要求，通过丝网印版将内电极浆料印刷到陶瓷膜片上。电极材料以一定规则印刷到流延后的糊状浆体上(电极层的错位在这个工艺上保证，不同MLCC的尺寸由该工艺保证)，如图2.21.1所示。

(4)叠层：把印刷有内电极的陶瓷膜片按设计的错位要求叠压在一起，使之形成MLCC的巴块(Bar)，如图2.21.2所示。

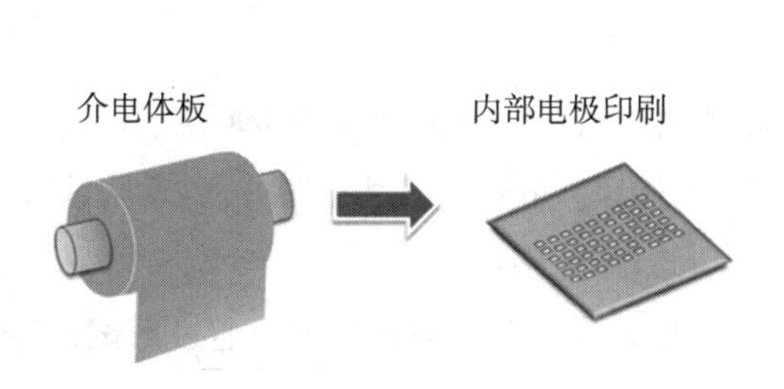

图2.21.1 内电极印刷

图2.21.2 叠层

(5)制盖:制作电容的上下保护片。叠层时,底和顶面加上陶瓷保护片,以增加机械强度并提高绝缘性能。

(6)层压:用层压袋将叠层好的巴块装好,抽真空包封后,用等静压方式加压,使巴块中的层与层之间结合得更加紧密严实,如图2.21.3所示。

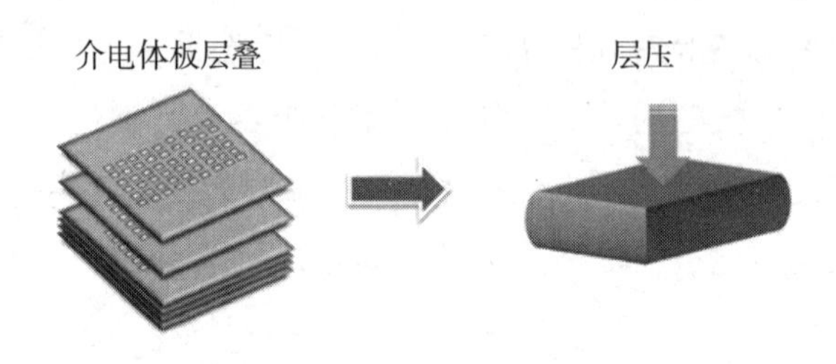

图2.21.3　层压

(7)切割:将层压好的巴块切割成独立的电容生坯。

(8)排胶:将电容生坯放置在承烧板上,按一定的温度曲线(最高温度一般在400℃左右)经高温烘烤,去除芯片中的黏合剂等有机物质。

排胶的作用如下:排除芯片中的黏合剂等有机物质,以避免烧成时有机物质的快速挥发造成产品分层与开裂,从而保证烧出具有所需形状的完好的瓷件;消除黏合剂在烧成时的还原作用。

(9)烧结:排胶完成的芯片进行高温处理,一般烧结温度在1140~1340℃,使其成为具有高机械强度、优良电气性能的陶瓷体。

(10)倒角:将长方体的棱角磨掉,并且将电极露出来,形成倒角陶瓷颗粒。烧结成瓷的电容与水和磨介装在倒角罐,通过球磨、行星磨等方式运动,使之形成光洁的表面,以保证产品的内电极充分暴露,保证内外电极的连接,如图2.21.4所示。

图2.21.4　倒角

(11)端接:将端浆涂覆在经倒角处理的芯片外露内部电极的两端上,将同侧内部电极连接起来,形成外部电极。

(12)烧端:端接后产品经过低温烧结后才能确保内外电极的连接,并使端头与瓷体具有一定的结合强度。

(13)端头处理:表面处理过程是一种电沉积过程,它是指电解液中的金属离子(或络合离子)在直流电作用下,在阴极表面还原成金属(或合金)的过程。电容一般是在端头(Ag端头或Cu端头)上镀一层镍后再镀一层锡。

通过上述(1)~(13)工艺,就基本完成了MLCC的生产。通常厂家会通过测试、老练等方法对MLCC进行筛选,剔除早期失效品。常见测试流程如下。

(1)外观检查:借助放大镜或显微镜将具有表面缺陷的产品挑选出来。

(2)测试:对电容产品电性能方面进行选别,即容量、损耗、绝缘、电阻、耐压进行100%测量分档,把不良品剔除。

(3)老练:剔除早期失效产品。

(4)编带:将电容按照尺寸大小及数量要求包装在纸带或塑料袋内。

(5)包装:包装后出货。

22 几种电解电容之间有什么不同?

电解电容是电容的一种,金属箔为正极(铝、钽、铌),与正极紧贴金属的氧化膜[Al_2O_3或五氧化二钽(Ta_2O_5)]是电介质,阴极由导电材料、电解质(电解质可以是液体或固体)和其他材料共同组成,因电解质是阴极的主要部分,电解电容因此而得名。电解电容由于正负极不同,因此其正负极不可接错。

1 按阳极材料分类

传统的分类方法都是按阳极材料分类,如铝或钽。所以,电解电容按阳极材料分类,可分为以下几种。

(1)铝电解电容。铝电解电容的电介质为阳极内侧表面极薄的一层Al_2O_3,具有单向特性。由于Al_2O_3膜具有单向导电性,因此只有正极接高电位,负极接低电位时,介质才起绝缘作用,电解电容才能正常工作;如果接反,集合在氧化层的氢离子将穿过介质达到介质和金属层的边界,转化成氢气,氢气的膨胀力使得氧化层脱落,铝电解电容在几秒钟内就会失效甚至鼓包、爆炸。当铝电解电容的阴极和阳极都有同样的氧化膜时,就会成为无极性电解电容。

(2)钽电解电容。钽电解电容主要有烧结型固体、箔形卷绕固体和烧结型液体3种,其中烧结型固体占生产总量的95%以上,其中又以非金属密封型的树脂封装式为主体。片式烧结钽电容已逐渐成为主流。固体钽电容的电性能优良,工作温度范围宽,而且形式多样,比容量高,具有其独有的特征。钽电解电容的工作介质是在钽金属表面生成的一层极薄的Ta_2O_5膜。此层氧化膜介质完全与组成电容的一端结合成一个整体,不能单独存在,因此单位体积内所具有的电容量特别大,即比容量非常高,特别适宜于小型化。

(3)铌电解电容。铌电解电容如今已经用得比较少,其用金属铌作正极,用稀硫酸等配液作负极,用钽或铌表面生成的氧化膜作介质制成。它的特点是体积小、容量大、性能稳定、寿命长、绝缘电阻大、温度特性好,主要用在要求较高的设备中。

早在20世纪60年代,许多国家就已经开始研究铌电解电容。但在研究过程中,五氧化二铌(Nb_2O_5)介电膜受热和电应力的严重破坏,导致电容漏电流大,故障率高,铌电解电容逐步退出历史舞台。自20世纪90年代以来，随着粉末生产技术的不断提高，铌粉的电性能有了很大提高，为铌电解电容的发展奠定了坚实的基础。新型铌电解电容性能好，价格低，重新引起了全世界的广泛关注。

铌电解电容的优点：在相同电容下，铌电解电容的介电常数是钽电解电容的两倍；铌电解电容的化学稳定性比铝电解电容更好；漏电流和损耗很小。

铌电解电容的缺点：与铝电解电容、钽电解电容一样，铌电解电容的表面可以形成电介质氧化膜。铌电解电容的最大问题是由热和电应力引起的电介质氧化膜的损坏将导致漏电流增大和电容故障。

以往传统的看法是钽电解电容性能比铝电解电容好，因为钽电解电容的介质为阳极氧化后生成的Ta_2O_5，它的介电能力（通常用ε表示）比铝电解电容的Al_2O_3介质要高。因此，在同样容量的情况下，钽电解电容的体积能比铝电解电容做得更小（电解电容的电容量取决于介质的介电能力和体积，在容量一定的情况下，介电能力越高，体积就可以做得越小；反之，体积就需要做得越大）。再加上钽的性质比较稳定，所以通常认为钽电解电容性能比铝电解电容好。但这种凭阳极判断电容性能的方法已经过时，目前决定电解电容性能的关键并不在于阳极，而在于电解质，即阴极。因为不同的阴极和不同的阳极可以组合成不同种类的电解电容，其性能也大不相同。采用同一种阳极的电容由于电解质不同，性能可以差距很大。总之，阳极对于电容性能的影响远远小于阴极。

2 按阴极材料分类

阴极由导电材料、电解质（电解质可以是液体或固体）和其他材料共同组成。所以，电解电容按阴极材料分类，可分为以下几种。

（1）电解液电容。铝电解电容的电解液是由γ-丁内酯有机溶剂加弱酸盐电容质经过加热得到的。我们所见到的普通意义上的铝电解电容的阴极都是这种电解液。使用电解液作阴极有很多好处。首先，液体与介质的接触面积较大，对提升电容量有帮助；其次，使用电解液制造的电解电容，最高能耐260℃的高温，这样就可以通过波峰焊（波峰焊是SMT贴片安装的一道重要工序），同时耐压性也比较强。此外，使用电解液作阴极的电解电容，当介质被击穿后，只要击穿电流不持续，那么电容就能够自愈。但电解液也有其不足之处。首先，在高温环境下电解液容易挥发、渗漏，对寿命和稳定性影响很大；在高温高压环境下电解液还有可能瞬间汽化，体积增大引起爆炸（爆浆）。其次，电解液所采用的离子电导法其电导率很低，只有0.01S/cm，这造成电容的ESR特别大。

（2）MnO_2电容。MnO_2是钽电容所使用的阴极材料。MnO_2是固体，传导方式为电子电导，电导率是电解液离子导电的10倍（0.1S/cm），所以MnO_2电容的ESR比电解液电容小。此外，MnO_2的耐高温特性也较好，能耐的瞬间温度在500℃左右。MnO_2的缺点在于在极性接反的情况下容易产生高温，在高温环境下释放出氧气，同时Ta_2O_5介质层发生晶质变化，变脆产生裂缝，氧气沿着裂缝与钽粉混合发生爆炸。另外，这种阴极材料的价格也比较贵。

传统上认为钽电解电容性能比铝电解电容好，主要是由于钽加上MnO_2阴极“助威”后才有明显好于铝电解电容的表现。如果把铝电解电容的阴极更换为MnO_2，那么它的性能也能提升很多。

（3）高分子聚合物电容。接下来介绍一类革命性的阴极——高分子聚合物，包括TCNQ、PPY（聚吡咯）和PEDOT（聚噻吩）。

TCNQ在电容方面的应用是在20世纪90年代中后期才出现的，它的出现代表着电解电容技术革命的开始。由于TCNQ是一种有机半导体，因此使用TCNQ的电容也称为有机半导体电容，如早期的三洋OSCON产品。TCNQ的出现，极大地提升了电解电容的性能，使电解电容的工作频率由以前的20kHz直接上升到了1MHz。TCNQ的出现，也使过去按照阳极划分电解电容性能的方法过时了。因为即使是阳极为铝的铝电解电容，如果使用了TCNQ作为阴极材料，则其性能仍比传统钽电容（$Ta+MnO_2$）好得多。TCNQ的传导方式也是电子电导，其电导率为1S/cm，是电解液的100倍，是MnO_2的10倍。

使用TCNQ作为阴极的有机半导体电容，其性能非常稳定，并且价格低廉。但是，它的热阻性能不好，熔解温度只有230～240℃，所以有机半导体电容一般很少用SMT贴片工艺制造，因为无法通过波峰焊工艺，故我们看到的有机半导体电容基本是插件式安装的。TCNQ还有一个不足之处就是对环境的污染，由于TCNQ是一种氰化物，在高温时容易挥发出剧毒的氰气，因此在生产和使用中会有限制。

如果说TCNQ是电解电容革命的开始，那么真正的革命的主角当属PPY和PEDOT这类固体聚合物导体。

20世纪70年代末人们发现，使用掺杂法可以获得优良的导电聚合物材料，从而引发了一场聚合物导体的技术革命。1985年，日本首次开发了PPY膜，如果使用复合法，则可以使其电导率达到铜和银的水平，但它又不是金属而相当于工程塑料，附着性比金属好，同时价格也比铜和银低很多，且在受力情况下其电导率还会产生变化（其特性很像人的神经系统）。这无疑是电容研发者梦寐以求的阴极材料。2000年，美国人因为发明了大规模制造PPY膜的方法，而获得了当年的诺贝尔化学奖，其重要性可见一斑。PPY的用途非常广泛，PPY的研发实力可以反映出一个国家的化学水平。

使用PPY和PEDOT作为阴极材料的电容称为固体聚合物导体电容。其电导率可以达到100S/cm，是TCNQ的100倍，是电解液的10000倍，同时无污染。固体聚合物导体电容的温度特性也较好，可以忍耐300℃以上的高温，因此可以使用SMT贴片工艺安装，也适合大规模生产。固体聚合物导体电容的安全性较好，当遇到高温时，电解质只是熔化而不会发生爆炸。固体聚合物导体电容的缺陷在于其价格相对偏高，容量有限，额定电压偏小。

而铝电解电容既可以使用电解液，也可以使用TCNQ、PPY和PEDOT等。现在新型的钽电容也采用了PPY和PEDOT这类固体聚合物导体作阴极，因此性能进步很多，也没有以往MnO_2阴极易爆炸的危险。如今最好的钽聚合物电容的ESR可以达到5mΩ。这类性能高、体积小的钽聚合物电容一般用在手机、数码相机等一些对体积要求较高的设备上。

23 铝电解电容的内部结构是怎样的?

铝电解电容一般特指正极是铝箔、负极是电解液的电容。

通用型铝电解电容的基本结构为箔式卷绕型,阳极为铝金属箔,介质是用电化学方法在阳极金属箔表面上形成的金属氧化膜,阴极则为多孔性电解纸所吸附的工作电解质。这种电容根据电流的大小和安装需求的不同,有很多种形态的引线方式,如图2.23.1所示。

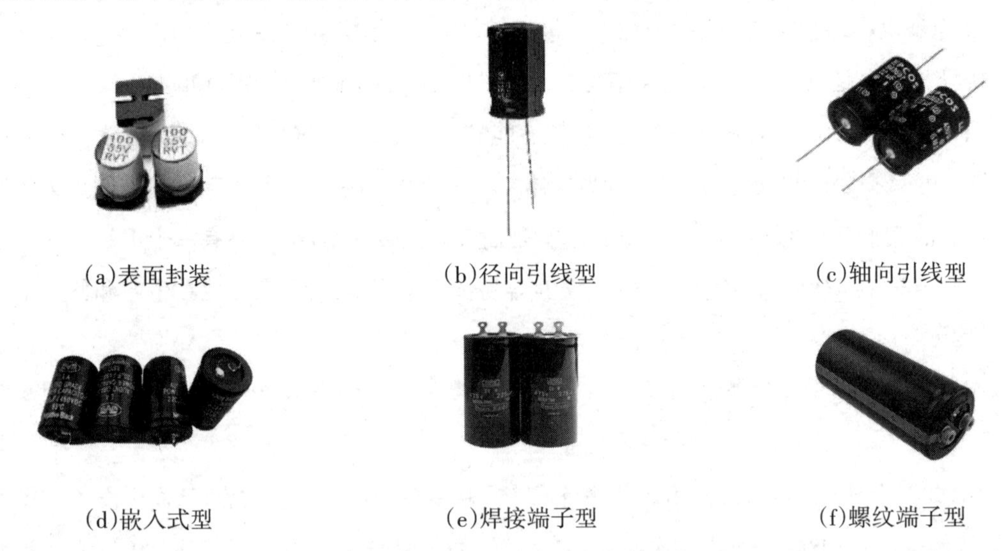

(a)表面封装　(b)径向引线型　(c)轴向引线型

(d)嵌入式型　(e)焊接端子型　(f)螺纹端子型

图2.23.1　不同种类的铝电解电容

一般铝电解电容在外表面都有一层“外衣”,即用绝缘材料做的套管。这层套管的作用有两个,一是可以印上一些字符,如电容值、耐压值、厂家信息;二是起到绝缘的作用,防止铝外壳碰到其他有电器件导致短路。当然,也有些电容特别是表贴封装的电容,外壳做了氧化处理本身就绝缘,然后把一些信息直接印在氧化膜表面。

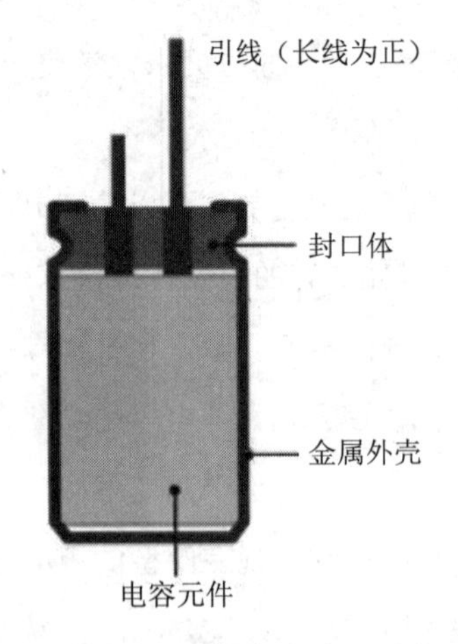

图2.23.2　铝电解电容的结构

从铝电解电容的外观来看,剥去套管后露出的金属外壳一般是铝壳。金属外壳的作用是保护内部结构,密封电容,防止电解液干涸。从外观上还可以看到引线和绝缘材料做成的封口体,如图2.23.2所示。

铝电解电容在超压、反接、老化时都有可能发生爆炸,爆炸之后内部的电解液喷射而出,形成爆浆。传统铝电解电容都有防爆槽(或称为防爆阀),如图2.23.3所示,这是为了电容内部压力过大时，优先从防爆槽爆炸，使压力容易被释放。这样电容在内部稍有压力时就爆开，不会因为压力太大而发生更大的爆炸。

图 2.23.3　铝电解电容的防爆槽

对于容量小、耐压低，爆炸起来没有太大风险的铝电解电容，会省去防爆槽的工序，如图 2.23.4 所示。如果有防爆槽，则电容爆炸时优先从防爆槽破开，如图 2.23.5 所示。

如果破开金属外壳，则可以看到一个电容芯，它被用电解液浸泡的纸紧紧包裹，并用胶带粘牢，如图 2.23.6 所示。

图 2.23.4　无防爆槽的铝电解电容

图 2.23.5　防爆槽破开

图 2.23.6　破开金属外壳后的电容芯

撕开胶带摊开之后，可以看到有两层铝箔和两层电解纸，如图 2.23.7 所示。

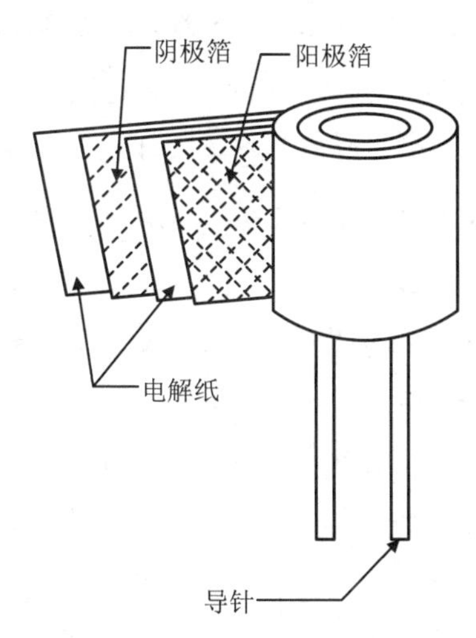

图 2.23.7　铝电解电容的内部铝箔和电解纸

电解纸是电解液的载体，电解液吸附在电解纸上。电解纸是构成铝电解电容的三大关键材料之一，其最主要的作用是作为电解液的承载体，同时起到隔离两极箔的作用。通过与阳极箔卷在一起，电解液与阳极箔表面的氧化膜充分接触。

在显微镜下观察，可以看出两层铝箔有很大的差别，一层铝箔表面相对光滑，而另一层铝箔表面相对粗糙，如图2.23.8所示。

（a）阴极箔

（b）阳极箔

图2.23.8　显微镜下的阴极箔和阳极箔

24 铝电解电容的阳极箔为什么表面粗糙？

根据前面介绍的内容，我们知道铝电解电容的阳极箔表面是粗糙的，而阴极箔看上去相对光滑（显微镜放大倍数受限，其实表面也是粗糙的）。了解了铝电解电容的工作原理之后，我们就会明白为什么阳极箔表面是粗糙的。很多工程师会误以为阴极箔和阳极箔是平板电容的两个平面，中间夹着的电解纸是电介质，其实这个理解是错误的，我们一定要矫正。

电解液一般都是导体，电解液被多孔性电解纸吸附着，形成一个导电的整体。如果两边都是普通的纯铝铝箔，那么电流就可以直接流过电解液，不会形成电容。铝电解电容的阳极箔并不是一个纯铝的铝箔，而是表面有一层氧化膜。这层氧化膜才是电介质，并且Al_2O_3的介电常数非常大，比较有利于形成较大的电容值。

为了让电容的容值更大，还用电化学方法使阳极铝箔表面形成坑洞，因为坑洞的全面面积自然大于平面面积。在电容腐蚀之后，使用硼酸进行化成工序，利用电解液在直流电作用下在纯铝表面生成一层致密的氧化膜（Al_2O_3）。腐蚀和化成的过程如图2.24.1所示。

阳极箔经过化成后，含有一高介电常数的氧化膜（Al_2O_3）。Al_2O_3是绝缘的，所以阳极箔和电解液及阴极箔之间不会短路。氧化膜的厚度即为电容两个电平面之间的距离，此厚度可由化成来加以控制。这个氧化膜决定了电容定义公式$C=\dfrac{Q}{U}=\dfrac{\varepsilon S}{4\pi d}$中的$d$和$\varepsilon$，如图2.24.2所示。因为这层氧化膜是通过化学工艺形成的，可以实现非常小的d，所以电解电容的容量可以做得很大。

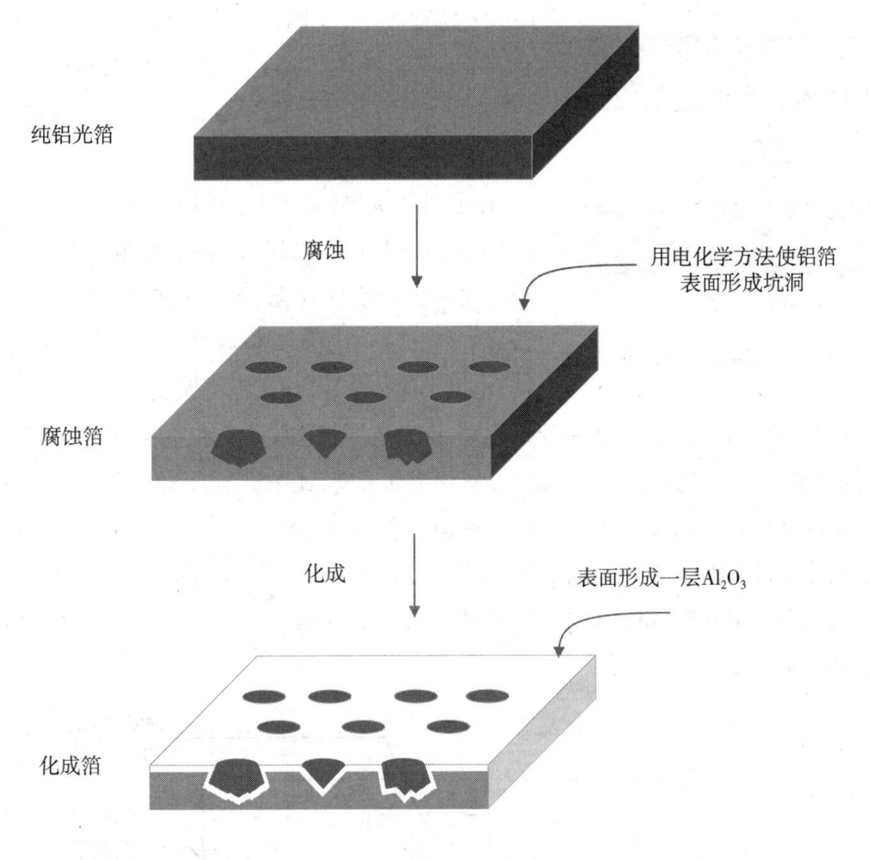

图 2.24.1　腐蚀和化成的过程

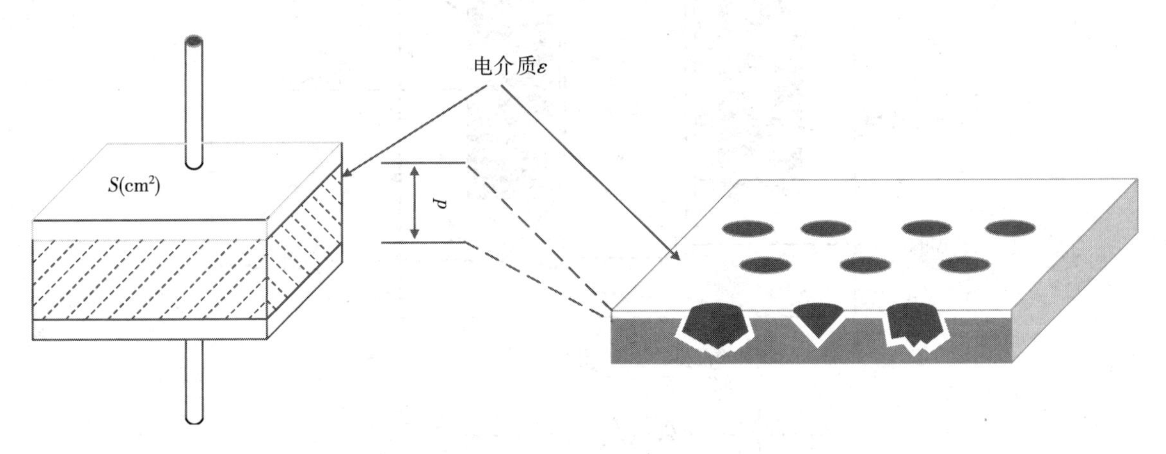

图 2.24.2　低压铝电解电容的氧化膜

低压铝电解电容铝箔蚀刻后是呈海绵状的(图 2.24.1)，而高压铝电解电容铝箔蚀刻后是呈沟道状的，如图 2.24.3 所示。

如何让电容的阴极进入这些坑洞，并和氧化膜贴合呢？只有阴极深入这些坑洞，才能真正实现通过坑洞扩大面积。最容易实现的进入坑洞的形式就是使用导电性特别好的液态物质——电解液。由于液体具有流动性，因此其可以使两个极板之间的距离最小。电解液是液态导体，等同于使电容的极板间隙达到最小。借助电解液的流动性，才可能形成最大有效的电极板面积S，同时实现均匀、一致的d。

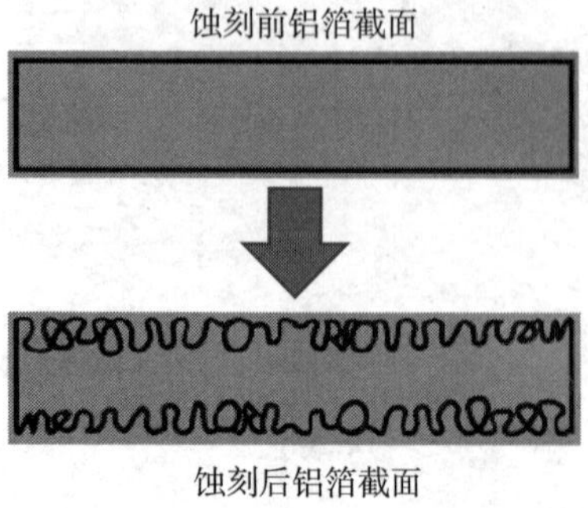

蚀刻前铝箔截面

蚀刻后铝箔截面

图 2.24.3　高压铝电解电容的氧化膜

电解液作为导体，其也有电阻。为了减小电容的电阻，必须减小电解液到负极引脚之间的电阻。阴极箔可以有效减小电解液到负极引脚之间的等效电阻，因为金属的电阻率相对较小，所以用一层铝箔可以使负极引脚到电容真正的负极电解液的阻抗更小。阴极箔也做了腐蚀工序，但是没有做化成工序。按理说，阴极箔就是纯铝，但其实阴极箔表面也会形成一层氧化膜，由于这层氧化膜是其在空气中及电解质工作环境中天然形成的，因此被称为天然氧化膜。这层天然氧化膜非常薄，比阳极箔通过化成工序形成的氧化膜要薄得多。阳极箔和阴极箔之间夹着载有电解质糊体的衬垫纸（电解纸）。在整个铝电解电容中，电解纸载有的电解质糊体渗透到阳极箔和阴极箔的腐蚀孔中，形成两个电容：阳极箔、阳极氧化膜、电解液形成一个电容，阴极箔、天然氧化膜、电解液形成一个电容，如图 2.24.4 所示。这两个电容分别相当于图 2.24.5 所示等效电路中的C_a和C_c。

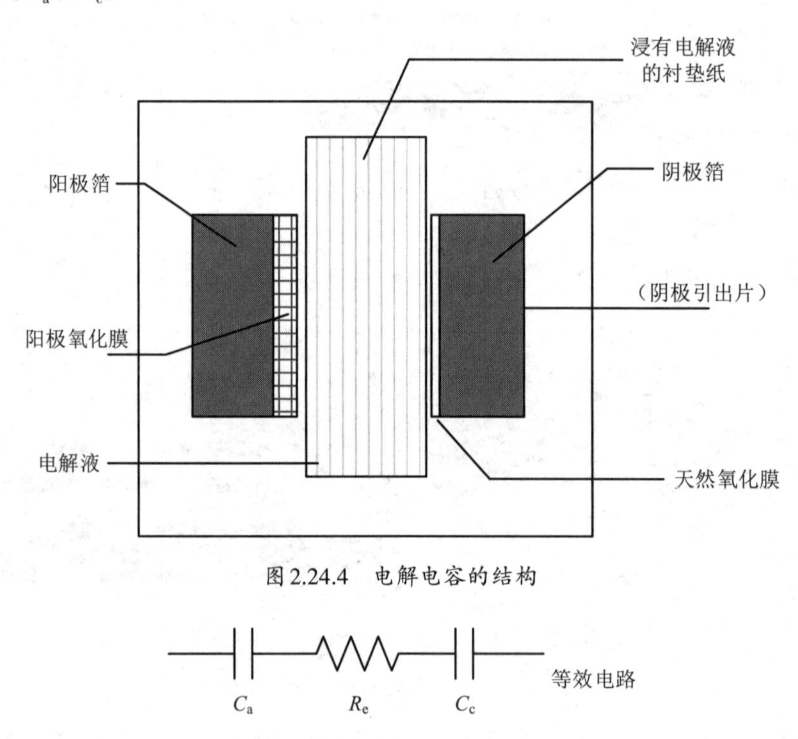

图 2.24.4　电解电容的结构

图 2.24.5　电解电容等效电路

由于阴极箔表面的天然氧化膜很薄，因此等效电路中的电容C_c比阳极箔与电解质糊体构成的电容C_a大很多。运用串联公式，并考虑到C_c远远大于C_a，所以两个电容串联的结果约等于C_a，具体如下。

$$C=\frac{C_a \cdot C_c}{C_a+C_c}=C_a \cdot \frac{C_c}{C_a+C_c} \approx C_a \tag{2.24.1}$$

所以，我们真正关心的是由阳极箔、阳极氧化膜、电解液形成的电容。另外，我们期望C_c越大越好，为了增大阴极箔的面积，厂家会对阴极箔做腐蚀工序。对于阴极来说，主要起作用的是电解质糊体，因为阴极箔本质只是导线。

还有一个细节：无论是阳极箔还是阴极箔，在铝箔的两面都做了腐蚀处理。这是由于铝电解电容的阳极箔和阴极箔并不是两个平行放置的电极板，而是卷绕起来的，因此两面的面积都是电极板的有效部分，这可以通过铝电解电容的剖面图进行理解，如图2.24.6所示。

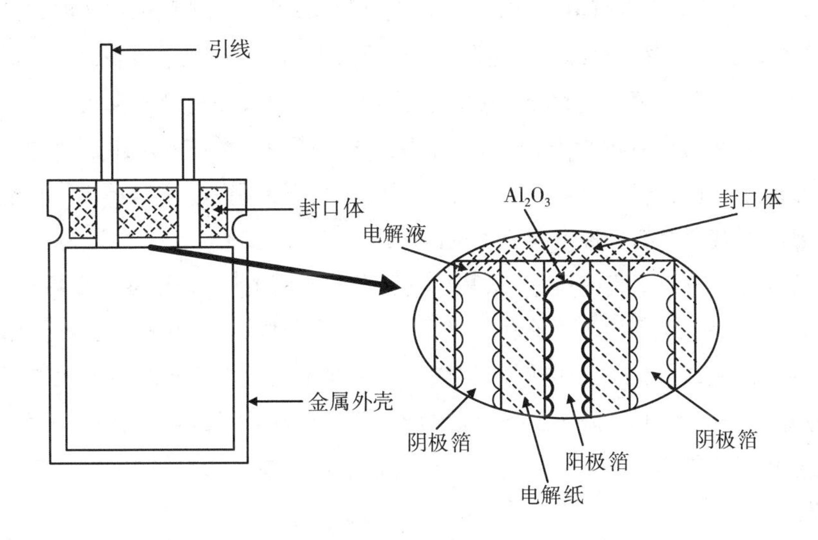

图2.24.6 铝电解电容的剖面

25 铝电解电容为什么不能承受反向电压?

我们已经了解了铝电解电容的基本结构，它由阳极箔、电介质、载有糊状电解质的电解纸(真正的负极)和阴极箔(表面一层很薄的天然氧化膜)组成。为了方便讨论，这里把铝电解电容模型简化，如图2.25.1所示。

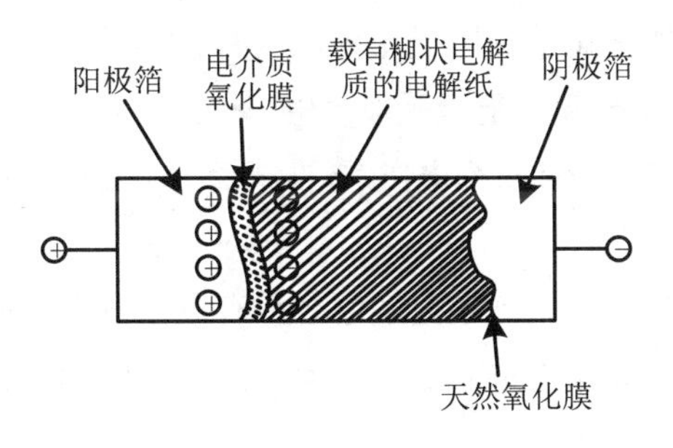

图2.25.1 铝电解电容的内部结构

我们知道，阳极表面的Al_2O_3形成的一层完整的氧化膜是一种绝缘体，是不导电的。如果氧化膜两边都是空气，则不会导电。但是，铝电解电容是具有极性的，如果正负极反接，则会出现爆炸现象。

为了理解导致电容爆炸的具体原因，我们首先需要解释的是：电容反接时为什么直接导电了，即金属铝表面的Al_2O_3为什么具有单向导电性？

铝电解电容有阴极和阳极之分，为了使阳极能够承受规定的电压，一般会对阳极强制进行化成处理。由于阴极没有进行化成处理，因此阴极理论上没有很高的耐压性。由于铝是活性金属，因此它与空气中的氧气发生化学反应，会自然形成酸化皮膜。正是由于这个皮膜的作用，使得阴极在常温中会有1～1.5V的耐压能力。但是，这种皮膜的不均匀性和不稳定性，使得阴极由于皮膜的作用形成的耐压能力很弱。对于有极性的铝电解电容，当在其阴极上施加超出耐压范围的电压时，阴极和电解液中的水分会被电分解。由于电解产生的氧气与阴极发生化学反应，因此在阴极表面会形成酸化皮膜（阴极的化成）。这种反应会使阴极容量降低，电容的容量则由于阳极和阴极的合成容量而减小，损失增加。另外，这种反应还会使电容内部产生气体，使内部压力增加。增加的电压越大、电容周围的温度越高，产生的气体就越多；而增加电压和周围的温度会使电容疯狂膨胀，有时还会使安全装置松动，甚至发生爆炸。因此，要避免对有极性电容施加反向电压。

Al_2O_3层可以承受正向的直流电压，如果其承受反向的直流电压，则很容易在数秒内失效。该现象称为阈值现象，这就是铝电解电容拥有极性的原因。如果阴极和阳极一样，也进行化成处理，则形成无极性电容。很多文章介绍了铝电解电容阈值现象的机理，这里介绍一种解释阈值现象的理论——氢离子理论。当电解电容承受反向直流电压，即电解液的阴极承受正向电压而氧化层承受负电压时，集合在氧化层的氢离子就将穿过介质达到介质和金属层的边界，转化成氢气，氢气的膨胀力使得氧化层脱落。

铝电解电容的耐压是由氧化膜的厚度决定的，所以高耐压的铝电解电容都有很厚的氧化膜。由于阴极箔表面的天然氧化膜很薄，因此阴极主要呈现为纯铝的化学特性。当反向电压施加在铝电解电容两端时，会引起以下反应。

$$2Al \rightarrow 2Al^{3+} + 6e^-$$

$$3H_2O \rightarrow 6H^+ + 3O^{2-}$$

$$2Al^{3+} + 3O^{2-} \rightarrow Al_2O_3$$

$$6H^+ + 6e^- \rightarrow 3H_2\uparrow$$

电流直接流通铝电解电容，导致电容失效。一般1～2V的反向直流电压引起的氢离子效应就能导致铝电解电容失效。相反，当电解电容承受正向电压时，负离子集结在氧化层之间，因为负离子的直径非常大，其并不能击穿氧化层，所以能承受较高电压。

在长时间施加反向电压、连续施加过高电压、脉冲式反向电压时，很容易导致短路、开路、爆浆、防爆槽打开、爆炸等情况。

由于氧化膜的这种单向导通性，因此铝电解电容是有极性电容。如果在阳极箔和阴极箔都采用化成工序制作一层氧化膜，那么就会形成双极性电容。但这要以牺牲容值为代价，得不偿失，所以很少见到双极性铝电解电容。

26 铝电解电容的生产工艺流程是怎样的?

铝电解电容的主要原材料有阳极箔、阴极箔、电解纸、电解液、导箔、胶带、盖板、铝壳、弹簧垫片、套管、垫片等。铝电解电容的生产工序有腐化、化成、切割、铆接、卷绕、浸渍、装配、密封、印刷、套管、组合装配、充电、老化、参数检测、包装、检验等。下面简要介绍每一道工序。

(1)铝箔的腐化。拆开铝电解电容的外壳可以发现,铝电解电容内部是由多层铝箔和多层电解纸卷绕成筒状的结构,每两层铝箔中间隔一层吸附了电解液的电解纸。

阳极箔和阴极箔通常为高纯度的薄铝箔(0.02~0.1mm厚),为了增加容量,需要增大箔的有效表面积,利用腐蚀的办法对与电解质接触的铝箔表面进行刻蚀(成千上万微小条状)。对于低压电容,表面面积可以通过刻蚀增大100倍;对于高压电容,表面面积可以通过刻蚀增大20~25倍,即高压电容比低压电容的腐蚀系数小,这是由于高压的氧化膜较厚,部分掩盖了腐蚀后的微观起伏,降低了有效表面积。电化腐化的工艺比较复杂,涉及腐化液的种类、浓度、铝箔的外观状态、腐化的速率、电压的动态均衡等因素。

(2)氧化膜化成。铝箔完成电化腐化后,需要在阳极箔表面通过"形成"工艺过程,生成一层薄薄的Al_2O_3电介质。

Al_2O_3的厚度与阳极箔片进行极性化所施加的形成电压(1.4~1.5nm/V)有关,通常形成电压与工作电压有一个比例系数,铝电容的比例系数较小,为1.2~2(固体钽电容为3~5)。因此,如果有一个450V额定电压的铝电容,若比例系数为1.4,则形成电压为450×1.4=630(V),这样其氧化膜的厚度大概为1.5×630=945(nm),该厚度不到人头发直径的1/100。因为微带状沟道会被氧化物覆盖,所以形成工艺减小了阳极箔的有效表面积。低压阳极有精细的沟道类型和薄的氧化膜,而高压阳极有粗糙的沟道类型和厚的氧化膜,阴极箔不用进行形成,所以它保持了大的表面面积和深度刻蚀样貌。

(3)铝箔的切割。该步骤是把一整块铝箔切割成小块,便于电容制造。铝箔一般为40~50cm宽,在经过腐蚀和形成工艺后,再根据最终电容高度规格要求切成所需的宽度。

(4)引线的铆接。铝电解电容先通过内引线与电容内部连接,然后连到电容外部的引脚。电容内部的阴极箔和阳极箔通过铆接的方式与内引线连接。

最好的铆接方法是采用微处理器控制定位的冷压焊接,可以降低芯子的寄生电感;较古老的铆接方法是先穿透铝箔,再折叠起来。冷压焊接降低了短路失效的可能性,而且在高纹波电流应用下有较好的特性;较古老的铆接方法在充放电应用场合下常发生个别连接点断裂失效的现象。

(5)电解纸的卷绕。铝箔切片后,在卷绕机上按一层隔离纸、一层阳极箔、另一层隔离纸、一层阴极箔的叠层顺序合成并卷绕成柱状芯子结构,并在外面卷上一个带状的压条来防止芯子散开。分隔纸作为阳极箔和阴极箔之间的衬垫层,主要作用是作为吸附和蓄存液态工作电解质的载体,同时可以防止两电极箔接触而短路。

在芯包卷绕前或卷绕过程中，铝垫引出片铆接到两个电极箔上，以方便后面引出到电容的端极。

(6)电解液的浸渍。完成电解纸卷绕后，就将工作电解液灌进去。在芯子中注满工作电解液，让隔离纸充分吸收并渗透至毛细的刻蚀管道中。注入过程是将芯子浸渍在电解液中并进行真空/强压的循环处理，整个过程中可以加热，也可以不加热。小容量电容仅仅浸渍吸收即可。电解液分水系和非水系，目前工业级产品都用非水系或聚合物电容。因为水系电解液容易发生水合反应，即常见的爆浆。对于水系电解液，水在电解液成分中占据重要地位，它增加了电解液可导性，从而减小了电容的ESR；但同时降低了沸点，影响了在高温下的性能，降低了储藏时间。当漏电流流过时，水分子分解成氢气和氧气，氧气在漏电流处与阳极箔金属生成新的氧化膜（自愈），氢气则通过电容的橡胶塞逸出。因此，为了维持氧化膜的自愈特性，需要有一定比例成分的水。

(7)装配、密封。完成浸渍后，将电容表面的铝壳装配上，同时连接外引线。电容芯子密封在金属外壳罐中，大多数金属外壳为铝。为了释放产生的氢气，并不是绝对的密封，当内外压力差值超过某一值时，氢气可单向透过橡胶逸出，消除爆破的危险。总的来说，封得太密会导致过强的压力，太松则会使电解液挥发干涸失效。

(8)印刷、套管。如果是外部包裹PVC膜的电容，则这一步就是将电容表面包覆的PVC膜套在电容铝壳表面。但是，目前运用PVC膜的电容已经越来越少，主要是因为PVC膜不够环保，而和其性能没有太大关系。现在铝电解电容一般采用PET膜。

(9)组合装配。如果是插装铝电解电容，则不需要进行这一步；如果是贴片铝电解电容，则这一步就是将SMT贴片封装工艺所需要的黑色塑料底板元件装在电容底部。

(10)充电、老化。在老化过程中，会在电容的额定温度下（也可能在其他温度甚至室温下）施加一个大于额定电压但小于形成电压的直流电压，该过程可以修复氧化膜的缺陷。老化是筛选早期失效电容的一个很好的手段。老化之后，检测电容是否仍然保持低的初始漏电流。如果电容的初始漏电流仍然非常低，则认为电容通过老化筛选。

(11)参数检测。

① 漏电检测：电容的介质对直流电流具有很大的阻碍作用。然而，由于铝氧化膜介质上浸有电解液，在施加电压时，重新形成和修复氧化膜时会产生很小的电流，这个电流称为漏电流。通常漏电流会随着温度和电压的升高而增大。对于铝电解电容而言，漏电流越小越好。

② 电容量检测：JIS C5102标准规定，铝电解电容的电容量的测量是在频率为120Hz，最大交流电压为0.5Vrms，DC偏压为1.5～2.0V的条件下进行。检测电容量的目的是测试电容值是否在许可偏差范围内，高于或低于许可偏差范围都不可以。

③ DF检测：在温度为25℃、频率为120Hz条件下测试电解电容的损耗角正切。铝电解电容接入电路后，如果内部电阻增大，则其损耗角正切也相应增大，电容的有效电容量降低，发热量增大，导致工作电解液干涸，产品失效。所以，损耗角正切越小越好。

④ 外观检测：确保铝电解电容的外观没有明显的划痕、脏污等缺陷。

(12)包装、检验。包装和检验就是对电容进行打包和出厂检验。

27 铝电解电容的寿命如何估算？

从失效机理看，使用条件对铝电解电容的寿命有很大的影响。使用条件可分为环境条件和电条件。环境条件有温度、湿度、气压、震动等，其中温度对铝电解电容寿命的影响是最大的。电条件有电压、纹波电流、充放电等。

1 周围温度对铝电解电容寿命的影响

周围温度对铝电解电容寿命的影响体现在电容量降低、损耗角正切值增大，这些现象起因是电解液从封口部分向外部渐渐扩散。电性能的时间变化和周围温度之间的关系可用式(2.27.1)表示。

$$L_X = L_0 \cdot B^{\frac{T_0 - T_X}{10}} \tag{2.27.1}$$

式中，L_0为在最高使用温度下，额定施加电压和额定纹波电流重叠时的保证寿命，单位为h；L_X为实际使用时的预计寿命，单位为h；T_0为产品的最高使用温度，单位为℃；T_X为实际使用时的周围温度，单位为℃；B为温度加速系数。

根据式(2.27.1)，应用铝电解电容时，需考虑环境散热方式、散热强度、电容与热源的距离、电容的安装方式。温度和非固体铝电解电容寿命的关系如图2.27.1所示。

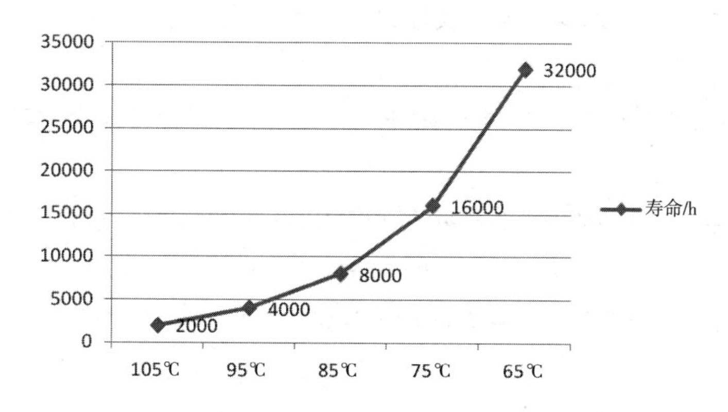

图2.27.1 温度和非固体铝电解电容寿命的关系

在电容的电条件比较好的情况下，可以直接利用温度对铝电解电容寿命进行估算。

2 施加电压对铝电解电容寿命的影响

对于贴片型(SMD)、引线型(Radial)和基板自立型(Snap-in)的电容，在额定温度和额定电压范围内使用时，施加的电压所产生的影响与周围温度的加速和纹波电流的加速所产生的影响相比可以忽略不计。

对于高功率电子仪器中的螺钉端子型(Screw)电容，350VDC以上的额定电压占主流，由于额定电压较大，因此施加额定电压值以下的电压对其寿命的影响不可忽略。

3 纹波电流对铝电解电容寿命的影响

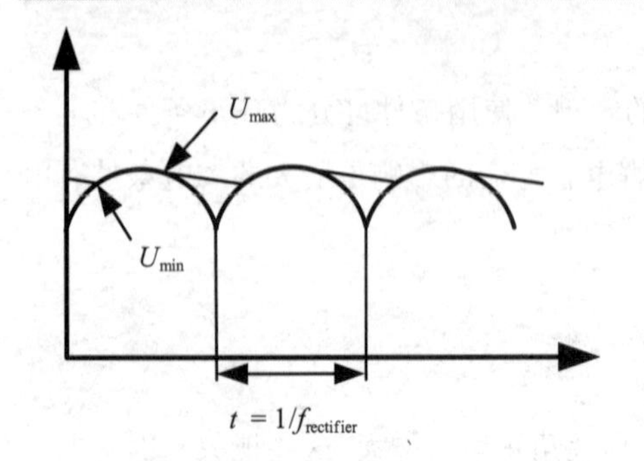

图2.27.2 纹波电压

纹波电流是计算电容功率损耗的一个重要参数，在设计电路选择电容时，必须先确定纹波电流的大小，这与设计规格和具体使用场景相关。铝电解电容常用在整流模块后平稳电压的电路中，在选择好具体使用场景后，根据规格要求选择合适的电容值。在选择控制纹波电压的电容时，需要降额设计。纹波电压如图2.27.2所示。

控制某一纹波电压所需的最小电容的计算公式为

$$C_{min} = \frac{2P}{(U_{max}^2 - U_{min}^2) \cdot f_{rectifier}} \tag{2.27.2}$$

式中，P为电容上消耗的功率；U_{max}为整流器输出电压的最大值；U_{min}为整流器输出电压的最小值；$f_{rectifier}$为整流器输出脉动频率。

由于铝电解电容与其他电容相比损耗较大，因此纹波电流会导致内部发热。纹波电流产生的热又会使温度上升，所以纹波电流对产品寿命有很大影响。这样一来，就需事先根据不同产品设定最大允许纹波电流值。电容上消耗的功率可由式(2.27.3)计算得出。

$$P = I_r^2 \cdot ESR + U \cdot I_L \tag{2.27.3}$$

式中，P为电容上消耗的功率；I_r为纹波电流；ESR为内部电阻（等效串联电阻）；U为外加电压；I_L为漏电流。

因为漏电流产生的温升与纹波电流产生的温升相比极小，可忽略，所以式(2.27.3)可简化为

$$P = I_r^2 \cdot ESR \tag{2.27.4}$$

要求出电容内部发热和放热达到平衡的条件，计算公式为

$$I_r^2 \cdot R = \beta \cdot A \cdot \Delta T \tag{2.27.5}$$

式中，β为放热常数；A为外壳表面积，单位为m^2（$A = \pi/4 \cdot D(D + 4L)$，其中$D$为外壳直径，单位为m；$L$为外壳长度，单位为m）；$\Delta T$为因纹波电流所上升的温度，单位为℃。

不同类型电容的寿命估算如下。

（1）贴片型和部分引线型电容的寿命估算。

$$L_X = L_0 \cdot 2^{\frac{T_X - T_0}{10}} \cdot 2^{\frac{-\Delta T}{5}} \tag{2.27.6}$$

式中，L_X为预计寿命，单位为h；L_0为保证寿命，单位为h；T_X为铝电解电容允许的最高使用温度，单位为℃；T_0为实际使用周围温度，单位为℃；ΔT为纹波电流发热温度，单位为℃。

（2）纹波电流加载电容的寿命估算。

$$L_X = L_0 \cdot 2^{\frac{T_0 - T_X}{10}} \cdot 2^{\frac{\Delta T_0 - \Delta T_X}{5}} \tag{2.27.7}$$

式中，L_X为预计寿命，单位为h；L_0为保证寿命，单位为h；T_X为铝电解电容允许的最高使用温度，单位为℃；T_0为实际使用周围温度，单位为℃；ΔT_X为实际纹波电流发热温度，单位为℃；ΔT_0为额定纹波电流发热温度，单位为℃。

（3）螺钉端子型电容的寿命估算。

螺钉端子型电容的寿命估算与前面两类电容的寿命估算方法类似，寿命与温度、电压和工作频率相关。

（4）固体铝电解电容的寿命估算。

$$L_X = L_e \cdot 2^{\frac{T_0 - T_X - \Delta T_X}{10}} \tag{2.27.8}$$

式中，L_X为预计寿命，单位为h；L_e为推算寿命，单位为h；T_X为铝电解电容允许的最高使用温度，单位为℃；T_0为实际使用周围温度，单位为℃；ΔT_X为纹波电流发热温度，单位为℃。

T_X的注意事项：在温度加速试验中，T_X在40℃～最高使用温度范围内变化。

4 影响铝电解电容寿命的其他因素

铝电解电容的电解液会通过封口部分向外扩散，由此产生的渐耗故障成为决定铝电解电容寿命长短的重要因素。使该现象加速的原因除前面提到的周围温度和纹波电流外，还有如下几个原因。

（1）过电压。若连续施加超过额定电压的过电压，则产品的漏电流会急速增大。因漏电流导致发热和气体的产生，从而引发内压也随之上升。这一现象会随施加的电压、供给电源的电流容量、环境温度的上升而加速，有时会导致压力阀松开甚至被损坏的情况出现。此时，即使电容的外观没有发生异常，其寿命也会变短。

在电容串联使用的情况下，由于每个电容的漏电流值不同，即两极间的直流等效电阻不同，因此每个电容两极间的电压不同，个别电容容易出现过电压。这种情况下，计算额定电压时必须考虑电压的不平衡性，或者在电路中增加均压电阻。

选择均压电阻时需要保证流过均压电阻的电流是电容漏电流的5倍以上。均压电阻的计算公式为

$$R = \frac{U}{5I_L} \tag{2.27.9}$$

式中，I_L为电容漏电流。

目前由于节能要求，因此均压电阻阻值的选择越来越大，对电容的容量、漏电流一致性要求越来越高。

（2）反向电压。施加反向电压，电压加在无化成膜的阴极箔上，导电体氧化膜被强制形成，这时会与过电压一样引发发热和气体的产生，致使电容量急剧下降，损耗角增大。

阴极反应：

$$4OH^- - 4e^- = 2H_2O + O_2\uparrow + 热量$$

$$3O_2 + 4Al = 2Al_2O_3$$

阳极反应：

$$2H^+ + 2e^- = H_2\uparrow$$

反向电压、反向电流过大，伴随气体的产生，阳极箔和防爆槽会被损坏。防爆槽若来不及打开，则会发生爆炸。

(3)充放电。如果把一般产品用于开关频繁的频闪闪光灯、铆接机的充放电电路和输出功率大的电源电路中，则会因放电电流过大使阴极箔化成，电容量急剧下降。另外，阴极箔化成时会引发内部发热和气体的产生，导致压力阀松动甚至被损坏。如果温度越高，放电电阻越小，施加电压越大，充放电频率越高，那么产品恶化的速度也就越快。

一般地，如果将铝电解电容放置于激烈的充放电电路中，则会因充电后放电的原因，阴极箔生成化成膜，电容量迅速下降。阴极侧和阳极侧短路，原本储存在阳极一侧的电荷瞬间移向阴极箔一侧，这时两侧箔的电压为了相等，阴极箔一侧渐渐被化成。这与施加反向电压的状态相同。使用高倍率阳极箔的情况下，放电时会产生更大的电压于阴极箔，从而加速阴极化成反应，导致发热、压力阀松动。因此，需要采取一些对策，如使用高倍率阴极箔或附有氧化膜的阴极箔。

(4)脉冲电流。若频繁地反复操作，则情况与施加纹波电流相同，芯子发热度超过允许值，在外部端子的连接部分及电容内部的引出线和箔的连接部分会有异常发热，需引起注意。

(5)用于交流电路。如果铝电解电容用于交流电路，则在电容内部迅速产生气体的同时还伴有发热、内压上升，由此进一步导致压力阀动作，从封口部分漏出电解液，甚至还会引发爆炸，可燃物飞散，有时还会导致短路。所以，千万不能将铝电解电容用于交流电路中。

(6)水合反应。电解液中的“水”是用于铝箔自修复的氧来源，但也会因为水含量过多导致发生水合反应，出现防爆槽鼓起、电解液干涸的现象。水合反应通常还会出现铝箔与电解液低粘连的现象，原因为铝与水发生反应生成具有黏性的氢氧化铝($Al(OH)_3$)。通常认为含水量超过40%就容易发生水合反应。水合反应在以前PC(个人计算机)主板很常见(即爆浆现象)，通过使用固体铝电解电容替代非固体铝电解电容，如今PC主板已经杜绝爆浆现象。因此，在设计使用寿命超过1年的产品时需要选用合适含水量的铝电解电容。

28 铝电解电容的失效模式和失效机理是怎样的?

铝电解电容常见的失效模式有防爆槽开裂、开路、漏电流增大、漏液、短路、电容量下降、击穿等。各种失效模式的分析如表2.28.1所示。

表 2.28.1　铝电解电容常见失效模式的分析

失效模式	失效原因	失效部位	失效机理	失效类型	与失效相关的变量
防爆槽开裂	纹波电流过大，环境温度过高，快速地充放电	电容防爆槽处	芯子内部温度过高，电解液气化，压力过大，防爆槽动作	耗散失效	工作纹波电流、工作环境温度、快速充放电
	水合反应	电容防爆槽处	$Al + 3H_2O \rightarrow Al(OH)_3 + H_2$	耗散失效	温度、时间、水含量
	过电压、反向电压、交流电压	电容防爆槽处	—	突发性失效	工作电压、反向电压
开路	来料品质不良	铝箔与引线铆接部位	铝箔与引线(导电条)接触不良，电路开路	早期失效	来料质量
	来料品质不良，电容受到卤素污染	阳极导电条	正极导电铝条与卤素发生电化学反应，将导电的金属铝条腐蚀成不能导电的氧化物，电路开路	早期失效、突发性失效	来料质量，加工过程中对含卤素液体的控制
	单板加工时受到外应力损伤	铝箔与引线铆接部位	铆接部位因受外部应力而损伤、断裂	早期失效	单板加工、运输时的外应力
	过电压	铆接部位、导电条	过高的瞬间电压将铆接部位、导电条击穿断裂	突发性失效	浪涌电压
漏电流增大	反向电压	负极箔、正极箔	负极箔没有耐压能力，有反向电压时，负极箔会发生电化学反应，释放热量、产生气体时也破坏正极箔的绝缘性能，再加电时漏电流增大	突发性失效	反向电压
	环境温度过高，纹波电流过大	正极箔	高温时绝缘介质性能下降，产生缺陷，加电时电容因自愈性能而使漏电流增大	突发性失效	环境温度、纹波电流
	电容存在缺陷	电容芯包	铝箔上存在裂痕、毛刺，电解质有空洞	早期失效	来料质量
漏液	来料品质不良	封口处、引线端根部	电容密封不良，造成电解液从封口处或引线端根部溢出	耗散失效	来料质量
	来料品质不良	封口处	电容密封不良，造成电解液从封口处或引线端根部溢出	耗散失效	来料质量
短路	电压	电容芯包	铝箔和电解纸被击穿、开裂、烧毁，造成正负箔接触	突发性失效	过电压
	单板加工时受到外应力损伤	铝箔与引线铆接部位	铆接部位因受外部应力而损伤，产生毛刺使正负箔接触	早期失效	单板加工、运输时的外应力
	电容内部存在短路点	电容芯包	电容内部存在短路缺陷点，造成电压加不上	早期失效	来料质量
电容量下降	过高的内部温度	电容芯包	高温时电解液挥发，电解液含量下降，造成电容容量降低	耗损失效	纹波电流、环境温度
	铝箔质量差	正、负极箔	正负铝箔的稳定性差，长期工作后电容量下降	耗损失效	来料质量
击穿	溶液酸值上升	阳极 Al_2O_3 介质膜	在储存过程中氧化膜层发生腐蚀作用	耗损失效	纹波电流、环境温度
	工艺缺陷	氧化膜附近存在杂质	阳极氧化膜无法填平修复，氧化膜上会留下微孔和穿透孔	早期失效	来料质量

1 防爆槽开裂

铝电解电容在工作电压中交流成分过大，或者氧化膜介质有较多缺陷，或者存在氯根、硫酸根等有害的阴离子，以致漏电流较大时电解作用产生气体的速率较快。工作时间越长，漏电流越大，壳内气体越多，温度越高。电容金属壳内外的气压差值将随工作电压和工作时间的增加而增大，当气压增大到一定程度就会造成防爆槽开裂。

2 开路

铝电解电容在高温或潮热环境中长期工作时可能出现开路失效，其原因在于阳极引出箔片遭受电化学腐蚀而断裂。对于高压大容量电容来说，这种失效模式较多。

此外，阳极引出箔片和阳极箔的铆接不良也会使电容出现间歇开路。在使用铝电解电容时，过机械应力有可能使电容开路。

3 漏电流增大

漏电流增大往往导致铝电解电容失效。工艺水平低、氧化膜损伤与玷污严重、工作电解液配方不佳、原材料纯度不高、电解液的化学性质与电化学性质难以长期稳定、铝箔纯度不高、杂质含量多等因素均可能造成漏电流超常失效。铝电解电容中氯离子玷污严重，漏电流导致玷污部位氧化膜分解，造成穿孔，促使电流进一步增大。总之，铝箔中金属杂质的存在会使铝电解电容漏电流增大，从而缩短电容的寿命。在使用铝电解电容时，过电压等有可能使电容的漏电流增大。

4 漏液

漏液是铝电解电容常见的失效模式之一。由于铝电解电容的工作电解液呈现酸性，如果电解液溢出，则会严重污染和腐蚀电容周围的元器件和电路板。同时，铝电解电容内部由于漏液而使工作电解液逐渐干涸，丧失修补阳极氧化膜介质的能力，导致电容击穿或电参数恶化而失效。产生漏液的原因很多，如密封不佳、橡胶密封材料老化和龟裂、安装方式不正确(如要求立式安装的电容采用了卧式安装)等。

5 短路

铝电解电容发生短路一般是由以下原因引起的。

(1)正负极接反。铝电解电容是一种有正负极的电容，如果安装铝电解电容时正负极接错，就会发生电容烧毁现象。

(2)耐压不够。当电压超过铝电解电容本身的耐压值时，会发生电容烧毁现象。

(3)质量不合格。一些生产厂家生产的铝电解电容不合格，也可能导致电容烧毁等。

6 电容量下降

铝电解电容的电容量在工作早期缓慢下降，这是由于负荷过程中工作电解液不断修补并增厚阳极氧化膜所致。铝电解电容在使用后期，由于电解液耗损较多、溶液变稠，电阻率因黏度增大而增大，使工作电解质的等效串联电阻增大，导致电容损耗明显增大。同时，黏度增大的电解液难以充分接触经腐蚀处理的凹凸不平铝箔表面上的氧化膜层，这样就使铝电解电容的极板有效面积减小，引起电容量急剧下降。这也是电容使用寿命临近结束的表现。

此外，如果工作电解液在低温下黏度增大过多，则也会造成损耗增大与电容量急剧下降的后果。在使用铝电解电容时，过温、过纹波电流都有可能使损耗增大与电容量下降。

7 击穿

铝电解电容击穿是由于阳极Al_2O_3介质膜破裂，使电解液直接与阳极接触造成的。Al_2O_3膜可能因材料、工艺或环境条件等方面的原因而受到局部损伤。在外加电场的作用下，工作电解液提供的氧离子可在损伤部位重新形成氧化膜，使阳极氧化膜得以填平修复。但是，如果在损伤部位存在杂质离子或其他缺陷，使填平修复工作无法完善，则在阳极氧化膜上会留下微孔，甚至可能成为穿透孔，使铝电解电容出现击穿。

此外，随着使用和储存时间的增加，电解液中溶剂逐渐消耗和挥发，使溶液酸值上升，在储存过程中会对氧化膜层产生腐蚀作用。同时，由于电解液老化与干涸，在电场作用下已无法提供氧离子修补氧化膜，从而丧失了自愈能力，氧化膜一经损坏就会导致电容击穿。工艺缺陷也是铝电解电容击穿的一个主要原因，如铆接工艺不佳时，引出箔条上的毛刺严重刺伤氧化膜，刺伤部位漏电流很大，局部过热使电容产生热击穿。在使用铝电解电容时，过温、过纹波电流或过机械应力都有可能使电容击穿失效。

29 钽电容的内部结构和工作原理是怎样的？

钽电容是1956年由美国贝尔实验室首先研制成功的。它的性能优异，是所有电容中体积较小而又能达到较大电容量的产品。钽电容外形多种多样，并容易制成适于表面贴装的小型和片型元件，适应了目前电子技术自动化和小型化发展的需要。虽然钽原料稀缺，但由于钽电容大量采用高比容钽粉，加上对电容制造工艺的改进和完善，因此钽电容还是得到了迅速的发展，使用范围日益广泛。钽电容不仅在军事通信、航天等领域广泛使用，而且还在工业控制、影视设备、通信仪表等产品中大量使用。

目前生产的钽电容主要有烧结型固体、箔形卷绕固体和烧结型液体3种，其中烧结型固体钽电容约占目前生产总量的95%以上，其中又以非金属密封型的树脂封装式为主体。SMT技术的发展推动小型化、片式化钽电容成为趋势。

钽主要存在于钽铁矿中，同铌共生。金属钽的表面会生成一层Ta_2O_5保护膜，具有极高的抗腐蚀性。

钽电容的阳极体是将钽粉压制成型后，在高温炉中烧结而成。再将阳极体放入酸中赋能(采用电化学方法在阳极体表面生成厚度为几十纳米到几百纳米的Ta_2O_5介质膜作为电容的介质层。这一步工艺是钽电容的核心工艺，也是钽电容与铝电解电容的主要区别)，形成多孔性非晶型Ta_2O_5介质膜。钽电容的电解质为硝酸锰溶解液经高温分解形成的MnO_2。综上所述，钽电容的阳极是多孔钽颗粒，电介质是Ta_2O_5，阴极是MnO_2。钽电容的结构如图2.29.1所示。

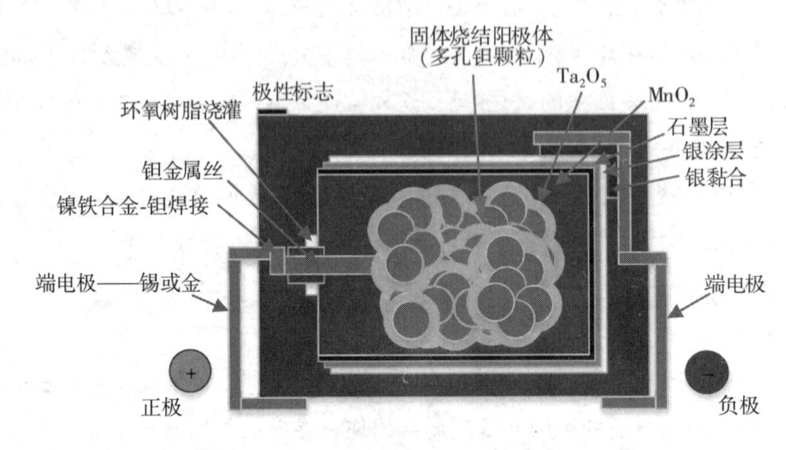

图2.29.1　钽电容的结构

钽电容的阳极是多孔结构，而电介质是直接附着在上面的氧化层，阴极是MnO_2，这样的工艺可以保证电容的有效面积足够大，阴极和阳极的厚度足够小。

钽电容与铝电解电容一样，如果需要形成足够大的电容值，则需要两个足够大的平面面积和足够小且可控的平面间距。钽电容和铝电解电容的阳极都选用了纯金属，并做出孔洞的结构以增大面积，通过化学反应在其表面形成一层氧化膜，保证了足够大的平面面积和足够小且可控的平面间距。

除选择MnO_2作为阴极的钽电容外，还可以选择Polymer(高分子聚合物)作为阴极的钽电容。Polymer钽电容仅将阴极材料由MnO_2换成了Polymer(图2.29.2)，其余工艺基本一样，但其改变了很多特性，具体如下。

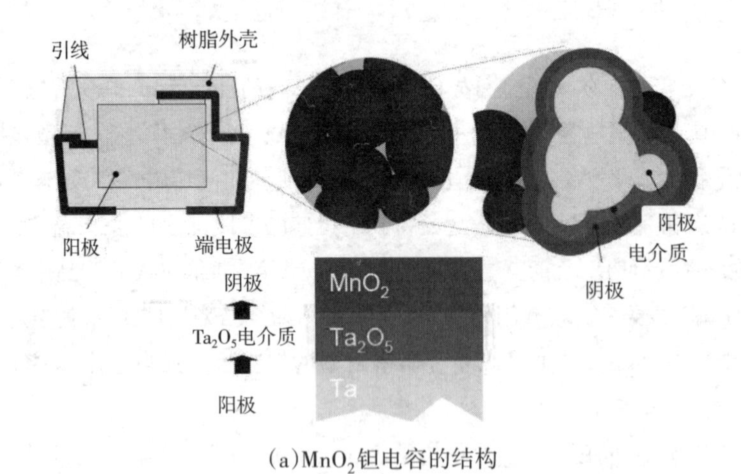

(a)MnO_2钽电容的结构

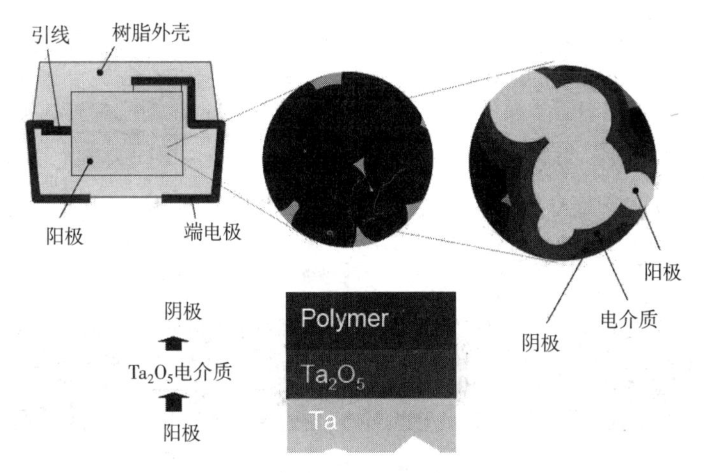

(b)Polymer钽电容的结构

图2.29.2 MnO_2钽电容和Polymer钽电容的结构差别

(1)Polymer钽电容显著提高了电容的高频特性,拓展了电容适用的频率范围。导电Polymer材料的电导率是MnO_2的10~1000倍,可有效降低电容的ESR。

(2)聚合物材料柔软有弹性,被膜过程最高温度为+120℃,Polymer钽电容的失效率比MnO_2钽电容的失效率更低。

(3)Polymer的另一个优势是氧含量低,钽块与氧结合反应导致燃烧的概率大大减小。

(4)Polymer钽电容的绝缘性能不如MnO_2钽电容好。Polymer钽电容主要应用于低压大容量的场景。当前大多数供应商的Polymer钽电容额定电压都比较小。

(5)Polymer钽电容比MnO_2钽电容在热稳定性上稍微差一些。MnO_2钽电容不存在老化寿命的问题,而Polymer钽电容的退化机理主要是高分子有机体在高温下分解导致电导率下降,为半永久失效。

(6)Polymer钽电容在潮敏性能上不如MnO_2钽电容,主要原因是阴极材料Polymer在特定温度下会与水和氧起作用而分解,导致容量、ESR等特性下降甚至失效。因此,特别要求Polymer钽电容在回流焊时不能有潮气侵入。

30 钽电容的生产工艺流程是怎样的?

按照电解液的形态,钽电容有液体和固体之分,液体钽电容目前用量已经很少,这里仅介绍固体钽电容的生产工艺。

钽电容的生产工艺流程:压制成型→烧结→试容检验→组架→赋能→涂四氟→被膜→被石墨银浆→切断→装配→模塑包封→切筋→喷砂→电镀→打印→切边→漏电预测→老化→测 试→检验→编带→入库。

下面详细介绍其中的一些关键生产工艺。

1 压制成型

该工序的目的是将钽粉与钽丝模压在一起并使其具有一定的形状。在成型过程中要在钽粉中加入一定比例的黏合剂。钽粉作为金属与钽丝充分接触导电，形成阳极。因为钽粉是颗粒状的，所以其面积可以足够大。第一步将钽丝放入模具中，第二步放入钽粉和黏合剂，第三步压制成型，如图 2.30.1 所示。

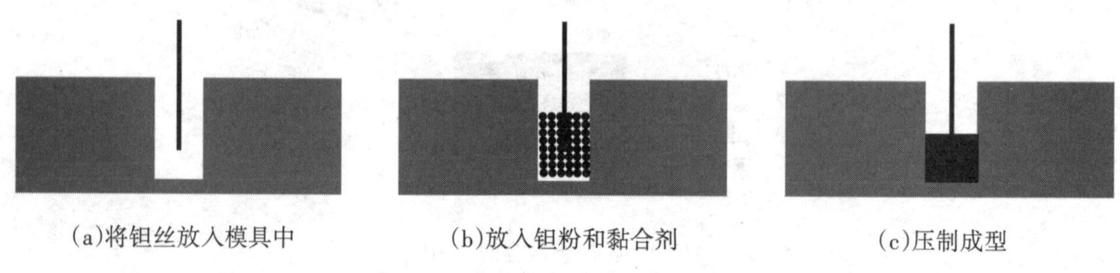

图 2.30.1 钽粉与钽丝模压成型的过程

2 烧结

在高温高真空条件下，将刚刚压制成型的钽坯烧成具有一定机械强度的钽块。图 2.30.2 所示是放大 10000 倍的钽粉烧结微观效果。

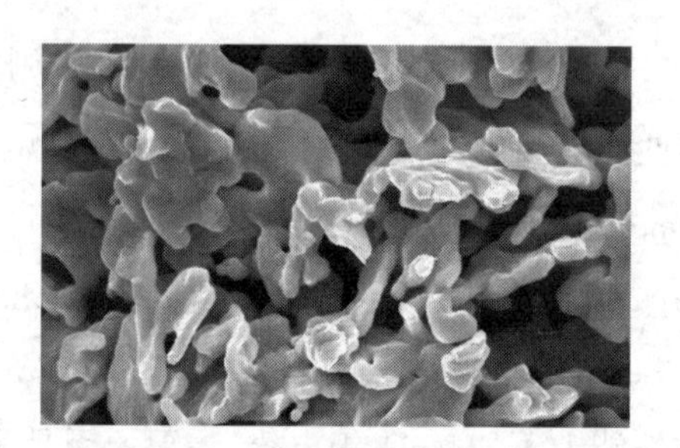

图 2.30.2 钽粉烧结微观效果

3 赋能

赋能是很关键的一道工序，它利用电化学的方法在阳极表面生成一层致密的绝缘 Ta_2O_5 氧化膜，以作为钽电容的介质层，如图 2.30.3 所示。

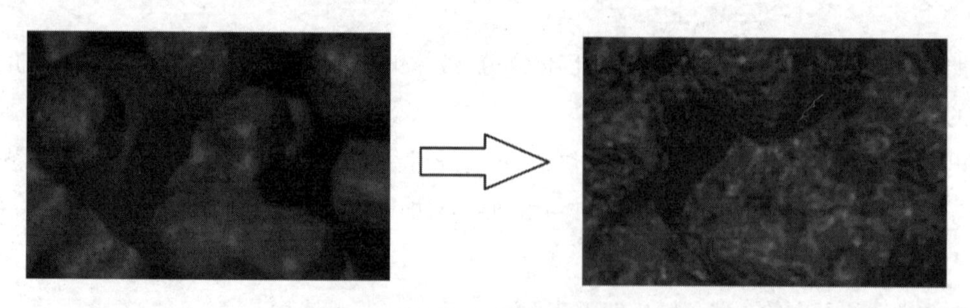

图 2.30.3 钽粉赋能微观效果

赋能过程为将组架后的产品浸入形成液中(通常为稀硝酸溶液)一定深度，硝酸溶液会渗透到钽块内部的孔道内，再将钽块作为阳极通以电流，硝酸分解出氧，就会在与硝酸接触的钽粒子表面生成Ta_2O_5氧化膜。其化学反应式如下。

$$2Ta^{5+} + 5O^{2-} = Ta_2O_5$$

氧在电解液中以水或羟基离子(OH^-)出现：

$$2Ta + 5H_2O = Ta_2O_5 + 10H^+ + 10e^-$$

或

$$2Ta + 10OH^- = Ta_2O_5 + 5H_2O + 10e^-$$

其中，OH^-由水电解而得：

$$H_2O = H^+ + OH^-$$

$$4OH^- = 2H_2O + O_2 + 2e^-$$

钽氧化膜本无色，但由于干涉的原因，钽阳极表面会形成干涉色，如图2.30.4所示。

图2.30.4 钽氧化膜表面形成干涉色

氧化膜厚度：电压越大，氧化膜的厚度越厚。如果提高赋能电压，则氧化膜的厚度增加，容量下降。

耐压和容量是矛盾的，间距越大，按照电容公式其实现的电容值就越小，但是能够实现的耐压值就会越大，因为击穿所需的电压变大。

4 被膜

被膜是指通过多次浸渍硝酸锰，分解制得MnO_2的过程。在Ta_2O_5膜上被一层MnO_2，作为电容的阴极。这一层MnO_2是非金属材料。电解质有固体和非固体(液体或凝胶)之分，因此有固钽和液钽之别。非固体电解质钽电容(液钽)不需要被膜。MnO_2系固体电解质，由硝酸锰溶液高温分解而得。

MnO_2钽电容被膜如图2.30.5所示。

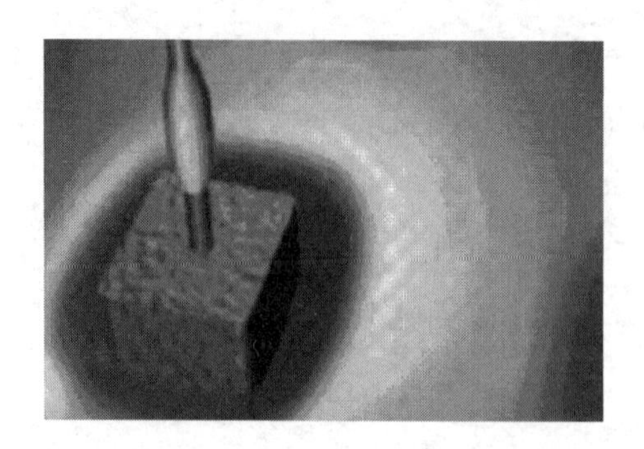

图 2.30.5　MnO_2钽电容被膜

硝酸锰溶液一直深入钽块内部孔洞，硝酸锰加热分解变成MnO_2，形成电容的阴极。此工序须重复多次，直到内部间隙都充满MnO_2，这样可以保证MnO_2的覆盖率，以使电容容量足够大，如图 2.30.6 所示。这里MnO_2是电容的阴极，紧贴介质层，这样可以有足够的面积S。同时，我们期望电极的电阻率比较小，这样可以有足够小的ESR。

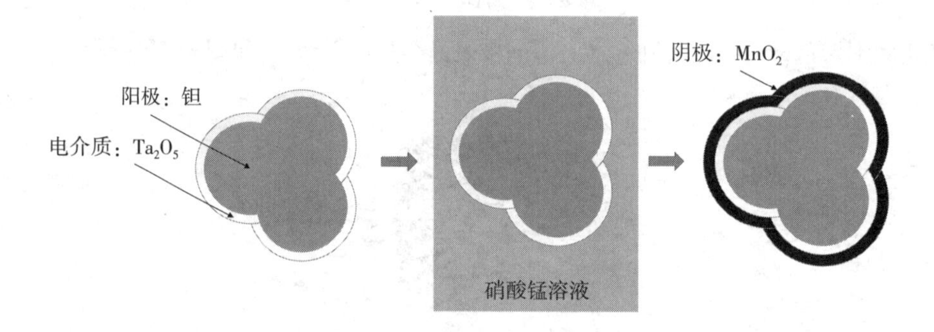

图 2.30.6　钽电容阴极的形成过程

5　被石墨银浆

石墨层作为缓冲层，其主要作用是减小ESR，同时可以防止银浆与MnO_2接触导致银氧化；银浆层的作用是与石墨层接触，提供一种等电位表面。被石墨银浆的过程如图 2.30.7 所示。

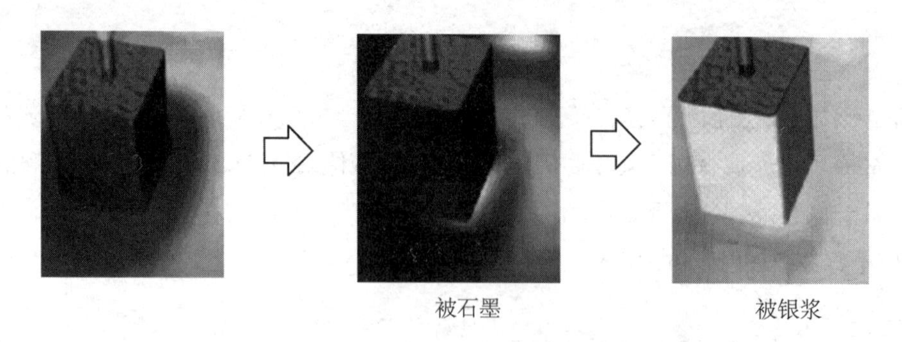

图 2.30.7　被石墨银浆的过程

石墨银浆也称为辅助阴极，起到MnO_2与焊锡连接的桥梁作用。原瓶石墨浓度在10%左右，实际使用时调制到4.5%左右为宜。如果石墨浓度太低，因为石墨的渗透性很好，所以很容易往上渗透，若渗透到上端面与钽丝接触，就会造成短路、漏电流大等情况。这种情况在当时并不能检测出来，在点焊后钽丝根部受力，点焊检测漏电流时合格率就会很低，老化时击穿非常严重。如果石墨浓度太高，则石墨层和MnO_2易分层，在后道包封、固化时受到热应力作用，石墨层和MnO_2之间容易产生层间剥离，造成损耗增大。

银浆也是同样的道理，如果银浆浓度太低，则浸渍时虽较容易，但是在浸焊时银层很容易被焊锡吞蚀；如果银浆浓度太高，则银层和石墨的接触不好，易造成接触电阻大，并且浸渍时产生拉丝。

6 切断、装配

将被银后的产品定距切断，在切断前先刮除钽丝表面的氧化膜，防止虚焊，再将阳极焊接在框架上，阴极通过银膏固化与框架托片结合在一起。

7 模塑包封

将装配后的框架条产品模塑包封，如图2.30.8所示。

图2.30.8　模塑包封

8 喷砂、打印

产品表面通过喷砂处理光滑。打印产品的标称电容容量、电容额定电压、阳极标识及厂家信息。成品钽电容如图2.30.9所示。

图2.30.9　成品钽电容

9 老化

老化的目的是剔除早期失效产品和修补氧化膜。老化电源串联电阻的大小与老化的效果关系很大，如果电阻过大，则达不到剔除早期失效产品的目的；如果电阻过小，则达不到修补氧化膜的目的。老化后产品要放电24h后再测试，否则会因漏电而测试不准。

10 测试

老化之后，产品会进行电性能四参数：容量、损耗、漏电流和ESR的测试，不合格品会自动剔除到收集盒。

容量：测试频率为100Hz。

损耗：测试频率为100Hz。

漏电流：判定标准为不大于0.02CU（C为标称容量，U为测试电压）。

ESR：测量电容ESR的方法有电容放电电压跃变测量法、恒流充电法和时间常数法。

11 编带

钽电容通过自动化设备装入包装的编带中，如图2.30.10所示。

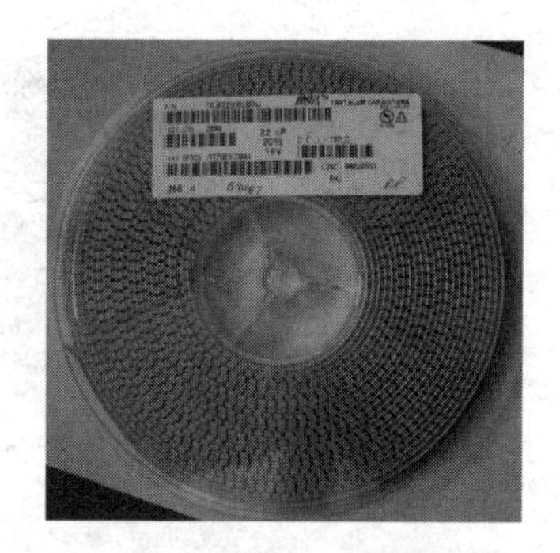

图2.30.10 钽电容装入编带

31 在什么场景下需要选用钽电容？

钽电容的优缺点如下。

优点：体积小，电容量较大，外形多样，寿命长，可靠性高，工作温度范围宽。

缺点：价格贵，耐压和耐流能力较弱，失效模式危险，钽金属有耗尽的风险。

在一些场景下，我们需要考虑钽电容的优势，选型时优选钽电容。

（1）钽电容也属于电解电容的一种，其使用MnO_2或高分子聚合物作介质，不像普通电解电容那样使用电解液。由于钽电容内部没有电解液，因此它很适合在高温下工作，并且不会像铝电解电容那样电解液会干涸。在一些温度范围要求比较宽的场景，优选钽电容。

(2)钽电容不需像普通电解电容那样使用镀了铝膜的电容纸绕制，而是采用多孔结构，本身几乎没有电感。钽电容主要用于小尺寸、大容量的场景，容量范围为47μF~1000μF，特别有体积优势。在大容量，但是需要低ESR、低ESL的场景，优选钽电容。

(3)钽电容的工作介质是在钽金属表面生成的一层极薄的Ta_2O_5膜。这一层氧化膜介质与组成电容的一端极结合成一个整体，不能单独存在。因此，钽电容单位体积内具有非常高的工作电场强度，电容量特别大，即比容量非常高，特别适宜于小型化。在集成度比较高的场景，用铝电解电容会占用比较大的空间，用陶瓷电容面临电容容量不够的问题，此时优选钽电容。

(4)钽电容的性能优异，是电容中体积较小而又能达到较大电容量的产品，在电源滤波、交流旁路等用途上少有竞争对手。在高耐压与大容量场景，当陶瓷电容不满足要求时，优选钽电容。在应用时，需要注意钽电容的性能特点，正确使用有助于充分发挥其功能。例如，选型时需要考虑工作环境和温度，采用降额设计。

(5)钽电容容值的温度稳定性比较好。在一些耦合、滤波场景中，如果对相位和滤波的频率特性要求比较高，同时容量精度要求也比较高，则会选用无极性钽电容，如高音质要求的音频电路设计。在需要考虑不同温度情况下的电容的准确性和一致性的场景，陶瓷电容的温度特性不够稳定，此时优选钽电容。

(6)钽电容在工作过程中，能够自动修补或隔绝氧化膜中的瑕疵点，使氧化膜介质随时得到加固和恢复其应有的绝缘能力，而不致遭到连续的累积性破坏。这种独特自愈性能保证了其长寿命和可靠性的优势。在长期可靠性要求较高的场景，铝电解电容存在电解液干涸失效的问题，此时优选钽电容。

我们在器件选型时，选择钽电容还是需要慎重，具体原因如下。

(1)MnO_2钽电容的失效模式很危险，轻则烧毁冒烟，重则火光四溅，如图2.31.1所示。

图2.31.1 MnO_2钽电容失效

通过该失效现象可以知道：一般的电容失效，只是短路造成电路无法工作，或者工作不稳定，不会影响用户的财产和生命安全。但MnO_2钽电容失效容易造成人员伤亡和财产损失，所以尽量不选用

MnO_2钽电容。

（2）钽矿物未来将耗尽。目前各个大的电容厂家都推出了高分子聚合物钽电容。高分子聚合物钽电容不会发生火光四溅的现象，所以目前都被优选。但是，无论是MnO_2还是高分子聚合物的钽电容都离不开金属钽，而钽矿物为稀缺资源，有资源耗尽的风险。

（3）钽电容的成本高。相同电容值和相同耐压值的钽电容比铝电解电容和MLCC都贵。如果电容容量需求在100μF以下，且1206及以下尺寸的封装能满足耐压需求的场景，则优选MLCC。如果电容容量或耐压需求增加，只有1206以上封装的MLCC满足需求，则不选用MLCC，而选用钽电容。

针对钽电容的各种风险和缺点，目前一般选择高分子聚合物固体铝电解电容作为大容量低耐压MnO_2钽电容的替代产品。

32 钽电容的失效模式和失效机理是怎样的？

钽电容的失效模式与其他类型的电容一样，也有电参数变化、短路和开路3种失效模式。由于钽电容的电性能稳定，且有独特的自愈特性，因此钽电容鲜有参数变化引起的失效。钽电容失效大部分是由耐压和电流的降额不足、反向电压、过功耗所导致，主要的失效模式是短路。另外，根据钽电容的失效统计数据，钽电容发生开路失效的情况也极少。

钽电容短路失效模式的机理是：固体钽电容的介质Ta_2O_5由于原材料不纯或工艺原因而存在杂质、裂纹、孔洞等瑕疵点或缺陷，钽块在经过高温烧结时已将大部分瑕疵点或缺陷烧毁或蒸发掉，但仍有少量存在。在赋能、老练等过程中，这些瑕疵点在电压、温度的作用下转化为晶核；在长期作用下，促使介质膜以较快的速度发生物理、化学变化，产生应力的积累，到一定时候便会引起介质局部的过热击穿。如果介质氧化膜中的缺陷部位较大且集中，一旦在热应力和电应力作用下出现瞬时击穿，则很大的短路电流将使电容迅速过热而失去热平衡，钽电容固有的自愈特性无法修补氧化膜，从而导致钽电容迅速击穿失效。

（1）氧化膜缺陷失效。钽电容失效机理主要是氧化膜缺陷、钽块与阳极引出线接触产生相对位移、阳极引出钽丝与氧化膜颗粒接触等。大部分钽电容失效是灾难性的，可能发生烧毁、爆炸，在应用过程中需特别注意。

（2）热应力失效。与铝电解电容相似，Ta_2O_5介质氧化膜具有单向导电性，当有充放大电流通过Ta_2O_5介质氧化膜时，会引起热应力失效。Ta_2O_5介质氧化膜厚度只有微米级。当无充放大电流时，Ta_2O_5介质氧化膜相当稳定，其离子排列不规则、无序，称为无定形结构，呈现的颜色是五彩干涉色。当大电流充放电时，无定形结构向定形结构逐步转化，变为有序排列，称为“晶化”，呈现的颜色不再是五彩干涉色，而是无光泽、较暗的颜色。Ta_2O_5介质氧化膜的“晶化”导致钽电容性能恶化，直至击穿失效。

(3)电应力失效。钽电容两端加上高电压时，内部会形成强电场，容易导致Ta_2O_5介质氧化膜的薄弱环节被局部击穿。所以，为提高钽电容的可靠性，电压必须降额使用。

33 MnO_2钽电容的爆炸过程是怎样的？

很多公司为了避免MnO_2钽电容危险的失效模式，已经选择高分子聚合物钽电容或高分子聚合物铝电容全面替代MnO_2钽电容。但是，由于容量、耐压等原因，很多场景仍然需要选择MnO_2钽电容。

1 导致MnO_2钽电容失效的原因

可能导致MnO_2钽电容失效的原因如下。

(1)正负极接反。与铝电解电容相似，Ta_2O_5介质氧化膜具有单向导电性，因此当有反向大电流通过Ta_2O_5介质氧化膜时，会引起热应力失效。

(2)实际使用电压超过电容标称耐压值。当MnO_2钽电容的工作电压超过电容标称耐压值时，会破坏氧化膜，导致MnO_2钽电容失效。

(3)电路中的纹波电流过大。当电路中的纹波电流过大时，会破坏氧化膜，导致MnO_2钽电容失效。

(4)实际使用温度高于电容标称值。在1200℃时，MnO_2丢失一部分氧气，生成一氧化锰(MnO)。钽电容内部温度超过500℃时，MnO_2会分解成三氧化二锰(Mn_2O_3)和氧气。当某个位置的导电性能良好的MnO_2转化为导电性能差的Mn_2O_3后，此处位置就会成为缺陷点。

(5)电容本身质量问题。MnO_2钽电容在正常使用一段时间后常发生密封口的焊锡融化，或者炸开，焊锡飞溅到线路板上。分析原因，是因为其工作时“击穿”又“自愈”反复进行，导致漏电流增大。这种短时间的局部短路，又通过“自愈”后恢复工作。这里的“自愈”是什么意思呢？实际的Ta_2O_5介质氧化膜并不完美，存在不连续性和不一致性，加上电压或高温下工作时，由于Ta^+瑕疵点的存在，导致瑕疵区域的漏电流增大，温度可达到500℃以上，这样高的温度会使MnO_2还原成低价的Mn_3O_4。有人测试出Mn_3O_4的电阻率要比MnO_2高4～5个数量级。与Ta_2O_5介质氧化膜紧密接触的Mn_3O_4起到电隔离作用，防止Ta_2O_5介质氧化膜进一步破坏，这就是钽电容局部“自愈”。但是，很可能在紧接着的再一次“击穿”的电压会比前一次“击穿”的电压要低一些，在每次击穿之后，其漏电流将有所增大，而且这种击穿电源可能产生达到安培级的电流。同时，电容本身储存的能量也很大，容易导致电容永久失效。

由于钽电容存在“不断击穿”又“不断自愈”的现象，筛选测试时容易漏测，因此很多厂家通过选用超纯钽粉材料和工艺控制来减少这种局部“击穿”现象。

2 MnO_2钽电容失效的过程

MnO_2钽电容失效的过程如图2.33.1所示。

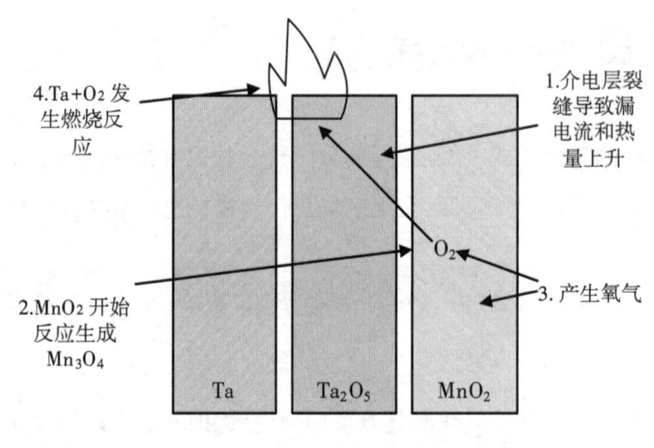

图2.33.1　MnO_2钽电容失效的过程

（1）无论上述哪种原因，都会导致MnO_2钽电容内部热量上升。

（2）由于高温，阴极MnO_2会释放出大量的氧气。在500℃以上时，MnO_2会分解生成Mn_3O_4和氧气。加热到1200℃时，MnO_2丢失一部分氧气，生成MnO。由此可知，MnO_2加热到一定温度时可得到氧气。

（3）氧气通过介质Ta_2O_5的裂缝或空隙遇到阳极钽。

（4）钽金属在空气中是比较难爆炸的，但是在密闭的空间外加高温的环境，高纯度氧气与钽粉就会发生剧烈反应——爆炸。

34 高分子聚合物电容中的高分子聚合物都是什么？

电解电容的分类，传统的分类方法都是按阳极材料分类，如铝、钽或铌。只凭阳极判断电容性能的方法是表述不准确的，目前决定电解电容性能的关键并不在于阳极，而在于阴极。

按阴极材料分类，电解电容可分为电解液电容、MnO_2电容、有机半导体TCNQ电容、高分子聚合物导体电容等。

在电解电容中，传统的铝电解电容以电解液作为阴极，其摆脱不了因为物理特性而受热膨胀，出现漏液的危险现象，因此铝电解电容面临着前所未有的压力和挑战。部分市场悲观地认定铝电解电容已经“穷途末路”，未来将退出被动元件舞台。

同样地，传统的钽电容由于选择MnO_2作为阴极，因此它也有很多固有的缺点。MnO_2作为钽电容阴极的缺点如下。

（1）电导率低，为0.1～1S/cm，使得ESR过大，限制了钽电容的高频特性。

（2）MnO_2与介质层的材料热膨胀系数差异所产生的应力会破坏介质层。

（3）MnO_2材料含氧量较高，容易在工作时发生自燃现象。

此外，由于有机半导体TCNQ是一种氰化物，在高温时容易挥发出剧毒的氰气，因此它在生产和使用中也会受到限制。

正是由于传统的铝电解电容和MnO_2钽电容的这些缺点和局限性，才使得高分子聚合物导电材料作为电容的阴极的应用应运而生。

以高分子导电材料取代传统电解液的固体铝电解电容，具有高频低阻抗（10mΩ）、高温稳定（-50～+125℃）、放电速度快、体积小、无漏液现象，以及在85℃的工作环境中，寿命最高可达40000h等优点。那么，高分子聚合物电容中的高分子聚合物到底是什么物质呢？高分子聚合物电容的阴极材料可用聚苯胺（PAn）、聚吡咯（PPY）和聚噻吩（PEDOT）3种。

（1）聚苯胺。聚苯胺的电导率可达10～125S/cm，其分子结构如图2.34.1所示。

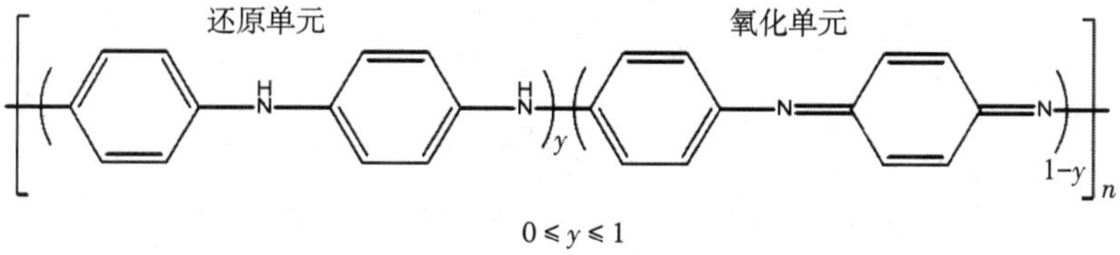

还原单元
氧化单元

$0 \leqslant y \leqslant 1$

图2.34.1　聚苯胺的分子结构

在合成聚苯胺的过程中会产生有毒物质联苯胺，这导致聚苯胺作为钽电解电容阴极材料的应用受到了一定的限制。

聚苯胺是一种高分子化合物，具有特殊的电学、光学性质，经掺杂后可具有导电性及电化学性能。聚苯胺经一定处理后，可制得各种具有特殊功能的设备和材料，如可作为生物或化学传感器的尿素酶传感器、电子场发射源、电极材料、选择性膜材料、防静电和电磁屏蔽材料、导电纤维、防腐材料等。聚苯胺因其原料易得、合成工艺简单、化学及环境稳定性好等特点而得到了广泛的研究和应用。

（2）聚吡咯。聚吡咯的稳定性很好，其电导率通常可达100S/cm左右，但是在高温、高湿环境下，聚噻吩的稳定性要好于聚吡咯。聚吡咯的分子结构如图2.34.2所示。

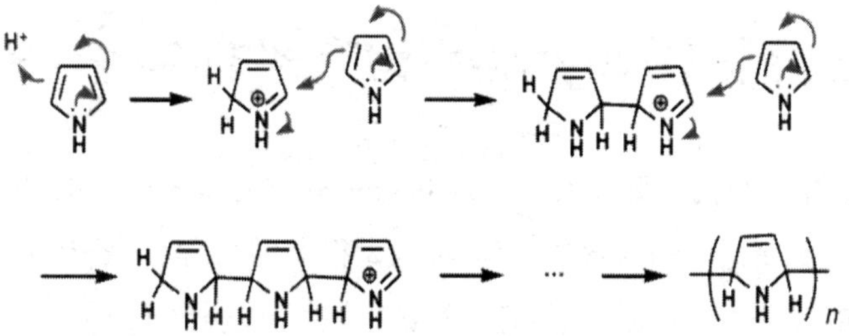

图2.34.2　聚吡咯的分子结构

聚吡咯是一种常见的导电聚合物。纯吡咯单体常温下呈现无色油状液体，是一种C，N五元杂环分子，沸点为129.8℃，密度为$0.97g/cm^3$，微溶于水，无毒。

聚吡咯具有较高的电导率、良好的环境稳定性和容易合成等特点，一直受到广泛关注，是MnO_2比较理想的替代品。钽阳极体结构较复杂，而且表面有一层Ta_2O_5介质氧化膜，因此如何尽量减少对介质氧化膜的破坏，并在其表面形成均匀完整、电导率高、稳定性好的聚合物膜层，是制造聚合物钽电解电容的关键技术之一。可以通过控制电解质浓度、浸渍的量和添加剂的加入等条件来控制钽氧化物表面聚合物膜层的状态。与MnO_2相比，聚吡咯可以用简单的方法合成，不需要热分解，对介质氧化物膜层伤害较小，并且聚吡咯钽电解电容具有极低的ESR、很小的损耗值、高的应用频率上限、良好的容量-频率特性和阻抗-频率特性、较宽的工作温度范围和较强的抗纹波电流能力，是一种优良的阴极材料。

（3）聚噻吩。聚噻吩（3，4-聚乙烯二氧噻吩）具有热稳定性、高电导率（300S/cm）、加工工艺简单等特点，这些优势都超出了同类型材料，因此聚噻吩被研究得最多，成为主流。聚噻吩的分子结构如图2.34.3所示。

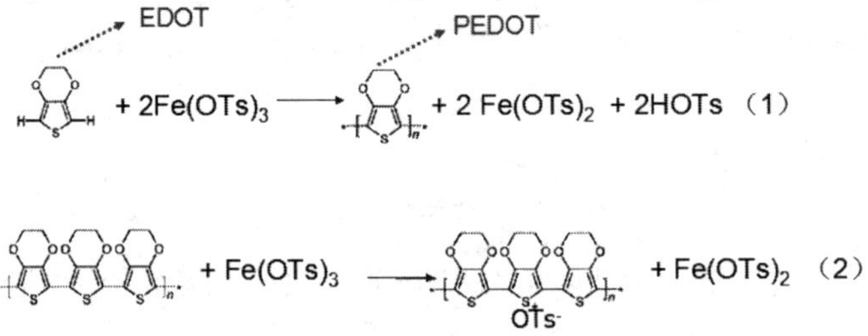

EDOT + $2Fe(OTs)_3$ → PEDOT + $2\ Fe(OTs)_2$ + 2HOTs （1）

PEDOT + $Fe(OTs)_3$ → PEDOT（OTs^-） + $Fe(OTs)_2$ （2）

图2.34.3　聚噻吩的分子结构

聚噻吩具有如下优点。

①在可见光谱内具有高透射率及较高电导率。

②最小表面电阻可达150Ω/cm²（取决于制造条件）。

③更好的抗水解性、光稳定性及热稳定性。

④在高pH时，导电性不会下降。

35 高分子聚合物（Polymer）铝电容的结构与特性是怎样的？

电容用于电源滤波时，我们主要关心电容值和ESR两个关键参数。MLCC的电容值不可能做得非常大，但是ESR足够小；铝电解电容的电容值可以做得非常大，但是ESR比较大，且有寿命、干涸、爆浆等问题；MnO_2钽电容可为高容值，但是有失效燃烧的问题；高分子聚合物钽电容虽没有失效燃烧的问题，但是电容值和耐压有限，仍然有钽耗尽的风险；高分子聚合物铝电容相比钽电容可以实现的电容值和耐压略低，但ESR远小于高分子聚合物钽电容。正是由于以上原因，因此这些电容目前在市场上是共存的。各种电容的电容值与ESR分布如图2.35.1所示。

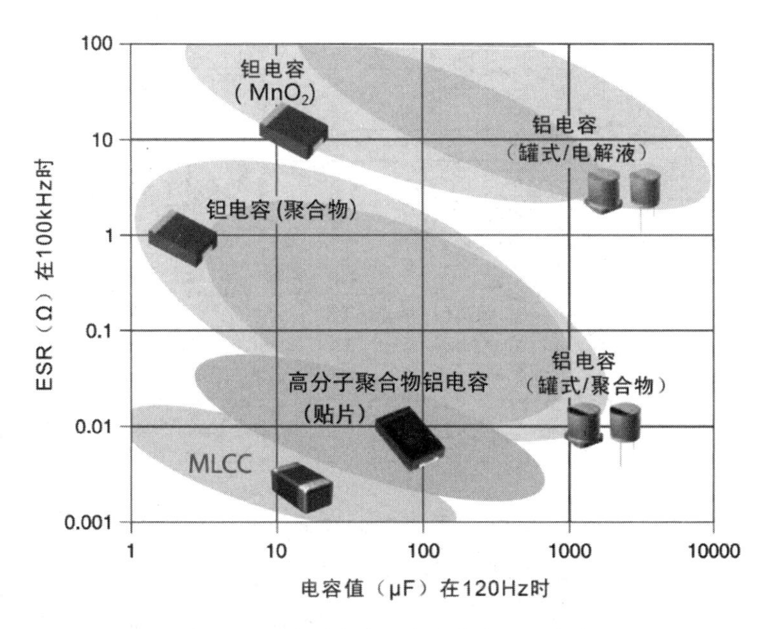

图 2.35.1　各种电容的电容值与ESR分布

高分子聚合物铝电容是采用高电导率的聚合物材料作为阴极的片式叠层铝电解电容，结构上与铝电解电容几乎一致，只是用导电聚合物替代了电解液，如图2.35.2所示。

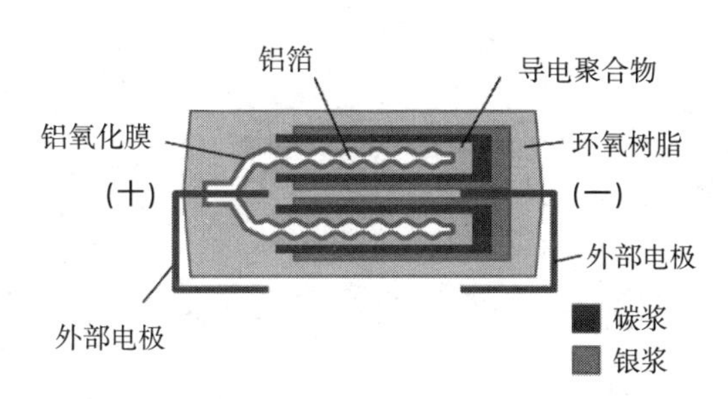

图 2.35.2　高分子聚合物铝电容的内部结构

高分子聚合物铝电容具有超越现有固体片式钽电解电容的卓越电性能。高分子聚合物电容在额定电压范围内无须降压使用，具有极低的ESR，降低纹波电压能力强，允许通过更大的纹波电流。聚合物片式叠层铝电解电容在高频下，阻抗曲线呈现近似理想电容特性；在频率变化情况下，电容量非常稳定。此类电容主要应用于主板（笔记本电脑、平板显示器、数字交换机）旁路去耦/储能滤波电容、开关电源、DC/DC变换器、高频噪声抑制电路及便携式电子设备等。

钽电容的频率特性虽然优于铝电容，但其缺点是一旦损坏就容易短路而不是开路，短路很可能导致燃烧。同时，由于地球上钽元素的枯竭，因此有些用户会直接在设计中禁用钽电容。高分子聚合物铝电容逐步替代钽电容，被应用于大容量滤波的地方，如CPU插槽附近。

另外，由于高分子聚合物铝电容具有多层片状结构，因此其ESR可以比高分子聚合物钽电容实现更小的值，如图2.35.3所示。

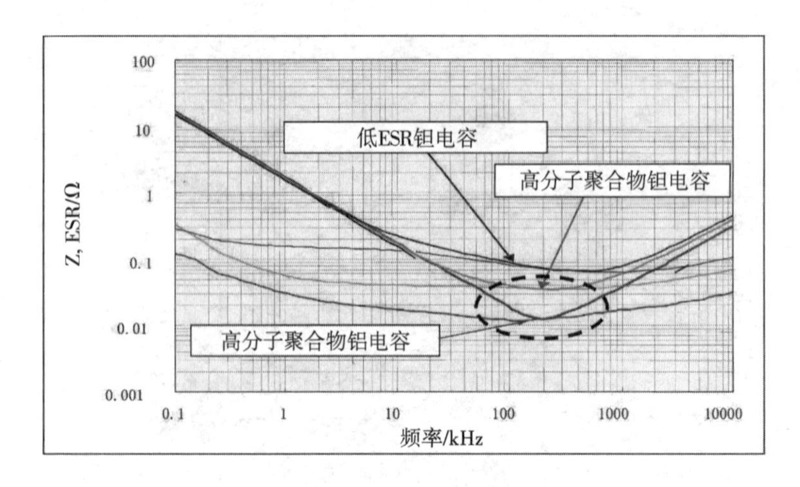

图2.35.3　高分子聚合物铝电容与高分子聚合物钽电容的ESR对比

高分子聚合物铝电容的多层结构中，每层铝箔都与电极短接；而高分子聚合物钽电容阳极与MnO_2钽电容结构相同，仍然是一根钽丝。所以，高分子聚合物铝电容的ESR相当于每层的电阻进行了并联，所以其ESR可以非常小，远远小于高分子聚合物钽电容，如图2.35.4所示。

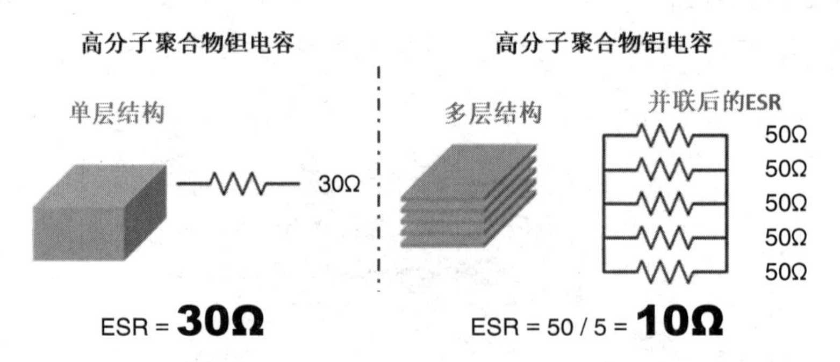

图2.35.4　高分子聚合物铝电容与高分子聚合物钽电容的ESR成因对比

36 薄膜电容都有哪些？都用在什么地方？

1 聚酯电容

聚酯（涤纶）电容（CL）是用两片金属箔作电极，夹在极薄绝缘介质中，卷成圆柱形或扁柱形芯子，介质是涤纶。聚酯电容的介电常数较大，体积小，容量大，稳定性较好，适宜作旁路电容。

聚酯是由多元醇和多元酸缩聚而得的聚合物总称，主要指聚对苯二甲酸乙二酯（PET），习惯上也包括聚对苯二甲酸丁二酯（PBT）和聚芳酯等线型热塑性树脂。聚酯是一类性能优异、用途广泛的工程塑料，也可制成聚酯纤维和聚酯薄膜。聚酯包括聚酯树脂和聚酯弹性体。

电容量:40pF ~ 4μF。

额定电压:63 ~ 630V。

主要特点:精度、损耗角、绝缘电阻、温度特性、可靠性及适应环境等指标都优于电解电容和瓷片电容;小体积,大容量,耐热耐湿,稳定性差。

应用:对稳定性和损耗要求不高的低频电路。

常见类别:与许多电容相似,聚酯电容还有许多微小的分类,如常见的CL11、CL20,差别在于CL20电容内部选取金属化的技术,体形较CL11小许多,但整体性能不如CL11。所以,采购时一定要向厂家注释要的是哪一种型号。

2 聚苯乙烯电容

聚苯乙烯电容(CB)属有机薄膜电容类,其介质为聚苯乙烯薄膜,电极有金属箔式和金属膜式两种。由于聚苯乙烯薄膜是一种热缩性的定向薄膜,因此卷绕成形的电容可以采用自身热收缩聚合的方法做成非密封性结构。对于高精度、需密封的电容,则用金属或塑料外壳进行灌注封装。用金属膜式电极制作的电容称为金属化聚苯乙烯薄膜电容。

聚苯乙烯电容具有负温度系数、绝缘电阻高达100GΩ、极小漏电流等特点,主要应用于各类精密测量仪表,汽车收音机,工业用接近开关、高精度的数/模转换电路。

聚苯乙烯是苯乙烯单体经自由基加聚反应合成的聚合物,是一种无色透明的热塑性塑料,具有高于100℃的玻璃转化温度,因此经常被用来制作各种需要承受开水温度的一次性容器、一次性泡沫饭盒等。

电容量:10pF ~ 1μF。

额定电压:100V ~ 30kV。

主要特点:稳定性好,损耗小,体积较大。

应用:对稳定性和损耗要求较高的电路。

3 聚丙烯电容

聚丙烯电容(CBB)能代替大部分聚苯或云母电容,用于要求较高的电路。其性能与聚苯电容相似,但体积小,稳定性略差。聚丙烯电容的外观如图2.36.1所示。

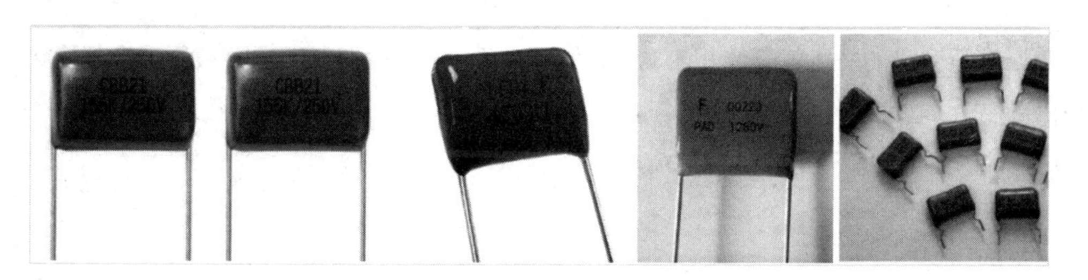

图2.36.1 聚丙烯电容的外观

聚丙烯是丙烯加聚反应而成的聚合物，系白色蜡状材料，外观透明且轻。

熔喷布是口罩最核心的材料，其主要以聚丙烯为主要原料，纤维直径可以达到1～5μm。熔喷布空隙多、结构蓬松、抗褶皱能力好，具有独特的毛细结构的超细纤维可以增加单位面积纤维的数量和表面积，因此其具有很好的过滤性、屏蔽性、绝热性和吸油性，可用于空气和液体的过滤材料、隔离材料、吸纳材料、口罩材料、保暖材料、吸油材料及擦拭布等领域。

电容量：10pF～10μF。

额定电压：63～2000V。

主要特点：性能与聚苯电容相似，但体积小，稳定性略差。

应用：代替大部分聚苯或云母电容，用于要求较高的电路。

电容用途：在各种直流或中低频脉动电路中使用，适宜作为旁路电容使用。

4 聚四氟乙烯电容

聚四氟乙烯电容（CBF）属有机薄膜电容类，它是以金属箔为电极，以聚四氟乙烯薄膜为介质，卷绕成形后装入外壳中密封而成的。聚四氟乙烯电容的外观如图2.36.2所示。

图2.36.2 聚四氟乙烯电容的外观

聚四氟乙烯电容的最大特点是能在高温下工作，一般工作温度范围为-55～+200℃。因此，它适用于特殊要求的场合，如喷气发动机、雷达发射机等电子设备的交、直流电路及脉动电路。

聚四氟乙烯一般称为不粘涂层或易清洁物料，这种材料具有抗酸抗碱、抗各种有机溶剂的特点，几乎不溶于所有溶剂。同时，聚四氟乙烯具有耐高温的特点，它的摩擦系数极小，所以除可起润滑作用外，也成为清洁水管内层的理想涂料；有毒，为人体致癌物质。聚四氟乙烯电容已经很少被常规电路设计所选用。

5 漆膜电容

漆膜电容最突出的特点就是体积小，容量大。漆膜电容的温度特性和容量稳定性都优于聚酯电容，它在线路中可取代部分电解电容。漆膜电容的缺点是工作电压不容易做得太高，一般工作电压为直流40V。国内生产的漆膜电容品种有CQ系列。

37 电容工作时自己也会发热吗?

我们一般讨论电容时会关注电容的温度特性,即温度对电容等参数的影响。实际上,电容本身也会发热:只要有电阻,又有电流,就会有电能转化为热能。所以,在电容工作的过程中,特别是有充放电时,电容本身也会发热。当电容的发热量足够大,不容忽视时,就需要计算电容具体的发热量。

电容是储能元件,在理想电容储能过程中,进出的电流通过ESR上消耗的能量就是产生的热量。

当电容通交流时,由于电容ESR的存在,根据式(2.37.1)可以计算电容的发热功率。

$$P_e = I^2 \cdot \mathrm{ESR} = Q_h \tag{2.37.1}$$

式中,P_e为电容消耗的功率;I为流过电容的电流;Q_h为单位时间的发热量。

此外,在电容率的电压依赖性为非线性的高电容率类电容中(电容的主要电气特性为容性,电容的寄生参数如ESR、ESL相对影响较小),需同时观察加在电容上的交流电流与交流电压。小容量的温度补偿型电容应具备100MHz以上高频电路中的发热特性,因此需在反射较少的状态下进行测量。

1 电容的发热特性测量系统

高电容率型电容(工作在直流场景或频率不超过1MHz的交流场景)发热特性的测量:通过双极电源将信号发生器产生的信号施加在电容两端,用电流探头和电压探头分别测量流过电容的电流和电容两端的电压,同时用红外线温度计测量电容表面的温度,记录电流、电压和温度之间的关系,如图2.37.1所示。

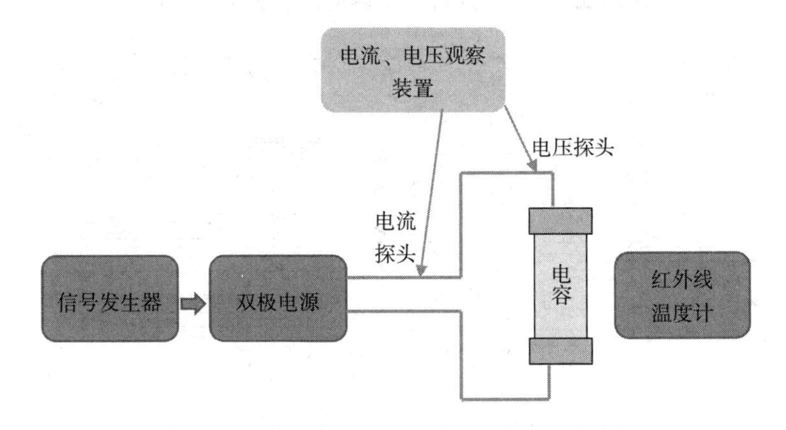

图2.37.1 高电容率型电容的发热特性测量系统

温度补偿型电容(工作在10MHz~4GHz的交流场景)的发热特性测量系统如图2.37.2所示。

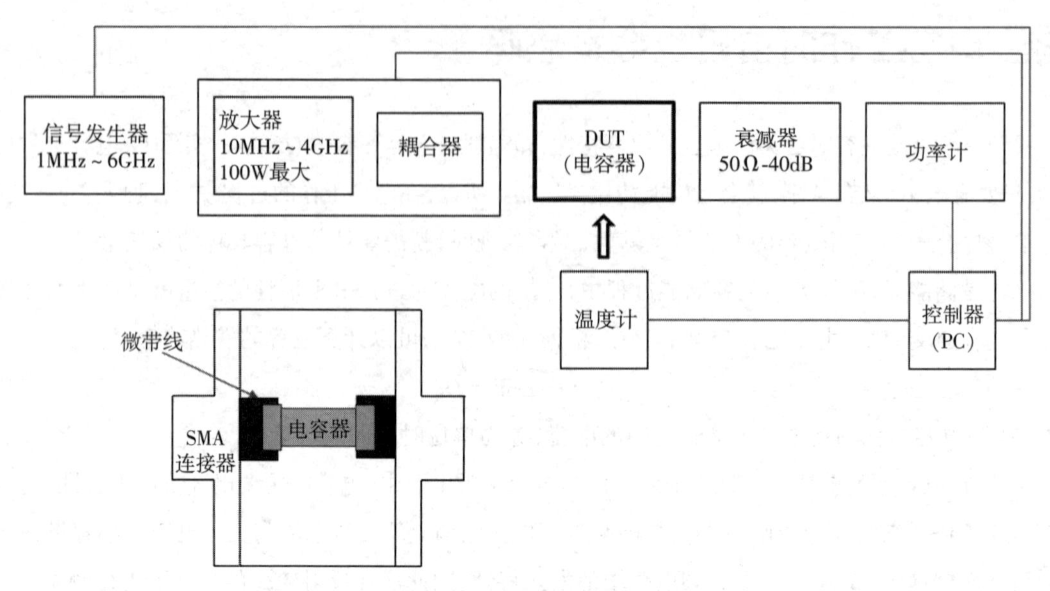

图 2.37.2　温度补偿型电容的发热特性测量系统

图 2.37.2 中的设备和线缆均采用 50Ω 的阻抗，被测电容安装在两端有 SMA 连接器的微带线基板上；信号发生器产生的信号经过放大器后施加到被测电容上，同时用耦合器观察电容的反射信号；被测电容的输出信号经过衰减器和功率计后送到控制器进行测量；同时用温度计测量电容表面的温度。

2　电容的发热特性数据

以 muRata 的 10μF 片状多层陶瓷电容为例，其发热特性和 ESR 频率特性如图 2.37.3 所示。

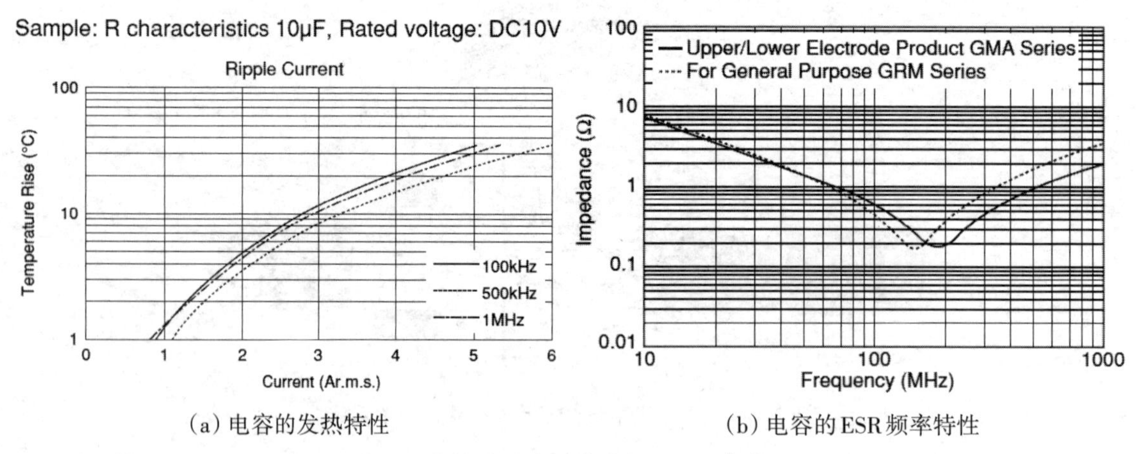

（a）电容的发热特性　　　　（b）电容的 ESR 频率特性

图 2.37.3　电容的发热特性和 ESR 频率特性

图 2.37.3（a）表示 100kHz、500kHz、1MHz 的交流电流与温度的关系。由图 2.37.3（a）可知，发热特性的大小关系为 100kHz > 1MHz > 500kHz。

图 2.37.3（b）表示阻抗（ESR）与频率的关系。ESR 在自谐振频率（Self-Resonance Frequency，SRF）点最小。

3 电源设计中的电容发热计算

(1)电容发热的主要原因。在电源设计中,需要重点关注纹波电压对电源发热的影响。电容的主要作用是电荷存储,当电容两端的电压增大时,电容处于充电状态;当电容两端的电压减小时,电容处于放电状态。电容充放电过程也是信号平滑的过程。

理论上,一个理想的电容自身不会有能量损耗,但由于材料和制造工艺等因素,因此电容达不到理想状态。实际电容的等效电路可看成由电阻、电容、电感等组成,如图2.37.4所示。

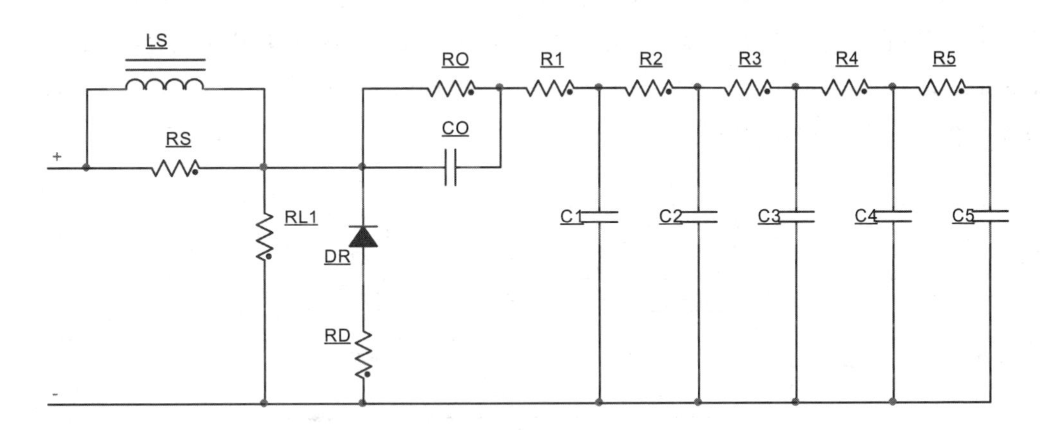

图2.37.4 实际电容的等效电路

当电容两端施加纹波电压时,电容承受的是变化的电压。由于电容内部存在寄生电阻(ESR)和寄生电感(ESL),因此电容会有能量损耗,从而产生热量。这一过程就是电容的自发热过程。

电容的自发热大小与纹波电压的频率有关,因为电容的ESR和等效阻抗(Z)与外部信号的频率相关,如图2.37.5所示。

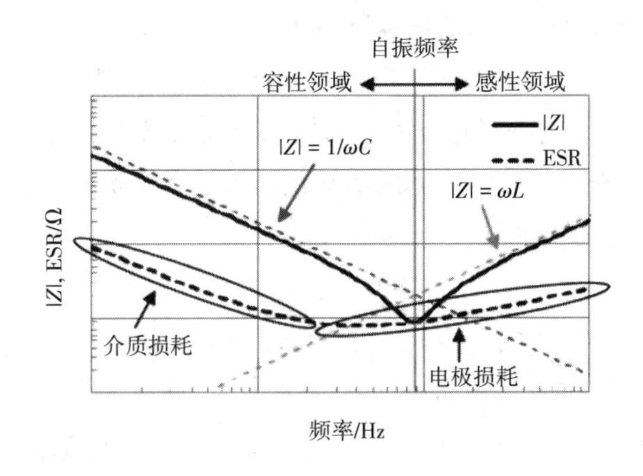

图2.37.5 电容的ESR、Z与频率的关系曲线

由图2.37.5可知,该电容的等效阻抗Z在谐振频率处最小。谐振频率点之前电容呈容性,谐振频率点之后电容呈感性,即在频率很高,超过电容的谐振频率时,电容就不再是“电容”了,此时的能量损

耗主要由电容的ESL引起，$P_{耗}=I_{rms}^2\cdot 2\pi f\cdot L$。所以，低ESR、低ESL的电容在高频时发热少。

由于电容的电介质很薄，电介质只占电容总质量的很小一部分，因此还需要考虑电容其他部分的材料所受纹波电压的影响。例如，无极性电容（如陶瓷或薄膜电容）中的电容板是金属的，而有极性电容（如钽或铝电解电容）具有一个金属阳极和一个电解质阴极。在内外部连接或引脚上还有各种导电触点，包括金属（如铜、镍、钯银和锡等）和导电环氧树脂等都会增加阻抗成分（电容的ESR）。当交流信号或电流通过这些材料时，电容会因为能量损耗而发热。

下面以固体钽电容在直流电源输出级平滑残留AC纹波电压为例，来说明这些因素发挥作用的原理。由于钽电容有极性，因此需要一个正偏置电压，防止AC纹波电压造成钽电容反向偏压。正偏置电压可以通过电压的额定输出电压来实现。电压与时间的关系如图2.37.6所示，AC纹波电压（曲线）叠加在偏置电压（虚直线）上。

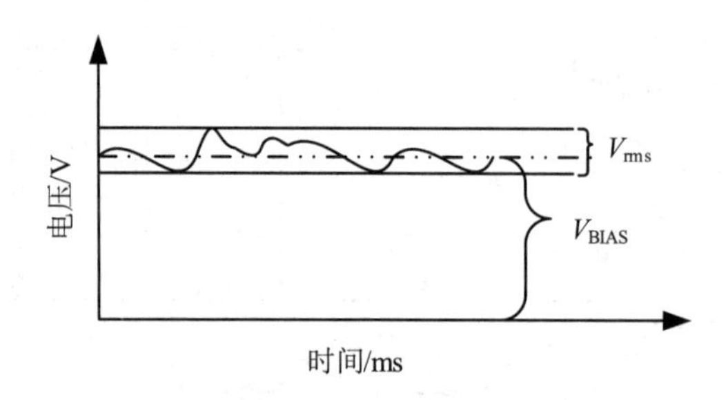

图2.37.6　电压与时间的关系

钽电容发热是由于通过钽电容的纹波电流在钽电容ESR上产生了功率损耗。在给定频率下，钽电容发热量的计算公式为

$$P_{耗}=I_{rms}^2\cdot \mathrm{ESR} \tag{2.37.2}$$

式中，I_{rms}为一定频率下的纹波电流；ESR为电容的等效串联电阻。

在某一频率下，如果1A I_{rms}的电流流经一个100mΩ ESR的电容，则发热量为100mW。

（2）电容发热的次要原因。除纹波电压外，直流偏压也会导致电容发热。因为电容不是理想器件，实际的电容还存在跨接介电材料的并联电阻（R_{Li}），该电阻将导致漏电流的发生。电容漏电流引起的功耗可由式（2.37.3）计算得出。

$$P_{耗}=I_{DCL}^2\cdot R \tag{2.37.3}$$

式中，I_{DCL}为钽电容漏电流；R为跨接介电材料的并联电阻（近似于钽电容绝缘电阻）。

100μF/16V钽电容等效电路的绝缘电阻R_{Li}等于1.1MΩ。常温下，其I_{DCL}不超过10μA（100μA@85℃），漏电流造成的发热量为0.11mW。相比而言，纹波电压造成的发热量是DC漏电流造成的发热量的1000倍。所以，正常情况下DC漏电流造成的发热可以忽略不计。

38 为什么要关注电容的 Q 值？

我们在硬件设计时经常遇到电容和电感的 Q 值，特别是射频电路，Q 值非常关键。

1 Q 值是什么，为什么重要？

Q 值即品质因数，表征储能器件（电容、电感等）或储能电路（谐振电路等）在一个周期内所存储的能量与所消耗的能量的比值，是一种质量指标。器件或电路的 Q 值越大，则该器件或电路的性能越优。Q 值可以采用如下方法来表示，即 Q = 无功功率/有功功率，也可以采用如下方法来表示，即 Q = 特性阻抗/回路电阻。Q 值越大，损耗越小，效率越高；Q 值越大，谐振器的频率稳定度越高，谐振器的振荡频率越高。

2 Q 值和ESR有什么关系？

我们经常用 Q 值或ESR来评估高频电容的性能。理论上，一个完美的电容应该表现为ESR为0欧姆、纯容抗性的无源元件，且任何频率的电流通过电容时都会比电压早90°的相位。但实际应用的电容并不完美，存在ESR。一个特定的电容，其ESR值是随着频率变化而变化的。随着频率升高，电容的不理想模型会更复杂。下面分析典型电容的不理想模型，其等效电路如图2.38.1所示。

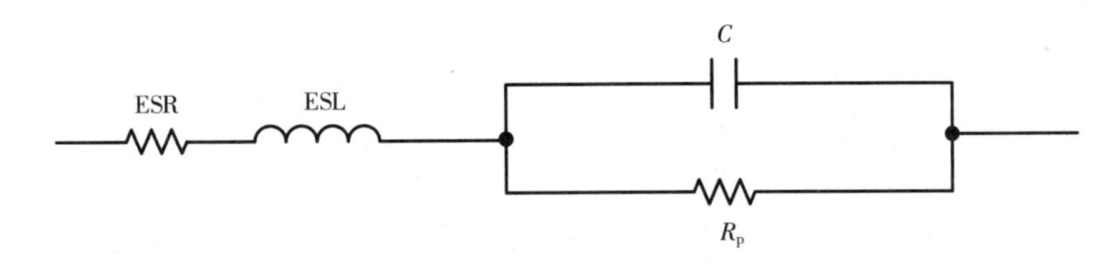

图2.38.1 典型电容的不理想模型的等效电路

图2.38.1中，C 为电容，R_p 为绝缘电阻和介质损耗，ESR为等效串联电阻，ESL为等效串联电感。

电容的导电电极的结构特性和绝缘介质的结构特性决定了其ESR。为了便于分析，把ESR按单个串联寄生单元来建模。以前所有的电容参数都是在1MHz的标准频率下进行测试，但随着应用频率越来越高，1MHz的条件已远远无法满足实际应用的需求。为了指导应用，典型的高频电容参数应该标注各个典型频率下的ESR值：200MHz，ESR = 0.04Ω；900MHz，ESR = 0.10Ω；2000MHz，ESR = 0.13Ω。电容的 Q 值是一个无量纲数，数值上等于电容的电抗除以ESR。由于电容的电抗和ESR都随频率变化，因此其 Q 值也随频率变化。

Q 值等于电容的储存功率与损耗功率之比，可用式（2.38.1）和式（2.38.2）来表示，即

$$Q_C = \frac{1/\omega C}{\mathrm{ESR}} \tag{2.38.1}$$

$$Q = \frac{X_C}{R_C} = \frac{1}{\omega C R_C} \tag{2.38.2}$$

为了便于解释Q值对高频电容的重要性，下面先讲述一个概念：自谐振频率。

由于存在ESL，因此ESL与C一起构成了一个谐振电路，其谐振频率便是电容的自谐振频率。在自谐振频率前，电容的阻抗随着频率升高而减小；在自谐振频率后，电容的阻抗随着频率升高而增大，呈现感性，如图2.38.2所示。

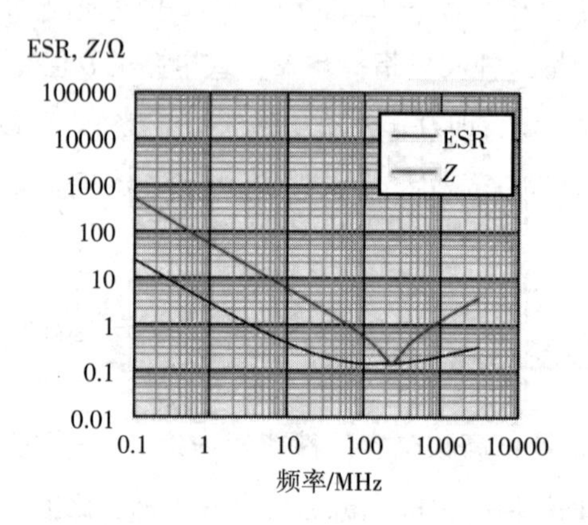

图2.38.2　ESR和Z的频率曲线

在图2.38.1所示的等效电路中，电容容值C是最主要的部分，ESR和ESL是由于器件引脚引线或电极产生的寄生参数，R_p源于电容两个引脚之间存在泄漏。

把以上寄生参数全部考虑之后，阻抗公式为

$$Z = \text{ESR} + \frac{R_p}{1 + \omega^2 R_p^2 C^2} + \text{j}\frac{\omega \text{ESL} - \omega R_p^2 \text{ESL} C^2}{1 + \omega^2 R_p^2 C^2} \tag{2.38.3}$$

由于上述寄生参数的存在，实际应用中的电容的总阻抗由式(2.38.3)中的实部和虚部两个部分组成。如果忽略电极间的泄漏，即R_p的阻抗无穷大（或远远大于ESL和ESR的阻抗），那么图2.38.1所示的等效电路可以进一步简化为图2.38.3所示的三元模型。

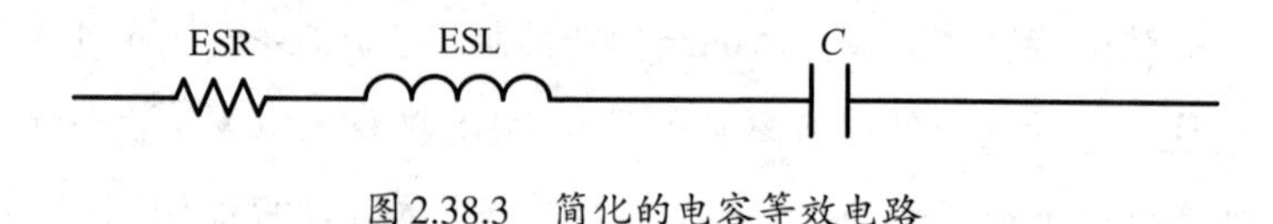

图2.38.3　简化的电容等效电路

由于存在ESL，因此随着信号频率f的升高，电容C的容抗X_C减小，而极性相反的ESL的感抗X_L增大。在某一个频率点f_0，$X_C = -X_L$，此时电容的总阻抗$|Z| = \text{ESR}$，我们称此频率点f_0为自谐振频率。小于自谐振频率时，电容呈现电容特性；大于自谐振频率时，电容发生极性转化，呈现电感特性。如图2.38.4所示，虚线相位曲线从−90°跳变到+90°。

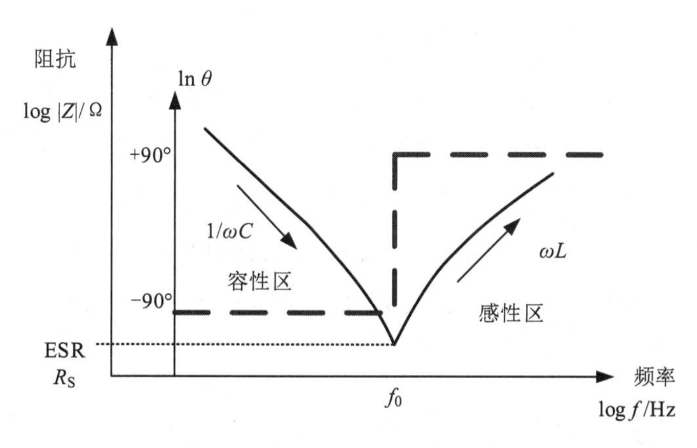

图 2.38.4 自谐振频率曲线

3 什么是电容的损耗角？损耗角与 Q 值有什么关系？

在电场力作用下，电容在单位时间内消耗的能量称为电容损耗，用有功功率表示。仅用有功功率并不能表征电容损耗特性方面的性能，还需考虑用所消耗的有功功率与它输送的无功功率的比值来表征电容的损耗特性，这一参数称为损耗角正切。根据损耗因数 D 的定义（$D=1/Q$）可知，D 值是 Q 值的倒数。

D 值又称为损耗角，其大小与电容的内阻有关。由于电解电容的内阻较大，因此 D 值较大，为 0.24 以下。塑料薄膜电容则 D 值较小，D 值的大小由电容的材质决定，为 0.01 以下。陶瓷电容的 D 值大小由其材质决定，Ⅱ类和Ⅲ类 MLCC 为 0.025 以下；Ⅰ类 MLCC 的 D 值很小，所以用 D 值的倒数 Q 值来表示，Q 值大于 400。

4 在射频电路中，Q 值为什么很关键？

由图 2.38.4 可见，由于存在 ESL，因此随着信号频率的升高，电容的容性不断下降。在串联谐振频率点时，电容的总电抗趋向于 0Ω，此时电容的阻抗最小，总阻抗 $|Z|=\text{ESR}$。所以，电容非常适合在射频电路的耦合和去耦电路中应用。在实际应用中需要注意的是，当电路的工作频率高于电容的串联谐振频率时，电容将表现电感特性。

39 电容有哪些作用？

电容特性：通交流，阻直流；通高频，阻低频。

电容在电路设计中是不可缺少的，但是很多人会进入一个电容使用的误区，即电容的容值越大，滤波效果越好。其实并不是这样的，简单地说，就是大容值电容滤低频噪声，小容值电容滤高频噪声。

电容的工作过程，实质上就是充电和放电的过程。以电容不存储任何电量为初始状态，大容值电容在电路中要达到电压平衡，需要充入的电荷量越多，需要充电的时间就越长，只能对低频噪声有效滤波，无法满足高频噪声的滤波要求，达不到滤波的目的，这时就要采用小容值电容。小容值电容的充放电时间短，能够达到滤波的目的。总之，滤波的频率随电容值的增大而降低。所以，在使用时要根据电路的需要选取合适的容值，以达到想要的滤波目的，同时又减少成本。

在电路中最常见到的电容使用方法是去耦电容和旁路电容。作为无源元件之一的电容，其作用不外乎以下几种。

1 应用于电源电路

电容应用于电源电路，主要起到滤波、旁路、去耦和储能的作用。

(1)滤波。滤波是电容的作用中很重要的一部分，几乎所有的电源电路中都会用到。从理论上来说(假设电容为纯电容)，电容越大，阻抗越小，通过的频率也越高。但实际上超过 1μF 的电容大多为电解电容，有很大的电感成分，所以阻抗会随着频率的升高而增大。有时会看到，一个电容量较大的电解电容并联了一个小电容，这时大电容通低频，小电容通高频。电容越大低频越容易通过，电容越小高频越容易通过。

曾有人将滤波电容比作“水塘”，由于电容两端电压不会突变，因此信号频率越高则衰减越大，可以很形象地说电容像个水塘，水塘里的水不会因几滴水的加入或蒸发而发生明显的变化。

电容把电压的变化转换为电流的变化，频率越高，峰值电流就越大，从而缓冲了电压。

注意：滤波就是充电、放电的过程。

---

(2)旁路。旁路电容一般接在信号端与地之间，主要功能是产生一个交流分路，从而消去进入易感区的那些不需要的能量。

旁路电容一般作为高频旁路器件来减小对电源模块的瞬态电流需求。通常铝电解电容和钽电容比较适合作旁路电容，其电容值取决于PCB上的瞬态电流需求，一般在10μF ~ 470μF 范围内。如果PCB上有许多集成电路、高速开关电路和具有长引线的电源，则应选择大容量的电容。旁路电容是为本地器件提供能量的储能器件，它能使稳压器的输出均匀化，降低负载需求。就像小型可充电电池一样，旁路被充电，并向器件进行放电。

注意：为尽量减小阻抗，旁路电容要尽量靠近负载器件的供电电源引脚和地引脚。这能够很好地防止输入值过大而导致的地电位抬高和噪声。

---

(3)去耦。去耦电容实际上是根据电容使用的实际效果来命名的，一般接在电源线和地线之间，主要有两方面作用：滤波作用和蓄能作用。

下面结合以下几点来解释去耦电容的具体作用。

①当电源引进电路时，电源的电压不是恒定的，而是处在一个相对稳定的状态，其中带有很多噪声，如果让这些噪声进入电路中就会对电路造成影响，特别是电压敏感型器件对电路电压的稳定性要求更高。如果参考电压中携带噪声，则会影响精度。这时，加电容能够保持电压平稳(简单理解就是，当电路中的电压增大时吸收电压，当电路中的电压减小时释放电压，让电路中的电压保持在一个平衡的状态)。

②有源器件在开关时产生高频的开关噪声，且会沿着电源线传播，这时电容提供一个局部的直流电源给有源器件，以减少开关噪声在电源线中的传播，并将噪声接引到地。

③在空间中存在很多电磁波，其往往会干扰芯片工作的稳定性。芯片周围的去耦电容能很好地滤除这些干扰，从另一方面说，高频电路中导线产生的电感效应对电流的阻碍作用是很大的，会导致电流不足。如果器件在这一时刻刚好需要很大的驱动电流，则导线的电感效应会导致芯片的电流供应不足。这时，去耦电容中储存的能量就能及时补充这些不足，保证器件正常工作。

注意：在电路中，去耦电容和旁路电容都起到抗干扰的作用，但因为电容所处位置不同，所以名称不同。旁路电容是把输入信号中的干扰作为滤除对象，而去耦电容是把输出信号中的干扰作为滤除对象，防止干扰信号返回电源，这是二者的本质区别。

---

(4)储能。当电容接入电路后，电路会对电容进行充电，直到电容两端电压等于电路电压，这个过程就是电容存储能量的过程。当电路电压减小时，电容会对电路进行放电，这个过程就是电容释放能量的过程。

2 应用于信号电路

电容应用于信号电路，主要起到耦合、振荡/同步及时间常数的作用。

(1)耦合。例如，晶体管放大器发射极有一个自给偏压电阻，它同时又使信号产生压降反馈到输入端，形成了输入/输出信号耦合，该电阻就是产生了耦合的元件。如果在该电阻两端并联一个电容，则由于适当容量的电容对交流信号有较小的阻抗，因此能减小电阻产生的耦合效应，故称此电容为去耦电容。

(2)振荡/同步。RC、LC 振荡器及晶体的负载电容都属于振荡/同步的范畴。

(3)时间常数。在RC充放电电路中，电阻R和电容C的乘积就是时间常数τ。当输入信号电压加在输入端时，电容上的电压逐渐增大，而其充电电流则随着电压的增大而减小。充放电电流(i)与电阻(R)、电容(C)的关系可用式(2.39.1)来描述，即

$$i=\frac{V}{R}\mathrm{e}^{-\frac{t}{RC}} \tag{2.39.1}$$

40 电容的寄生参数如何影响电源完整性？

在设计普通电路时，工程师们通常关注的是电容的容值、耐压值、封装大小、工作温度范围、温漂等参数。但是，在高速电路或电源系统中及一些对电容要求很高的时钟电路中，电容已经不仅仅是电容，而是一个由等效电容、等效电阻和等效电感组成的电路，其简单的结构如图2.40.1所示。

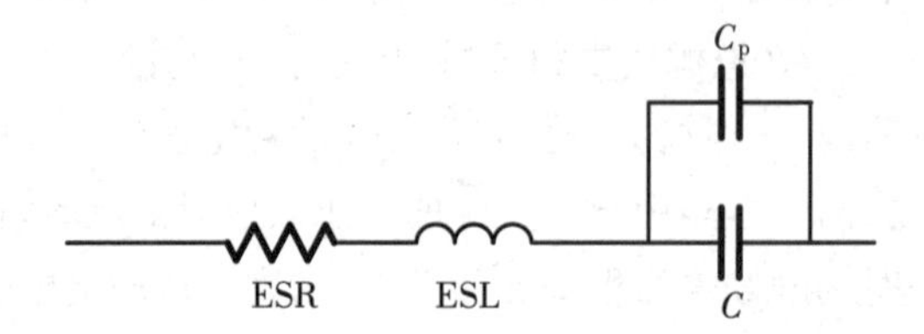

图2.40.1 电容在高速电路中的等效电路

图2.40.1中，C为所需电容，C_p为等效并联电容，ESR为等效串联电阻，ESL为等效串联电感。

既然这是一个电路，那么就不再是一个独立电容那么简单了。该等效电路性能受很多因素的影响，在选择这类电容时，不仅要关注前面提到的那些参数，还要关注在特定频率下的等效参数。以muRata的1μF的电容为例，在谐振频率点时，对应的等效电容为602.625nF，等效电阻为11.5356mΩ，等效电感为471.621pH。理想电容和实际电容会呈现出不同的性能，图2.40.2所示是理想电容和实际电容的阻抗曲线。

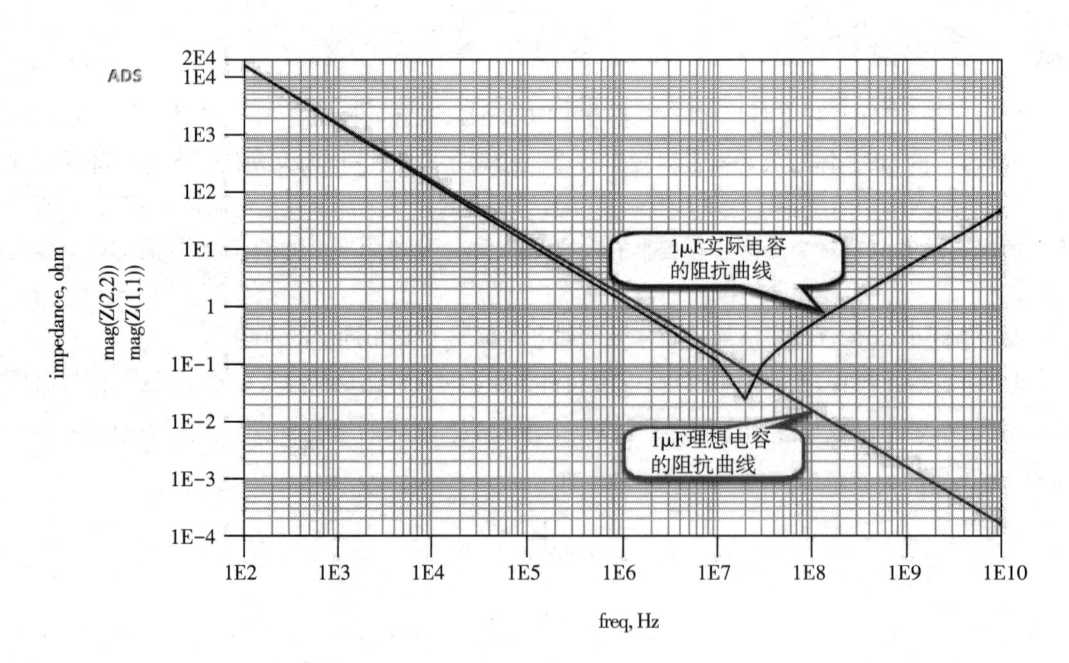

图2.40.2 理想电容和实际电容的阻抗曲线

在工程实践中，很多工程师看到参考板设计或其他工程师设计的电路板中有很多电容，就认为自己的产品照搬他们的设计就一定不会出问题。其实并不是如此,因为产品应用不同,结构也有可能不同,这就可能使得产品设计的PCB层叠不同,通流平面也不同,而这些都会引起电源系统的不一致。

在电源系统设计中,通常都会有很多类型的电容存在,如一个电源系统中会有100μF、47μF、22μF、10μF、1μF、0.1μF等类型的电容,这么多类型的电容是否可以统一为某一种类型的电容呢?下面以电容的阻抗曲线为例进行说明,如图2.40.3和图2.40.4所示。

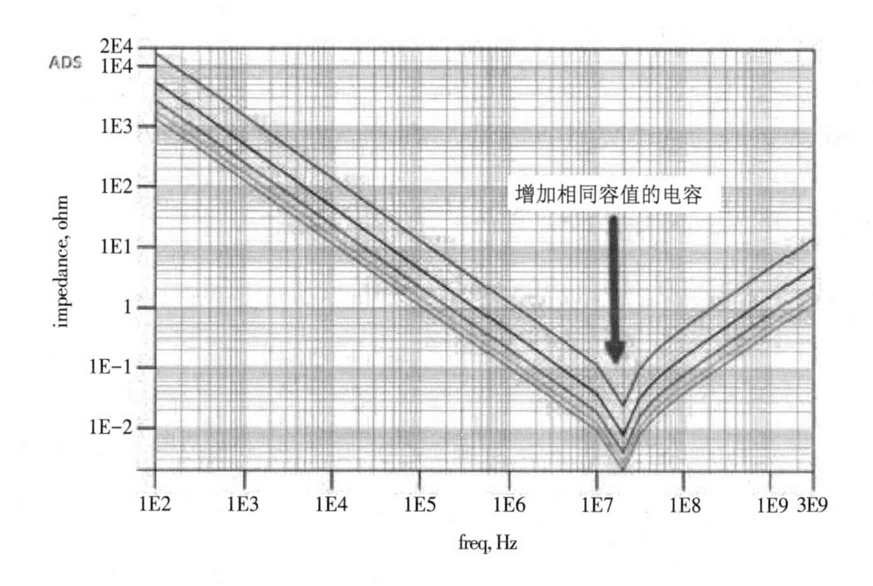

图2.40.3　增加相同容值的电容的阻抗曲线

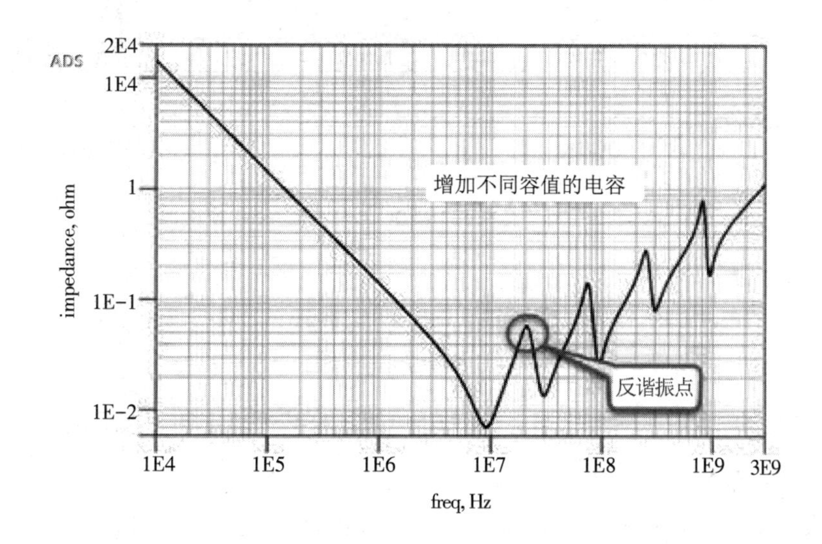

图2.40.4　增加不同容值的电容的阻抗曲线

通过图2.40.3和图2.40.4可以看到,如果都使用相同类型的电容,则虽然阻抗更小,但是去耦频率范围几乎没有变化;如果使用不同类型的电容,则可以增大去耦频率范围。

在电源系统中并不是电容越多越好，在某些系统中如果电容多了反而会导致新的噪声点出现。

41 电容在电源设计中的应用

电源往往是我们在电路设计过程中最容易忽略的环节。其实，一款优秀的产品，电源设计是非常重要的，它在很大程度上影响了整个系统的性能和成本。

这里只介绍电路板电源设计中的电容使用情况。电容的使用往往是电源设计中最容易忽略的地方，下面从电容的参数开始介绍电容在电源设计中不可或缺的原因。

1 开关电源输入电容纹波电流有效值的计算

Buck 电路中输入电容纹波电流有效值在连续工作模式下可用式(2.41.1)来计算。

$$I_{\text{cin.rms}} = I_{\text{out}}\sqrt{\frac{V_{\text{out}}(V_{\text{in}} - V_{\text{out}})}{V_{\text{in}}^2}} \tag{2.41.1}$$

下面介绍式(2.41.1)的推导过程。在 Buck 变换的 DC/DC 电路中，输入电容(C_{in})的电流(I_{cin})波形如图 2.41.1 所示。

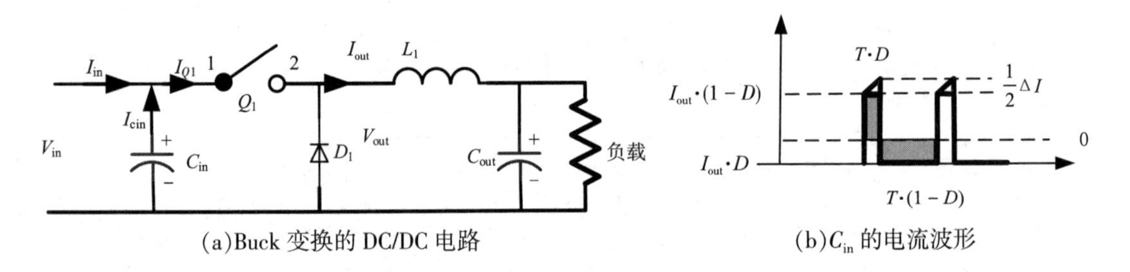

(a)Buck 变换的 DC/DC 电路　　(b)C_{in} 的电流波形

图 2.41.1　Buck 变换的 DC/DC 电路中 C_{in} 的电流波形

根据图 2.41.1，则有

$$I_{Q1} = \begin{cases} I_{\text{out}}\ (0 < t < TD) \\ 0\ (TD < t < T) \end{cases} \tag{2.41.2}$$

只要 C_{in} 容量足够大，则在整个周期中电容 C_{in} 的能量是基本恒定的。按照能量守恒定律，$P_{in} = I_{in}\cdot V_{in} \approx P_{out} = I_{out}\cdot V_{out}, I_{in} = (V_{out}/V_{in})\cdot I_{out} = D\cdot I_{out}$。

在 Q_1 导通期间，输入端和输入电容共同向输出端提供电流，因此输入电容电流等于 Q_1 电流减去输入端电流，即 $I_{cin} = I_{Q1} - I_{in} = I_{out} - I_{in}$；在 Q_1 关断期间，输入端对电容充电，以补充在 Q_1 导通期间所泄漏的电荷，而此时电流方向与所定义的正向是相反的，所以有 $I_{cin} = -I_{in} = -D\cdot I_{out}$，考虑有效值，则 $|I_{cin}| = |D\cdot I_{out}|$，如图 2.41.2 所示。

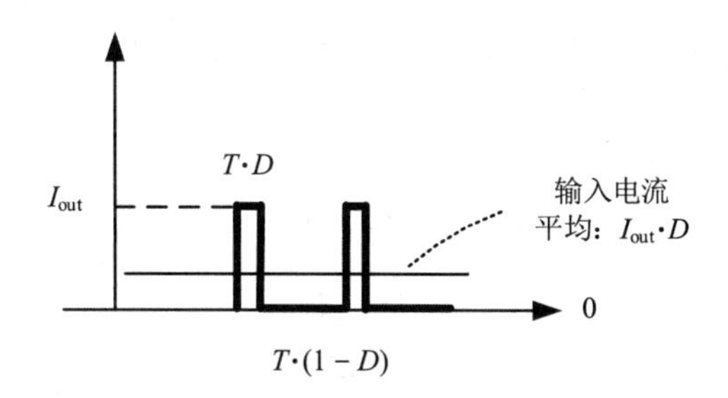

图 2.41.2 电源输入电流的波形

不难得出输入电容纹波电流有效值$I_{cin.rms}$的计算公式：

$$I_{cin.rms} = \sqrt{\frac{1}{T}\left[\int_0^{TD}\left(I_{out} - DI_{out}\right)^2 dt + \int_{TD}^{T}(-DI_{out})^2 dt\right]} \tag{2.41.3}$$

$$I_{cin.rms} = \sqrt{\frac{1}{T}\left[\left(I_{out} - DI_{out}\right)^2 \cdot TD + \left(DI_{out}\right)^2 \cdot (T - TD)\right]} \tag{2.41.4}$$

即

$$I_{cin.rms} = I_{out}\sqrt{(1-D) \cdot D} = I_{out}\sqrt{\frac{V_{out}(V_{in} - V_{out})}{V_{in}^2}} \tag{2.41.5}$$

2 开关电源输出电容纹波电流有效值的计算

(1)设定开关工作频率$f = 60\text{kHz}$，输出电流$I_o = 1\text{A}$，最大占空比$D_{max} = 0.457$。

(2)计算T_{off}、T_{on}：

$$T_{off} = 1/f \cdot (1 - D_{max}) \approx 9.05(\mu s) \tag{2.41.6}$$

$$T_{on} = 1/f \cdot D_{max} \approx 7.62(\mu s) \tag{2.41.7}$$

(3)计算输出峰值电流：

$$I_{pk} = \frac{2I_o}{1 - D_{max}} = \frac{2 \times 1}{0.543} \approx 3.68(\text{A}) \tag{2.41.8}$$

(4)根据输出波形计算输出电容量。输出电容特性如图2.41.3所示。

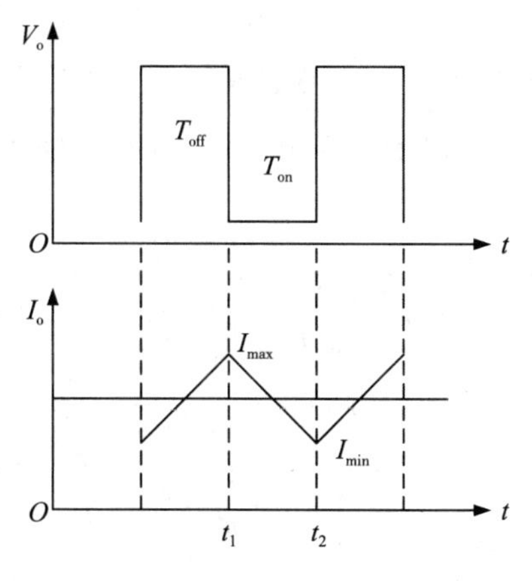

图 2.41.3 输出电容特性

由图2.41.3可知，I_o减少，V_o也减小，即输出电解电容主要维持$t_1 \sim t_2$时间段的电压。设输出纹波电压V_{pp}为120mV，则

$$V_{pp} = I_{pk} \cdot \frac{T_{on}}{C_{min}} \Rightarrow C_{min} = I_{pk} \cdot \frac{T_{on}}{V_{pp}} \tag{2.41.9}$$

$$C_{min} = 3.68 \times 10^3 \times \frac{7.62}{120} = 233.68(\mu F) \tag{2.41.10}$$

（5）纹波电流一般取输出电流的5%～20%，即$I_{ripple} = 20\% \cdot I_o = 0.2(A)$，实际每个电解电容的纹波电流均为0.2A，故满足设计要求。

（6）ESR最大值：

$$ESR = \frac{\Delta U}{\Delta I} = \frac{V_{pp}}{I_{ripple}} = \frac{120}{0.2} = 600(m\Omega) \tag{2.41.11}$$

注意： *ESR值需要根据实际纹波电流大小而定，实际使用值比计算值应小得多，是最大值的20%左右或更小。*

---

3 去耦电容的选择

如何选择去耦电容呢？在高速时钟电路中，尤其要注意元件的射频去耦问题。究其原因，主要是因为元件会把一部分能量耦合到电源/地系统中，这些能量以共模或差模射频的形式传播到其他部件中。陶瓷电容需要比时钟电路要求的自激频率更大的频率，这样可选择一个自激频率在10MHz～30MHz，边沿速率是2ns或更小的电容。同理可知，由于许多PCB的自激频率范围是200MHz～400MHz，当把PCB结构看作一个大电容时，可以选用适当的去耦电容，增强EMI的抑制。由于引线中也存在较小电感，因此表面安装元件具有更高的自激频率。

铝电解电容不适用于高频去耦，主要用于电源或电力系统的滤波。

由实际经验可知，通常是根据时钟或处理器的第一谐波来选择去耦电容。但是，若干扰是由3次或5次谐波产生的，此时就应该考虑这些谐波，根据采用较大的分立电容去耦。在达到200MHz以上频率的电流工作状态后，0.1μF与0.01μF并联的去耦电容由于感性太强，转换速度缓慢，因此不能提供满足需要的充电电流。

在PCB上放置元件时，必须提供对高频射频的去耦。考虑自激频率时需要考虑对重要谐波的抑制，一般考虑到时钟的5次谐波。以上这些要点对高速时钟电路尤为重要。

对去耦电容容抗的计算是选择去耦电容的基础，表示为

$$X_C = \frac{1}{2\pi fC} \tag{2.41.12}$$

式中，X_C为容抗，单位为Ω；f为谐振频率，单位为Hz；C为电容，单位为F。

选择去耦电容的关键是计算所用电容的容值大小，这里介绍常在高速电路中使用的波形法。如图2.41.4所示，逻辑状态由0转换到1，实际的时钟边沿速率发生了变化。虽然切换位置仍然保持不变，但t_1、t_2已改变，这是因为电容充放电使信号边沿变化变缓。

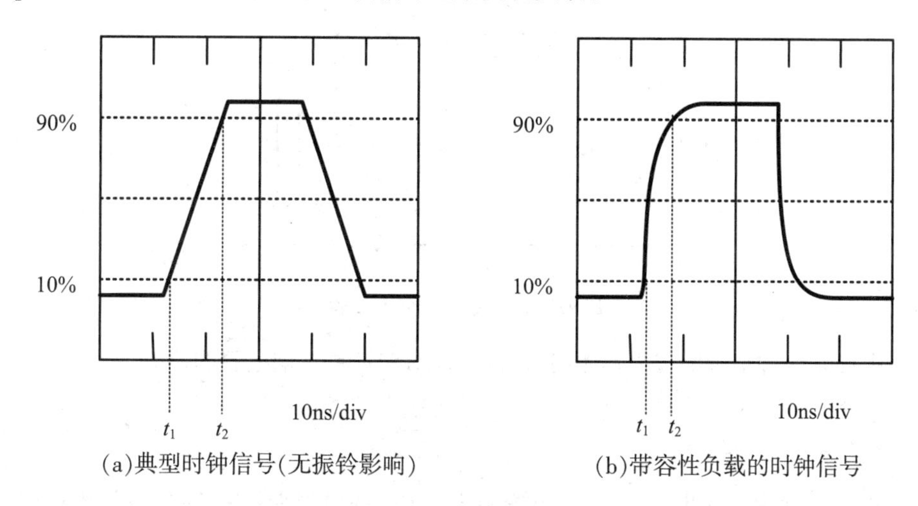

(a)典型时钟信号(无振铃影响)　(b)带容性负载的时钟信号

图2.41.4　电容对时钟信号的影响

图2.41.4中的时钟边沿变化率计算如下。

电容充电时：

$$V_C(t) = V_b\left(1 - e^{-\frac{t}{RC}}\right) \tag{2.41.13}$$

$$i_C(t) = \frac{V_b}{R}\cdot e^{-\frac{t}{RC}} \tag{2.41.14}$$

电容放电时：

$$V_C(t) = V_b\cdot e^{-\frac{t}{RC}} \tag{2.41.15}$$

$$i_C(t) = -\frac{V_b}{R}\cdot e^{-\frac{t}{RC}} \tag{2.41.16}$$

式中，V_C为电容两端电压；i_C为电容充电电流；V_b为电源电压；R为电阻；C为电容。

电容充放电电路如图2.41.5所示。

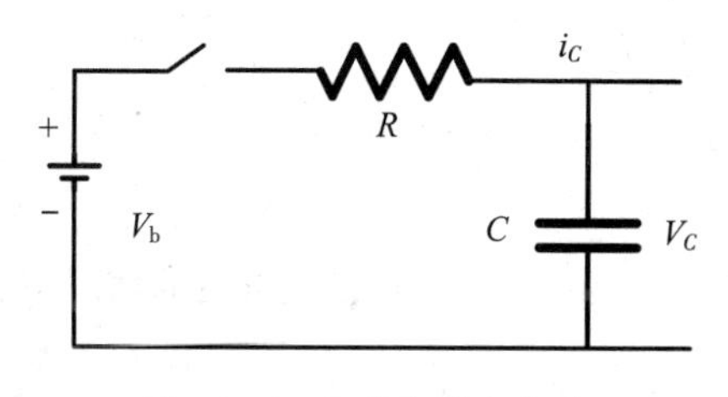

图2.41.5　电容充放电电路

在设计时需要注意的是，必须确保最慢的边沿变化率不会影响其工作性能。

傅里叶分析可以从时域到频域对信号进行分析。在射频频谱分布中，射频能量随着频率下降而减少，从而改善了EMI的性能。

在计算去耦电容之前，需要先绘制戴维宁等效电路，如图2.41.6所示，总的阻抗等于电路中两个电阻的并联值。假定图2.41.6所示的戴维宁等效电路中$Z_S = 150\Omega$，$Z_L = 1.0\text{k}\Omega$，那么：

$$Z_t = \frac{Z_S \cdot Z_L}{Z_S + Z_L} = \frac{150 \times 1000}{150 + 1000} \approx 130(\Omega) \tag{2.41.17}$$

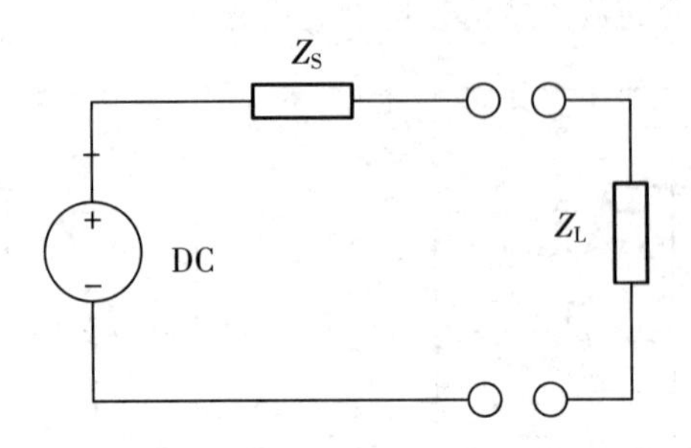

图2.41.6 戴维宁等效电路

方法一：在已知时钟信号的边沿速率时，用式(2.41.18)计算去耦电容的值。

$$C_{max} = \frac{0.3t_r}{R_t} \tag{2.41.18}$$

式中，当信号的边沿速率t_r的单位为ns时，电容最大值C_{max}的单位为nF；当t_r的单位为ps时，C_{max}的单位为pF。R_t为网络的总电阻，单位为Ω。

由式(2.41.18)可知，必须选择适当的电容，使得当$t_r = 3.3RC$时满足信号上升/下降沿的需要。电容选择不当会引起基线漂移，这里的基线就是判断逻辑1或0的稳态电平。RC是时间常数，其3倍等于一个上升时间。

例2.41.1 如果设计信号的边沿速率为10ns，电路等效阻抗为130Ω，则计算最大电容值为

$$C_{max} = \frac{0.3 \times 10}{130} \approx 0.02(\text{nF})或20(\text{pF})$$

例2.41.2 某信号上、下沿速率均为8.33ns，频率为80MHz，R为33Ω，则$t_r = t_f \approx 3.3$ns（为上、下沿速度的2/5）。计算最大电容值为

$$C_{max} = \frac{0.3 \times 3.3}{33} = 0.03(\text{nF})或30(\text{pF})$$

方法二：首先决定所要滤除的最高频率，然后用式(2.41.19)获得在最小信号畸变情况下的最大电容值。

$$C_{min} = \frac{100}{f_{max} \cdot R_t} \tag{2.41.19}$$

例2.41.3 在$R_t = 130\Omega$的情况下，滤除一个50MHz的信号，在忽略源内阻Z_c时，求C_{min}。

$$C_{min} = \frac{100}{50 \times 130} \approx 0.015(\text{nF})或15(\text{pF})$$

在使用去耦旁路电容时，需要考虑以下几点。

(1)使电容的引线最短，线路电感最小。

(2)选择适合的额定电压和介电常数的电容。

(3)如果边沿速率的畸变容许3倍于电容容值的大小,则应使用大一级的电容标称值。

(4)电容安装好后,必须检查是否工作正常。

(5)太大的电容会导致信号的过大畸变。

4 去耦电容的作用

去耦电容用在放大电路中不需要交流的地方,用来消除自激,使放大器稳定工作。在实际电路中总是存在驱动的源和被驱动的负载,如果负载电容比较大,则驱动电路需要对电容进行充电和放电,才能完成信号的跳变。在上升沿比较陡峭时,电流比较大,这样驱动的电流就会吸收很大的电源电流,由于电路中存在电阻和电感(特别是芯片引脚上的电感,会产生反弹),因此这种电流相对于正常情况来说就是一种噪声,会影响前级的正常工作,这就是耦合。

去耦电容就是起到一个电池的作用,满足驱动电路电流的变化,避免相互间的耦合干扰。

去耦和旁路都可以看作滤波。去耦电容相当于电池,避免由于电流的突变而使电压减小,相当于滤纹波电流。去耦电容的具体容值可以根据电流的大小、期望的纹波电流大小、作用时间的大小来计算。去耦电容一般很大,对更高频率的噪声基本无效。旁路电容是针对高频的,即利用了电容的频率阻抗特性。电容一般可以看成一个RLC串联模型,在某个频率会发生谐振,此时电容的阻抗就等于其ESR。如果观察电容的频率阻抗曲线,就会发现其一般是一个V形曲线。电容的具体频率阻抗曲线与电容的介质有关,所以选择旁路电容还要考虑电容的介质,一个比较保险的方法就是多并联几个电容。

去耦电容在集成电路电源和地之间有两个作用:一是作为本集成电路的蓄能电容;二是旁路掉该集成电路中的高频噪声。数字电路中典型的去耦电容值是0.1μF,该电容的分布电感的典型值为5μH。0.1μF的去耦电容有5μH的分布电感,它的并行共振频率大约为7MHz,即对于10MHz以下的噪声有较好的去耦效果,对40MHz以上的噪声几乎不起作用。1μF、10μF的电容,并行共振频率为20MHz以上,去除高频噪声的效果要好一些。每10片左右集成电路要加一片充放电电容或一个蓄能电容,可选10μF左右。最好不用电解电容,电解电容是用两层薄膜卷起来的,这种卷起来的结构在高频时表现为电感;可以使用钽电容或聚碳酸酯电容。去耦电容的选用并不严格,可按公式$C = 1/f$来选取,即10MHz取0.1μF,100MHz取0.01μF。

42 开关电源的输入电容如何选型?

输入电容的主要作用就是降低电源模块输入端的纹波电压幅值。

使用大容量电容可以有效降低纹波电流的有效值;将陶瓷电容放置在电源的输入端,可有效降低纹波电压幅值(在纹波电流比较小的情况下,用陶瓷电容即可解决纹波电流和纹波电压的问题)。

因为要利用陶瓷电容的低ESR特性,所以需要把输入电容靠近电源模块放置。如果输入电容处理不好,有几微亨的杂散电感寄生在输入电容的电流路径上,且恰好影响在开关频率上的阻抗,则会严重影响电路消除纹波电压的有效性。铝电解电容及大多数钽电容的ESR太大,不能有效去除纹波电压。

如果输入的纹波电压比较大,则会导致大量的纹波电流进入大电容,这些电流流经ESR,会引起无效的功率损耗。为了减小大容量电容中的电流有效值,必须使用陶瓷电容减小纹波电压幅值。一般的经验法则是保持峰峰值纹波电压在75mV以下,保持电容中的电流有效值在可接受的范围内。大功率电源的纹波电压极大,不做此约束。

负载电流、占空比和开关频率是决定输入纹波电压大小的几个因素。输入纹波电压幅值与输出负载电流成正比,最大输入纹波电压幅值发生在最大输出负载。此外,纹波电压幅值随着开关电源的占空比变化而变化。电容的选型过程如下。

1 计算输入纹波有效电流

有效电流的定义:在相同的电阻上分别通过直流电流和交流电流,经过一个交流周期的时间,如果它们在电阻上所消耗的电能相等,则把该直流电流(电压)的大小作为交流电流(电压)的有效值。

方均根值的定义:在规定时间间隔内一个量的各瞬时值的平方的平均值的平方根,对于周期量,时间间隔为一个周期。

输入电流的时域波形如图2.42.1所示。

根据有效电流的公式,可以计算得到输入电流的有效电流。

$$I_{\text{ripple}}^2 \cdot T = (I_{\text{out}} \cdot (1-D))^2 \cdot T \cdot D + \left(I_{\text{out}} \cdot D\right)^2 \cdot T \cdot (1-D)$$

即

$$I_{\text{ripple}}^2 = I_{\text{out}}^2 \cdot D \cdot (1-D) \tag{2.42.1}$$

如果考虑输出纹波电流的影响,则输入电流波形如图2.42.2所示。

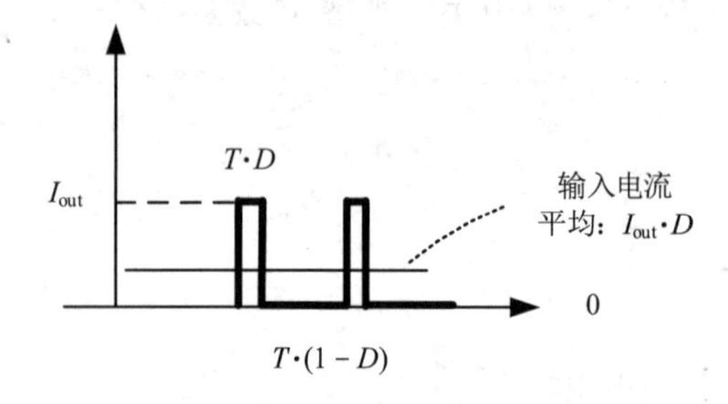

图2.42.1 输入电流的时域波形

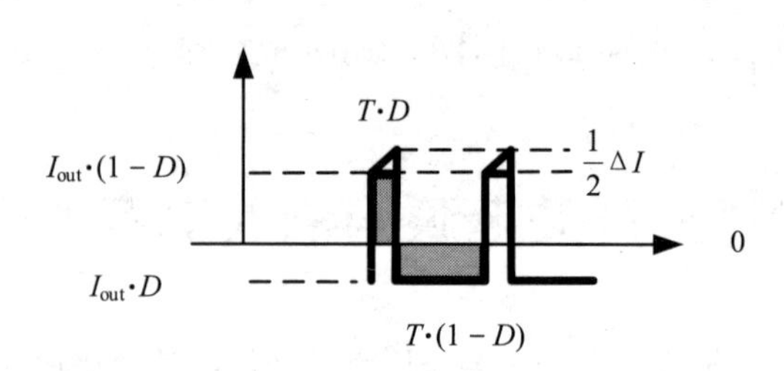

图2.42.2 考虑输出纹波电流的输入电流波形

如果把相对于图2.42.1中增加的三角部分（宽度为$T \cdot D$，高度为$\frac{1}{2}\Delta I$的三角形区域）也考虑进去，则有效电流的计算公式中需要增加以下增量。

$$
I_{\text{ripple}}^2 = \frac{\int_0^{TD} I(t)^2 \mathrm{d}t}{T} = \frac{\int_0^{TD}\left(t \cdot \frac{\Delta I/2}{TD}\right)^2 \mathrm{d}t}{T} = \frac{\left(\frac{\Delta I/2}{TD}\right)^2 \int_0^{TD}(t)^2 \mathrm{d}t}{T}
= \frac{\left(\frac{\Delta I}{2TD}\right)^2 \frac{(TD)^3}{3}}{T} = \frac{\Delta I^2}{12} D \tag{2.42.2}
$$

此时，计算输入有效电流的公式为

$$
I_{\text{ripple}} = \sqrt{I_{\text{out}}^2 \cdot D \cdot (1-D) + \frac{\Delta I^2}{12} D} \tag{2.42.3}
$$

2 输入电容的纹波电流的选择

通过电容的数据手册可以查看其承受纹波电流的能力。以高分子电容为例，其额定的纹波电流为3.89A。电容的额定有效电流如图2.42.3所示。

Rated Voltage (V)(code)	Surge Voltage (V)	Rated Capacitance (μF)	Case Size ϕD×L (mm)	tan δ	Leakage Current (μA)	ESR (mΩ) (at 100kHz 20°C)	Rated ripple (mArms)	Part Number
16 (1C)	18.4	33	5×6	0.12	105	35	1900	PCJ1C330MCL1GS
		39	5×6	0.12	124	35	1900	PCJ1C390MCL1GS
		68	6.3×6	0.12	217	28	2300	PCJ1C680MCL1GS
		82	6.3×8	0.12	262	24	2700	PCJ1C820MCL1GS
		100	■ 6.3×8	0.12	320	24	2700	PCJ1C101MCL4GS
		100	8×7	0.12	320	24	2900	PCJ1C101MCL1GS
		120	8×7	0.12	384	24	3000	PCJ1C121MCL1GS
		150	8×8	0.12	480	22	3150	PCJ1C151MCL1GS
		180	8×10	0.12	576	18	3890	PCJ1C181MCL1GS
		220	■ 8×10	0.12	704	18	3890	PCJ1C221MCL4GS
		220	10×8	0.12	704	22	3400	PCJ1C221MCL1GS
		330	10×10	0.12	1056	16	4100	PCJ1C331MCL1GS

图2.42.3 电容的额定有效电流

如果电源输入纹波电流为9A，则该电容需要放置3个。

3 容值的选择

以表2.42.1中的开关电源为例，计算输入电容的容值。

表2.42.1 开关电源的指标

输入电压/V	$V_{\text{in}} = 12$	由前级电源决定
输出电压/V	$V_{\text{out}} = 3.3$	由负载电压要求决定
输出电流/A	$I_{\text{out}} = 10$	由负载电流要求决定
效率/%	$\eta = 90$	先预估，后优化

续表

开关频率/kHz	$f_{sw}=333$	由电源控制器设计决定
允许的最大电压波动/mV	$V_{p(max)}=75$	由负载决定

利用充放电的电量相同，可得：

$$Q=C\cdot\Delta U \tag{2.42.4}$$

$$Q=I_{out}\cdot D\cdot T\cdot(1-D) \tag{2.42.5}$$

$$C=I_{out}\cdot D\cdot T\cdot(1-D)/\Delta U \tag{2.42.6}$$

这里建立一个中间变量 d*c*：

$$\mathrm{d}c=\frac{V_{out}}{V_{in}\cdot\eta} \tag{2.42.7}$$

此时，再考虑效率，则公式转变为

$$C_{min}=\frac{I_{out}\cdot \mathrm{d}c(1-\mathrm{d}c)}{f_{sw}\cdot V_{p(max)}} \tag{2.42.8}$$

代入数据后计算，可得：

$$C_{min}\approx\frac{10\times0.3\times(1-0.3)}{333\times10^{3}\times75\times10^{-3}}\approx84\times10^{-6}(\mathrm{F})或84(\mu\mathrm{F}) \tag{2.42.9}$$

所以，这里选择100μF的铝电解电容即可满足上述设计要求。综上，输入电容的选择要兼顾有效纹波电流和电容值的要求。

4 电容的选择

此处需要考虑电容值范围的需求和成本需求。如果用于电源滤波，则一般只会选择这几类电容：铝电解电容或高分子聚合物铝电容、MnO_2钽电容或高分子聚合物钽电容、陶瓷电容。按照一般经验，输出电流在10A以下的Buck电路可以只使用MLCC，选择22μF耐高压的MLCC并联。如果是更大的电流，则一般选择铝电解电容，因为铝电解电容容量更大，耐压更高。如果耐压允许，则有条件的也可以选择Polymer铝电容。

在选型使用MLCC时，还需要考虑偏压和偏温的极限场景下是否满足容值要求。

43 去耦电容的工作原理是怎样的？

这里先简单介绍一下电源完整性。电源完整性用于确认电源来源及目的端的电压和电流是否符合需求。电源完整性的目的有以下3个。

（1）使芯片引脚的“电压噪声 + 纹波电压”比规格要求小一些（例如，芯片电源引脚的输入电压要求1V之间的误差小于±50mV)。

(2)控制接地反弹(地弹)(同步切换噪声SSN、同步切换输出SSO)。

(3)降低电磁干扰并且维持电磁兼容性(Electromagnetic Compatibility,EMC):电源分布网络(Power Distribution Network,PDN)是电路板上最大型的导体,因此也是最容易发射及接收噪声的天线。

由于器件引脚、PCB走线、过孔、焊盘、芯片内部的金线等都有阻抗,如图2.43.1所示,因此不能理想地认为单板上的电源走线是一个对GND绝缘、导通阻抗为0的导线。所以,才有了电源分布网络,如图2.43.2所示。

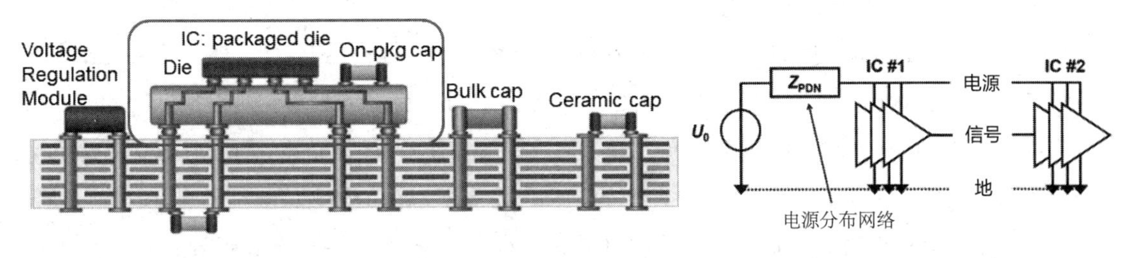

图2.43.1　电路板上的走线阻抗　　　　图2.43.2　电源分布网络

那么,为什么我们越来越需要关注电源完整性问题?

(1)芯片的集成度越来越高,芯片内部晶体管数量越来越多,芯片内部由晶体管组成的门电路、组合逻辑、延迟线、状态机及其他逻辑电路也越来越多。

(2)芯片外部电源引脚提供给内部晶体管一个公共的电源节点,当晶体管状态转换时必然引起电源噪声在芯片内部传递。

(3)内部晶体管工作需要内核时钟或外部时钟同步,但是由于内部延迟及各个晶体管不可能严格同步,因此造成一部分晶体管完成状态转换,而另一部分晶体管可能处于转换状态,这样一来处于高电平门电路的电源噪声会传到其他门电路的电源输入部分。

电容去耦是解决电源噪声的主要方法,这种方法对提高瞬态电流的响应速度,降低电源分配系统的阻抗都非常有效。

一种解释是储能,当负载发生瞬态电流变化时,电源不能及时满足负载的瞬态电流要求,由公式$I = CdU/dt$可知,只需很小的电压变化,电容就可以提供足够大的电流,满足负载瞬态电流的要求。

另一种解释是阻抗,如图2.43.3所示,把负载芯片去掉,从AB两点向左看去,稳压电源及电容可以看成一个复合的电源系统,无论AB两点负载电流如何变化,由公式$\Delta U = Z \cdot \Delta I$可知,都可保证AB两点间的电压稳定,即AB两点间电压变化很小。

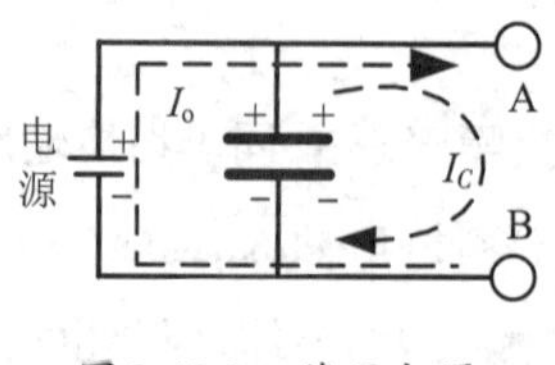

图 2.43.3 稳压电源

1 从储能角度来说明电容去耦原理

在制作电路板时，通常会在负载芯片周围放置很多电容，这些电容就起到电源去耦作用。

只要电容量C足够大，那么只需很小的电压变化，电容就可以提供足够大的电流，满足负载瞬态电流的要求，这样就保证了负载芯片电压的变化在容许范围内。这里，相当于电容预先存储了一部分电能，在负载需要时释放出来，即电容是储能元件。储能电容的存在使负载消耗的能量得到快速补充，因此保证了负载两端电压不至于有太大变化，此时电容担任的是局部电源的角色。

从储能角度理解电容容易造成一种错觉，即认为电容越大越好；另外，容易误导大家认为储能作用发生在低频段，不容易向高频扩展。实际上，从储能角度，可以解释电容的任何功能。

假设在低频段，如几十千赫兹，由于低频信号在电感上产生的感抗可以忽略，因此在低频段电容的ESL可以近似等于0。当负载瞬间（几十千赫兹）需要大电流时，电容可以通过ESR向负载供电，供电的实时性很高，ESR只是消耗了一部分电量，但不影响供电的实时性。由于频率比较低，因此放电时间（频率的倒数）也比较长，故需要电容的容量较大，可以长时间放电。所以，低频段储能很好理解。

同样大的电容，假设负载突变的频率较高（几十兆赫兹或更高），那么当负载瞬间变化时（几十兆赫兹或更高），ESL上形成的感抗不容忽视，该感抗会产生一个反向电动势去阻止电容向负载供电。所以，负载上实际获得的电流的瞬态性能比较差，即电容的电流无法供应瞬间的电流突变，尽管电容容量很大，但由于ESL较大，因此此时的大容量储能无法发挥作用。实际上，频率较高，电容给负载供电的时间缩短，也不需要电容有大容量。对于高频来说，关键因素是ESL，要减小电容的ESL，就应选择小封装的小电容，这就是为什么高频选择小电容的原因；另外，走线长度引入的电感也会折算到ESL参数中，所以小电容一定要靠近芯片引脚。

从储能这个角度理解甚至可以扩展到皮法拉级电容。理论上，假设不存在ESR，ESL及传输阻抗为0，则一个大电容完全胜任所有频率。但这种假设并不存在。所以，电路中需要大小电容合理搭配去应对不同频率下的负载的能力供给。另外，电容越靠近负载，传输线的等效电感、等效电阻的影响就越小。

2 从阻抗角度来说明电容去耦原理

如图2.43.3所示，从负载电路往电源侧看去，稳压电源及电容可以看成一个复合的电源系统。该电源系统的特点是：由于电容的存在，因此无论负载瞬态电流如何变化，都能保证AB两点间的电压保持稳定,即AB两点间电压变化很小。

假设供电源是一个理想电压源,即$Z=0$,且假设传输途径的阻抗也为0,那么负载无论怎么变化,变化速度有多快,电压源都能跟随负载变化,并且确保AB两点间的电压始终恒定。但实际上电源内阻并不为零,而且传输线也不是理想的,且这些影响因素与频率相关,所以就出现了电源分布网络阻抗。

我们的最终设计目标是,无论负载瞬态电流如何变化,都要保持负载两端电压变化范围很小,这个要求等效于电源系统的阻抗Z要足够小。我们是通过去耦电容来达到这一要求的。因此,从等效角度出发,可以说去耦电容降低了电源系统的阻抗。另外,从电路原理角度来说,可得到同样的结论。由于电容对交流信号呈现低阻抗,因此加入电容能够降低电源系统的交流阻抗。

从阻抗角度理解电容去耦,可以为设计电源分配系统带来极大的方便。实际上,电源分配系统设计的最根本原则就是使阻抗最小,而最有效的设计方法就是在该原则指导下产生的。

所以,电源系统的去耦设计的一个原则,就是在感兴趣的频率范围内,使整个电源分配系统的阻抗最小。其方法就是在电源系统中增加去耦电容。

44 为什么220V电源需要选择安规电容?

1 什么是安规电容?

业内一般将抑制电源电磁干扰用的固定电容称为安规电容。因为这类电容通过了安全规范测试认证,符合安全规范,符合多个国家的安全认证标准并印有相应的LOGO,所以被称为安规电容。

安规电容在实际应用中的"安规"体现在:电容失效后不会导致电击,不会危及人身安全。此外,安规电容采用阻燃材料制造,电容故障时最多只是炸裂,可能产生气体,但不会产生明火,不会引发火灾。安规电容的外观如图2.44.1所示。

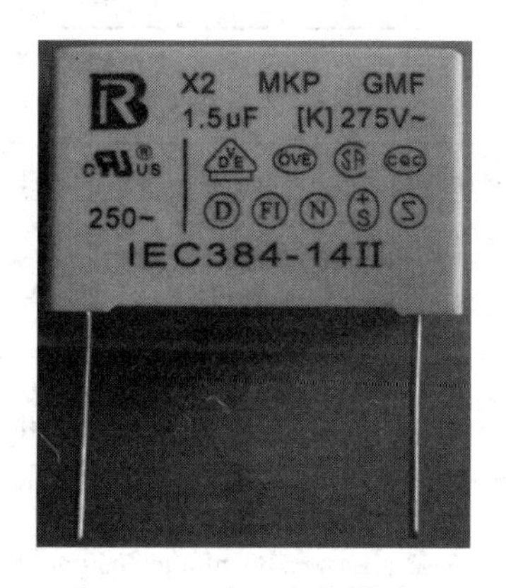

图2.44.1 安规电容的外观

安规就是安全规范，是对产品设计和产品规格的约束和指导。提出安规是为了避免由于设计不良或使用不当而导致电击、能量（打火/拉弧/爆炸）、火灾、辐射、机械与热/高温危险、化学危险等事故和灾害，因此要求生产厂商尽可能给用户提供具有安全、高品质的产品，保护使用者与操作者的人身和财产安全。

安规电容通常只用于抗干扰电路中的滤波，它们用在电源滤波器中起到电源滤波作用，分别对共模、差模干扰起滤波作用。例如，当在电源跨线电路中使用电容来消除噪声时，不仅仅只有正常电压，还必须考虑到异常的脉冲电压（如闪电）的产生，这可能会导致电容冒烟或起火。所以，跨线电容必须使用安规电容。通常，出于安全考虑和EMC考虑，一般在电源入口建议加上安规电容。

2 安规电容的分类和作用

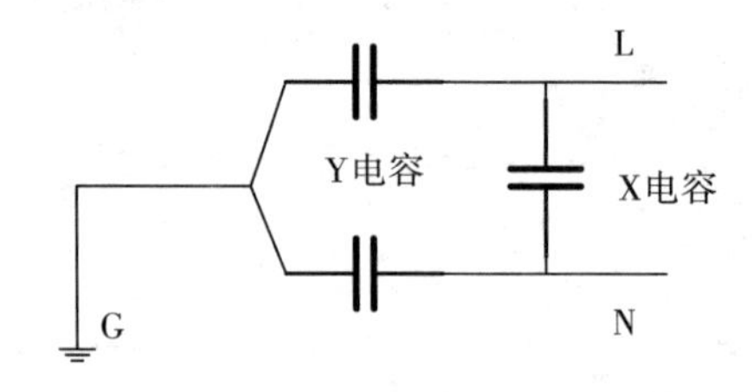

图2.44.2　安规电容电路布放

根据IEC60384-14标准，安规电容分为X电容和Y电容，X电容是指L-N之间的电容，Y电容是指L-G或N-G之间的电容，如图2.44.2所示。

图2.44.2中，L为相线，N为中性线，G为地线。X电容的分类如表2.44.1所示，Y电容的分类如表2.44.2所示。

表2.44.1　X电容的分类

安规电容	允许的峰值脉冲电压/kV	过电压等级	应用场合	耐压测试
X1	>2.5 ≤4	Ⅲ	高峰值脉冲电压	$C_R \leqslant 1\mu F$时，4kV $C_R > 1\mu F$时，$\frac{4kV}{\sqrt{\frac{C_R}{1\mu F}}}$
X2	≤2.5	Ⅱ	普通	$C_R \leqslant 1\mu F$时，2.5kV $C_R > 1\mu F$时，$\frac{2.5kV}{\sqrt{\frac{C_R}{1\mu F}}}$
X3	≤1.2	—	普通	—

表2.44.2　Y电容的分类

安规电容	绝缘类型	额定电压/V	耐压测试/kV
Y1	D或R	≤500	8
Y2	S或R	≥150 ≤250	5
Y3	S或B	≥150 ≤250	—
Y4	S或B	<150	2.5

注：D代表Double Insulation，双绝缘类型；R代表Reinforce Insulation，加强绝缘类型；S代表Supplementary Insulation，附加绝缘类型；B代表Basic Insulation，基本绝缘类型。

X电容一般都标有安全认证标志和耐压AC250V或AC275V字样，但从表2.44.1中可以看到，其真正的耐压规格高达2.5kV（X2）。所以，不能使用标称耐压为AC250V或DC400V之类的普通电容来代替X电容。

通常，X电容多选用纹波电流比较大的聚酯薄膜类电容。这种类型的电容体积较大，但其允许瞬间充放电的电流也很大，而其内阻相应较小。普通电容纹波电流的指标很低，动态内阻较大。用普通电容代替X电容，除电容耐压无法满足标准外，纹波电流指标也难以符合要求。

根据实际需要，X电容的容值允许比Y电容的容值大，但此时必须在X电容的两端并联一个安全电阻，防止拔掉电源线时由于该电容的放电过程太慢而导致电源线插头长时间带电。安全标准规定，当正在工作中的机器电源线被拔掉时，在2s内，电源线插头两端带电的电压（或对地电位）必须小于原来额定工作电压的30%。

Y电容的外观一般为橙色或蓝色，有CE、UL等标志和AC耐压字样，如图2.44.3所示。从表2.44.2中可以看到，Y电容真正的耐压规格高达5kV（Y2）。所以，不能使用标称耐压为AC250V或DC400V之类的普通电容来代替Y电容。

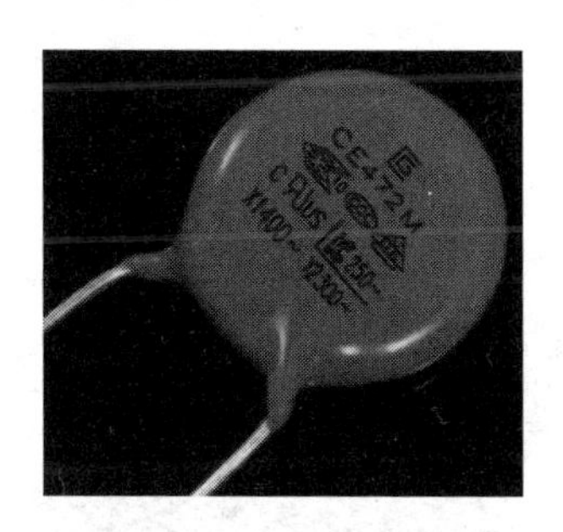

图2.44.3　Y电容的外观

在额定频率及额定电压作用下，为了控制流过Y电容的漏电流和EMC指标，Y电容的电容量一般不能大于0.1μF。一般情况下，在亚热带场景，要求设备对地漏电电流不能超过0.7mA；在温带场景，要求设备对地漏电电流不能超过0.35mA。因此，Y电容的总容量一般不能超过4700pF。

除耐压和容量方面的要求外，Y电容在电气和机械性能方面也应有足够的安全余量，避免在极端恶劣的场景下发生击穿短路。

Y1属于双绝缘电容，用于跨接一次侧和二次侧；Y2属于基本绝缘电容，用于跨接一次侧和保护地。

3　X电容与Y电容的区别

X电容的作用是抑制差模干扰，Y电容的作用是抑制共模干扰。X电容一般选用耐纹波电流比较大的聚酯薄膜类电容，这种类型的电容体积较大，内阻小，允许瞬间充放电的电流很大；Y电容一般选用高压瓷片电容。

4 安规电容的使用注意事项

（1）安规电容使用时必须满足耐压要求，如果电压超规格，则可以使用完全一致的电容串联来均压。

（2）安规电容不能超温度规格使用。其中，Y电容需要特别注意的是，UL认证时的温度最高只能为85℃，这是由于UL标准最高只进行85℃的测试；但是，欧洲认证的温度往往较高，目前UL同意采用欧洲认证的Y电容温度作为最高使用温度。

5 安规电容的选择

安规电容应根据电路的温度、工作电压、过电压等级来选择。其中，在逆变器场景，需要重点关注绝缘要求，如基本绝缘、附加绝缘、双绝缘、加强绝缘等。在不同的绝缘要求中，电容的选择不同。

6 安规电容丝印的含义

安规电容表面印制字体特别多，如图2.44.4所示，下面分别进行解释。

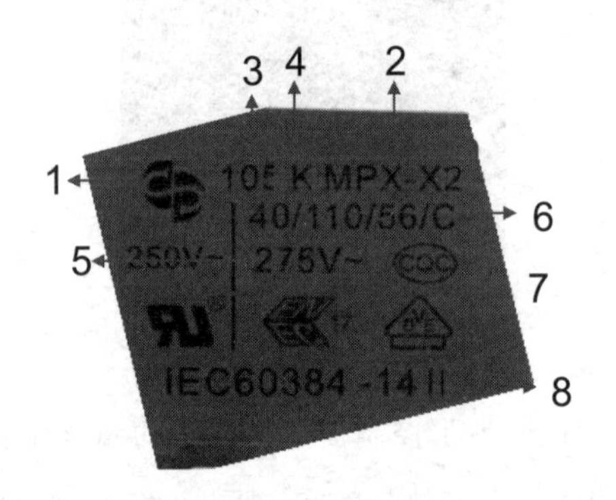

图2.44.4　安规电容丝印

（1）1为安规电容厂商的LOGO。

（2）2为安规电容的系列型号（MPX）及安规电容的认证类别（X2）。

（3）3为电容标称容量（对于RC组件，需有标称电阻阻值）。

安规电容容量优选E6数系：1、1.5、2.2、3.3、4.7、6.8及其10的整数倍容量值；也可以选用E12数系：1、1.2、1.5、1.8、2.2、2.7、3.3、3.9、4.7、5.6、6.8、8.2。

（4）4为容量允许偏差：K级为±10%，J级为±5%，M级为±20%。IEC60384-14标准默认公差为±20%，一般选用K级。

（5）5为额定电压及电源性质（交流电压可用符号"～"表示）。一般使用额定电压值为250VAC、275（280）VAC、305（310）VAC、440VAC、760VAC。

电容的额定电压应大于系统电压，实际应用时应进行降额设计。

(6)6 为气候类别(40/110/56)及阻燃等级(C)：下限温度为-40℃，上限温度为110℃，稳态湿热试验持续时间56天。依据IEC60384-14标准，稳态湿热试验持续时间分为21天和56天，默认为21天，一般气候类别后紧跟一个字母表示阻燃等级。阻燃等级通过针焰燃烧试验结果判定，总共有A、B和C三个等级，IEC60384-14标准默认为C级。

(7)7 为该电容符合的安规认证。

(8)8 为该电容的产品制造执行标准。

45 如何计算电容串并联后的额定电压？

有两个电容，其中电容 $C_1 = 200\mu F$，耐压 $U_{M1} = 100V$；电容 $C_2 = 50\mu F$，耐压 $U_{M2} = 500V$。

(1)若将两电容串联使用，则其等效电容和耐压各是多少？

(2)若将两电容并联使用，则其等效电容和耐压各是多少？

两电容串联的等效电容为

$$C = \frac{C_1 C_2}{C_1 + C_2} = \frac{200 \times 50}{200 + 50} = 40(\mu F)$$

因为

$$C_1 U_{M1} = 200 \times 10^{-6} \times 100 = 20 \times 10^{-3} < C_2 U_{M2} = 50 \times 10^{-6} \times 500 = 25 \times 10^{-3}$$

所以串联后的电量限额为

$$Q_M = C_1 U_{M1} = 20 \times 10^{-3}(C)$$

串联后电路的耐压为

$$U_M = \frac{Q_M}{C} = \frac{20 \times 10^{-3}}{40 \times 10^{-6}} = 500(V)$$

上述计算过程并没有错误，但是不符合解决工程问题的思路和因果关系，具体如下。

(1)没有讲述详细的原因，如电荷守恒定律，电容串联之后，两个电容的电量相同。

(2)之所以电容要串联，是因为这两个电容串联之后会分压，这两个分压不超过额定电压。所以，需要计算分压，然后对比额定电压。

这里不能把题目当作一个数学题，只做数学计算，而忽略了物理和工程意义。

先做简单的计算：电容并联如图2.45.1所示。

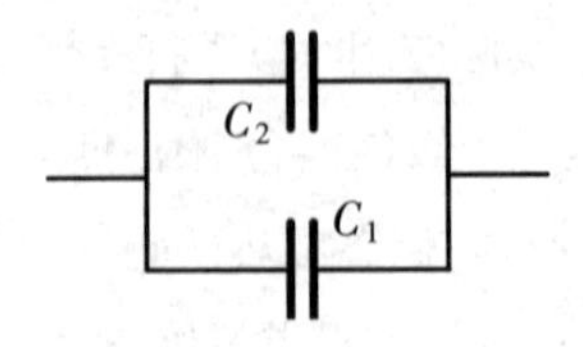

图 2.45.1　电容并联

公式：$C_{并} = C_1 + C_2$，耐压值为C_1、C_2的耐压值中较小的，即$U = \min\{U_1,U_2\}$。

例如，C_1为20μF，耐压为250V；C_2为30μF，耐压为450V，则并联电容量的计算公式为$C_{并} = C_1 + C_2 = 20 + 30 = 50$（μF），耐压值$U = \min\{250,450\} = 250$（V）。耐压值选择值小的那个，然后再做降额即可。

电容串联如图2.45.2所示。

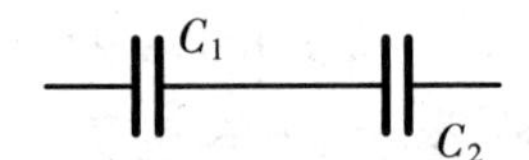

图 2.45.2　电容串联

公式：$1/C_{串} = 1/C_1 + 1/C_2$，即$C_{串} = C_1 \cdot C_2/(C_1 + C_2)$，耐压值$U = \min\{C_2 \cdot U_2/C_1,U_1\} + \min\{C_1 \cdot U_1/C_2,U_2\}$，注意耐压值并不等于两个电容的耐压值之和。

例如，C_1为20μF，耐压为250V；C_2为30μF，耐压为250V，则串联电容量的计算公式为$C_{串} = C_1 \cdot C_2/(C_1 + C_2) = 20 \times 30/(20 + 30) = 12$（μF）。需要注意的是，耐压值不能用$U = 250 + 250 = 500$（V）来计算。原因如下：由于两个电容的容量不同，因此容抗不同，分压也不同。假如串联后施加500V电压，则会有一个电容的分压低于250V，另一个电容的分压超过250V，超过了其耐压值，故串联耐压要低于500V。

正确的计算公式如下。

耐压值：

$$
\begin{aligned}
U &= \min\{C_2 \cdot U_2/C_1,U_1\} + \min\{C_1 \cdot U_1/C_2,U_2\} \\
&= \min\{30 \times 250/20,250\} + \min\{20 \times 250/30,250\} \approx 416.7\text{（V）}
\end{aligned}
$$

这时，电容C_1的分压为$\min\{30 \times 250/20,250\} = \min\{375,250\} = 250$（V），电容$C_2$的分压为$\min\{20 \times 250/30,250\} \approx \min\{166.7,250\} = 166.7$（V）。

以下为推导过程。

基本理论如下。

①容抗$X_C = \dfrac{1}{2\pi fC}$。

②串联分压与容抗成正比。

③分压值不能超过耐压值，记u_1、u_2分别为电容C_1、C_2的分压值，U_1、U_2分别为电容C_1、C_2的耐

压值。

$$X_{C1}=\frac{1}{2\pi fC_1},X_{C2}=\frac{1}{2\pi fC_2}$$

由

$$\frac{u_1}{u_2}=\frac{X_{C1}}{X_{C2}}$$

得

$$\frac{u_1}{u_2}=\frac{C_2}{C_1}$$

$$u_1=\frac{C_2}{C_1}u_2\leqslant U_1\Rightarrow u_2\leqslant\frac{C_1}{C_2}U_1$$

所以

$$u_{2\max}=\min\left\{\frac{C_1}{C_2}U_1,U_2\right\}$$

同理

$$u_{1\max}=\min\left\{\frac{C_2}{C_1}U_2,U_1\right\}$$

所以

$$U_{串}=u_{1\max}+u_{2\max}=\min\left\{\frac{C_1}{C_2}U_1,U_2\right\}+\min\left\{\frac{C_2}{C_1}U_2,U_1\right\}$$

上述是无极性电容的串联、并联容量和耐压计算。对于有极性电解电容,则不是简单地套用上述计算方法,而是需要区分4种情况。

①电解电容同极性并联(图2.45.3):此时电容的并联容量和耐压公式仍然适用。

②电解电容反极性并联(图2.45.4):此时因为无论如何总存在一个电容处于反向压降状态,反向压降的电容无法正常工作,所以电解电容不能反极性并联。

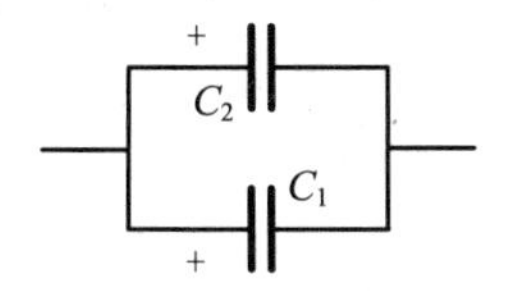

图2.45.3 电解电容同极性并联

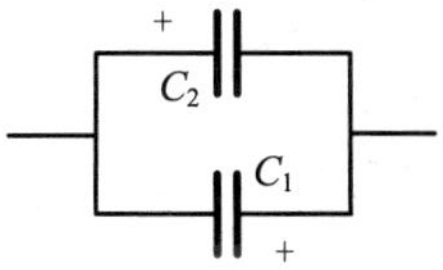

图2.45.4 电解电容反极性并联

③电解电容同极性串联(图2.45.5):此时电容的串联容量和耐压公式仍然适用。

④电解电容反极性串联(图2.45.6):虽然用电容表测量是对的,但无论如何总存在一个电容处于

反向压降状态，在大电流、大功率的情况下是不能使用的，或者是寿命很短的。因为有一个电容处于反接状态，所以漏电流会逐渐增大，电极板会逐渐被腐蚀，造成电容损坏。另外，由于存在一个电容反接，其耐压值为0，串联后的耐压值也最多等于正向接通的电容的耐压值，因此不能适用串联耐压公式，更不能简单地相加。

图2.45.5　电解电容同极性串联　　　　图2.45.6　电解电容反极性串联

如果没有足够大容量的无极性电容，也没有足够耐压的有极性电容，那么采用图2.45.7所示的改进电路可以增加寿命。但是，总会有一个电容承受二极管压降的反向电压，这就需要评估电容反向时间的寿命折损。另外，耐压不是两个电容的耐压值之和，而是取较小的耐压值。

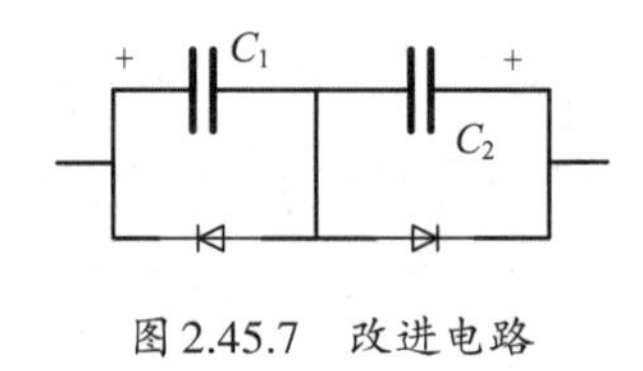

图2.45.7　改进电路

46 超级电容为什么有那么大的电容值?

超级电容是1879年德国物理学家亥姆霍兹提出的一种具有法拉级别的超大电容，是从20世纪60年代发展起来的通过极化电解质来储能的一种电化学元件。超级电容是介于蓄电池和传统电容之间的全新储能器件。

超级电容于1957年在美国取得专利，1985年日本NEC公司推出了超级电容产品，率先提出产业化，推动了超级电容的发展。NEC公司在1991年研究出了由6个单体器件（每个工作电压约0.9V）组成，可达到每5.5V电压产生容量为1000F，储能约6000J的活性炭双层电容，从此以后超级电容的技术发展迅猛。由美国的MAXWELL、德国的EPCOS和韩国的NESSCAP等公司生产的电容系列产品，容量从几法拉至数千法拉不等。随着纳米技术和电极技术的不断发展，超级电容在能量密度上取得了显著的进步。基于上述公司在提升电容能量密度方面的技术突破，超级电容在大容量、快速储能方面的特性有了良好的发展。

1　超级电容的分类

超级电容从储能原理上可分为两大类：双层电容和法拉第电容。

（1）双层电容。存在于电极表面的静电荷将从溶液中吸附不规则分布的离子，使它们在电极与溶液界面的溶液一侧离电极一定距离排成一排，最终形成一个电荷数量与电极表面剩余电荷数量相等而符号相反的界面层。由于界面上存在库伦势垒，两层电荷不能越过边界进行中和，因此充电界面便由两个电荷层组成，一层在电极上，一层在溶液中。这是一种电容由正负两极串联的静电型储能方式，故双层电容又被称为双电层电容。电极电解质界面双电层中的离子的吸附和脱附是电容在能量储存与释放过程中，电极表面迅速的电化学反应现象。在充电过程中，在电场力的作用下阴、阳离子在电解液中向正、负电极移动，最终在电极表面形成双电层，如图2.46.1所示。

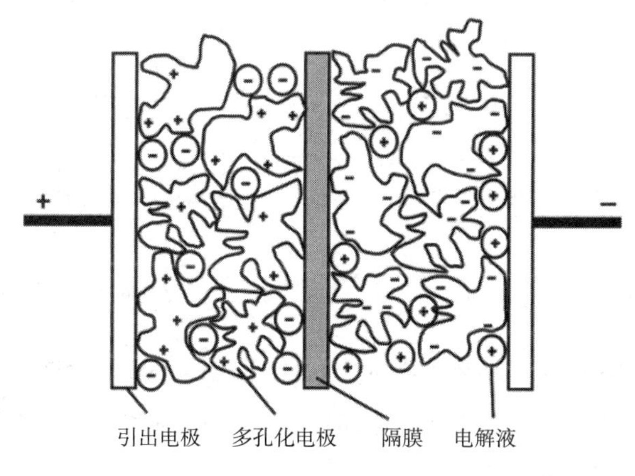

图2.46.1 双层电容的结构

由于超级电容的这种特殊工艺结构，使其具有电容量大、等效电阻小、内阻小的特点。超级电容的电容量可以高达几法拉甚至数万法拉。因此，超级电容具有很高的比功率，其功率密度最高时可达到电池的100倍，即10×10^3W/kg左右。正因为超级电容的这个特点，使其在短时大功率的应用上有很大的优势。

(2)法拉第电容。法拉第电容包含一些如金属氧化物的化学物质。在充电时，电极表面发生氧化还原反应和电沉积。因此，可以看出这种电容的储能与蓄电池一样产生了电荷的转移，已经不仅仅是一个物理过程，其同时发生了电化学变化，但其整个过程仍具有电容特性。

静电储能时发生的是物理变化，无论充电还是放电都只是在电容的极板上电子电荷在数量上的剩余和缺失。而通过法拉第电容进行储能时，阴、阳极的化学材料发生化学变化，材料也发生不可逆的反应，所以电池的类型制约着使用的寿命，法拉第电容一般充电次数为几千次不等，而在理想情况下静电储能的电容可以无限循环使用。由于双层电容进行充放电的过程是物理变化，其间不涉及化学变化，因此此种电容可以很大程度上提高循环使用能力。双层电容充放电时，需要阴、阳离子通过外电路在电解质中进出，从而使电在溶液的内部转移到充电界面，因此电容的充放电过程是可逆的。在化学电容的循环伏安曲线(图2.46.2)中可见，充电、放电两条伏安曲线是互为对称的镜像曲线，而电池使用过程的循环伏安曲线(图2.46.3)却不是这样的，图2.46.3所示也充分表明电池的充放电过程实际上是不可逆的。这种不可逆现象就是电容充放电储能和电池充放电在本质上的区别。

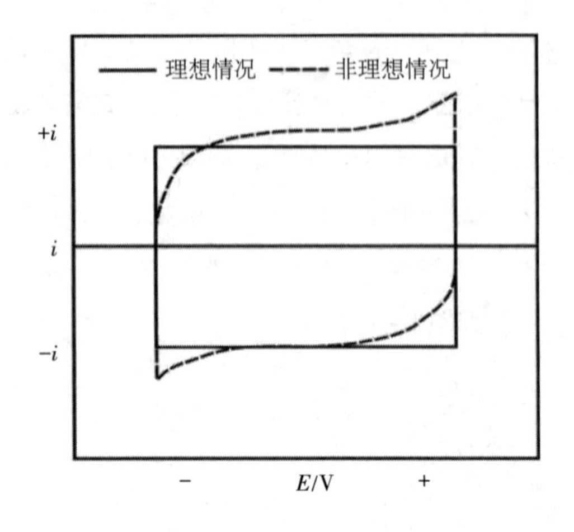

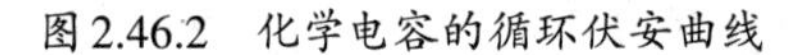
图 2.46.2　化学电容的循环伏安曲线

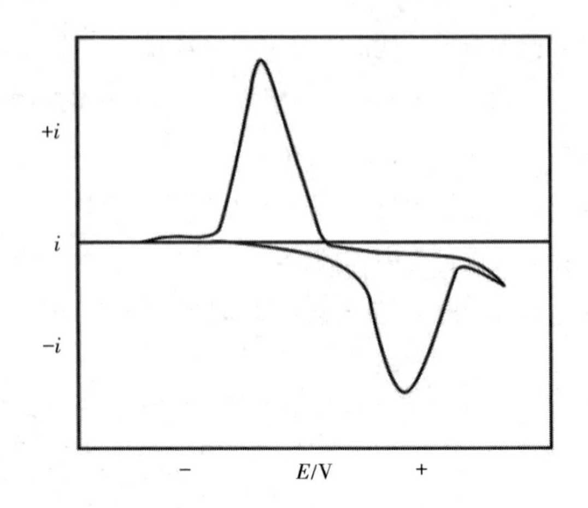

图 2.46.3　电池使用过程的循环伏安曲线

2　超级电容的优点

(1)功率密度大,反应时间短。功率密度可达 10^2 ~ 10^4W/kg,远高于蓄电池目前的功率密度水平。由于超级电容的充放电过程实际上是物理变化,因此当充放电的电流相对较大时,充满电仅需要数十秒时间,反应时间更是能达到毫秒级别。

(2)循环寿命长。由于充放电的过程只是离子间的搬运和转移,是物理变化且为可逆过程,因此充放电的循环最多可达数万次。据数据表明,经过 50 万次 ~ 100 万次循环的几秒高速、深度充电后,超级电容的内阻和容量仅仅变化了 10% 左右,影响较小。

(3)工作温度范围相对宽泛。由于超级电容的充放电原理非化学变化,因此温度对超级电容的工作影响较小,温度范围一般为-40 ~ +65℃。

(4)绿色环保无污染。超级电容所使用的材料中没有重金属等化学制剂,其自身寿命较长,不会产生有毒有害物质,常被视为绿色能源。

(5)维修次数较少。超级电容很少需要保养。由于超级电容自身对于充电和深度的放电具有较强的承受能力,因此当端电压限制在最大允许电压内时可以多次稳定的充电。

通过对超级电容和锂电池的实验对比(表 2.46.1),发现超级电容的功率密度、倍率性能、容量残留状态都远高于锂电池,其在工作温度范围上也比锂电池的工作温度范围要宽泛得多,这样就使超级电容可以应用在更多的环境下。

表 2.46.1　超级电容与锂电池的相关数据对比

属性	单位	超级电容	锂电池	超级电容与锂电池的比较结果
功率密度	kW/L	10	3	+
能量密度	Wh/L	6	200	−

续表

属性	单位	超级电容	锂电池	超级电容与锂电池的比较结果
工作最低温度	℃	< -40	≈ -20	+
工作最高温度	℃	+65	+40	+
倍率性能	C	> 1800	< 40	+
容量残留状态	%	100	≈ 50	+
在40℃时的效率	%	> 98	≈ 95	+

3 超级电容的缺点

(1)能量密度低。由于铅酸电池的能量密度约为超级电容的5倍,因此在存储相同能量的情况下,超级电容的体积和质量都要比蓄电池大很多。

(2)串联时电压均衡问题。超级电容在生产制造过程中,制作工艺和使用材料尚无法均衡,即使是同一批次、相同规格的电容在内阻或容量等参数上也会有一些不同。因此,在使用超级电容组件时,为了提高组件的能量利用率和安全性,通常需加入串联均压装置。

4 超级电容的充放电特性

超级电容的充电储能控制可以参考蓄电池等的充电储能方法,目前针对超级电容的充电储能方法有以下几种。

(1)恒流充电。恒流充电最大的特点是可以任意选择充电的电流,有相对较大的适应性。超级电容可以针对不同要求的用电及自身的性能状态进行优化调整,也是因为超级电容的充电电流选择的范围较大。分段恒流充电是恒流充电一种演变的超级电容充电方法,即在给用电器充电的初期使用较大的电流充电,而在使用的后期根据端电压的变化调整充电电流。

(2)浮充充电。超级电容在保持不使用的静止状态时,会以漏电的形式自行放电,等效并联的电阻或瞬间小功率放电都会导致超级电容的能量有所损失。所以,为了维系超级电容的储能,便要对超级电容进行浮充充电。在浮充充电过程中,要对超级电容的电压进行实时检测,因为如果电压过大,就会加速超级电容电解液的挥发或分解速度,从而减少超级电容的使用寿命;如果电压过小,就不能补充损失所带来的消耗,从而使储能容量不能发挥最大的优势。

(3)脉冲充电。超级电容有良好的脉冲特性,可以在短时间内迅速吸收功率,使高峰脉冲功率平滑。在超级电容与蓄电池功能混合使用时,利用了超级电容短时高效的使用特性,扩大了混合单元中尖峰的功率范围,从而延长了蓄电池的使用寿命,在应用中通常使用脉冲充电的方式回收能量以继续储能。

(4)组合充电。组合充电方式利用了超级电容的储能特性,在电压较小时,一般采用大电流的方式进行恒流充电,随着电压的增大,逐渐减小恒流充电的电流值或进行恒压充电,直到最后达到额定的电压值。

47 超级电容的应用和前景

超级电容又称为超大容量电容，具有电阻小、寿命超长、安全可靠、储能巨大、充电快速的特点，它是近十几年随着材料科学的突破而出现的新型功率型储能元件。超级电容是能量储存领域的一项革命性发展，并将在某些领域取代传统蓄电池。

目前，超级电容大多用于高峰值功率、低容量的场合。由于超级电容能在充满电的浮充状态下正常工作10年以上，因此其可以在电压跌落和瞬态干扰期间提高供电水平。超级电容安装简单，体积小，并可在各种环境下运行，现在已经可为低功率水平的应用提供商业服务。

1 超级电容的应用

正因为超级电容具有许多显著优势，在汽车（特别是电动汽车、混合燃料汽车和特殊载重车辆）、电力、铁路、通信、国防、消费性电子产品等方面有着巨大的应用价值和市场潜力，因此被世界各国广泛关注。电能和燃油的紧缺使人们开始寻找更多的替代能源，作为目前替代能源应用领域的一个极佳的技术解决方案，超级电容在需要更高效、更可靠电源的新技术领域中逐渐崭露头角。例如，新能源汽车是全球汽车行业重点关注领域，超级电容在混合能源汽车中所起的作用是十分重要的。在采用燃料电池供电的汽车中，如果结合使用超级电容，那么燃料电池就可以满足持续供电需求，而不仅仅是峰值供电。超级电容存储的能量在电动汽车中主要可以通过3种方式来使用。

（1）能够向汽车电气系统馈电，减轻车载发电机的负担。

（2）起纯粹的增强作用，即在换挡时增大电动机的扭矩，提高加速度。

（3）启动辅助，使电动机从某个固定的状态启动加速汽车。这在某些需要反复启停的特殊操作中能够大大节省能源，同时大大降低尾气排放，满足了现代化绿色环保的需要。

此外，将超级电容的强大性能与燃料电池结合起来，可以得到尺寸更小、质量更小、价格更低廉的燃料电池系统，使氢燃料电池能够应用于多个领域。

2 超级电容的前景

超级电容可以广泛应用于辅助峰值功率、备用电源、存储再生能量、替代电源等不同的应用场景，在工业控制、风光发电、交通工具、智能三表、电动工具、军工等领域具有非常广阔的发展前景，特别是在部分应用场景具有非常大的性能优势。一旦汽车等应用大规模打开，市场需求将迎来快速爆发。超级电容将与锂电池形成互补，共同推动新能源汽车发展步伐；石墨烯助力超级电容，性能有望大幅提升;超级电池(碳锂电池)成为超级电容发展的新方向。

另外,超级电容还广泛地应用于数码产品、智能仪表、玩具、电动工具、新能源汽车、新能源发电系统、分布式电网系统、高功率武器、运动控制、节能建筑、工业节能减排等各个行业,属于标准的低碳经济核心产品。超级电容作为产品已趋于成熟,其应用范围也在不断拓展,在工业、消费电子、通信、医疗器械、国防、军事装备、交通等领域得到越来越广泛的应用。从小容量的特殊储能到大规模的电力储能,从单独储能到与蓄电池或燃料电池组成的混合储能,超级电容都展示出了独特的优越性。

(1)国内发展情况。近年来,我国通过不断研究,在超级电容行业也具备了一定的基础,特别是在超级电容公交电车方面,我国自主研制的超级电容公交电车已在宁波投入使用。该条线路是全球首条超级电容储能式现代电车运营示范线,线路全长11km。其间,宁波供电公司为此项目供电开辟绿色通道,沿线安装了4台400kVA、2台200kVA变压器为充电站供电,并铺设电缆三千多米,采取双电源供电。

这种全新概念的公交车辆采用了目前世界上最先进的超级电容储能系统,车辆的核心元器件超级电容能反复充放电100万次,使用寿命长达10年。车辆行驶路线不需要架设空中供电网,只需要在公交站点设置一个充电桩,30s内就能充满电,行驶约5km的路程。在制动和下坡时,又可以把85%以上的制动能量转换成电能,存储在超级电容中再使用。一旦碰上充电桩故障,除有备用电源外,线路上还将配备小型充电车,来给公交电车进行流动充电。

(2)国际发展情况。一些发达国家在这个方面研究较早,如美国的MAXWELL、日本的松下和俄罗斯的ECOND等公司在超级电容这一领域占据着全球大部分的市场份额。2015年,MAXWELL宣布,著名的汽车零部件制造商大陆汽车生产的以超级电容驱动的电压稳定系统将成为部分凯迪拉克ATS和CTS型号轿车及ATS型号跑车的标准配置。由此,通用汽车也成为北美首家采用大陆汽车超级电容电压稳定技术以提升汽车启停系统的汽车原始设备制造商。这项技术将在很大程度上降低油耗,减少排放,并提升整体的驾车体验。

超级电容作为第三代储能装置,拥有功率密度高、充放电时间短、循环寿命长、工作温度范围宽等优点,预计未来有机会大面积替代锂电池及铅酸电池。

(3)未来应用前景。超级电容储能在应用中已证明其优越性,前景十分光明。而能量密度突破成为超级电容是否可完全取代锂电池的关键。能源密度是衡量能源消耗效率的指标,它是一个热点,也是一个难点。

只有从材料入手才有可能从根本上降低能源损耗,提高利用率,全世界的科研人员也正在朝这个方向探索。江苏捷峰高科能源材料股份有限公司董事长刘杰曾在莱斯大学的全球第一家碳纳米材料研究机构中,跟随诺贝尔化学奖获得者理查德·斯莫利教授研究碳纳米材料。在此期间,他做出了世界上最好的碳纳米管,同时掌握了碳纳米材料储存能量的技术,开发出新的超级电容——碳纳米电容。他指出，加拿大不列颠哥伦比亚省有800万人，用碳纳米电容替换电表上的普通电容，一年可节省二十多兆瓦电能。这种用碳纳米材料做成的电容可以像锂电池一样储能，根据需要组装成充电电池，运用在航天、舰船、风力发电、电动大巴等多个领域。这种电池的价格虽然是锂电池的近10倍，但是寿命却是锂电池的几十倍甚至上百倍，充放电次数可达10万次，放电效率高，并耐高压，可以在高温和低温环境下使用。更重要的是，因为碳纳米电容的材料是碳，所以其生产、使用及废弃都不会产生污染。

超级电容的出现，使电容储能开始向能源领域进军。在大力发展新能源和智能电网新技术的今天，更加先进的超级电容储能技术将为中国新能源领域带来一场革命。通过小规模试验和运行，今后将呈现新型电池储能、超导磁储能、飞轮储能和超级电容储能等面向分布式应用的功率型储能技术协同发展的格局，结构不断紧凑，控制趋于智能，接入更加灵活，同时带动和促进一个庞大的绿色产业集群成长起来，具有重大战略意义及明显的经济和社会效益。

48 PCB设计时电容如何摆放？

电容在高速PCB设计中起着重要的作用，通常也是PCB上用得最多的器件。在PCB中，电容通常分为滤波电容、去耦电容、储能电容等。

1 滤波电容

我们通常把电源模块输入、输出回路的电容称为滤波电容。简单理解就是，保证输入、输出电源稳定的电容。在电源模块中，滤波电容摆放的原则是“先大后小”。如图2.48.1所示，滤波电容按箭头方向先大后小摆放。

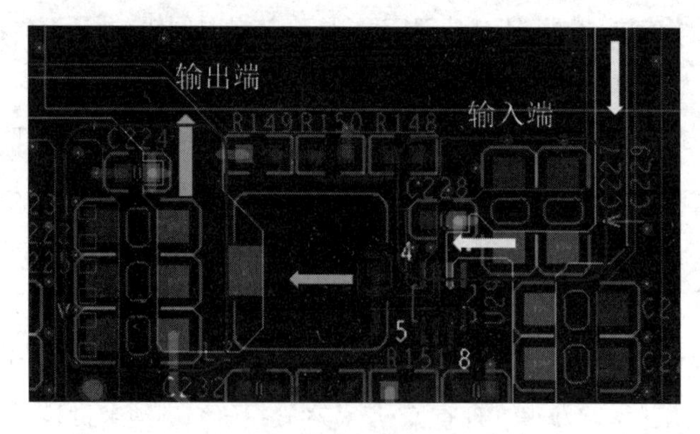

图2.48.1　滤波电容的摆放

电源设计时,要注意走线和铜皮足够宽、过孔数量足够多,保证通流能力满足需求。宽度和过孔数量结合电流大小来评估。

2 去耦电容

高速IC的电源引脚需要足够多的去耦电容,最好能保证每个引脚有一个。实际设计中,如果没有空间摆放去耦电容,则可以酌情删减。

IC电源引脚的去耦电容的容值通常会比较小,如0.1μF、0.01μF等;对应的封装也比较小,如0402封装、0603封装等。在摆放去耦电容时,应注意以下几点。

(1)尽可能靠近电源引脚放置,否则可能起不到去耦作用。理论上,电容有一定的去耦半径范围,所以应严格执行就近原则。

(2)去耦电容到电源引脚引线尽量短,而且引线要加粗,通常线宽为8 ~ 15mil(1mil = 0.0254mm)。加粗的目的在于减小引线电感,保证电源性能。

(3)去耦电容的电源、地引脚从焊盘引出线后,就近打孔,连接到电源、地平面上。该引线同样要加粗,过孔尽量用大孔,如能用孔径10mil的孔,就不用8mil的孔。

(4)保证去耦环路尽量小。

去耦电容常见的摆放示例如图2.48.2 ~ 图2.48.4所示。图2.48.2 ~ 图2.48.4所示是SOP封装的IC去耦电容的摆放方式,QFP等封装的与此类似。

常见的BGA封装,其去耦电容通常放在BGA下面,即背面。由于BGA封装引脚密度大,因此去耦电容一般放的不是很多,但应尽量多摆放一些,如图2.48.5所示。

有时为了摆放去耦电容,可能需要移动BGA的扇出,或者两个电源、地引脚共用一个过孔。

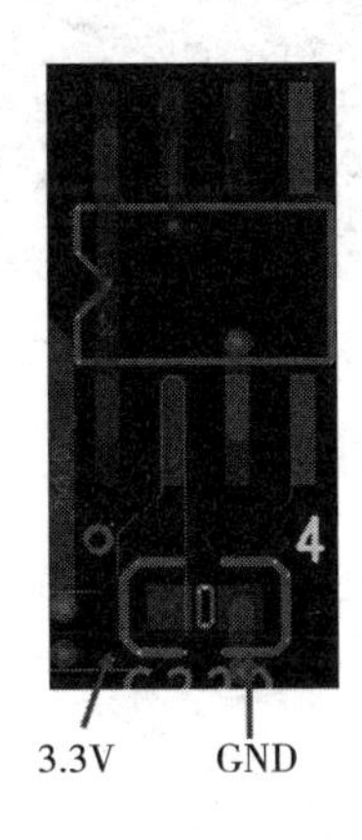

图2.48.2 去耦电容和IC在同一层面

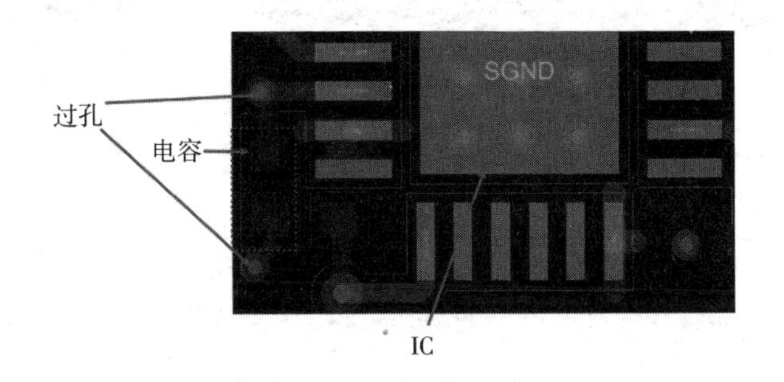

图2.48.3 去耦电容和IC不在同一层面1

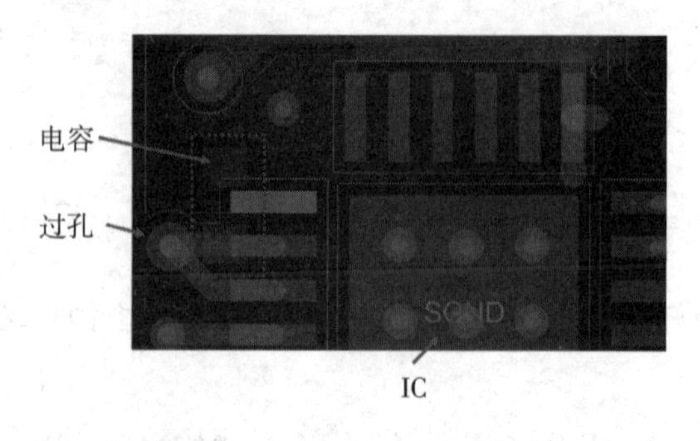

图 2.48.4　去耦电容和IC不在同一层面2

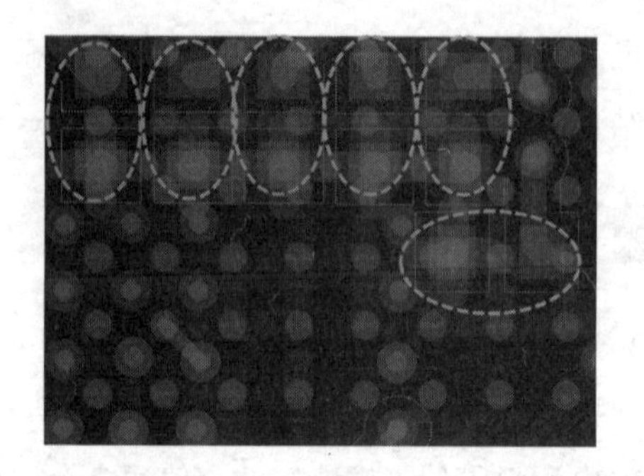

图 2.48.5　BGA封装下面的去耦电容

3 储能电容

储能电容的作用就是保证IC在用电时，能在最短的时间内提供电能。储能电容的容值一般比较大，对应的封装也比较大。在PCB中，储能电容可以离器件远一些，但也不能太远，如图2.48.6所示。

常见的储能电容扇孔方式，如图2.48.7所示。

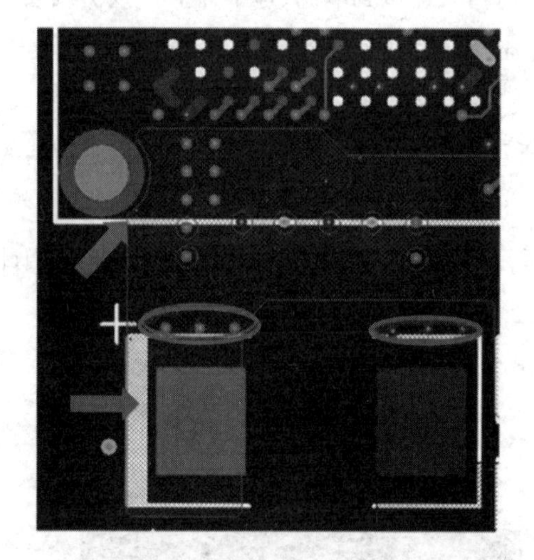

图 2.48.6　储能电容的摆放

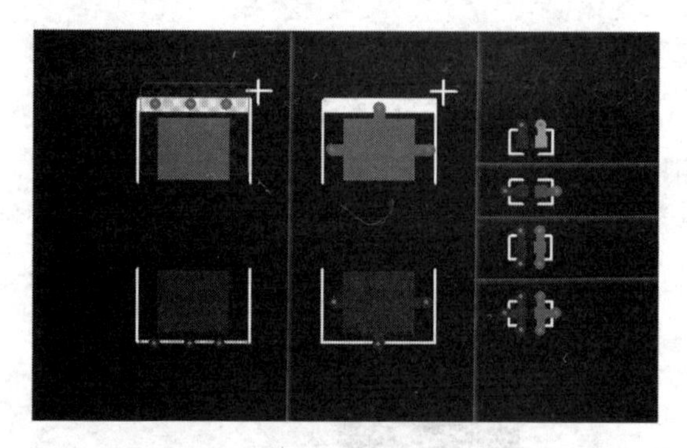

图 2.48.7　常见的储能电容扇孔方式

电容扇孔、线原则如下。

(1)引线尽量短且加粗，这样有较小的寄生电感。

(2)对于储能电容，或者过电流比较大的器件，打孔时应尽量多打几个。

(3)当然，电气性能最好的扇孔是盘中孔。实际需要综合考虑。

49 电容的充放电原理及应用

电容的最简单结构可由两个相互靠近的导体形成的面积中间夹一层绝缘介质组成。当在电容两个极板间加上电压时，电容就会储存电荷，所以电容是一个充放电荷的电子元器件。

如图2.49.1所示，当电容两端接通直流电源时，有电流流过电容，电容两个电极板开始积累极性相反、数量相等的电荷。这个过程就是电容的充电过程。电容充电过程中，电容两端的电位差V_C逐渐增大。当V_C与电源电压V相等时，电路中将不会有电流流动，电容完成充电。所以，在直流电路中，电容可等效为开路或$R=\infty$，电容上的电压V_C不能突变。

如图2.49.2所示，当电容与电源的连接断开后，电容通过电阻R_D进行放电，电容两个电极板之间积累的电荷逐渐减少，电容两端的电位差V_C逐渐减小，直到$V_C=0$。这个过程就是电容的放电过程。

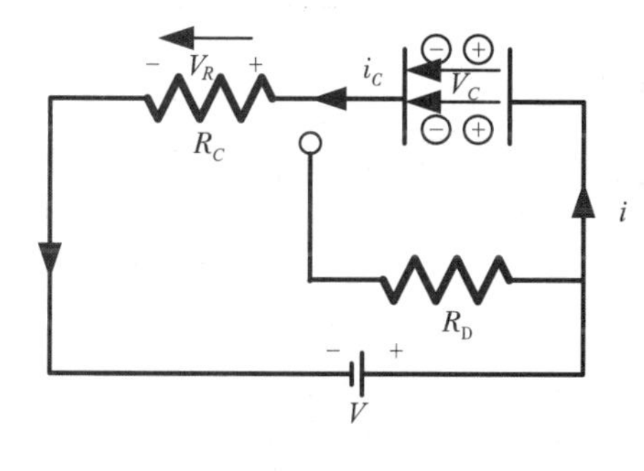

图2.49.1　电容充电

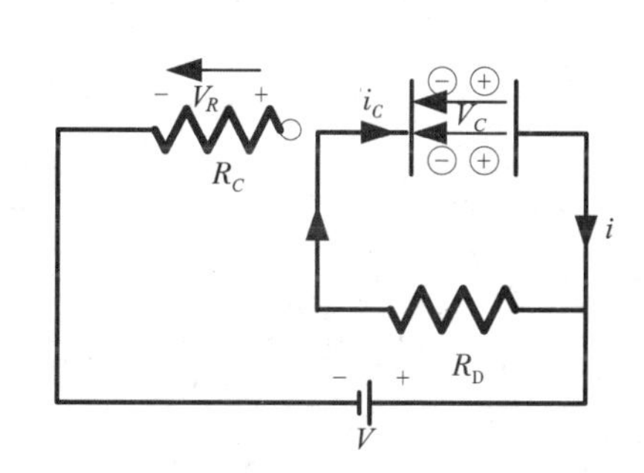

图2.49.2　电容放电

电容充电和放电的速度由电阻值R和电容量C决定，$\tau=RC$称为时间常数。时间常数与电容电压的关系如表2.49.1所示。

表2.49.1　时间常数与电容电压的关系

时间$t(\tau)$	电容两端电压百分比(V_C/V)/%
0	0
τ	63.2
2τ	86.5
3τ	95
4τ	98.2
5τ	99.99

电容充电过程如图2.49.3所示，电容放电过程如图2.49.4所示。

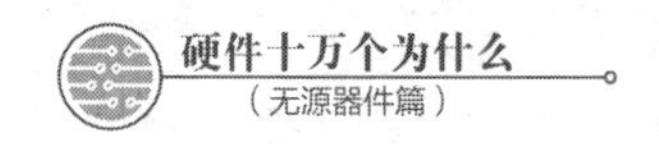

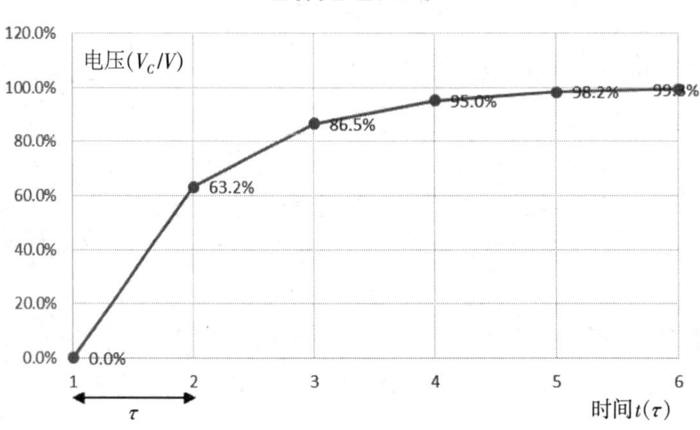

图2.49.3　电容充电过程

电容放电曲线

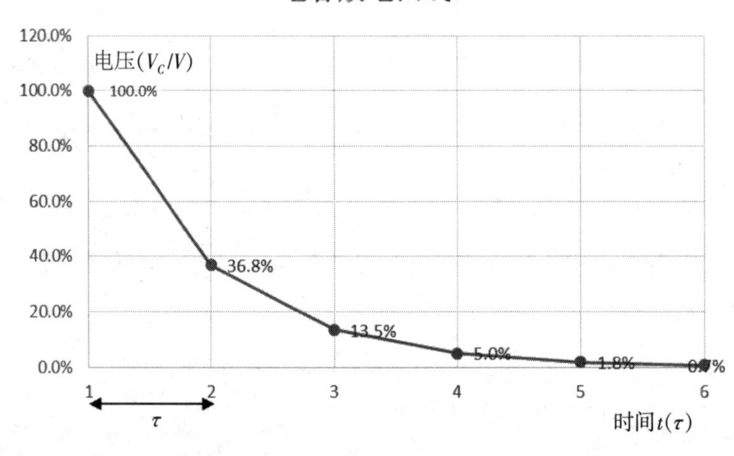

图2.49.4　电容放电过程

电路的过渡过程是指从一种稳定状态转到另一种稳定状态所经历的变化过程，其变化十分短暂且是单次变化过程。对时间常数τ较大的电路，可用长余辉慢扫描示波器观察光点移动的轨迹；对时间常数τ较小的电路，必须使这种单次变化的过程重复出现。为此，利用信号发生器输出的方波来模拟阶跃激励信号，即令方波输出的上升沿作为零状态响应的正阶跃激励信号，方波输出的下降沿作为零输入响应的负阶跃激励信号，选择方波的重复周期远大于电路的时间常数τ，就可以观测电路的过渡过程。

电容值或电阻值越小，时间常数也越小，电容的充电和放电速度就越快，反之亦然。

电容几乎存在于所有电子电路中，它可以作为“快速电池”使用。例如，在照相机的闪光灯中，电容作为储能元件，在闪光的瞬间快速释放能量。

根据上面得到的电容充放电时V_C、t的数据和曲线，可以归纳出以下几点很有实用价值的规律。

(1)电容的充放电是需要时间的。这是由于电容的充放电过程实质是电容上电荷的积累和消散过程,因为电荷量的变化需要时间,所以充放电也需要时间。

(2)在充电的开始阶段,充电电流较大,V_C上升较快,随着V_C的增大,充电电流逐渐减小,且V_C的上升速度变缓,而向着电源电压V趋近。从理论上来说,要使电容完全充满,完成充电的全过程是需要无限长的时间的。但从图2.49.3中可以看到,在$t = 3\tau$时,V_C已达到V的95%;在$t = 5\tau$时,V_C已达到V的99.3%,此时可以认为电容基本充满,充电过程已基本结束。

同样,在放电的开始阶段,电压V_C及电流I_C的变化也是较快的,而后期变化缓慢。但从图2.49.4中可以看到,在$t = 3\tau$时,V_C仅为V的5%;在$t = 5\tau$时,V_C已达到V的0.7%,此时可以认为电容的电荷基本放光,放电过程已基本结束。

总之,在分析实际问题时,可以认为电容的充放电过程所需的时间是有限的。在$t = 5\tau$时,从工程的观点看完全可以认为充放电过程已经结束。

(3)在电容刚刚开始充电或刚刚开始放电的瞬间,电容的端电压V_C及储存的电荷Q都将保持着充放电开始之前的数值。例如,充电前如果电容的$V_C = 0V$,则开始充电的瞬间V_C仍保持为0V;而放电前如果电容的$V_C = V$,则开始放电的瞬间V_C仍保持为V,即电容的端电压V_C在充放电开始的瞬间是不能突变的,电容的这一特点非常重要,必须牢记。

50 电容在射频电路中的运用

1 电容基本高频参数

(1)电容高频等效电路。一个实际的电容在极低频时,可以把它看作一个单独的电容来使用。但是,一旦频率上升到射频、微波阶段,电容随频率而来的寄生参数就不能忽略了。图2.50.1所示是电容在高频电路中的等效电路,其中等效并联电阻R_p(由电介质损耗而来)在图上没有画出,这是因为R_p仅在低频下起作用,高频下没有影响(由于高频下"趋肤效应"的影响,电介质损耗在高频下几乎不起作用)。

(2)串联谐振频率(f_{sr})和并联谐振频率(f_{pr})。由电容的高频等效电路出发,首先讨论电容的两个谐振频率:串联谐振频率(f_{sr})和并联谐振频率(f_{pr})。由图2.50.1可以得到此模块的阻抗表达式:$Z = 1/[j\omega C_p + 1/(R_S + j\omega L_S - j/\omega C)]$,其中$\omega$为角频率,$R_S$为ESR,$L_S$为ESL。

谐振频率是指阻抗频率变化中净电抗为零时的频率。此阻抗的幅值$|Z|$与频率的关系可以从以下几方面考虑:由于C_p值非常小,因此在频率不高时可以暂时不考虑。此时,电路就是简单的串联RCL电路,其谐振发生在$X_L = X_C$时,即$\omega L_S = 1/\omega C$,得到$\omega = 1/\sqrt{C \cdot L_S}$,即图2.50.2中的$\omega_S$。当频率继续升高时(大于$\omega_S$),电容对外已经表现为一个小电感,此小电感随着频率升高而逐渐变大,当其X_L与等效并联

电容C_p的X_C相等时，电容就发生并联谐振，此频率称为第一并联谐振频率。频率继续升高，电容的阻抗频率特性更复杂，会发生第二并联谐振、第三并联谐振等。

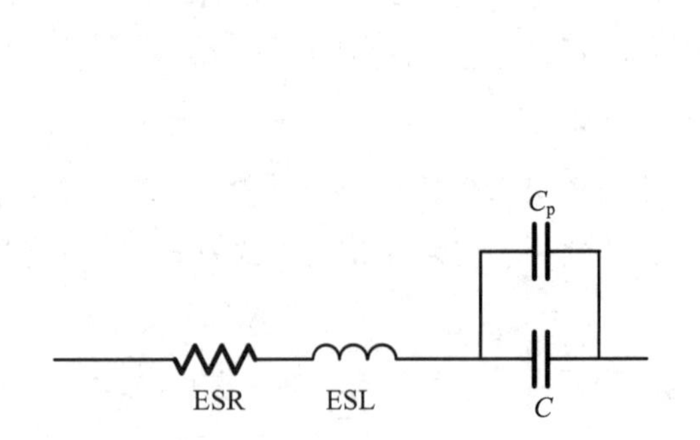

图2.50.1　电容在高频电路中的等效电路

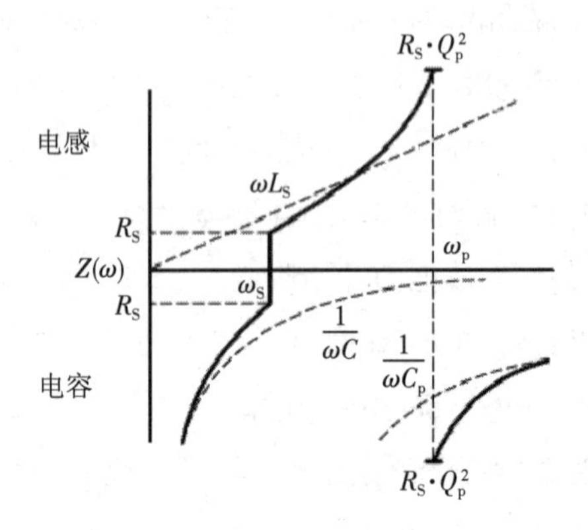

图2.50.2　阻抗与频率的关系曲线

从图2.50.2的阻抗与频率的关系曲线来看，以下几点说明尤为重要。

①串联谐振频率(f_{sr})也称为自谐振频率，是电容净电抗为零时的频率，此频率值$f_{sr} = \dfrac{1}{2\pi\sqrt{C \cdot L_S}}$。此时，电容的阻抗幅值最小等于ESR。在电路运用中作为隔直耦合、旁路用的电容均要求阻抗越小越好（提供最好的交流通道）。

②并联谐振频率(f_{pr})与等效并联电容(C_p)关系很大，也是电容净电抗为零时的频率。并联谐振时，电容的阻抗幅值很大，其值$R_{pr} = \mathrm{ESR} \cdot Q_p \cdot Q_p$，其中$Q_p = C_p /(2\pi \cdot f_{pr} \cdot R_S)$，此时的电容不适合用在隔直耦合、旁路电路中。

（3）ESR。对于射频、微波用电容，ESR在电路设计中尤为重要。所有电子线路，尤其是高频电路，对功耗要求非常严格，功耗在最大程度上影响线路的发热状况，而电容高频下能耗$P_{cd} = I_C^2 \cdot \mathrm{ESR}$。从表达式直接来看，也要求ESR越小越好，一般而言0.1Ω左右是可以接受的极限（不同线路，此要求不同，由设计者决定）。ESR通常以mΩ为单位，是电容的介质损耗(R_{sd})与金属损耗(R_{sm})的综合，即$\mathrm{ESR} = R_{sd} + R_{sm}$。从另一角度来看，$\mathrm{ESR} = X_C \cdot \mathrm{DF}$。

介质损耗(R_{sd})：低频表现，可用损耗因数DF来衡量，是低频电容损耗的主要成分。

金属损耗(R_{sm})：由金属材料的导电性质，以及趋肤效应引起的随频率变化的电极损耗决定，高频时起作用。大于一定频率（不同介质的电容，此值不同）后，电容的ESR主要由金属损耗引起（忽略介质损耗），由以下近似公式可以估算ESR：$\mathrm{ESR2} = \mathrm{ESR1}\sqrt{\dfrac{f_2}{f_1}}$，ESR均随着频率升高而增大。

从整个频率段来看，ESR随着频率升高而减小，减小有一个最小值，然后随着频率升高而增大。

（4）插入损耗。插入损耗是指网络插入前负载吸收功率与网络插入后负载吸收功率之比的分贝数，是衡量信号衰减的一个参数。

一般而言，电路都能接受零点几分贝的插入损耗，大于此值后很容易恶化电路终端性能。要尤其注意几个特殊的点，第一个是串联谐振频率点；第二个是并联谐振频率点。设计高频电路时，要注意这些并联谐振频率点的频率是否在工作频带内，如果在工作频带内，且此时的插入损耗不是很大，则可以接受；相反，如果槽口很深，那么该电容就不能用在此电路中。

2 电容运用电路介绍

(1)耦合(隔直)电容。耦合电容的作用是把射频能量从电路的一部分转移到另一部分，尽量使能量最大传递。理论上，所有电容都能隔直，尤其在高频运用时，提到电容功能时不能只说隔直用途。

设计耦合隔直电路时，先确定满足主要要求的容值，同时必须考虑以下参数：串联谐振频率(f_{sr})、阻抗幅值(Z_c)和ESR。

①耦合电容要求其阻抗在工作频率下尽可能小，这样可以很好地起到耦合作用。由前面的分析可知，电容在串联谐振频率下其阻抗最小，等于ESR；在并联谐振频率下其阻抗很大。所以，在选择耦合用电容时，容量精度要求不高，可以容忍±50%的容量误差。但是，所选择的电容的串联谐振频率一般要略大于电路的工作频率，这是最保险的做法。另外，如果工作频率高于电容的串联谐振频率，则只要净阻抗不是很大，电路也是没有问题的。

②耦合电容要求其插入损耗在工作频率下尽可能小，这样可以减少信号衰减。选择电容时，一定要注意并联谐振频率是否在工作频带内，一般不允许并联谐振频率落入工作频带内。

③耦合电容要求其ESR越小越好，这样可以减少元器件发热引起的功耗，同时保护电路中的其他元器件。设计电路时，一定要注意所选用的电容在整个工作频段内的ESR值，尤其注意那些高于串联谐振频率点上的ESR值。

(2)旁路电容(去耦)。旁路电容的作用是提供一条低阻抗射频入地通道，旁路电容越多，其可靠性越差，一旦旁路电容短路，电源就会被短路破坏。

由于要求其阻抗越小越好，因此在选择容量时，一般以该电容值下该电容的串联谐振频率是否接近设计者感兴趣的频率为依据，而对容量精度没有要求。在串联谐振频率下，阻抗最小等于ESR。其他要求与耦合电容类似。另外，有以下几点需要说明。

①有时电路中还需添加附加的旁路电容，用来压制其他频率段的射频能量，构成连续频段的旁路。

②旁路电容还可以压制开关模式电源产生的噪声，此噪声频率在数百兆赫兹，要把它去耦(旁路)，需要选用的容值就应该较大，这样才能使串联谐振频率接近数百兆赫兹。

(3)匹配电容。匹配电容是为了实现阻抗匹配而在传输线上放置的电容，目的是使信号无阻碍传输。匹配线路对电容精度要求很高，一般要达到1%左右。

典型的匹配电路如图2.50.2所示(放大器输入阻抗匹配电路)。

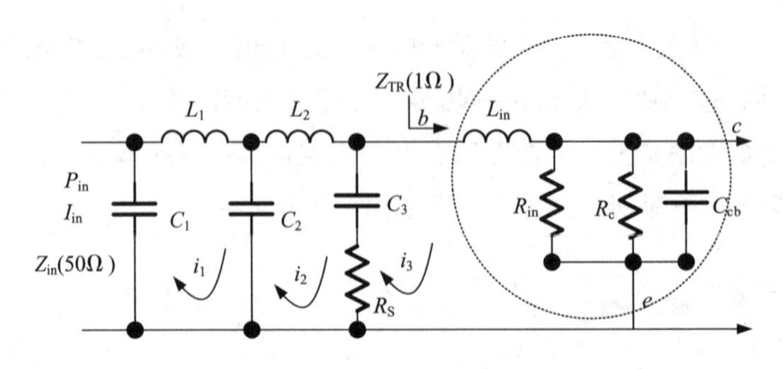

图 2.50.3　典型的匹配电路

由于有源放大器的输入阻抗通常较小，一般在 0.5 ~ 2Ω 的数量级，因此多数射频放大器需要输入匹配网络。如图 2.50.3 所示，假设放大器的输入阻抗为 1Ω，这样在 50Ω 系统中运用时，就需要 50∶1 的阻抗变换才能满足要求。

对于匹配电容，除要求非常高的电容精度外，还要求电容的 Q 值很大。由于 $Q = X/\text{ESR}$，因此在要求 Q 值大的同时，也要求 ESR 必须很小。

51 能直接用 0603 封装的电容代替 0402 封装的电容吗？

之前看到过一个关于 0402 封装电容与 0603 封装电容选型的讨论：A 工程师希望把电路上的部分 0603 封装的电容修改为 0402 封装的电容，这样便于采购、检验、加工和管理等；而 B 工程师认为电路已经调好了，改动器件会导致电路工作出问题。

这种讨论情形笔者相信在很多公司都遇到过。两位工程师的观点都有道理。A 工程师的出发点是供应链和加工工艺等，如果 0603 封装换成 0402 封装，那么确实有很多好处，还可以节省空间。而 B 工程师的出发点是模块化电路设计，对于稳定的电路，如果更换器件，就需要重新调试、做各种老化测试等。

其实这个问题可以从两个角度来讨论，一个是研发流程的问题，如果在产品研发一开始 A 工程师就把这个问题提出来，就不会出现 A 工程师和 B 工程师的这种讨论了；另一个是电路方面的问题。下面主要从电路方面来展开讨论。

大家都知道，在电子产品中，电容是不可或缺的。在低速电路中，可以把电容称为电容，这时在选择电容时（以贴片电容为例），主要关注其容值、耐压值、封装大小、工作温度范围、温漂等参数即可。在这种情况下，A 工程师把 0603 封装的电容修改为等容值的 0402 封装的电容不会出现太大问题。

但是，在高速电路或电源系统中，电容已经不仅仅是电容，而是一个由等效电容、等效电阻和等效电感组成的电路，其简单的结构如图 2.50.1 所示。

既然这是一个电路，那么就不再是一个独立电容那么简单了。该等效电路的性能受很多因素的影响，在选择这类电容时，不仅要关注前面提到的那些参数，还要关注在特定频率下的等效参数。以 muRata 的 1μF 的电容为例，在谐振频率点时，对应的等效电容为 602.625nF，等效电阻为 11.5356mΩ，等效电感为 471.621pH，如图 2.51.1 所示。

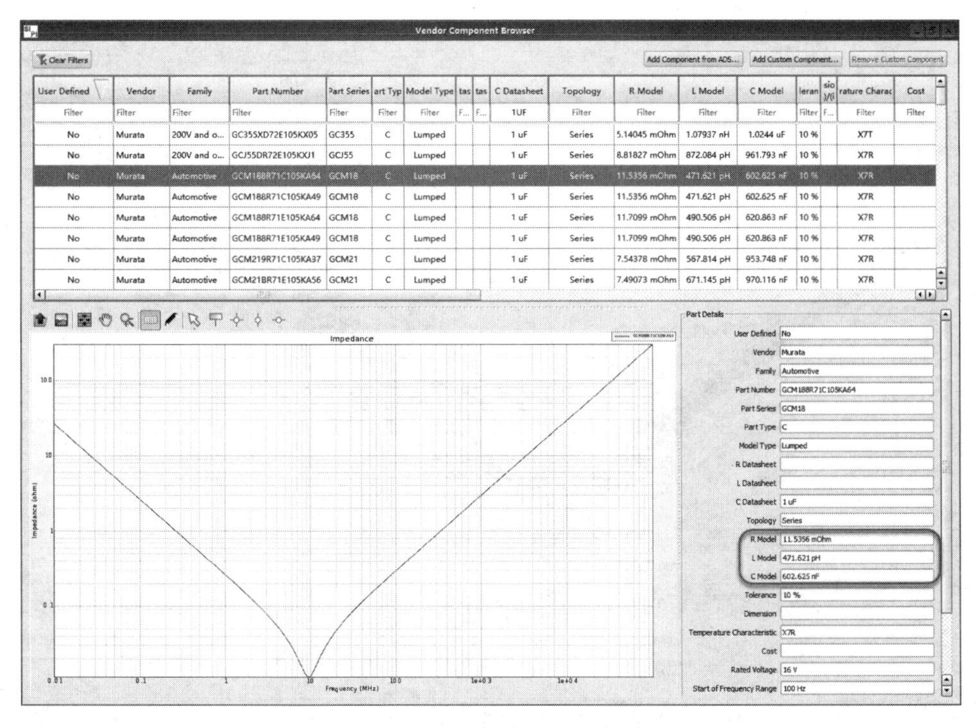

图 2.51.1　电容等效电路参数

可以发现,此时的电容已经与原本标称的1μF容值相去甚远。那么,它们的特性也会相差很大,图2.51.2所示是1μF理想电容和1μF电容等效电路的阻抗曲线(需要注意的是,阻抗曲线不同,其滤波效果也不同)。

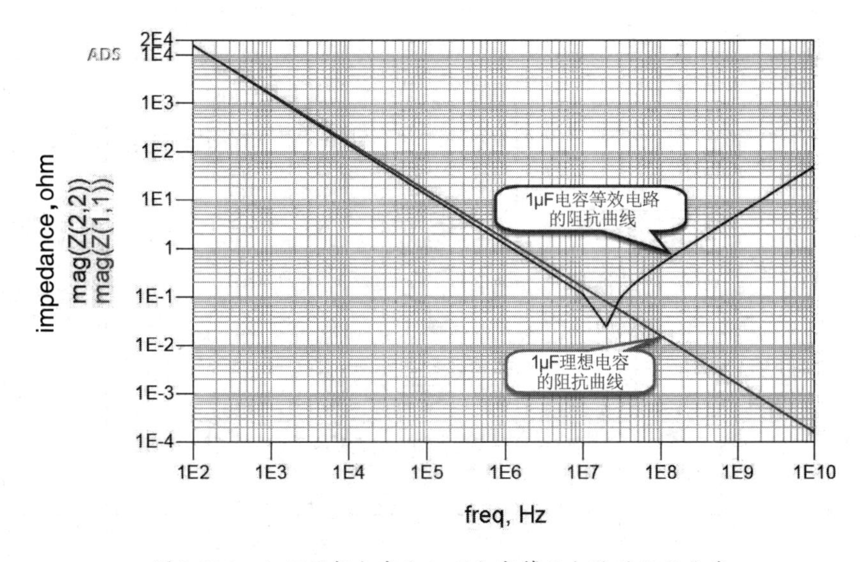

图 2.51.2　1μF理想电容和1μF电容等效电路的阻抗曲线

由图2.51.2可以看出,理想电容和电容等效电路的阻抗曲线差异很明显,这样就很容易理解它们表现出来的性能为什么有很大不同。图2.51.3所示是不同封装1μF电容等效电路的阻抗曲线。

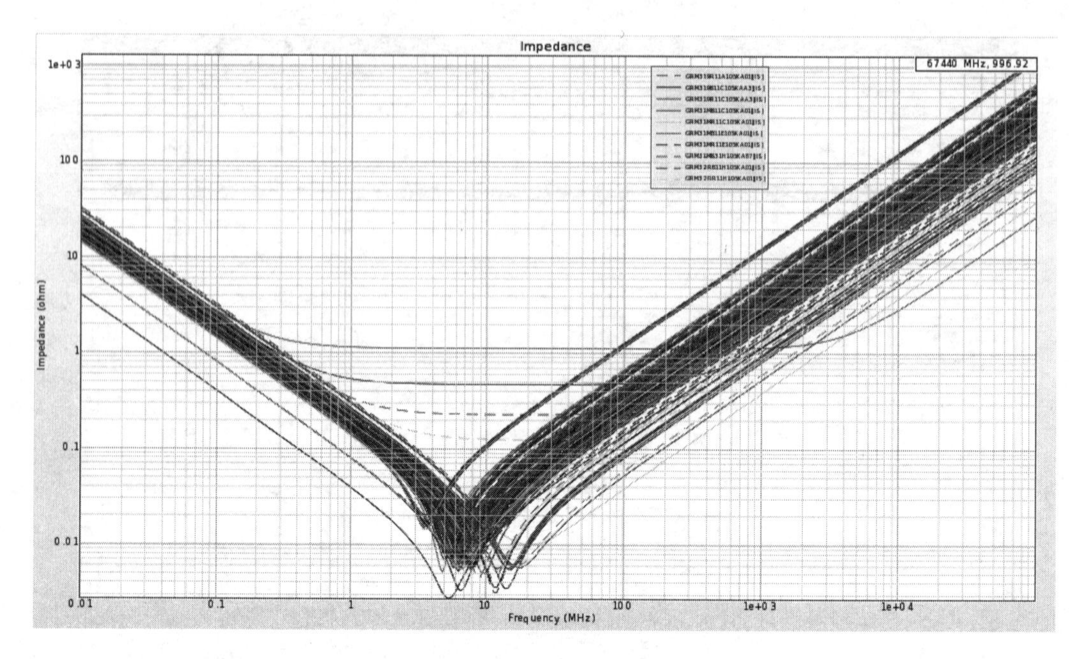

图 2.51.3　不同封装 1μF 电容等效电路的阻抗曲线

由图 2.51.3 可以看出，即使容值相同，其阻抗曲线也可能不同。当然，如果容值和其他参数都相同，但电容材质（或配方）不同，则其阻抗曲线也可能不同。

下面仍以 muRata 1μF 0603 和 0402 封装的电容为例，在 muRata 官网查看它们的阻抗曲线，如图 2.51.4 所示，黑色曲线为 0603 封装的电容等效电路的阻抗曲线，灰色曲线为 0402 封装的电容等效电路的阻抗曲线。

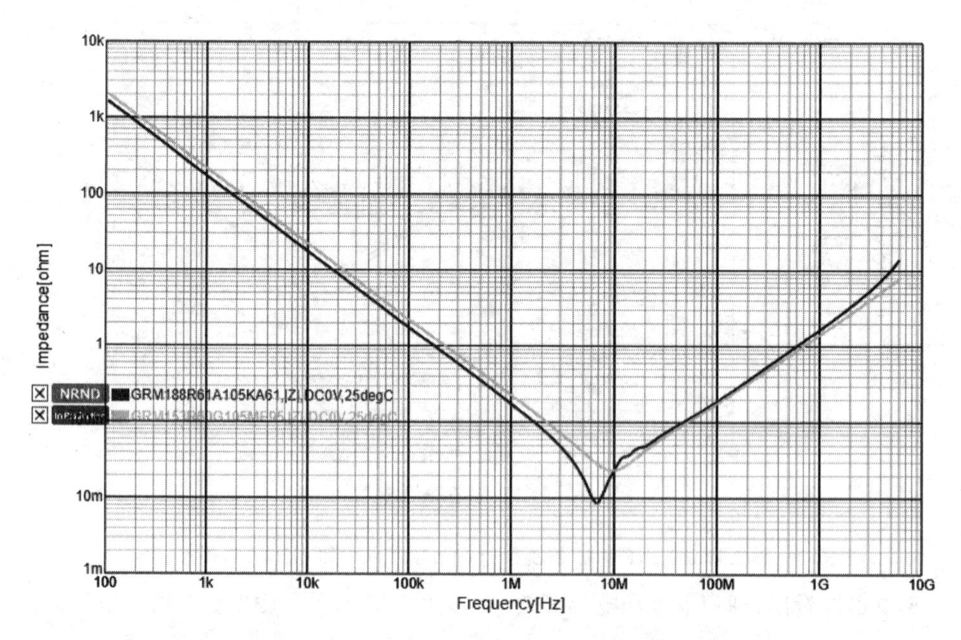

图 2.51.4　1μF 0603 封装的电容和 1μF 0402 封装的电容等效电路的阻抗曲线

到这里，相应大家也能理解B工程师的观点了，成熟的产品更换电容很可能需要重新调试和测试。当然，任何事都不能一概而论，更换封装时如果各个参数比较均衡（比例一致），则更换前后的阻抗曲线是有可能一致的。

那么，到底能不能把0603封装的电容换成0402封装的电容呢？首先，我们在器件选型时，不但需要考虑器件的基本参数，还需要考虑一些寄生参数，如本文提到的因封装不同而导致的等效阻抗不同。对于本例中提到的设计是否执行更改，我们认为可以有如下原则。

（1）在项目稳定阶段之前，如果综合考虑成本、集成度、进度、性能等因素，有明显收益，则以最优设计为准，可以更改设计。

（2）项目已经进入稳定阶段，如果更改设计不会带来明显的收益，则建议保持原来的设计，避免更改设计带来风险。

（3）如果发现不更改设计可能会带来质量风险，则我们在充分验证设计变更之后，有计划地进行生产切换。

52 如何对高频电容进行测量和仿真？

电容是每一个电路中都会使用的器件，电容会应用在电源系统中，也会应用在信号线上。在低速电路中，可以把电容称为电容；但是，在高速电路或电源系统中，电容已经不仅仅是电容，而是一个由等效电容、等效电阻和等效电感组成的电路，其简单的结构如图2.50.1所示。

所以，电容参数就不能再使用简单的万用表来测量了，而需要使用网络分析仪进行测量。使用网络分析仪测试电容参数时，最常用的方式有并联测试法和串联测试法，如图2.52.1所示（图中的50都是指50Ω）。

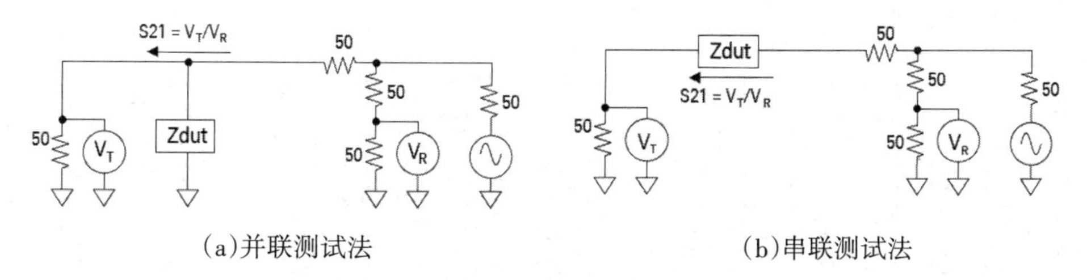

（a）并联测试法　　（b）串联测试法

图2.52.1　并联测试法和串联测试法

并联测试法简化装置如图2.52.2所示。

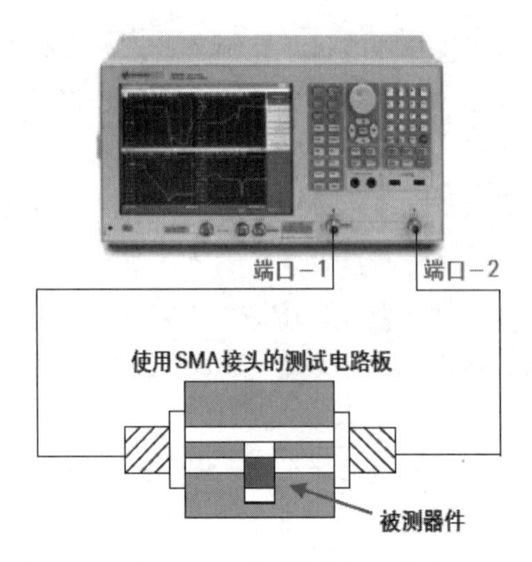

图2.52.2　并联测试法简化装置

从图2.52.1和图2.52.2中可以看到，无论是并联测试法还是串联测试法，都采用的是2端口网络分析仪（当然，也可以考虑用4端口网络分析仪，有兴趣的读者可以自行阅读相关材料），这样测试获得的参数就是2端口的S参数，即*.s2p文件。图2.52.3所示是一个电容的S参数文件。

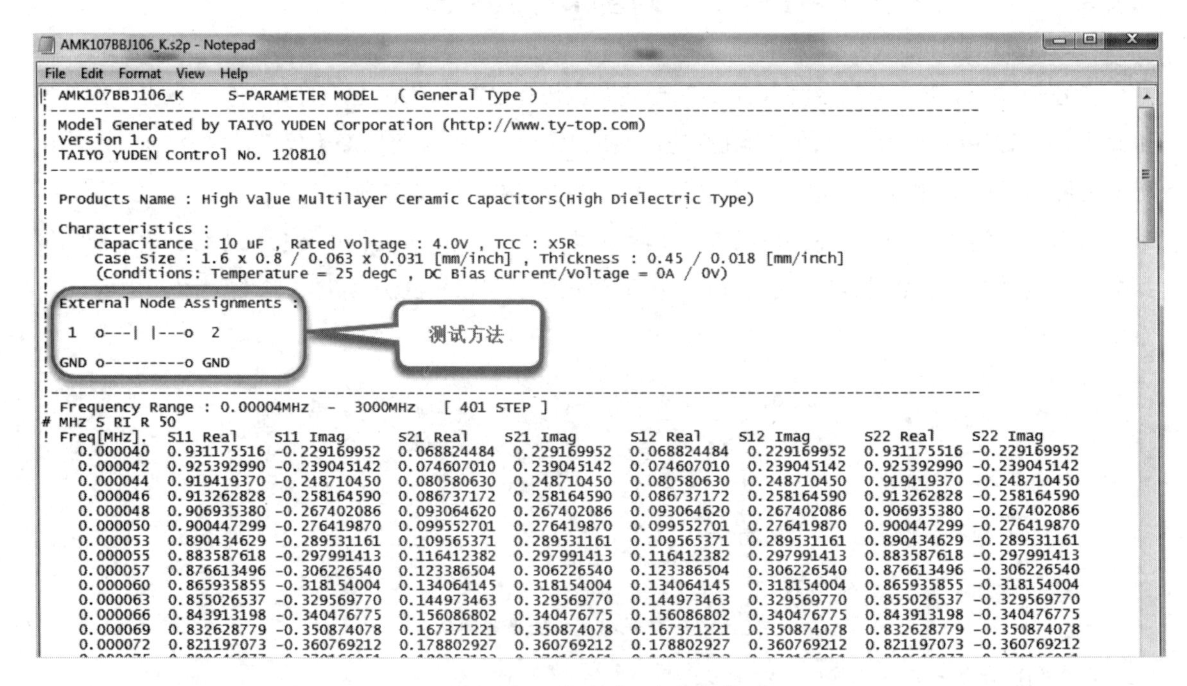
AMK107BBJ106_K.s2p - Notepad

File　Edit　Format　View　Help

```
! AMK107BBJ106_K      S-PARAMETER MODEL   ( General Type )
!------------------------------------------------------------------------------------
! Model Generated by TAIYO YUDEN Corporation (http://www.ty-top.com)
! Version 1.0
! TAIYO YUDEN Control No. 120810
!
!------------------------------------------------------------------------------------
!
! Products Name : High Value Multilayer Ceramic Capacitors(High Dielectric Type)
!
! Characteristics :
!     Capacitance : 10 uF , Rated Voltage : 4.0V , TCC : X5R
!     Case Size : 1.6 x 0.8 / 0.063 x 0.031 [mm/inch] , Thickness : 0.45 / 0.018 [mm/inch]
!     (Conditions: Temperature = 25 degC , DC Bias Current/Voltage = 0A / 0V)
!
! External Node Assignments :
!
!  1  o---| |---o  2
!
! GND o---------o GND
!
!------------------------------------------------------------------------------------
! Frequency Range : 0.00004MHz  -  3000MHz   [ 401 STEP ]
# MHz S RI R 50
! Freq[MHz].  S11 Real    S11 Imag     S21 Real    S21 Imag    S12 Real    S12 Imag    S22 Real    S22 Imag
   0.000040  0.931175516 -0.229169952 0.068824484  0.229169952 0.068824484  0.229169952 0.931175516 -0.229169952
   0.000042  0.925392990 -0.239045142 0.074607010  0.239045142 0.074607010  0.239045142 0.925392990 -0.239045142
   0.000044  0.919419370 -0.248710450 0.080580630  0.248710450 0.080580630  0.248710450 0.919419370 -0.248710450
   0.000046  0.913262828 -0.258164590 0.086737172  0.258164590 0.086737172  0.258164590 0.913262828 -0.258164590
   0.000048  0.906935380 -0.267402086 0.093064620  0.267402086 0.093064620  0.267402086 0.906935380 -0.267402086
   0.000050  0.900447299 -0.276419870 0.099552701  0.276419870 0.099552701  0.276419870 0.900447299 -0.276419870
   0.000053  0.890434629 -0.289531161 0.109565371  0.289531161 0.109565371  0.289531161 0.890434629 -0.289531161
   0.000055  0.883587618 -0.297991413 0.116412382  0.297991413 0.116412382  0.297991413 0.883587618 -0.297991413
   0.000057  0.876613496 -0.306226540 0.123386504  0.306226540 0.123386504  0.306226540 0.876613496 -0.306226540
   0.000060  0.865935855 -0.318154004 0.134064145  0.318154004 0.134064145  0.318154004 0.865935855 -0.318154004
   0.000063  0.855026537 -0.329569770 0.144973463  0.329569770 0.144973463  0.329569770 0.855026537 -0.329569770
   0.000066  0.843913198 -0.340476775 0.156086802  0.340476775 0.156086802  0.340476775 0.843913198 -0.340476775
   0.000069  0.832628779 -0.350874078 0.167371221  0.350874078 0.167371221  0.350874078 0.832628779 -0.350874078
   0.000072  0.821197073 -0.360769212 0.178802927  0.360769212 0.178802927  0.360769212 0.821197073 -0.360769212
```


图2.52.3　电容的S参数文件

通过S参数，工程师可以了解电容的阻抗特性、损耗等，即电容的滤波特性。电容的阻抗特性曲线如图2.52.4所示。

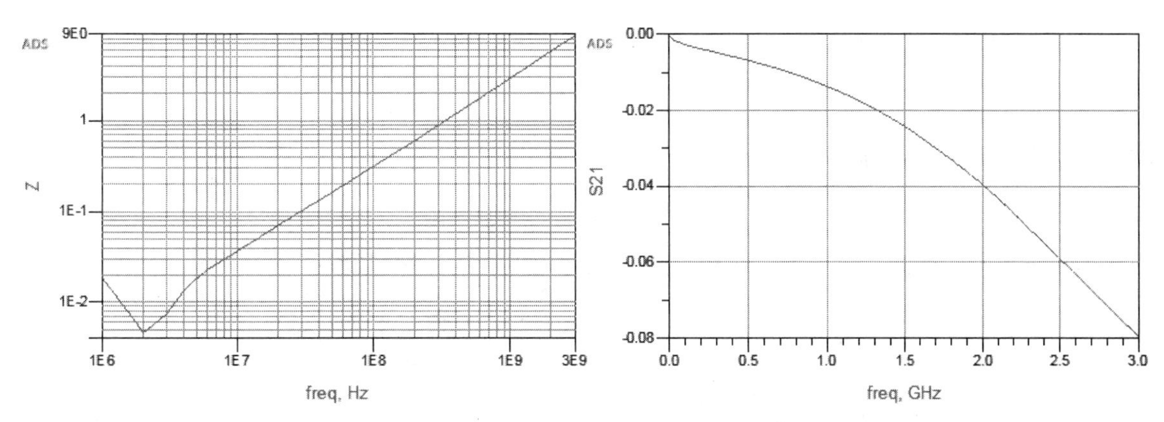

图 2.52.4　电容的阻抗特性曲线

这种测试电容的步骤其实非常简单，在测试时要按照电容的封装大小设计一块测试夹具板和校准板，然后把电容焊接上去，通过AFR或TRL或SOLT的校准方式进行校准后即可直接测试（推荐使用AFR校准，这是最简单的校准方式，设计的电路板也简单一些）。

电容的S参数模型可以应用于信号完整性和电源完整性仿真中。在使用SIPro/PIPro仿真时，可能有的工程师会有疑惑，为什么在软件中添加*.s2p的S参数时会强制变为*.s1p呢？这是否有问题？

答案是肯定不会有问题。对于电容类器件，测量的数据文件就是S2P文件，而不是S1P文件，这是因为在测量时使用的是2端口网络分析仪。在仿真时使用S1P文件有一个好处，即能减弱器件对夹具板的影响，提升设计的性能。有兴趣的读者也可以搭建一个仿真电路去分析电容的S1P和S2P的效果是否一样，原理如图2.52.5所示。

S21使用的是S2P文件，连接的是SnP元件；S43使用的是S2P文件，Ground不连接；S65使用的是S1P文件，Ground连接到TermG上，获得的结果如图2.52.6所示。

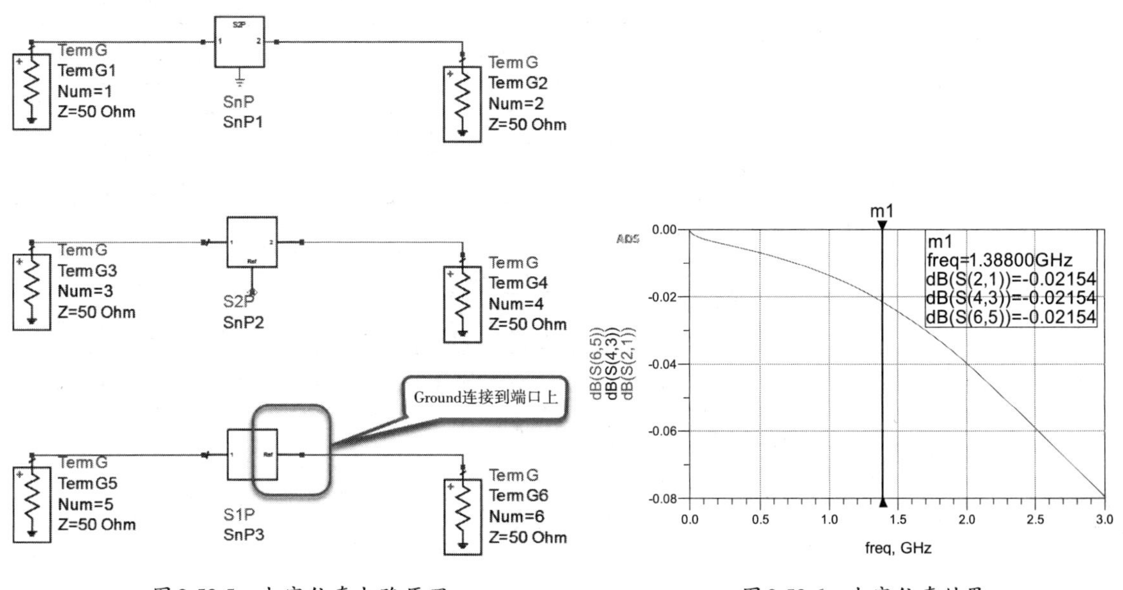

图 2.52.5　电容仿真电路原理

图 2.52.6　电容仿真结果

很显然，3条曲线是重合的，说明S2P和S1P等效。

53 电容降额规范

降额设计规定的值，其实就是一个经验值，在实际应用过程中根据试验或事件，不断地修正这个值。

1 钽电容

钽电容降额规范如表2.53.1所示。

表2.53.1 钽电容降额规范

器件	降额参数	条件	降额要求
MnO_2钽电容	耐压	稳态	50%
		瞬态	55%
	环境温度	稳态	$\leqslant T_{max}-20℃$
		瞬态①	禁止
	反向电压	稳态	≤2%额定电压
		瞬态	≤15V/ms
	电压变化率	稳态	100%
		瞬态	80%
	纹波电流	环境温度<85℃	60%
		环境温度<95℃	85%
		环境温度<105℃	90%
Polymer钽电容	耐压（额定小于10V）	稳态	85%
		瞬态	90%
	耐压（额定10～25V）	稳态	70%
		瞬态	80%
	耐压（额定25V以上）	稳态	60%
		瞬态	80%
	环境温度	稳态	$\leqslant T_{max}-10℃$
		瞬态	$\leqslant T_{max}$
	反向电压	稳态	禁止
		瞬态	≤2%额定电压
	电压变化率	稳态	≤15V/ms
		瞬态	
	纹波电流	环境温度<85℃	100%
		环境温度<95℃	85%
		环境温度<105℃	70%

注：①瞬态环境温度是指不超过1%的计算时间内，一般以天为单位，即1天内出现的时间总和不超过0.24h的异常温度，可以认为是瞬态温度，与瞬态电压不同。

2 非固体铝电解电容

非固体铝电解电容降额规范如表2.53.2所示。

表 2.53.2　非固体铝电解电容降额规范

器件	降额参数	条件	降额要求
非固体插装铝电解电容、非固体SMD铝电解电容	环境温度	稳态	≤最高工作温度－10℃
		瞬态	≤最高工作温度
	工作电压	持续工作电压（稳态最坏情况）	额定电压≤315V时：≤0.90×额定电压
			额定电压>315V时：≤0.95×额定电压
		非周期性浪涌电压［瞬态最坏情况（≤1s）］	额定电压≤315V时：≤1.15×额定电压（峰值电压）
			额定电压>315V时：≤1.10×额定电压（峰值电压）
	纹波电流[①]	应按照频率系数，将纹波电流（充放电电流）折算到额定纹波电流同一频率 禁止使用区域 $2I_{rating}$ $1.5I_{rating}$ I_{rating} 85℃铝电容安全应用区域 45 65 85 温度/℃ 禁止使用区域 $2I_{rating}$ $1.5I_{rating}$ I_{rating} 105℃铝电容安全应用区域 65 85 105 温度/℃ 禁止使用区域 $2I_{rating}$ $1.5I_{rating}$ I_{rating} 125℃铝电容安全应用区域 85 105 125 温度/℃	
	估算寿命[②]	芯温法（适用于焊片型和螺栓型）[③]	≥80%单板设计寿命
		纹波电流法（适用于表贴型和引线型）[④]	≥80%单板设计寿命

注：①电容在应用中的纹波电流可以大于额定值，但不应超出安全应用区域。如果应用中电容的充放电电流超出安全应用区域，则需具体评估应用风险。

②对于液体铝电解电容，应根据实际应力条件估算应用寿命。寿命计算的基本理论模型是“10℃法则”，即应用温度每降低10℃，电容的应用寿命翻倍。

③芯温法：将电容芯子的核心温度（T_{core}）作为输入条件，计算电容寿命的方法。对于体积较大的焊片型（Snap-in）和螺栓型（Screw）高压铝电解电容，推荐采用芯温法估算寿命。

④纹波电流法：将电容工作时的充放电电流和环境温度作为输入条件，计算电容寿命的方法。对于体积较小的表贴型（V-chip）和引线型（Radical）铝电解电容，推荐采用纹波电流法估算寿命。

3 固体铝电解电容

固体铝电解电容降额规范如表2.53.3所示。

表2.53.3　固体铝电解电容降额规范

器件	降额参数	额定电压	条件	降额要求
固体插件铝电解电容、固体SMD铝电解电容	工作电压	$U_r \leqslant 10V$	稳态最坏情况	≤90%额定电压
			瞬态最坏情况	≤95%额定电压
		$10V < U_r \leqslant 25V$	稳态最坏情况	≤85%额定电压
			瞬态最坏情况	≤90%额定电压
		$U_r > 25V$	稳态最坏情况	≤70%额定电压
			瞬态最坏情况	≤80%额定电压
	环境稳态	—	稳态最坏情况	$\leqslant T_{max} - 20℃$
		—	瞬态最坏情况	$\leqslant T_{max}$
	反向电压	—	稳态最坏情况	禁止施加持续反向电压
		—	瞬态最坏情况	≤0.5V(峰值电压)
	脉冲电流	—	瞬态最坏情况	≤10A或10倍额定纹波电流,取较小者
	纹波电流	—	稳态最坏情况	≤100%

4 陶瓷电容

陶瓷电容降额规范如表2.53.4所示。

表2.53.4　陶瓷电容降额规范

器件	类型	降额参数	材料类别	环境温度	额定电压	条件	降额要求
插装多层陶瓷电容、片式电容排	普通	工作电压	NP0(C0G)U2J、X7R、X7S、X7T、X7U	≤85℃	$U_r < 25V$	稳态最坏情况	≤85%
						瞬态最坏情况	≤100%
					$U_r \geqslant 25V$	稳态最坏情况	≤75%[1]
						瞬态最坏情况	≤100%
				>85℃,≤125℃	$U_r < 25V$	稳态最坏情况	≤70%
						瞬态最坏情况	≤80%
					$U_r \geqslant 25V$	稳态最坏情况	≤60%
						瞬态最坏情况	≤80%
			X5R、X6R/S、Y5V	—	—	稳态最坏情况	≤60%
						瞬态最坏情况	≤80%
		环境温度	所有	—	所有	稳态最坏情况	$\leqslant T_{max} - 5℃$[2]
						瞬态最坏情况	$\leqslant T_{max}$

续表

器件	类型	降额参数	材料类别	环境温度	额定电压	条件	降额要求
插装单层陶瓷电容、SMD陶瓷电容	普通	工作电压	NP0(C0G) U2J、X7R、 X7S、X7T、 X7U	≤85℃	$U_r<25V$	稳态最坏情况	≤85%
						瞬态最坏情况	≤100%
					$U_r \geq 25V$	稳态最坏情况	≤75%[①]
						瞬态最坏情况	≤100%
				>85℃,≤125℃	$U_r<25V$	稳态最坏情况	≤70%
						瞬态最坏情况	≤80%
					$U_r \geq 25V$	稳态最坏情况	≤60%
						瞬态最坏情况	≤80%
			X5R、 X6R/S、 Y5V	—	—	稳态最坏情况	≤60%
						瞬态最坏情况	≤80%
		环境温度	所有	—	所有	稳态最坏情况	$\leq T_{max}-5℃$[②]
						瞬态最坏情况	$\leq T_{max}$
	安规	工作电压	所有	所有	所有	稳态最坏情况	≤100%
						瞬态最坏情况	≤100%
		环境温度	所有	—	所有	稳态最坏情况	$\leq T_{max}-5℃$[②]
						瞬态最坏情况	$\leq T_{max}$

注:①对于-48V的接口电路,电压波动范围为-72~-36V的情况下,可以使用100V的X7R陶瓷电容滤波,但是瞬态最坏情况下建议不超过额定值。

②如果环境温度比较难获得,则可以采用电容表面温度进行降额,其中壳温降额为稳态不超过额定温度T_{max},瞬态不超过$T_{max}+5℃$。

实际上,陶瓷电容功耗与焊盘尺寸及覆铜面积相关,焊盘尺寸及覆铜面积越大,允许的功耗就越大。

5 薄膜电容

薄膜电容降额规范如表2.53.5所示。

表2.53.5 薄膜电容降额规范

类型	用途	降额参数	条件	降额要求
薄膜电容	安规薄膜电容[①] (专指X、Y电容)	工作电压	稳态最坏情况	Y电容工作电压:≤100%×额定电压 X电容工作电压: (1)275~310VAC标称电压X电容:适用于240VAC(或以下)标称工频电网 (2)330~350VAC标称电压X电容:适用于277VAC(或以下)标称工频电网 (3)440~480VAC标称电压X电容:适用于380VAC(或以下)标称工频电网
		浪涌电压	瞬态最坏情况	按IEC60384-14标准规定,不允许超额应用
		环境温度	—	≤最高工作温度-10℃

续表

类型	用途	降额参数	条件	降额要求
薄膜电容	交流薄膜电容②	交流工作电压	稳态最坏情况	≤85%×额定交流电压
			瞬态最坏情况	≤100%×额定交流电压
		浪涌电压	非周期性浪涌电压（持续时间≤10ms）	≤95%×最大脉冲电压（当规格书未规定最大脉冲电压时，按1.25倍额定直流电压计算）
		环境温度	—	≤最高工作温度③－10℃
		热点温度④	—	≤最高工作温度－5℃
		d*U*/d*t*	瞬态最坏情况	≤80%
		纹波电流	稳态最坏情况	≤90%
	直流与脉冲薄膜电容	直流工作电压	稳态最坏情况	≤90%×额定直流电压
			瞬态最坏情况	≤100%×额定直流电压
		浪涌电压	非周期性浪涌电压（持续时间≤10ms）	≤95%×最大脉冲电压（当规格书未规定最大脉冲电压时，按1.25倍额定直流电压计算）
		环境温度	—	≤额定温度－10℃
		热点温度④	—	≤额定温度－5℃
		d*U*/d*t*	瞬态最坏情况	≤80%
		纹波电流	稳态最坏情况	≤90%

注：①安规薄膜电容是符合IEC60384-14、UL1414、UL1283等电磁干扰抑制电容标准，经过安规机构认证的可跨接于50～60Hz交流市电的相线、中性线和地线之间的电容，即X电容和Y电容。X电容和Y电容仅可用于EMC用途，不可用作逆变电路的平滑电容，也不可用作电容式降压电路的降压电容。
②交流薄膜电容是专为交流应用设计的薄膜电容，其典型应用是逆变电路的平滑电容。电容式降压电路必须采用专门设计的降压电容，不能使用一般用途的交流薄膜电容。
③额定温度可能低于最高工作温度，也可能等于最高工作温度。当规格书中没有说明额定温度时，默认额定温度等于最高工作温度。
④对于大型薄膜电容（10A以上额定电流的薄膜电容），需要测量电容内部热点温度，或者依据电容的热阻和充放电电流计算热点温度（说明：当无法测量或计算时，需要找厂商确认），热点温度不得超过规定；对于小型薄膜电容，额定电流是按照内部热点温度不超过上限类别温度提示的，无须另外计算热点温度。

54 电容选型规范

电容选型时需要考虑的因素很多，如容量及精度、额定电压、工作频率、封装尺寸、工作温度、阻抗（低频ESR、高频ESL）、寿命等，滤波和耦合电容还要考虑纹波电流能力。

各类电容如铝、钽、陶瓷、薄膜电容等需要注意各种参数的温度系数、频率特性等，例如，电容量随温度、电压、频率、老化时间的变化，ESR随温度、频率的变化，纹波电流随电压及温度的变化，DF值（或*Q*值）随温度计频率的变化。下面根据常用电容的类型，分别讲述电容选型规范。

1 非固体铝电解电容

非固体铝电解电容的优点是容量大,电压较大;缺点是受温度影响,参数变化很大,存在寿命问题。非固体铝电解电容选型规范如表2.54.1所示。

表2.54.1 非固体铝电解电容选型规范

序号	选型规范
1	根据单板加工要求,合理选择非固体铝电解电容
2	作为滤波用时优选推荐指数高的电容,同时注意DF/ESR随温度的变化情况,重点关注低温时DF/EST是否满足单板设计要求
3	尽量统一选用型号,检视选用型号数量,保证电容件选型归一化
4	尽量选择业界主流厂家主流出货的型号,保证电容件选型归一化
5	额定工作电压和标称容量优选标准值
6	额定工作温度优选105℃,高温应用场景推荐选用125℃
7	根据环境情况,选择非固体铝电解电容的寿命时,推荐选择2000h及以上的型号,禁选1000h或85℃的非固体铝电解电容。同时,根据降额标准,计算寿命是否满足单板需求
8	尽量选用之前项目已经用过的电容型号,避免选用新的型号
9	非固体铝电解电容的使用必须满足降额标准

2 Polymer铝电解电容

Polymer铝电解电容的优点是容量大,ESR小,性能一致性比钽电容好;缺点是电压较小。Polymer铝电解电容选型规范如表2.54.2所示。

表2.54.2 Polymer铝电解电容选型规范

序号	选型规范
1	适合用于开关电源输入/输出滤波、CPU滤波和瞬态响应要求较高的电路等场合,不能应用于高阻抗电压保持电路等
2	Polymer铝电解电容的使用必须满足降额标准
3	尽量统一选用型号,减少选用型号的数量,保证电容件选型归一化
4	滤波场合,大容量电容优选圆柱形Polymer铝电解电容;如果结构尺寸不满足设计要求,则可选择表贴方片Polymer铝电解电容,但需确认满足寿命约束条件。对于不满足寿命约束条件的场景,推荐选用高容量MLCC
5	尽量选择业界主流厂家主流出货的型号,保证电容件选型归一化
6	规定工作电压和标称容量优选标准值
7	建议Polymer铝电解电容和10μF/22μF陶瓷电容组合应用
8	Polymer铝电解电容需选用寿命为105℃、2000h及以上的型号,并根据Polymer铝电解电容降额规范的要求,确保电容的寿命满足单板需求
9	开关电源输出端,使用Polymer铝电解电容时,注意考虑环路的稳定性
10	尽量选用之前项目已经用过的电容型号,避免选用新的型号
11	考虑供应资源的问题,建议优先考虑圆柱形固体铝电解电容,因其供应资源充足

3 MnO_2钽电容

MnO_2钽电容的优点是封装小，一定电压范围内容量较大，稳定特性好，可靠性较好；缺点是ESR较大，应用电压小，失效模式恶劣，大尺寸电容存在潮敏问题。

根据业界的发展形势和原材料情况，在非特殊场合（音频、微波、海缆）避免使用MnO_2钽电容，而在特殊场合下使用MnO_2钽电容时需严格遵守降额准则。

4 Polymer钽电容

Polymer钽电容的优点是封装小，ESR小，一定电压范围内容量较大，温度特性好；缺点是在高功率场合短路时可能出现燃烧的情况，价格趋势较差。Polymer钽电容选型规范如表2.54.3所示。

表2.54.3 Polymer钽电容选型规范

序号	选型规范
1	在非必要情况下（对高度有严格要求且Polymer铝电容不满足），不选择Polymer钽电容
2	Polymer钽电容的使用必须满足降额标准
3	尽量统一选用型号，减少选用型号的数量，保证电容件选型归一化
4	滤波场合，优选Polymer铝电容；在有封装要求的场合下，可选Polymer钽电容
5	尽量选择业界主流厂家主流出货的型号，保证电容件选型归一化
6	额定工作电压和标称容量优选标准值
7	为保证长期可靠性，电源输入/输出电路中要求单元电路中Polymer钽电容至少3个并联，或者和多个大容量陶瓷电容并联，并联陶瓷电容容量不少于单个钽电容容量
8	尽量选用之前项目已经用过的电容型号，避免选用新的型号

5 陶瓷电容

陶瓷电容主要有单层陶瓷电容、MLCC和MLCC电容排。陶瓷电容的优点是封装小，ESR小，价格低廉，温度特性好，符合业界趋势，NP0电容容量特性稳定；缺点是容量相比电解电容小很多，X7R和X5R系列电容容量特性较差（会受到直流偏压和温度的影响），在布局或生产操作不规范时容易出现机械应力的问题。陶瓷电容选型规范如表2.54.4所示。

表2.54.4 陶瓷电容选型规范

序号	选型规范
1	尽量统一选用型号，减少选用型号的数量，保证电容件选型归一化
2	尽量选择业界主流厂家主流出货的型号，保证电容件选型归一化
3	尽量选用表贴规格的型号
4	陶瓷电容的使用必须满足降额标准

续表

序号	选型规范
5	除高Q值电容外，要求X5R选择E3系列容值，X7R选择E6系列容值，NP0选择E12系列容值，特殊场合可以考虑E24系列容值
6	优选X7R和X5R介质电容，高精度场合可选NP0介质电容，尽量不选Y5V和Z5U介质电容
7	在设计、工艺等其他办法都无法规避机械应力的情况下，1206及以上封装的陶瓷电容可选择软端子产品，但成本相对较高
8	小于100μF容值区间优选陶瓷电容，注意线性电源稳定性和ESR要求，线性电源输出端可以使用陶瓷电容串联小阻值电容使用
9	高Q值电容的应用对参数容差要求较高，因此必须考虑各厂家的参数兼容性
10	尽量选用之前项目已经用过的电容型号，避免选用新的型号

6 薄膜电容

薄膜电容的优点是容量稳定，电压大，交流特性好；缺点是容量较小，封装较大。目前为止，表贴薄膜电容的可靠性差，相比陶瓷电容而言ESR较大。薄膜电容选型规范如表2.54.5所示。

表2.54.5 薄膜电容选型规范

序号	选型规范
1	尽量统一选用型号，减少选用型号的数量，保证电容件选型归一化
2	尽量选择业界主流厂家主流出货的型号，保证电容件选型归一化
3	高耐压，高稳定性，交流特性好，建议在安规场合或能源场合应用。其他场合建议优选陶瓷电容
4	在交流和湿热场景下，容易发生电晕现象。新项目选用时需根据电容寿命模型确定电容温湿度可靠性验证条件，建议温湿度类别T/RH为40℃/93%、60℃/93%、85℃/85%
5	优选结构：金属化薄膜
6	优选介质：聚酯膜和聚丙烯
7	在薄膜电容的表贴技术没有突破之前，不建议使用表贴薄膜电容
8	尽量选用之前项目已经用过的电容型号，避免选用新的型号

电感

1 什么是电感？

电感一般是由导线绕成空芯线圈或带铁芯的线圈而制成，所以又把电感称为电感线圈，简称线圈。当线圈中有电流通过时，线圈周围就会产生磁场。当线圈中流过的是直流电流时，线圈周围就会产生固定的磁场。线圈产生的物理现象就是电磁铁，电磁铁本身就有一些应用场景，图3.1.1所示是电磁铁应用于电动门锁。

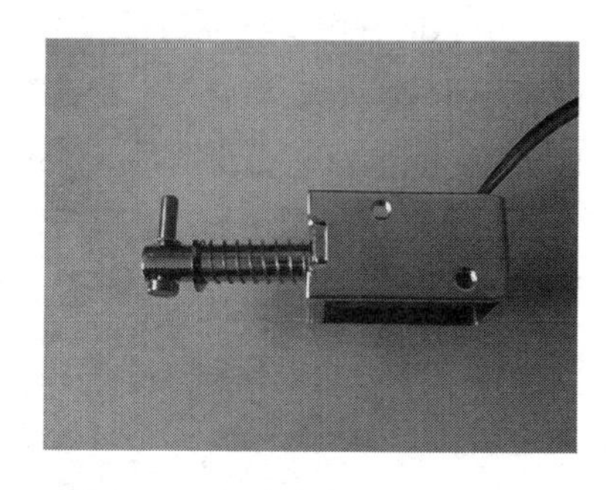

图3.1.1 电磁铁应用于电动门锁

当在电感中通过直流电流时，其周围只呈现固定的磁力线，不随时间变化而变化；当在电感中通过交流电流时，其周围将呈现出随时间变化而变化的磁力线。当导线内通过交流电流时，在导线的内部及其周围会产生交变的磁通，导线的磁通量与产生此磁通的电流之比就是电感。根据法拉第电磁感应定律，变化的磁力线在线圈两端会产生感应电势，此感应电势相当于一个电源。

当形成闭合回路时，此感应电势就会产生感应电流。由楞次定律可知，感应电流所产生的磁力线总量要力图阻止原来磁力线的变化。由于原来磁力线变化来源于外加交变电源的变化，因此从客观效果看，电感线圈有阻止交流电路中电流变化的特性。电感线圈有与力学中的惯性相类似的特性，在电学上取名为自感应，通常在拉开闸刀开关或接通闸刀开关的瞬间会产生火花，这就是自感现象产生很高的感应电势所造成的。

当电感线圈接到交流电源上时，线圈内部的磁力线将随电流的交变而时刻变化，致使线圈不断产生电磁感应。这种因线圈本身电流的变化而产生的电动势称为自感电动势。由此可见，电感量只是一个与线圈的圈数、大小、形状和介质有关的参量，它是电感线圈惯性的量度，而与外加电流无关。电感只能对非稳恒电流起作用，其特点是两端电压正比于通过它的电流的瞬时变化率（导数），比例系数就是它的自感。

自感电动势的大小可用式(3.1.1)来表示，即

$$e_L = L\frac{\Delta i}{\Delta t} \tag{3.1.1}$$

式中，L为电感，是线圈产生自感电动势的一个系数；$\frac{\Delta i}{\Delta t}$为电流的变化率。

在电路中，当电流流过导体时会产生电磁场，电磁场的大小除以电流的大小就是电感。电感是衡量线圈产生电磁感应能力的物理量。给一个线圈通入电流，线圈周围就会产生磁场，线圈就有磁通量通过。通入线圈的电源越大，磁场就越强，通过线圈的磁通量就越大。实验证明，通过线圈的磁通量和通入的电流成正比，它们的比值称为自感系数，也称为电感。如果通过线圈的磁通量用φ表示[单位是韦伯(Wb)]，电流用I表示，电感用L表示，那么

$$L = \varphi/I \tag{3.1.2}$$

电感的单位是亨(H)，也常用毫亨(mH)或微亨(μH)作单位。其中，$1\text{H} = 10^3\text{mH} = 10^6\mu\text{H}$。

电感主要分为磁芯电感和空芯电感两种，磁芯电感电感量大，常用于滤波电路；空芯电感电感量较小，常用于高频电路。

电感的特性与电容的特性正好相反，它具有阻止交流电通过而让直流电顺利通过的特性。电感的特性是“通直流，阻交流”，交流频率越高，线圈的阻抗越大。电感在电路中经常和电容一起工作，构成LC滤波器、LC振荡器等。另外，人们还利用电感的特性制造了扼流圈、变压器、继电器等。

由感抗公式(3.1.3)可知，电感L越大，频率f越高，感抗就越大。

$$X_L = 2\pi fL \tag{3.1.3}$$

该电感两端电压的大小与电感L成正比，还与电流变化率$\Delta i/\Delta t$成正比，该关系也可用式(3.1.4)来表示，即

$$U = L\mathrm{d}I/\mathrm{d}t \tag{3.1.4}$$

只要电感L足够大，即使整流输出电压为0，电感中仍有正向电流，并使负载上保持一定的正向电压。

电感线圈也是一个储能元件，它以磁的形式储存电能，储存的电能大小可用式(3.1.5)来表示，即

$$W_L = (L\cdot I\cdot I)/2 \tag{3.1.5}$$

可见，线圈电感量越大，电流越大，储存的电能也就越多。

1 电感的基本介绍

电感符号：L。

电感单位：H、mH、μH。

电感量的标称：直标式、色环标式、无标式。

电感的方向性：无方向。

检查电感好坏的方法：用电感测量仪测量其电感量；用万用表测量其电阻值，理想的电感电阻值很小，接近于零。

电感是用绝缘导线（如漆包线、沙包线等）绕制而成的电磁感应元件，属于常用元件。

2 电感的主要特性参数

(1)电感量L。电感量L表示线圈本身固有特性，与电流大小无关。除专门的电感线圈（色环电感）外，电感量一般不专门标注在线圈上，而以特定的名称标注。

(2)感抗X_L。电感线圈对交流电流阻碍作用的大小称为感抗X_L，单位是Ω。它与电感量L和交流电频率f的关系为$X_L = 2\pi fL$。

(3)品质因数Q。品质因数Q是表示线圈质量的一个物理量，为感抗X_L与其等效的电阻的比值，即$Q = X_L/R$。线圈的Q值越大，回路的损耗越小。线圈的Q值与导线的直流电阻、骨架的介质损耗、屏蔽罩或铁芯引起的损耗、高频趋肤效应的影响等因素有关。线圈的Q值通常为几十到几百。采用磁芯线圈、多股粗线圈均可提高线圈的Q值。

(4)分布电容。线圈的匝与匝间、线圈与屏蔽罩间、线圈与底板间存在的电容称为分布电容。分布电容的存在使线圈的 Q 值减小,稳定性变差,因而线圈的分布电容越小越好。采用分段绕法可减小分布电容。

(5)允许误差。允许误差是电感量实际值与标称值之差除以标称值所得的百分数。

(6)标称电流。标称电流是指线圈允许通过的电流大小,通常用字母A、B、C、D、E分别表示,标称电流值分别为50mA、150mA、300mA、700mA、1600mA。

2 电感怎么分类?

电感可以按电感形式、导磁体性质、工作性质、绕线结构和工作频率进行分类,如图3.2.1所示。

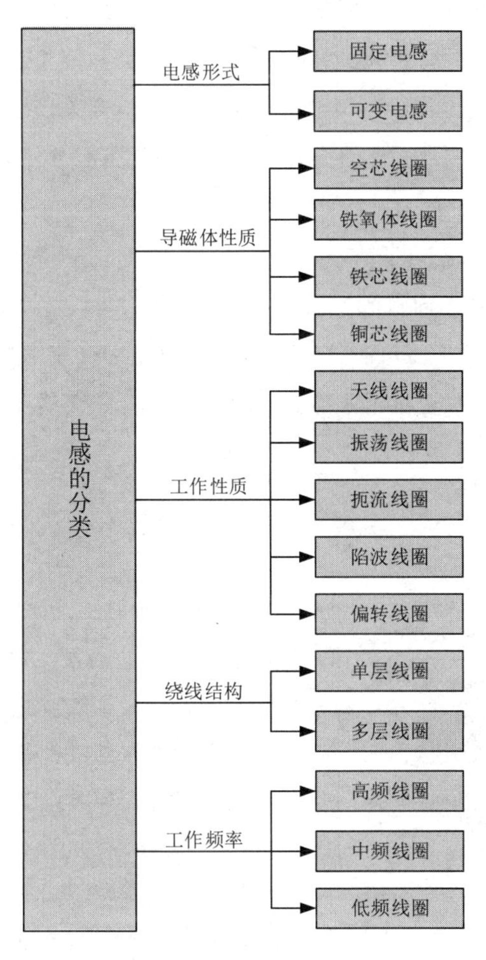

图3.2.1 电感的分类

1 按电感形式分类

按电感形式分类，可将电感分为固定电感和可变电感。固定电感即电感量不可调的线圈，其又可分为空芯电感、磁芯电感和铁芯电感等。根据结构外形和引脚方式，固定电感还可分为立式同向引脚电感、卧式轴向引脚电感、大中型电感、小巧玲珑型电感和片状电感等。

可变电感即电感量可调节的线圈。常用的手动方式改变电感大小的方法有两种：一种是采用带螺纹的软磁铁氧体，通过改变铁芯在线圈中的位置来调节电感量；另一种是采用滑动开关，通过改变线圈匝数来改变电感的电感量。常用的自动方式改变电感大小的方法有3种：饱和电感法、开关控制电感法和正交铁芯控制电感法。

（1）饱和电感法。在铁芯上绕两个绕组，一个是工作绕组，通交流；另一个是控制绕组，通直流。改变控制绕组中直流电流的大小，就可以改变铁芯的饱和程度，从而改变工作绕组的等值电感大小。这种方法历史比较早，饱和电感和磁放大器的工作原理就建立在饱和电感法的基础上。

（2）开关控制电感法。在电感电路中串联一个双向晶闸管开关，通过双向晶闸管的导通和关断来改变电感的等值电感大小。国内外大量研究开发和生产的正弦能量分配器式交流稳压电源就建立在开关控制电感法的基础上。

（3）正交铁芯控制电感法。把C型铁芯的一半旋转90°和另一半对接，一半铁芯上绕工作绕组，通交流；另一半铁芯上绕控制绕组，通直流。改变直流电流的大小，就可以连续改变工作绕组的电感大小。这种方法主要在开关电源、逆变电源、交流稳压电源和电力交流串联补偿器和移相器中应用。

常用的可变电感有半导体收音机用振荡线圈、电视机用行振荡线圈、行线性线圈、中频陷波线圈、音响用频率补偿线圈、扼流线圈等。

2 按导磁体性质分类

图3.2.2 空芯线圈

按导磁体性质分类，可将电感分为空芯线圈、铁氧体线圈、铁芯线圈和铜芯线圈。电感线圈是由导线一圈挨一圈地绕在绝缘管上的，导线彼此互相绝缘，而绝缘管可以是空芯的，也可以包含铁芯或铜芯。空芯线圈不用磁芯、骨架和屏蔽罩等，而是先在模具上绕好后再脱去模具，并将线圈各圈之间拉开一定距离，如图3.2.2所示。

电感线圈的电感量大小与有无磁芯有关，在空芯线圈中插入不同性质的磁芯，就可使其成为不同种类的电感线圈。

铁氧体线圈是在空芯线圈中插入铁氧体磁芯，从而增加电感量和提高线圈的品质因数。根据铁氧体材料的不同，铁氧体线圈又分为锰锌铁氧体线圈和镍锌铁氧体线圈。铁氧体线圈主要用于射频及微波电路供电系统的去耦、高速数字电路供电系统的去耦，以及防止通过电源形成级间的不良耦合。

铁芯线圈是在空芯线圈中插入铁磁芯，从而增加电感量和提高线圈的品质因数。

铜芯线圈通过旋动铜芯在线圈中的位置来改变电感量，调整方便、耐用，主要应用在超短波场景。

3 按工作性质分类

按工作性质分类，可将电感分为天线线圈、振荡线圈、扼流线圈、陷波线圈和偏转线圈。

天线线圈用于无线电信号接收。

振荡线圈在电路中与电容组成振荡回路，产生高频等幅振荡信号。

扼流线圈在电路中用来限制交流电通过，分为高频扼流线圈和低频扼流线圈。高频扼流线圈用来限制高频交流电通过，低频扼流线圈用来限制低频交流电通过。

陷波线圈与电阻和电容一起构成带阻滤波器，在无线电接收机中专门用于消除某些无用信号，以减小对有用信号的干扰。

偏转线圈常用于电视机扫描电路的输出级，该应用场景要求偏转线圈具有偏转灵敏度高、磁场均匀、Q值大、体积小、价格低的特点。偏转线圈又分为行偏转线圈和场偏转线圈。行偏转线圈产生垂直磁场，使显像管电子束水平偏转；场偏转线圈产生水平磁场，使显像管电子束垂直偏转。

4 按绕线结构分类

按绕线结构分类，可将电感分为单层线圈和多层线圈。单层线圈是用绝缘导线一圈挨一圈地绕在纸筒或胶木骨架上，如晶体管收音机中波天线线圈。单层线圈只能应用在电感量小的场合，而当电感量大于300μH时，就应采用多层线圈。

根据绕线方法的不同，多层线圈又可分为多层密绕线圈和蜂房式线圈两种。多层密绕线圈的漆包线一层层地紧密排列，如图3.2.3所示，这种绕法的分布电容比较大。

如果所绕制的线圈，其平面不与旋转面平行，而是相交成一定的角度，则这种线圈称为蜂房式线圈（图3.2.4）。蜂房式线圈旋转一周，导线来回弯折的次数常称为折点数。蜂房式线圈的优点是体积小，分布电容小，电感量大。

图3.2.3　多层密绕线圈

图3.2.4　蜂房式线圈

5 按工作频率分类

按工作频率分类，可将电感分为高频线圈、中频线圈和低频线圈。高频线圈的作用是"通低频，阻高频"，中频线圈的作用是"阻中间频率，通高频和低频"，低频线圈的作用是"通高频，阻低频"。空芯线圈、磁芯线圈和铜芯线圈一般为中频或高频线圈，而铁芯线圈大多为低频线圈。

3 什么场合需要使用电感?

1 电感的作用

电感的基本作用有滤波、振荡、延迟、陷波等。

形象地说，电感具有"通直流，阻交流"的作用。详细的解释：在电子线路中，电感线圈对交流有限流作用，它与电阻或电容能组成高通或低通滤波器、移相电路及谐振电路等；变压器可以进行交流耦合、变压、变流和阻抗变换等。

2 电感线圈与变压器的区别

(1)电感线圈：导线中有电流时，其周围即建立磁场。通常我们把导线绕成线圈，以增强线圈内部的磁场。电感线圈就是据此把导线（漆包线、沙包线或裸导线）一圈挨一圈（导线间彼此互相绝缘）地绕在绝缘管（绝缘体、铁芯或磁芯）上制成的。一般情况下，电感线圈只有一个绕组。

(2)变压器：电感线圈中流过变化的电流时，不但在自身两端产生感应电压，而且能使附近的线圈中产生感应电压，这一现象称为互感。两个彼此不连接但又靠近，相互间存在电磁感应的线圈一般称为变压器。

本篇只讨论电感，暂时不讨论变压器。变压器的情况比较复杂，且与应用场景密切相关。

3 调谐与选频电感的作用

电感线圈与电容并联可组成LC调谐电路。当电路的固有振荡频率f_0与非交流信号的频率f相等时，回路的感抗与容抗也相等，于是电磁能量就在电感、电容之间来回振荡，这就是LC回路的谐振现象。谐振时由于电路的感抗与容抗等值且反向，因此回路总电流的感抗最小，电流量最大（指$f=f_0$的交流信号）。所以，LC谐振电路具有选择频率的作用，能将某一频率f的交流信号选择出来。

4 电感的应用

在大电流的情况下，由于负载电阻R_L很小，若采用电容滤波电路，则电容容量势必很大，而且整流二极管的冲击电流也非常大，故此时应采用电感滤波。

电感在电路中最常见的作用就是与电容一起，组成LC滤波电路。我们已经知道，电容具有“阻直流，通交流”的特性，而电感则具有“通直流，阻交流”的特性。如果把伴有许多干扰信号的直流电通过LC滤波电路，那么交流干扰信号将被电容变成热能消耗掉；变得比较纯净的直流电流通过电感时，其中的交流干扰信号也变成磁感和热能，频率较高的干扰信号最容易被电感阻抗，因此电感可以抑制较高频率的干扰信号。

在线路板电源部分的电感一般是由线径非常粗的漆包线环绕在涂有各种颜色的圆形磁芯上，而且附近一般有几个高大的滤波铝电解电容，这二者组成的就是LC滤波电路。另外，线路板还大量采用“蛇行线+贴片钽电容”来组成LC电路，因为“蛇行线”在电路板上来回折行，所以也可以看作一个小电感。

4 主流电感的型号、规格及命名有哪些？

国内外有众多的电感生产厂家，其中知名的厂家有muRata、TDK-EPC、Taiyo Yuden、Chilisin、Sunlord、Coilcraft、Maglayers、Sumida、Delta(Cyntec)、Vishay等。

1 片状电感

电感量：10nH ~ 1mH。

分类：铁氧体、绕线型、陶瓷叠层。

精度：J = ±5%，K = ±10%，M = ±20%。

尺寸：0402、0603、0805、1008、1206、1210、1812。

2 功率电感

电感量：1nH ~ 20mH。

分类：屏蔽、半屏蔽、无屏蔽。

尺寸：CD43、CD54、CD73、CD75、CD104、CD105。

3 色环电感

电感量：0.1μH ~ 22mH。

尺寸：0204、0307、0410、0512。

4 豆形电感

电感量：0.1μH ~ 22mH。

精度：J = ±5%，K = ±10%，M = ±20%。

尺寸：0405、0606、0607、0909、0910。

5 立式电感

电感量：0.1μH ~ 3mH。

规格：PK0455、PK0608、PK0810、PK0912。

6 轴向滤波电感

电感量：0.1μH ~ 10mH。

规格：LGC0410、LGC0513、LGC0616、LGC1019。

额定电流：65mA ~ 10A。

7 磁环电感

尺寸：3.25mm ~ 15.88mm。

规格：TC3026、TC3726、TC4426、TC5026。

8 空气芯电感

电感量：1nH ~ 10μH

规格：1.5T、2.5T、3.5T、4.5T、7.5T。

5 常见的磁芯有哪些？

1 按磁芯材料分类

（1）以三氧化铁（Fe_2O_3）为主成分的亚铁磁性氧化物：有Mn-Zn、Cu-Zn、Ni-Zn等几类，其中Mn-Zn最为常用。

优点：成型容易，成本低，电阻率高，高频损耗较小。

缺点：饱和磁通较低[4000～5000高斯(G)，1特斯拉(T)＝10000G]，居里温度点较低。

其多适于10kHz～500kHz频率的低功率场景，常用作高频变压器、小功率的储能电感等。高磁导率的铁氧体也常用作EMI共模电感。常用的材质有TDK公司的PC40、TOKIN公司的BH2、Siemens公司的N67、Philips公司的3C90等。

(2)硅钢片(Silicon Steel)：在纯铁中加入少量的硅(一般在4.5%以下)形成的铁硅系合金。

优点：易于生产，成本低，饱和磁通较高(约12000G)。

缺点：电阻率低，高频涡流损耗大。

其一般使用频率不大于400Hz，在低频、大功率下最为适用，常用作电力变压器、低频电感、CT等。常用材质有新日铁公司的取向硅钢Z11(35Z155)。

(3)铁镍合金(又称为坡莫合金或MPP)：铁镍合金的镍含量在30%～90%范围内。

优点：磁导率很高，损耗很小，高频性能好。

缺点：成本高。

由于其成本过高，因此目前使用较少。

(4)铁粉芯(Iron Powder)：是由铁磁性粉粒与绝缘介质混合压制而成的一种软磁材料，存在分散气隙(效果类似于铁磁材料开气隙)。常用铁粉芯是由碳基铁磁粉及树脂碳基铁磁粉构成的。

优点：磁导率随频率的变化较为稳定，随直流电流的变化也相对稳定，成本较低。

缺点：磁导率低，高频下损耗大，有高温老化问题。

因其直流电流叠加性能好，故常用于工频或直流中叠加高频成分的滤波和储能电感，如PFC(功率因数校正)电感、INV电感、Buck电路的储能电感。常用材质为Mircometals公司的Mix8、Mix26、Mix34和Mix35系列。

(5)铁硅铝粉芯(又称为Sendust或Kool Mu)：是由约9% Al、5% Si、85% Fe粉构成的。

优点：损耗较小，性价比较高。

缺点：价格比铁粉芯略高。

其直流电流叠加性能较好，损耗较铁粉芯小，可代替铁粉芯作为UPS中PFC的电感和逆变器的输出滤波电感。常用材质为Magnetics公司的Kool Mu系列，以及Arnold公司的Sendust(Super-MSS)系列。

2 按磁芯外形分类

不同外形的磁芯分类如表3.5.1所示。

表3.5.1　不同外形的磁芯分类

磁芯型号	特点	用途
EE、EEL、EF型功率磁芯	引线空间大，绕制接线方便，适用范围广，工作频率高，工作电压范围宽，输出功率大，热稳定性能好	广泛应用于程控交换机电源、液晶显示屏电源、大功率UPS逆变器电源、计算机电源、节能灯等领域
EI型功率磁芯	结构紧凑，体积小，工作频率高，工作电压范围宽，气隙在线圈顶端耦合紧，损耗小。损耗与温度呈负相关，可防止温度的持续上升	电源转换变压器及扼流线圈、DVD电源、照相机闪光灯、通信设备及其他电子设备
ER型功率磁芯	耦合位置好，中柱为圆形，便于绕线且绕线面积增大，可设计功率大而漏感小的变压器	开关电源变压器、脉冲变压器、电子镇流器等
ETD型功率磁芯	中柱为圆形，绕制接线方便且绕线面积增大，可设计功率大而漏感小的变压器。其他如组装成本、安规成本、电磁屏蔽、标准化难易等各方面都很出色	开关电源、传输变压器、电子镇流器，广泛应用于家电、通信、照明、医疗设备、办公自动化、军品、OA设备、电子仪器、航空航天等领域
EQ、EQI、EP型功率磁芯	具有磁屏蔽效果好、分布电容小、传输衰耗小、电感量大、漏感小、磁场分布均匀等优点，且骨架配有多路接头，易设计多路输出变压器	宽带变压器、电感器、隔离变压器、匹配变压器，广泛应用于程控交换机终端和精密电子设备等领域
EFD型功率磁芯	热阻小，衰耗小，功率大，工作频率范围宽，质量小，结构合理，易表面贴装	广泛应用于体积小而功率大的变压器，如精密仪器、模块电源、计算机终端输出等
EPC型功率磁芯	具有热阻小、衰耗小、功率大、工作频率范围宽、质量小、结构合理、易表面贴装、屏蔽效果好等优点，但散热性能稍差	广泛应用于体积小而功率大且有屏蔽和电磁兼容性要求的变压器，如精密仪器、程控交换机模块电源、导航设备等
POT型功率磁芯	体积小，感抗大，绕线方便，磁屏蔽及散热效果均衡	载波滤波器、高灵敏度感应器、高效率传感器、电源转换变压器等
PQ型功率磁芯	损耗小，温升低，抗干扰性能好，形状合理，功率范围大（50～1000W），能有效减小安装体积。备有多个引脚，绕制接线方便。组装成本低，易满足安规要求，但标准化较难	主功率变压器、驱动变压器、平滑扼流线圈、辅助功率变压器，主要应用于网络、通信、电源、电器设备、医疗等领域
RM型功率磁芯	磁屏蔽效果好，抗干扰能力强，漏磁小，分布电容低，骨架备有多路引脚，可设计多路输出变压器，可高密度安装。但散热较差，安规成本较高	辅助功率变压器、驱动变压器、宽带变压器、载波滤波器、高稳定性滤波器，主要应用于载波通信、网络、数字、电视、电子仪器等领域
PM型功率磁芯	漏磁小，损耗小，功率大，分布电容小	主变压器、推动变压器，主要应用于超声波清洗、激光设备等领域
U型高导磁芯	阻抗偏差小，输出电流大，电感量大，可抑制高次谐波	滤波共模变压器，广泛应用于彩电、计算机、显示器等电子设备
ET、FT型高导磁芯	杂散电容小，纹波系数低，漏磁少，电感量大	彩电、显示器、计算机、可视电话、对讲机等

续表

磁芯型号	特点	用途
EE、EEL、EF型高导磁芯	引线空间大，绕制接线方便，适用范围广，工作频率高，工作电压范围宽，热稳定性能好	广泛应用于电源滤波器、EMI滤波器、小型脉冲变压器等领域
EI型高导磁芯	结构合理，制作工艺简单，窗口较大，散热条件好，漏磁小	广泛应用于音频变压器，电源滤波器、EMI滤波器、小型脉冲变压器等领域
EP型高导磁芯	具有磁屏蔽效果好、分布电容小、传输衰耗小、电感量大、漏感小、磁场分布均匀等优点，且骨架配有多路接头，易设计多路输出变压器	宽带变压器、电感器、隔离变压器、匹配变压器，广泛应用于程控交换机终端和精密电子设备等领域
RM型高导磁芯	磁屏蔽效果好，抗干扰能力强，感量系数高，漏磁小，骨架备有多路引脚，可设计多路输出变压器，可高密度安装。但散热较差，安规成本较高	主要应用于载波通信、网络、数字、计算机等领域
T型高导磁芯	输出电流大，损耗小，耐压高，电感量大，价格低。但绕线成本高，很难大批量生产	扼流线圈、EMI/RFI滤波、音频变压器，广泛应用于各类节能灯、音响、控制电路及其他电子设备

3 按电感的结构组成分类

(1)环型电感。环型电感的结构如图3.5.1所示。

注意：磁芯表面必须有覆盖层或用绝缘胶带缠绕以做绝缘，没有覆盖层的磁芯一般呈灰黑色。

(2)EE型电感。EE型电感的结构和剖面如图3.5.2和图3.5.3所示。

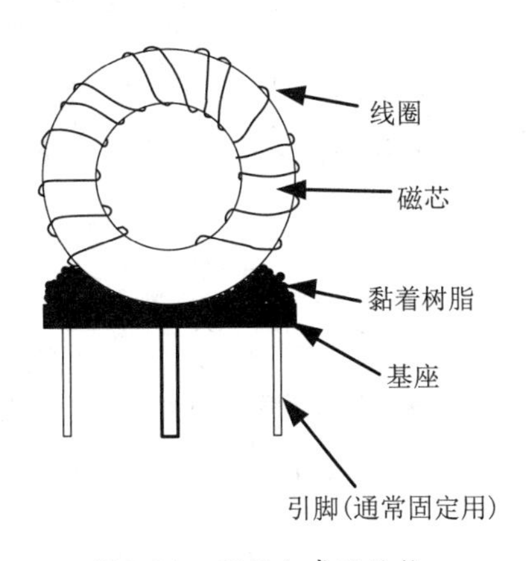

图3.5.1 环型电感的结构

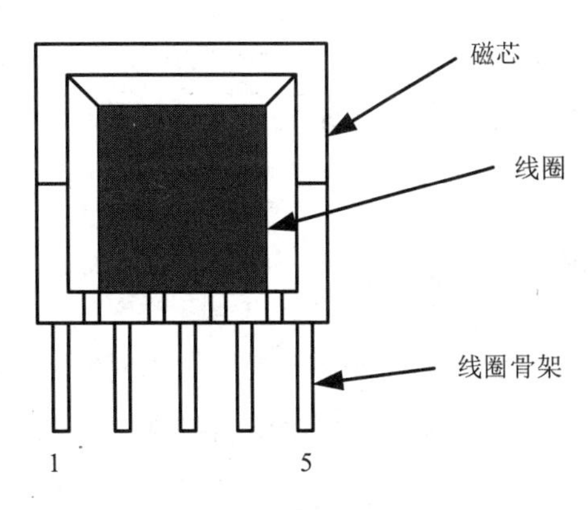

图3.5.2 EE型电感的结构

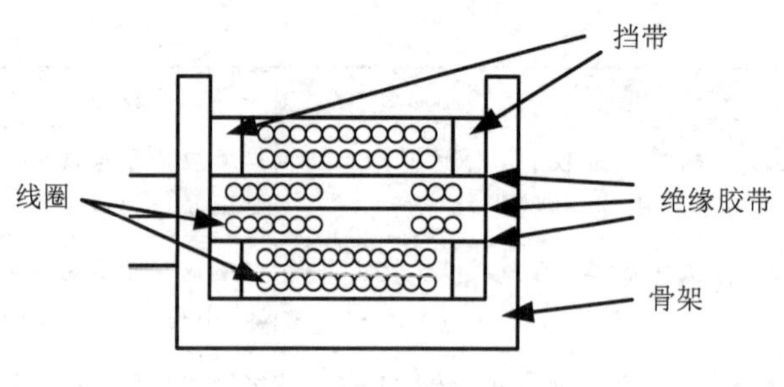

图3.5.3　EE型电感的剖面

6 磁环的颜色与材质之间有什么关系?

大部分磁环需要进行涂装，方便区别，一般铁粉芯磁环用双色来区分，常用的有红/透明、黄/红、绿/红、绿/蓝及黄/白；锰锌铁氧体磁环一般涂绿色；铁硅铝磁环一般涂全黑等。其实磁环烧制后的颜色与之后喷涂的涂料染色没有什么必然关系，只是行业里面的约定而已。例如，双色代表铁粉芯磁环、绿色代表高导磁环、黑色代表铁硅铝磁环等。

1 铁粉芯磁环

铁粉芯磁环由纯铁粉制成，具有较好的偏磁特性，但在高频下损耗较大，适宜于制造差模滤波器及无源PFC电感，也常用于制造较低频率下(通常指50kHz以下)开关电路输出扼流圈(Buck电感)、有源PFC电感(Boost电感)等功率电感。铁粉芯磁环在开关电源及EMC领域被广泛应用。

羰基铁粉芯磁环由超细纯铁粉制成，具有优异的偏磁特性和很好的高频适应性。由于羰基铁粉芯磁环具有较低的高频涡流损耗，因此它可以应用在100kHz～100MHz的频率范围内，适宜于制造高频开关电路输出扼流圈、谐振电感及高频调谐磁芯。羰基铁粉芯磁环在高频开关电源及无线电通信领域被广泛应用。

2 高导磁环

讲到高导磁环，就不得不说镍锌铁氧体磁环。磁环按材料分为镍锌铁氧体磁环和锰锌铁氧体磁环，镍锌铁氧体磁环材料的磁导率为100～1000，为低磁导率材料；锰锌铁氧体磁环材料的磁导率一般为1000以上，所以锰锌材料生产的磁环称为高导磁环。

镍锌铁氧体磁环一般用在各种线材、电路板端、计算设备中抗干扰，锰锌铁氧体磁环可制作电感器、变压器、滤波器的磁芯、磁头及天线棒。通常情况下，材料磁导率越低，适用的频率范围越宽；材料磁导率越高，适用的频率范围越窄。

3 铁硅铝磁环

铁硅铝磁环是使用率较高的磁环之一，简单来说，铁硅铝磁环由Al-Si-Fe组成，拥有相当高的B_{max}（B_{max}是在磁芯截面积上的平均最大磁通密度），其磁芯损耗远低于铁粉芯磁环，有低磁致伸缩（低噪声），是低成本的储能材料，无热老化，可以替代铁粉芯磁环，在高温下性能非常稳定。

铁硅铝磁环最主要的特点是相比铁粉芯磁环损耗小，具有良好的DC偏流特性。铁硅铝磁环具有优异的磁性能，功率损耗小，磁通密度高，在-55～+125℃温度范围内使用时，具有耐温、耐湿、抗震等高可靠性；同时，有60～160H/m的宽磁导率范围可供选择。铁硅铝磁环是开关电源输出扼流线圈、PFC电感及谐振电感的最佳选择，具有较高的性价比。

7 功率电感的额定电流为什么有两种？

在DC/DC转换器中，电感是仅次于IC的核心元件。通过选择恰当的电感，能够获得较高的转换效率。在选择电感时所使用的主要参数有电感值、额定电流、交流电阻、直流电阻等，在这些参数中还包括功率电感特有的概念。例如，功率电感的额定电流有两种，即基于自我温度上升的额定电流和基于电感值的变化率的额定电流，它们之间的差异是什么呢？

1 两种额定电流的含义

功率电感的额定电流有基于自我温度上升的额定电流和基于电感值的变化率的额定电流两种，它们具有十分重要的意义。基于自我温度上升的额定电流是以元件的发热量为指标的额定电流规定，超出该范围使用时可能会导致元件破损及组件故障；而基于电感值的变化率的额定电流是以电感值的下降程度为指标的额定电流规定，超出该范围使用时可能会由于纹波电流的增大而导致IC控制不稳定。此外，根据电感的磁路构造的不同，磁饱和的倾向（电感值的下降倾向）也有所不同。图3.7.1所示是不同磁路构造电感的电感值随电流值的变化。开磁路类型随着直流电流的增大，到规定电流值为止，呈现比较平坦的电感值，但超过规定电流值后，电感值急剧下降；相反，闭磁路类型随着直流电流的增大，透磁率的数值逐渐减小，因此电感值缓慢下降。

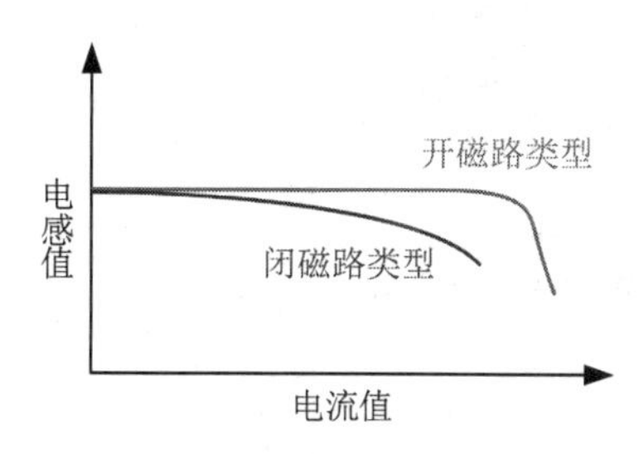

图3.7.1　不同磁路构造电感的电感值随电流值的变化

功率电感规格书中对额定电流参数仅注明了介质的饱和电流I_{sat}值。

2 I_{sat}与I_{rms}的区别

I_{sat}与I_{rms}是工程人员经常会碰到的技术术语，但时常将两者混淆，造成工程技术上的错误。I_{sat}与I_{rms}分别表示什么？I_{sat}与I_{rms}如何定义？它们与哪些因素有关？在电感设计时应如何定义？

(1)I_{sat}：磁介质的饱和电流，在图3.7.2所示的B-H曲线中，是指磁介质达到B_m(最大磁感应强度)对应的H_m(最大磁场强度)所需的DC电流量的大小。对于电感，I_{sat}是指电感值下降到一定比例后的电流大小。例如，SRI1207-4R7M产品，电感下跌20%的电流为8.4A，则I_{sat} = 8.4A。

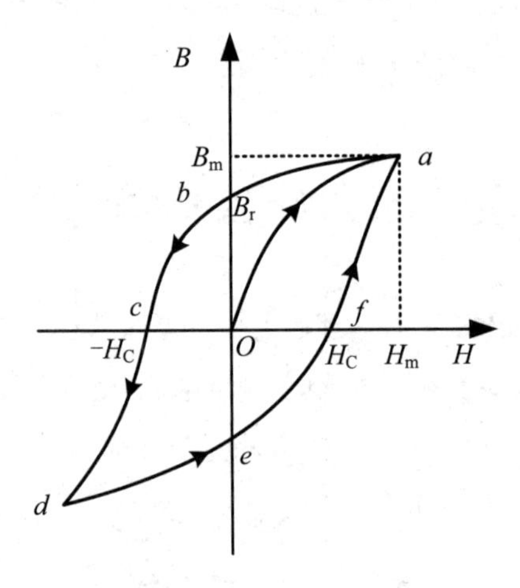

图3.7.2　磁芯B-H曲线

(2)I_{rms}：电感产品的应用额定电流，也称为温升电流，即产品应用时，表面达到一定温度时所对应的DC电流。

设截面积为S，长为l，磁导率为μ的铁环上，绕以紧密的线圈N匝，线圈中通过的电流为i，则依磁路定律，铁环中的磁场H为

$$H = \frac{Ni}{l} \tag{3.7.1}$$

对于同一材质及尺寸的铁芯，$H \cdot l$依B-H曲线(图3.7.2)进行变化，但在同一斜率下，$H \cdot l$是不变的，因此

$$N_1 \cdot i_1 = H \cdot l = N_2 \cdot i_2 \tag{3.7.2}$$

即

$$\frac{N_1}{N_2} = \frac{i_2}{i_1} \tag{3.7.3}$$

不同厂家、不同型号的电感参数如表3.7.1所示。

表3.7.1 不同厂家、不同型号的电感参数

品牌	厂家编号	外形尺寸($L\cdot W\cdot T$)/mm	标称电感量及误差/μA	额定电流I_{rat}/mA		饱和电流I_{sat}/mA		温升电流I_{rms}/mA	
				规格书定义值	实际值	规格书定义值	实际值	规格书定义值	实际值
Sumida	C252012WB-4R7	2.5×2.0×1.2	4.7±20%	950	950	1050	1000	950	1000
TOKO	1239AS-H-4R7M=P2	2.5×2.0×1.2	4.7±20%	1300	1000	1500	1000	1300	1600
TDK	MLP2520S4R7S	2.5×2.0×1.2	4.7±20%	1000	240	没有明确定义	240	没有明确定义	没有标识
Microgate	MGFL2520F4R7	2.5×2.0×1.1	4.7±20%	500	500	500	500	1100	没有标识
TAIYO YUNEN	CKP2520V4R7-T	2.5×2.0×1.2	4.7±20%	1100	300	没有明确定义	300	1100	没有标识
muRata	LQ6L2HPN4R7MG0	2.5×2.0×0.9	4.7±20%	1100	150	没有明确定义	150	没有明确定义	没有标识
结论	(1)业界相当一部分日系或台系电感生产厂家,对其产出的叠层功率电感相应额定电流I_{rat}、饱和电流I_{sat}、温升电流I_{rms}规格定义标准各不相同,大部分均沿用传统的用于高频信号处理的电感的标准,将温升电流I_{rms}规格值作为电感的额定电流I_{sat},实际上并没有像传统功率电感一样充分考虑电感量随电流变化的关系。由于业界对叠层功率电感的额定电流I_{rat}的定义缺乏统一的标准,因此容易误导工程师在产品设计中选型 (2)由表3.7.1可以看出,Sumida和TOKO的叠层功率电感对额定电流I_{rat}的定义完整,包含了饱和电流I_{sat}和温升电流I_{rms}两部分,完全符合业界对传统功率电感的额定电流I_{rat}的定义标准,便于工程师对电感特性的全面了解和正确选型								

3 叠层功率电感的注意事项

目前有相当部分叠层功率电感(铁氧体大电流电感)生产厂家对其产品额定电流规格都沿用传统信号滤波处理用叠层电感额定电流标准来定义,没有根据电感的温升电流值来定义其额定电流。在这种情况下,产品设计工程师往往会按照传统功率电感选型经验并根据供应商电感规格书中定义的额定电流值来衡量其实际电路中的额定电流,这样一来很可能出现电感饱和电流小于电路实际工作电流的情况,导致如下隐患。

(1)电感实际工作时因电流过大导致饱和,引起电感量下降幅度过大,造成纹波电流超出后级电路最大允许规格范围,造成电路干扰,导致电路无法正常工作甚至损坏。

(2)电路中实际工作电流超过电感的饱和电流,有可能会因电感饱和电感量下降而产生机械或电子噪声。

(3)电路中实际工作电流超过电感的饱和电流,会导致因电感饱和其电感量下降,引起电源带负载时输出电压/电流不稳定,造成其他单元电路系统死机等不稳定异常情形。

(4)电感额定电流(包括饱和电流和温升电流)选择余量不足,会导致其工作时表面温度过高、整机效率降低、加速电感本身或整机老化使其寿命缩短。

8 磁珠和电感有什么不同的作用？

与电感一样，磁珠也是磁性器件，也有“通直流，阻交流”的作用，因此磁珠经常容易和电感混淆。实际上，磁珠和电感有很大的区别。

1 磁珠的原理

磁珠由氧磁体材料组成，目前最常见的是铁氧体，一般是铁镍合金或铁镁合金，采用与陶瓷相似的制造工艺。铁氧体材料的磁导率很高，对于高频信号有很好的抑制效果，常用于高频滤波场景。

磁珠有很高的电阻率和磁导率，等效于电阻R和电感L的串联，电阻值和电感值不是固定不变的，而是随着频率变化而变化。在高频段，磁珠能在比较宽的频率范围内保持阻性，因此其高频滤波特性优于普通的电感，有很好的高频滤波效果。

在低频段，磁珠的电抗主要表现为感抗，电阻值很小。此时，电磁干扰会因为反射而被抑制，由于铁氧体磁介质在此时的损耗很小，因此此时的磁珠可以等效为一个低损耗、高Q值特性的电感。这种特性决定了磁珠在低频时容易造成谐振。所以，在低频场景往往会出现使用磁珠后干扰反而会增强的问题。

在高频段，磁珠的电抗主要表现为阻抗。铁氧体磁介质的磁导率会随着频率的升高而降低，导致磁珠的电感量减小、感抗成分减小。所以，高频信号通过磁珠时，会转换成热能耗散掉。

电感量的大小与磁珠的长度成正比，而且磁珠的长度对抑制效果有明显影响，磁珠长度越长，抑制效果越好。

2 磁珠的选用

（1）磁珠的单位是Ω，而不是H。磁珠的单位是根据某一频率下磁珠呈现的阻抗来标称的，所以采用阻抗的单位Ω。一般磁珠厂家会在器件资料中标注磁珠的频率-阻抗特性曲线，同时会标注100MHz时磁珠的阻抗值。例如，JCB201209-601是指2012（0805）封装100MHz时阻值为600Ω的磁珠。

（2）由于铁氧体磁珠对高频信号有很好的抑制作用，因此它常用于滤波器的进线端，吸收滤波器反射回来的高频信号。高频抑制效果取决于铁氧体材料、体积和形状。

不同的铁氧体材料的高频抑制特性不同，一般磁导率越高，抑制的频率越低。相同的铁氧体材料，增加铁氧体的体积，可以提升抑制效果。在材料和体积不变的情况下，长而细的形状比短而粗的形状抑制效果好；内径越小，抑制效果就越好。在直流或交流的偏流场景，由于铁氧体存在饱和问题，铁氧体的横截面积越大越难饱和，因此其可以承受更大的偏流。

（3）实际使用时，应尽量把磁珠安装在靠近干扰源的地方。如果选用磁珠作为吸收滤波器，则应尽量安装在屏蔽壳的进出口。由于磁珠对高频信号呈现几十甚至上百欧姆的阻抗，因此磁珠在高阻抗电路中的作用有限，推荐在低阻抗电路中选用磁珠。

3 磁珠和电感的区别

磁珠和电感最大的区别是，磁珠是耗能元件，电感理论上是不耗能的。另外，电感的导磁体是不封闭的，典型结构是磁棒，磁力线一部分通过导磁体(磁棒)，还有一部分是在空气中的；而磁珠的导磁体是封闭的，典型结构是磁环，几乎所有磁力线都在磁环内，不会散发到空气中去。磁环中的磁场强度不断变化，会在导磁体中感应出电流，选用高磁滞系数和低电阻率的导磁体就能把这些高频能量转换成热能消耗掉。而电感则相反，要选低磁滞系数和高电阻率的导磁体，以尽可能的使电感在整个频带内呈现一致的电感值。所以，结构和导磁体的差异决定了磁珠和电感的本质差异。

电感主要应用在开关电源，以及谐振、阻抗匹配及特殊滤波等场合，而磁珠主要用于防止辐射，对EMC的改善要远优于电感。

磁珠消耗高频信号，能够避免对外的“磁泄漏”；由于导磁体不封闭，电感会泄漏大量的高频信号到外部空间，因此会引起EMI问题。

4 磁珠的参数

(1)标称值：磁珠的单位是按照它在某一频率产生的阻抗来标称的。

(2)额定电流：能保证电路正常工作时允许通过的电流。

5 磁珠的作用

在EMI和EMC电路中，磁珠和电感都可以用来抑制高频传导信号。此时，磁珠和电感都呈现感性。除此之外，由于电感线圈存在分布电容，因此其可等效为电感与电容的串联电路，如图3.8.1所示。这也是磁珠和电感的区别所在。

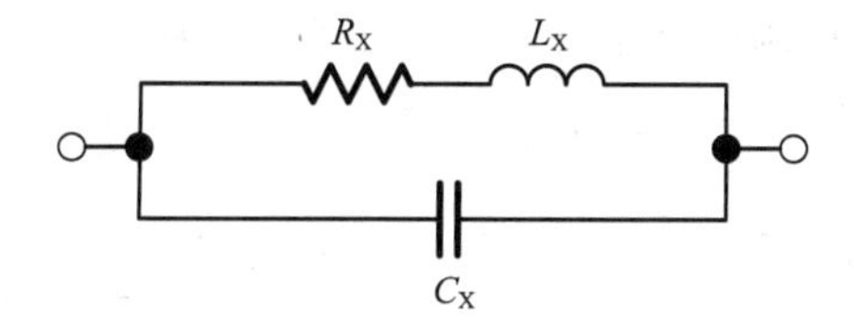

图3.8.1 电感等效电路

图3.8.1中，L_X为电感的等效电感(理想电感)，R_X为电感的等效电阻，C_X为电感的分布电容。

在抑制高频传导信号时，理论上电感量越大，效果越好。但在实际应用中，电感量越大的电感线圈，其分布电容也越大，分布电容会削弱电感量。普通电感线圈的阻抗与频率的关系如图3.8.2所示。

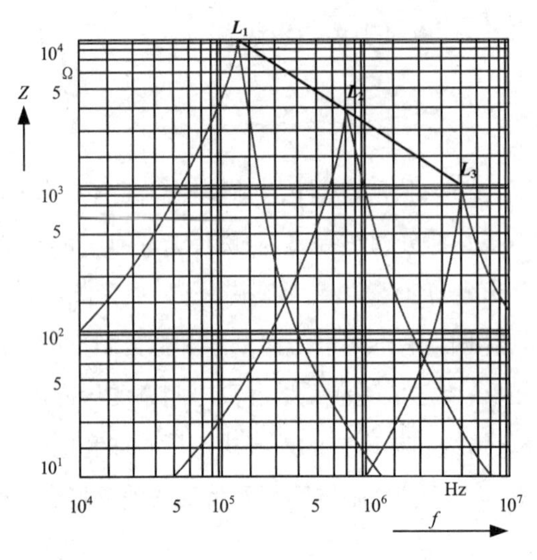

图 3.8.2　普通电感线圈的阻抗与频率的关系

图 3.8.2 中，L_1、L_2和L_3分别代表3个不同电感线圈的阻抗与频率的关系曲线，电感量的关系为$L_1 > L_2 > L_3$。在初始阶段，电感线圈的阻抗都是随着频率升高而增大的。当频率到达一个临界点时，由于分布电容的影响，随着频率继续升高，电感线圈的阻抗快速减小。该临界点就是电感线圈的谐振频率（分布电容与等效电感产生并联谐振）。由图 3.8.2 中的3条曲线可知，电感线圈的电感量越大，其谐振频率就越低。实际应用中并非电感量越大越好，如对频率为 1MHz 的干扰信号进行抑制，L_2比L_1更优，因为L_2在 1MHz 时的阻抗比L_1更大，并且L_2的电感量比L_1小，成本更低。

如果需要抑制更高频率的传导信号，则可选的电感线圈很快就会达到线圈匝数的最小极限——单匝线圈。这时，就需要用到穿心电感了。穿心电感，即磁珠，就是一个匝数小于一圈的电感线圈。由于穿心电感的分布电容比单匝电感线圈小很多，因此与单匝电感线圈相比，穿心电感的工作频率更高。

穿心电感的电感量在几微亨到几十微亨之间，影响电感量的主要因素是穿心电感的相对磁导率U_y。此外，穿心电感中导线的大小、长度及穿心电感的截面积也会影响电感量。

图 3.8.3 和图 3.8.4 所示分别是圆截面直导线电感和穿心电感。先计算圆截面直导线电感，然后乘穿心电感的相对磁导率，就可以得到穿心电感的电感量。

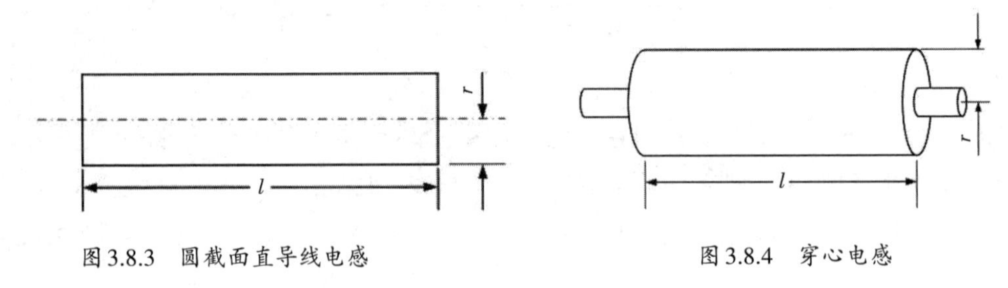

图 3.8.3　圆截面直导线电感　　图 3.8.4　穿心电感

需要注意的是，如果工作频率非常高，则穿心电感内部还会产生涡流，导致穿心电感的磁导率降低。此时，就需要用到有效磁导率：某个工作频率之下，穿心电感的相对磁导率。由于在实际应用中穿心电感的工作频率一般是一个范围，因此采用平均磁导率。

穿心电感工作在低频时的相对磁导率都很高(大于100)；但工作在高频时，其有效磁导率只有低频时的几分之一，甚至几十分之一。因此，穿心电感存在截止频率的问题。截止频率就是使穿心电感的有效磁导率下降到接近1时的工作频率f_C，此时穿心电感已经失去一个电感的作用。一般穿心电感的截止频率f_C都在30MHz～300MHz。截止频率与穿心电感的材料有关，一般磁导率越高的磁芯材料，其截止频率f_C反而越低，因为低频磁芯材料涡流损耗比较大。在设计阶段，可以联系厂家提供磁芯工作频率与有效磁导率的测试数据，或者穿心电感在不同工作频率下的曲线。图3.8.5所示是穿心电感的频率曲线。

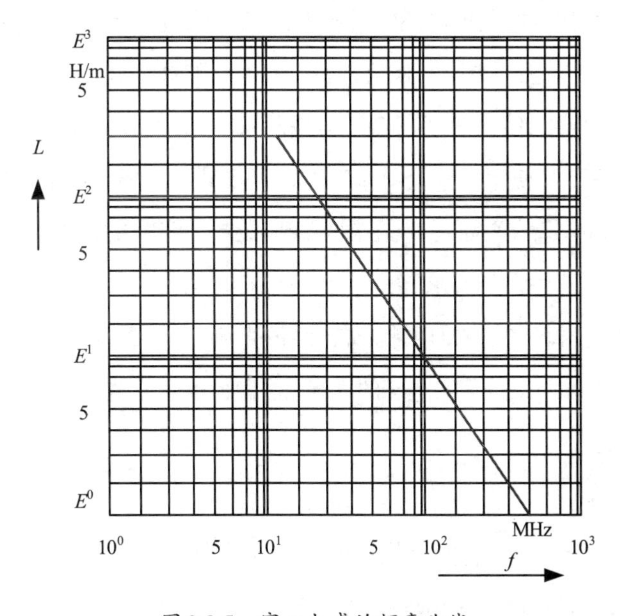

图3.8.5　穿心电感的频率曲线

磁珠的另一个用途就是用作电磁屏蔽。磁珠的屏蔽效果比屏蔽线好，其具体使用方法就是让一双导线从磁珠中间穿过，当有电流从双导线中流过时，其产生的磁场大部分集中在磁珠体内，不会向外辐射。由于磁场在磁珠体内会产生涡流，涡流产生的电力线的方向与导体表面电力线的方向正好相反，可以互相抵消，因此磁珠对于电场同样有屏蔽作用。

使用磁珠进行电磁屏蔽的优点是磁珠不用接地，可以避免屏蔽线要求接地的麻烦。用磁珠作为电磁屏蔽，对于双导线来说，还相当于在线路中接了一个共模抑制电感，对共模干扰信号也有很强的抑制作用。

综上所述，在EMC、EMI电路中，磁珠和电感线圈都能起到抑制传导信号的作用，主要区别是电感线圈在高频谐振以后就会逐渐失去电感的作用。所以，可以按EMI的途径来选择磁珠和电感线圈，即如果需要抑制辐射信号，则选择磁珠；如果需要抑制传导信号，则选择电感线圈。

另外，在实际应用中如果选择共模电感来抑制传导干扰，则还需要注意共模抑制电感与Y电容的连接位置:共模抑制电感的一端与设备的地线(公共端)相连,另一端与一个Y电容相连,Y电容的另一端与大地相连。这种连接方式的抑制效果最好。

9 什么是电感的Q值?

1 电感Q值概述

与电容的Q值类似,电感Q值表征电感的品质因数,是衡量电感器件的主要参数,可以用某一信号频率下电感的感抗值与其等效损耗电阻的比值来表征。电感的Q值越大,其效率越高,损耗越小。电感的Q值取决于导线的直流电阻、线圈骨架的介质损耗及铁芯、屏蔽罩引起的损耗。

电感Q值的要求取决于其使用场景。对于调谐回路场景,必须选择高Q值电感。因为Q值越大,回路的损耗就越小,回路的效率就越高。对于耦合线圈场景,可以选择Q值小一些的电感。对于低频场景和高频扼流场景,Q值不做强制要求。

在实际制造时,由于受材料和工艺的限制(如导线的直流电阻、线圈骨架的介质损耗、铁芯和屏蔽罩引起的损耗及高频工作时的集肤效应等),电感的Q值无法做得很高,一般为几十到一百,最高能到四五百。

2 电感Q值的影响

Q值描述了回路的储能与它耗能的比值。因为通频带带宽BW与品质因数Q之积为回路的谐振频率W_0,即$W_0 = BW \cdot Q$,所以在谐振应用场景,Q值与通频带的宽窄是矛盾的。Q值并非越高越好,还要看通频带带宽的要求。Q值越大,谐振的通频带就越窄,即包含的频率范围更窄。如果需要较宽的通频带,则Q值需要尽量小。

另外,电感Q值过大时,容易引起电路谐振,从而击穿电容、烧毁电感。因为Q值很大时,容易出现$V_L = V_C \gg V$的现象(谐振现象)。在电力系统场景,谐振现象会导致电感的绝缘层和电容中的电介质被击穿,带来安全隐患。所以,在电力系统场景,电路设计时要避免谐振现象;相反,在射频场景需要利用电感的谐振特性来提升微弱信号的振幅。

选频电路是利用某一个特定的频率;阻波电路、吸收电路和陷波电路是去掉某一个特定的频率。这些电路都是利用谐振电路的谐振频率$f_{谐振}$,Q值越大越好。当LC并联谐振电路发生谐振时,电路阻抗最大,相当于断路,使频率为$f_{谐振}$的信号不能通过,达到阻止此信号的目的;当LC串联谐振电路发生谐振时,电路阻抗最小,相当于短路,此时频率为$f_{谐振}$的信号很容易通过,而其他频率的信号被阻止,从而达到选频的目的。

3 电感Q值的计算

Q值可以用一个周期内电感所存储的能量与所消耗的能量的比值来表示，计算公式为

$$Q = \omega L/R = 1/\omega RC \tag{3.9.1}$$

式中，Q为品质因数；ω为电路的谐振频率；L为电感；R为串联电阻；C为电容。

4 影响电感Q值的因素

Q值的大小取决于实际应用场景，并非所有场景都应选择Q值大的电感。例如，在宽带滤波器场景，如果选择的电感Q值过大，则将使带内平坦度恶化；在采用LC去耦设计的电源去耦电路中，如果电感和电容的Q值过大，则容易导致电路发生自谐振现象，不利于消除电源中的干扰噪声；而在射频振荡器场景则需要高Q值的电感，Q值越大，对振荡器的频率稳定度和相位噪声越有利。影响电感Q值的因素如下。

（1）电感Q值受材料和工艺的影响：如导线的直流电阻、线圈骨架的介质损耗、铁芯和屏蔽罩引起的损耗及高频工作时的集肤效应等。例如，同样的电感，若其他参数保持不变，仅改变电感导线的粗细，则导线粗的电感Q值要比导线细的电感Q值大。如果再在导线上镀银，则镀银导线绕制的电感Q值要比不镀银导线绕制的电感Q值大。

在电力系统场景，为了避免高频谐振和增益过大，一般通过增加绕组的电阻或使用功耗比较大的磁芯来降低Q值。

（2）电感的Q值受工作频率的影响：工作频率越高，电感的Q值越大。当达到一个极限值后，电感的Q值随着频率升高而陡然下降，此时电感就不再是电感，不呈现感性。该极限值就是电感的谐振频率。

（3）电感Q值受磁损的影响：针对磁损的计算，一般只是根据磁芯的体积和相关的损耗曲线进行简单计算，但实际应用中同一种磁芯不同的绕制方式，以及相同磁芯相同的绕制方式，但绕线的松紧程度不同，都会影响Q值的大小。

10 电感为什么会啸叫？

做过硬件开发相关工作的人员都有这样的经历，开关电源上电工作时，有时会听到类似漏电或机械振动的嗡嗡声。这种声音时高时低，时有时无。产生这种声音的原因如下。

（1）大功率开关电源短路啸叫。在开关电源满载工作时，突然将开关电源短路，有时会听到电源啸叫；或者在设置电流保护时，当电流调试到某一段位时会有啸叫，究其原因，主要如下。

当所带负载接近电源的输出功率极限时，开关变压器会工作在非稳态。在第1个周期由于开关管占空比过大，导通时间太长，因此通过变压器向后级传输了过多的能量；直流整流电路的储能电感

无法在第2个周期内完全释放第1个周期存储的能量；当第3个周期到来时，电源芯片将不会让开关管导通，或者让开关管导通的占空比很小。这样，储能电感存储的能量经过第2个和第3个周期的释放，导致输出电压减小。这样，当第4个周期到来时，电源芯片会驱动开关管导通过大的一个占空比……这样周而复始，就会让变压器产生低频振动，从而发出人耳可以听到的声音。电源工作在非稳态时，输出的纹波电压也比工作在正常状态时大很多。当开关管全截止的周期数在总的周期数中达到一定占比时，电源的开关频率就从高频范围进入了音频范围，从而发出尖锐的啸叫。此时，变压器已经处于严重超载状态，随时可能烧毁。

(2)空载或负载很小时，开关管也会出现间歇性的全截止周期，当开关管全截止的周期数在总的周期数中所占的比例达到一定占比时，电源的开关频率就从高频范围进入了音频范围，从而发出尖锐的啸叫。另外，在空载或轻载场景，变压器工作时产生的反电势无法被很好地吸收，导致很多杂波信号耦合到变压器的一次绕阻和二次绕阻。当这些杂波中的低频分量与变压器的固有振荡频率一致时，就会发生谐振。为了避免谐振频率落入音频范围产生啸叫，可以在电路中增加选频回路，滤除低频分量。

(3)变压器浸漆不良，包括未进行浸漆处理。变压器浸漆不良时，虽然带载能力一般不受影响，但会产生啸叫，输出波形有尖刺。需要注意的是，变压器的设计不良时，也可能在工作时振动产生啸叫。

(4)初级稳压电源芯片接地线走线不良。接地线走线不良时，常见的表现是概率性故障(部分产品可以正常工作，部分产品发生故障)。故障现象为无法带负载，甚至无法起振。此时，经常会伴随啸叫。

(5)光耦工作电流点走线不良。如果光耦的工作电流电阻放置在次级滤波电容之前，则容易产生啸叫。负载越大，啸叫越明显。

(6)次级稳压电源芯片的接地线失误。变压器次级的基准稳压芯片的接地和初级的电源稳压芯片的接地有类似的要求：不能直接和变压器的冷地、热地相连接。如果连接在一起，就会导致带载能力下降并且产生啸叫。负载越大，啸叫越明显。

11 如何解决电感啸叫？

1 电路说明

下面以图3.11.1所示的DC/DC降压电路为例，来说明如何解决电感的啸叫问题。

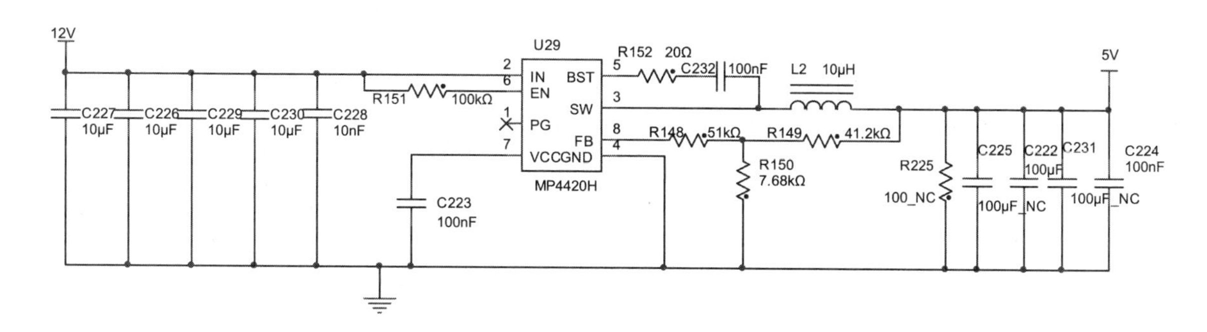

图 3.11.1 DC/DC 降压电路

不同型号的DC/DC电源芯片的开关频率不同。即使同样的外围电路,振荡频率也可能有差别,输出脉冲也有差异。图3.11.1所示是MP4420H芯片的典型电路。R149和R150为反馈电阻,调节R149和R150的值,可以调整输出电压V_o,$V_o = 0.792(1 + R149/R150)$。

L2为输出电感,L2电感量越大,则输出纹波电压越小。纹波电压的大小还会影响输出电压调整的灵敏度,纹波电压越小,灵敏度越高,输出电压越稳定。L2电感量越小,纹波电压越大,灵敏度越低,输出电压稳定度越低。

C222为输出电容,C222的ESR越小,则允许流经电容的纹波电流越大,保证电容使用寿命的同时,纹波电压也越小。另外,电容的容量越大,纹波电压也越小。

2 电感啸叫的原因及解决方法

(1)电感啸叫的原因。当电感线圈L2的振动频率落入音频范围(20Hz ~ 20kHz)时,就会产生啸叫。MP4420H的输出稳压是以PWM(脉冲宽度调制)方式实现的,当电路负载较小时,输出方波脉冲宽度变窄,即占空比变小。当电路负载小于某个数值时,无法继续调整占空比。为了实现输出稳压,不同的芯片采用的方案不同:有的芯片通过降低开关频率来实现,有的芯片通过周期性丢弃一些脉冲来实现。不管是降低开关频率还是周期性丢弃脉冲,如果调整后的开关电流的频率落入音频范围,就会产生啸叫。

(2)电感啸叫的解决方法。解决电感啸叫的方法就是避免开关频率落在20Hz ~ 20kHz范围内。方法有多种,具体如下。

①可以在EN引脚外接一个时钟源来控制使能,改变电源开关频率,避免开关电流频率落入音频范围,从而避免电感的啸叫。

②改善电感L2的工艺(如灌胶或增加浸漆工序等),减小振动。

3 测试开关电源电路波形

啸叫电路及其波形如图3.11.2和图3.11.3所示。

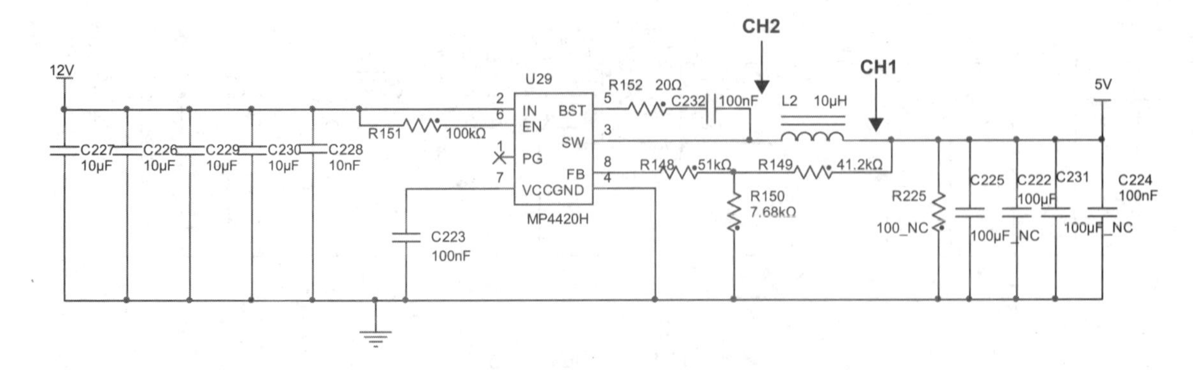

图 3.11.2　啸叫电路

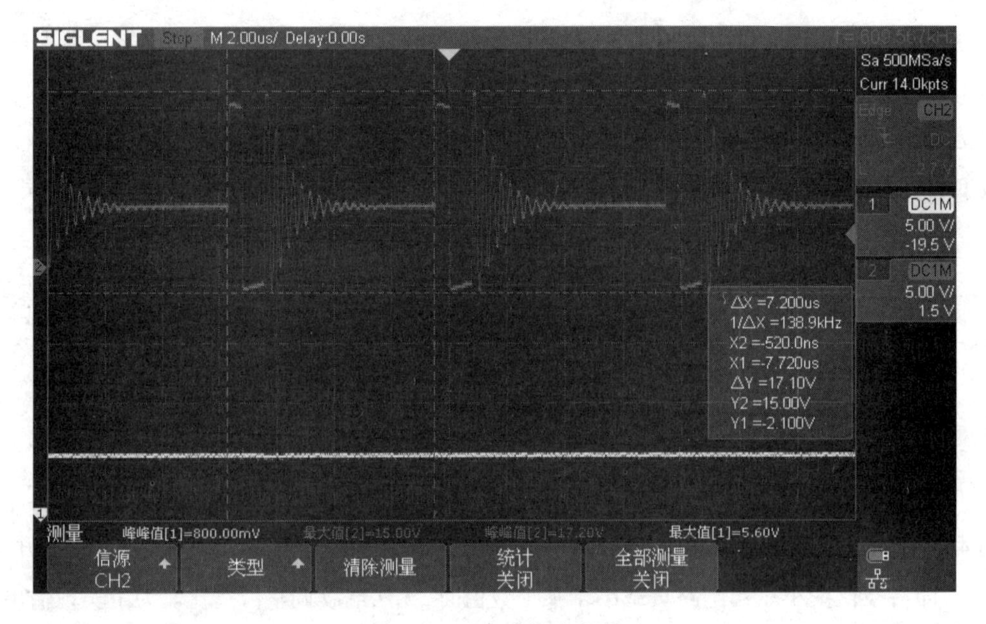

图 3.11.3　啸叫电路波形

MP4420H在低负载的场景下进入了“节能模式”，开关频率从410kHz降低到138kHz。如果进一步降低负载，开关频率落入20Hz～20kHz范围，电感就会产生啸叫。

12 共模电感的工作原理是什么？

共模电感也称为共模扼流线圈，是一种抑制共模干扰的器件。它是由两个尺寸相同、匝数相同的线圈对称地绕制在同一个铁氧体环形磁芯上，形成的一个四端器件。当共模电流流过共模电感时，磁芯上的两个线圈产生的磁通相互叠加，从而产生了成倍的电感量，起到抑制共模电流的作用；当差模电流流过共模电感时，磁芯上的两个线圈产生的磁通相互抵消，几乎没有电感量，所以对差模电流几乎没有衰减作用。因此，共模电感能有效地抑制共模干扰信号，而对差模信号无影响。开关电源、变频器、UPS等设备都需要使用共模电感。

1 共模电感的工作原理

当差模工作电流流过两个绕向相反的线圈时，产生两个相互抵消的磁场H_1、H_2，此时工作电流主要受线圈欧姆电阻及可忽略不计的工作频率下的小漏电感的阻尼。当共模干扰信号流过两个绕向相反的线圈时，产生两个相互叠加的磁场，线圈即呈现出高阻抗，产生很强的阻尼效果，起到衰减干扰信号的作用。共模电感的工作原理如图3.12.1所示。

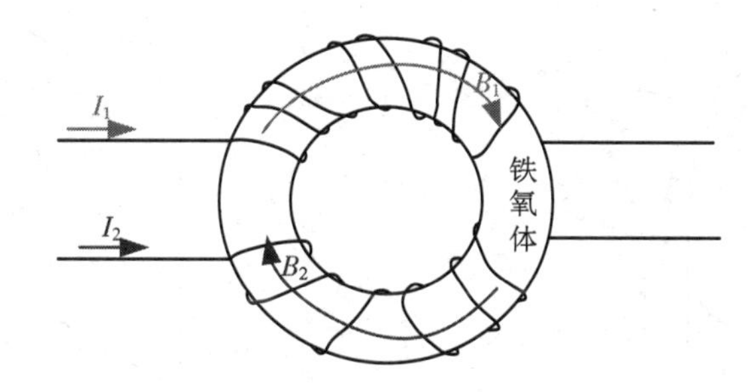

图3.12.1 共模电感的工作原理

共模信号和差模信号只是一个相对量，共模信号又称为共模噪声或对地噪声，是指两根线分别对地的噪声。对于开关电源的输入滤波器而言，共模信号是中性线和相线分别对大地的电信号。虽然中性线和相线都没有直接与大地相连，但中性线和相线与地之间存在寄生电容、寄生电感和杂散电容，共模信号可以通过这些路径流到大地。差模信号是指中性线和相线之间的信号差值。

假设有两个信号V_1、V_2，则共模信号为$(V_1 + V_2)/2$。

差模信号：对于V_1，差模信号为$(V_1 - V_2)/2$；对于V_2，差模信号为$(V_2 - V_1)/2$。

共模信号的特点是幅度相等，相位相同；差模信号的特点是幅度相等，相位相反。

差模信号和共模信号如图3.12.2所示。

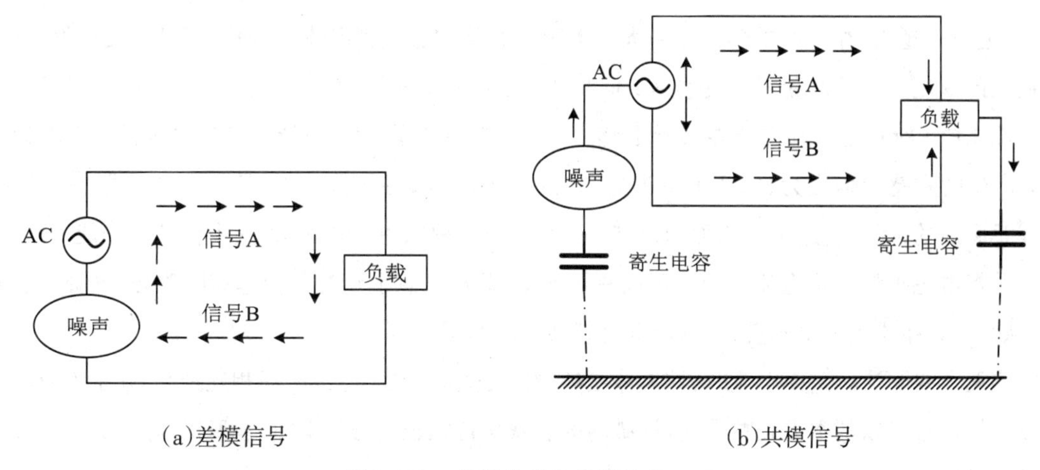

(a)差模信号　　(b)共模信号

图3.12.2 差模信号和共模信号

既然是用电感来抑制共模信号，那么抑制的原理就与磁场相关。下面先来看一下如何判断通电螺线管的磁场方向。右手握住螺线管，四指指向电流方向，则拇指指向的就是磁场方向。

接下来介绍磁通。垂直通过一个截面的磁力线总量称为该截面的磁通量，简称磁通。磁力线是通电螺线管产生的，是实际存在的，只是看不见也摸不着。对于通电螺线管，磁力线是一个经过螺线管内部的闭合回路，磁力线与磁感应强度B成正比。图3.12.3所示是通电螺线管产生的磁力线。图3.12.4所示是穿过某一截面的磁通。

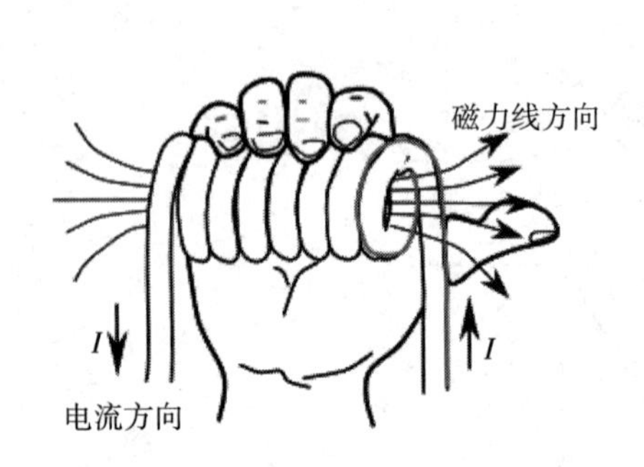

图3.12.3　通电螺线管产生的磁力线

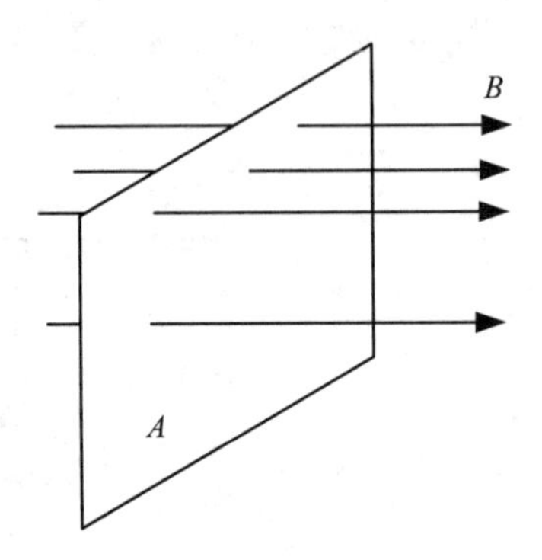

图3.12.4　穿过截面的磁通

磁通量用F表示，是一个标量，单位为Wb。磁通量与磁感应强度B和截面积A的关系为

$$F = BA \tag{3.12.1}$$

由式(3.12.1)可知，穿过横截面的磁力线越多，磁通量就越大。对于绕在磁芯上的线圈，在其上通电流i，则线圈的电感L可以表示为

$$L = \frac{NF}{i} \tag{3.12.2}$$

式中，N为线圈匝数。

综上所述，当绕在磁芯上的线圈的匝数及流过线圈的电流固定不变时，磁芯中穿过的磁力线越多，磁通量就越大，相应的电感量也越大。电感具有阻碍流过其电流的变化的作用，实质就是阻止其磁通量的变化。这就是利用共模电感来抑制共模电流的基本原理。

图3.12.1所示是共模电流在共模电感上产生的磁感应强度。电流I_1产生的磁感应强度为B_1，电流I_2产生的磁感应强度为B_2，两个箭头分别表示电流I_1和I_2在铁氧体中产生的磁力线。由于两条磁力线是叠加的，因此磁通也是相加的，相应的电感量也叠加，电感量越大，对电流的抑制能力就越强。

共模电感抑制共模电流的原理可以总结如下：共模电感上流过共模电流时磁环中的磁通相互叠加，从而具有相当大的电感量，对共模电流起到抑制作用。

当两个线圈流过差模电流时，铁氧体磁环中的磁力线相反，导致磁通相互抵消，几乎没有电感量，所以差模信号可以基本无衰减的通过(微弱的衰减来自电感本身的电阻)。所以，除开关电源外，差分信号也可以采用共模电感来抑制共模干扰。

2 共模电感的作用

共模电感实质上是一个双向滤波器:一方面要滤除信号线上的共模电磁干扰;另一方面又要抑制本身不向外发出电磁干扰,避免对相邻设备的正常工作造成影响。共模电感可以传输差模信号、直流信号及频率很低的共模信号,而对于高频共模噪声则呈现很大的阻抗,所以它可以用来抑制共模电流骚扰。

3 共模电感的特点

共模电感采用铁氧体磁芯,双线并绕,具有高共模噪声抑制和低差模噪声信号抑制能力,具有体积小、使用方便、平衡度佳、高品质等优点,并且工作频段阻抗小,干扰频率阻抗大,电感值稳定,热稳定性好,有多种结构形式和阻抗特性可供选择。

4 共模电感的应用

(1)开关电源抑噪滤波器。

(2)电源线和信号线静电噪声滤波器。

(3)变换器和超声设备等辐射干扰抑制器。

13 常用电感器件如何设计?

一般的电子元器件都由厂家按照规格进行生产,用户购买后直接使用。电感则不同,除固定电感、扼流圈、振荡线圈和一些专用电感器件按照标准规格生产、用户可以直接使用外,很多电感属于非标准元器件,用户在使用过程中需要根据实际应用情况自行设计某些参数。下面就对常用的电感线圈(包含低频扼流线圈)的设计进行介绍。

1 如何选择电感线圈的结构?

首先需要分析各种电感线圈的特点,然后根据实际应用电路的需求来选择电感线圈的结构。空芯线圈的电感量比较小,只能在高频或超高频电路中使用。在导线的直径比较粗,且绕制的线圈数比较少的情况下,可以选择无骨架的方式进行绕制。在工作频率大于100MHz时,一般通过采用单股粗镀银铜线绕制的方式来减少集肤效应。这种方式的好处是不管是否有骨架,都有较好的特性,Q值较大(可达150~400),稳定性也很好。单层密绕空芯线圈主要在短波和中波回路中使用,一般要用骨架绕制,除非导线粗而线圈直径不大的单层密绕空芯线圈可以不用骨架绕制。单层密绕空芯线圈的电感量也不大,Q值在150~250,稳定性较好。在大电感量的场景,一般选择多层空芯电感线圈。多层空芯电感线圈的体积较大,分布电容也大。为了在获得大电感量的同时减小线圈体积,一般选择带磁芯的线圈结构。

2 空芯线圈的设计

（1）单层线圈的计算。单层线圈的结构如图3.13.1所示。单层线圈电感量的计算公式为

$$L = L_0 N^2 D \times 10^{-3} \tag{3.13.1}$$

式中，L为电感量，单位为μH；L_0为线圈的修正系数，与线圈的长度l和直径D有关；N为线圈的匝数，$N = l/\tau$（τ为线圈的圈距）；D为线圈的直径，单位为cm。

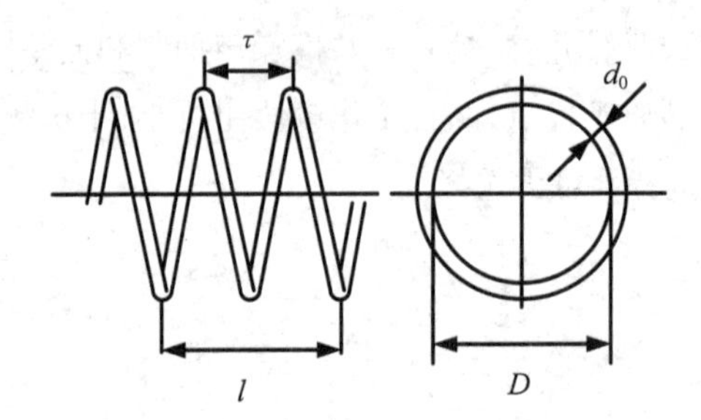

图3.13.1　单层线圈的结构

（2）多层线圈的计算。多层线圈的电感量与线圈的绕法无关，因此多层线圈的电感量可以和单层线圈采用相同的公式进行计算，即

$$L = L_0 N^2 D \times 10^{-3} \tag{3.13.2}$$

式中，L为电感量，单位为μH；L_0为线圈的修正系数，与线圈的长度l和直径D有关；N为线圈的匝数，$N = l/\tau$（τ为线圈的圈距）；D为线圈的直径，单位为cm。

（3）线圈分布电容的计算。线圈分布电容的计算比较复杂，不仅与线圈的结构尺寸相关，还与线圈绕制的类型相关。这里以单层线圈为例，介绍分布电容的计算方法，其计算公式为

$$C_0 = K_1 K D \tag{3.13.3}$$

式中，C_0为分布电容，单位为pF；D为线圈的直径，单位为cm；K_1为一个系数，$K_1 = \tau/d_0$（d_0为线圈导线的直径；τ为线圈的圈距，单位为cm）；K为一个系数，$K = \tau/D$。

多层线圈的分布电容往往能到几百皮法，比单层线圈的分布电容大很多。空芯线圈一般通过选用直径细的导线绕制，并尽可能减小骨架的尺寸，来减小分布电容。

3 带磁芯线圈的设计

（1）磁芯的选择。磁芯的选择主要与工作频率及Q值相关。当频率小于1MHz时，选择锰锌铁氧体材料的铁芯；当频率大于1MHz时，选择镍锌铁氧体材料的铁芯。在低频、高Q值的场景，应选择大尺寸的铁芯。

（2）电感量的计算方法。由于带磁芯线圈的电感量与磁芯的种类及形状有关，计算过程复杂并且

计算结果误差大,因此一般采用适用于各种磁芯材料的简便计算方法。在所采用的磁芯材料和线圈的尺寸确定后,磁芯和线圈相关的参数可以看成一个常数。线圈的电感量仅与线圈匝数的平方成正比,其计算公式为

$$L = KN^2 \tag{3.13.4}$$

式中,N为线圈的匝数;K为与磁芯的材料和线圈的尺寸相关的系数。

K值可以通过实验测量电感值L_0后计算得出。当绕制的线圈电感量为某个特定值L_m时,可先在骨架或磁芯上绕10匝,再用电感测量仪测量电感值L_0,然后用式(3.13.5)计算出K值。

$$K = \frac{L_0}{N_0^2} \tag{3.13.5}$$

式中,N_0为实验线圈绕制的匝数。

再根据L_m和K值就可以求出线圈应绕的匝数,即

$$N = \sqrt{\frac{L_m}{K}} \tag{3.13.6}$$

4 磁环线圈电感量的计算

例如,图3.13.2所示的磁环绕制的线圈,其电感量可用式(3.13.7)来计算。

$$L = 0.4\pi\mu N^2 \frac{F}{l} \times 10^{-5} \tag{3.13.7}$$

式中,L为磁环线圈的电感量,单位为mH;F为磁环的截面积,单位为cm²,$F = \frac{D+d}{2} \cdot h$($D$为磁环的外径,单位为cm;$d$为磁环的内径,单位为cm;$h$为磁环的高,单位为cm);$l$为磁环的平均长度,单位为cm,$l = 3.14 \times \frac{D+d}{2}$;$\mu$为磁环磁导率;$N$为线圈的匝数。

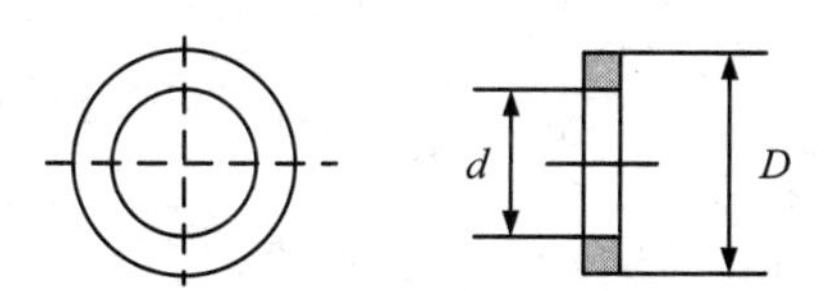

图3.13.2 环状磁芯尺寸

5 低频扼流线圈的设计

低频扼流线圈需要配合滤波电容使用,控制整流后的纹波系数满足设计要求。一般音频电压放大级的纹波系数为0.001%~0.05%,音频功率放大级的纹波系数为0.1%~3%。

(1)确定电感量。以使用L型滤波电路为例,输出端纹波系数的计算公式为

$$\gamma_L = \frac{1.19}{LC} \tag{3.13.8}$$

式中,L为扼流线圈的电感量,单位为H;C为滤波电容,单位为μF。

当使用π形滤波电路时，输出端纹波系数的计算公式为

$$\gamma_{\pi} = \frac{3439}{C_1 C_2 L R_L} \tag{3.13.9}$$

式中，L为扼流线圈的电感量，单位为H；C_1为输入滤波电容，单位为μF；C_2为输出电容，单位为μF；R_L为负载直流电阻，单位为Ω。

确定电路所需的纹波系数后，先选定滤波电容的电容量，就可以采用式(3.13.9)计算出低频扼流线圈所需的最小电感量。

(2)确定铁芯的体积。低频扼流线圈是将硅钢片铁芯插入空芯线圈制成的，因此确定铁芯的体积非常关键。确定铁芯体积的计算公式为

$$V_c = \frac{L I_0^2}{K_L} \times 10^4 \tag{3.13.10}$$

式中，V_c为铁芯体积，单位为cm^3；L为所需电感量，单位为H；I_0为扼流线圈的直流电流，单位为A；K_L为与L和I_0有关的系数。

LI_0^2与系数K_L的关系如表3.13.1所示。

表3.13.1　LI_0^2与系数K_L的关系

LI_0^2	<0.1	0.1～0.4	0.4～1.2	>12
K_L	2～12	12～25	25～36	36～48

(3)确定铁芯型号及铁芯叠厚。根据E形硅钢片的标准，铁芯的磁路长度L_c约为铁芯中心舌宽a的5.6倍。因此，可根据式(3.13.11)计算舌宽a的尺寸。

$$a = \sqrt[3]{\frac{V_c}{5.6}}\ (\text{cm}) \tag{3.13.11}$$

根据铁芯舌宽和E型铁芯规格，选取与舌宽a近似的铁芯型号。再根据式(3.13.2)计算出硅钢片的叠厚。

$$b = \frac{V_c}{a L_c}\ (\text{cm}) \tag{3.13.12}$$

(4)确定线圈的匝数。首先根据式(3.13.13)计算K_1值。

$$K_1 = \frac{L I_0^2}{V_c} \tag{3.13.13}$$

计算出K_1后，根据图3.13.3所示的K_1-K_0曲线求出K_0，再根据式(3.13.14)求出匝数N。

$$N = \frac{K_0 L_c}{I_0}\ (\text{匝}) \tag{3.13.14}$$

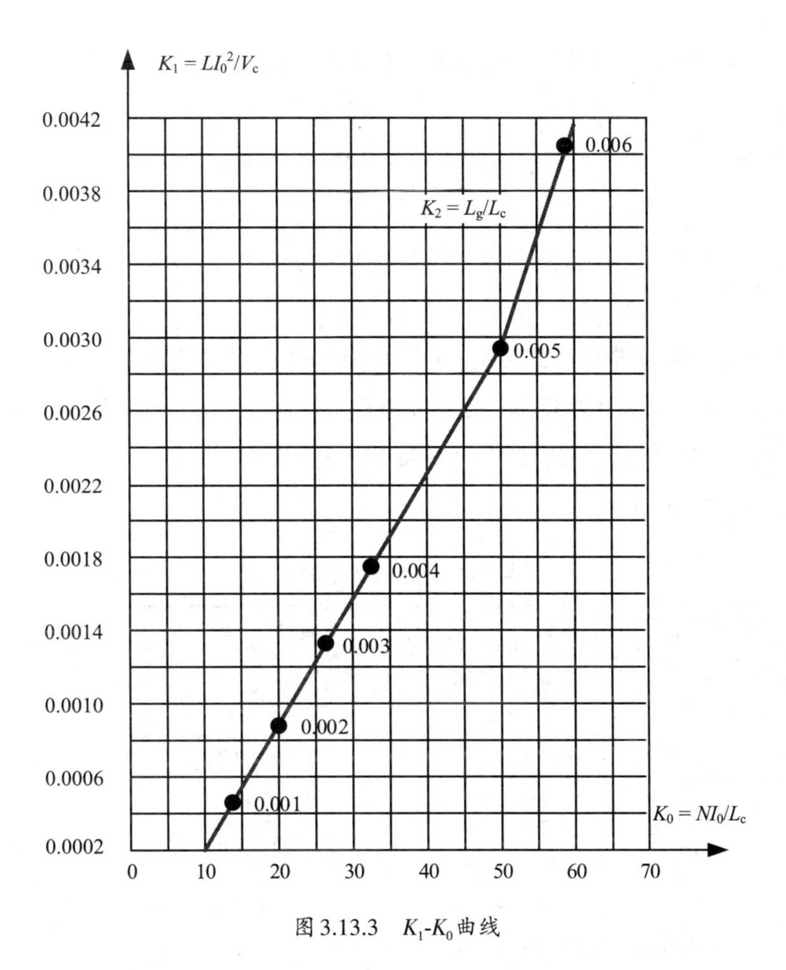

图 3.13.3　K_1-K_0 曲线

(5)确定最佳空气间隙。根据上面计算得到的 K_1 值,从图 3.13.3 所示的曲线中可以得到 $\frac{L_g}{L_c}$ 对应的 K_2 值,然后用式(3.13.15)计算出空气间隙。

$$L_g = \frac{K_2 L_c}{2}(\text{cm}) \tag{3.13.15}$$

14 电感降额规范

通常元器件有一个最佳降额范围,在此范围内,元器件工作应力的降低对其失效率的下降有显著的改善,设备的设计易于实现,且不必在设备的质量、体积、成本方面付出大的代价。应按设备可靠性要求、设计的成熟性、维修费用和难易程度、安全性要求,以及对设备质量和尺寸的限制等因素,综合权衡确定其降额等级。

在最佳降额范围内推荐采用3个降额等级。

(1) Ⅰ级降额。Ⅰ级降额是最大的降额,对元器件使用可靠性的改善最大。超过它的更大降额,通常对元器件可靠性的提高有限，且可能使设备设计难以实现。Ⅰ级降额适用于下述情况：设备的失效将导致人员伤亡或装备与保障设施的严重破坏；对设备有高可靠性要求，且采用新技术、新工艺的设计；由于费用和技术原因，设备失效后无法或不宜维修；系统对设备的尺寸、质量有苛刻的限制。

（2）Ⅱ级降额。Ⅱ级降额是中等降额，对元器件使用可靠性有明显改善。Ⅱ级降额在设计上较Ⅰ级降额易于实现。Ⅱ级降额适用于下述情况：设备的失效将可能引起装备与保障设施的损坏；有高可靠性要求，且采用了某些专门的设计；需支付较高的维修费用。

（3）Ⅲ级降额。Ⅲ级降额是最小的降额，对元器件使用可靠性改善的相对效益最大，但可靠性改善的绝对效果不如Ⅰ级降额和Ⅱ级降额。Ⅲ级降额在设计上最易实现。Ⅲ级降额适用于下述情况：设备失效不会造成人员伤亡和设施的破坏；设备采用成熟的标准设计。

电感降额规范如表3.14.1所示。

表3.14.1　电感降额规范

降额参数	降额等级		
	Ⅰ	Ⅱ	Ⅲ
热点温度/℃	T_{HS}①－（40～25）	T_{HS}－（25～10）	T_{HS}－（15～0）
工作电流	0.6～0.7	0.6～0.7	0.6～0.7
瞬态电压/电流	0.9	0.9	0.9
介质耐压	0.5～0.6	0.5～0.6	0.5～0.6
电压②	0.7	0.7	0.7

注：①T_{HS}为额定热点温度；②只适用于扼流线圈。

15 电感选型规范

选用电感时需要注意额定电流、电感量和Q值变化、额定工作温度、设计裕量、极限和边缘规格、安装等方面的因素。

（1）额定电流。电感长期工作温升不超过30℃（表面贴装型）或40℃（插装型），保证电感量在应用范围内。电感的工作电流需要降额使用。

（2）电感量和Q值变化。电感在实际工作时的电感量与标称电感量一般是有差异的，主要原因除电流过大外，还受工作频率、温度和湿度的影响。

① 实际工作频率与标称电感的测试频率不同。由于实际电感是有损耗的，因此感值随着频率变化而变化，电感精度也随着频率变化而变化。因此，选择电感应该注意实际应用频率时的电感量，远离自谐振频率。同样，Q值的大小也是针对频率而言的。

② 温度和湿度等环境因素变化时，线圈的电感和品质因数等参数会随之变化。因此，环境条件

差的情况下要采用温度稳定性好和有防潮措施的电感。

(3)额定工作温度。各种型号的电感都有额定的环境工作温度范围，在实际使用中不仅不能超过规定的环境工作温度，还需要满足降额标准。

(4)设计裕量。由于电感的各种参数都是在特定频率、电流等环境条件下定义的，考虑到器件的离散性及布板因素和环境因素等，在设计时，器件的Q值、电感精度都应留有一定的裕量。

(5)极限和边缘规格。对于标准产品，不建议选用各分类器件的极限和边缘规格。

(6)安装。小电流电感优选表面贴装电感，尤其是高频电感。表面贴装电感不仅生产效率高、体积小，且分布电容小、可靠性高，对器件密度高的单板尤其有利。

前文讲述了选用电感时需要注意的因素，接下来按电感类型讲述各类电感的应用注意事项。

(1)插装固定差模电感。

①在高频电路应用中，应注意介质损耗：选用优质骨架减少介质损耗，如高频瓷、聚苯乙烯等；对于超高频(100MHz以上)应用，不能使用铁氧体磁芯，只能采用空芯线圈。

②电感额定电流要正确选用，以防电感饱和及线圈过热。一般要求工作电流(有效值)不超过厂家给定的额定电流，自设计产品时，要求工作电流下电感长期工作产生的温升不超过40℃，电感量下降在应用允许范围内。功率型器件工作时最高温度不超过110℃，建议尖峰电流不超过额定电流的80%。

③电感工作时自身最高温度不要超过额定温度，自行设计的功率电感自身温度不要超过110℃。需要注意的是，有些厂家产品的“工作温度”是指器件的自身温度，而不是环境温度。

④当需要采用屏蔽罩时，用铜或铝可以减少损耗。

⑤根据实际经验，电源滤波电感选择10μH时有最佳效果，电感量太高会造成过冲。

⑥功率电感线包层间应有绝缘带防匝间短路，漆包线用绝缘强度高的QA-2线，要浸漆处理。

⑦多引脚插装电感应有1脚方向标记，以防生产安装出错。

⑧设计非标电感请考虑安规认证。

(2)固定表面贴装差模电感。

①电感额定电流要正确选用，以防电感饱和及线圈过热。一般要求工作电流不超过厂家额定电流，如超额使用，要求电感产生的温升不超过30℃，电感量下降在应用允许范围内。

②电感工作最高温度不要超过额定温度。电流超额使用时，器件自身温度不超过材料额定温度。

③电感值和精度等随着频率变化而变化，对于精度要求高的电感，要注意应用频率与标称电感测试频率的差别。

④根据实际经验，电源滤波电感选择10μH时有最佳效果，电感量太高会造成过冲。

⑤非磁芯线绕型电感(陶瓷骨架)LQN21A和LQW1608A系列具有小尺寸、高SRF、高Q值、大电流

等优点，可以选用。

⑥一般来说，叠层型电感比普通绕线型电感抗干扰能力、耐热能力强，铸模绕线型电感抗湿能力、耐热能力很强，如TAIYO YUDEN的LEM系列。

⑦Coilcraft和Pulse的CD系列，其标称值和实际值有偏差。如果要使用标准电感值的电感，就选择Pulse的CM系列或muRata、TDK、TAIYO YUDEN产品。

（3）可变电感和空芯线圈。

①用于微调的线圈如果点胶固定不好，在产品运输或长期工作中就会出现电感漂移。

②固定胶的材料对电感的性能有影响，会增加电容和损耗。

③采用直径小的导线，增加匝间距离可以减小器件的分布电容。

④空芯线圈的额定电流经验公式：如果铜线电流小于28A，则按10A/mm^{2}来取；如果铜线电流大于120A，则按5A/mm^{2}来取。

（4）共模电感。

①绕组间电压不要超出额定电压。要求工作电流下电感长期工作产生的温升不超过30℃或40℃。

②电感最高工作温度不要超过额定温度。

③高频时建议用低磁导率的磁芯，可以降低损耗。

④线圈绕制密度尽量低，否则器件的电容会增加，加大信号之间的耦合干扰，影响滤波效果。

16 磁珠选型规范

磁珠主要用于抑制EMI差模噪声，它的直流电阻很小，高频交流阻抗较大。常见的600Ω是指磁珠在100MHz信号频率下测得的交流阻抗。根据不同的应用场景，磁珠可以分为普通型磁珠、大电流型磁珠和尖峰型磁珠。

（1）普通型磁珠：主要用于电流比较小（小于600mA）、无特殊要求的场景。普通型磁珠的直流电阻一般不超过1Ω，交流阻抗范围一般在几欧姆到几千欧姆之间，主要作用是抑制和吸收电磁干扰和射频干扰。

（2）大电流型磁珠：主要用在大电流场景，所以需要严格限制直流电阻，直流电阻一般不超过0.1Ω，交流阻抗也比普通型磁珠要小。

（3）尖峰型磁珠：主要用于对特定频率范围的信号进行衰减，实现选频功能。尖峰型磁珠的交流阻抗在某一频率范围内很高，在其他频率范围内很低，呈现带阻特性。

磁珠在选型时需要考虑噪声干扰和通流两方面因素。

（1）噪声干扰方面需要考虑噪声的频率和强度。不同型号的磁珠有不同的频率阻抗曲线，在选型时要选择噪声中心频率对应的阻抗较大的磁珠，从而更好地抑制噪声。噪声干扰越大，需要选择的磁珠阻抗越大。但高阻抗磁珠也会对有用信号产生较大的衰减，所以阻抗并不是越大越好，需要综合考虑信噪比。目前对阻抗并没有明确的计算公式和选择标准，需要根据实际效果来选型，一般交流阻抗在120～600Ω的磁珠比较常用。例如，要求对100MHz、300mVpp的噪声，经过磁珠以后达到50mVpp的水平，假设负载为45Ω，那么就应该选225Ω@100MHz，DCR < 1Ω的磁珠。选择225Ω是因为(45/50)×250 = 225(Ω)。

（2）通流方面需要考虑额定电流的大小。直流电阻越大的磁珠一般额定电流越小，选型时需要根据实际情况来进行。例如，系统电源的输出电压为3.3V，负载模块的电源输入需要的额定电流为300mA，负载模块的电源输入需要的输入电压不能小于3.0V。该负载模块的电源输入引脚需要选择直流电阻小于1Ω的磁珠，再考虑降额设计，一般选择0.5Ω的磁珠。如果使用到电源芯片过电流保护功能，则需增大磁珠的额定电流。如果磁珠的额定电流过小，那么在还未触发电源芯片过电流保护功能时，磁珠就可能已经烧毁。

所以，磁珠选型时，可以按下列步骤进行。

（1）首先需要确定需要滤除的噪声的频段，然后在该频段内选择合适的交流阻抗（可以通过仿真得到大概的阻抗范围，仿真模型可以咨询厂商）。

（2）确定该电路通过的最大电流。电路流过的电流决定了磁珠的额定电流，额定电流确定后，就可以根据后级电路需要的电压范围来计算磁珠的直流电阻范围。

（3）选择封装。封装可以根据单板的布局和结构等实际情况进行选择。但需要注意的是，磁珠的阻抗在加电压后与规格书中的阻抗是有差别的。要正确地选择磁珠，必须注意以下几点。

①不需要的信号的频率范围为多少？

②噪声源是什么？

③需要多大的噪声衰减？

④环境条件是什么（温度、直流电压、结构强度）？

⑤电流和负载阻抗是多少？

最后，磁珠选型时还需要注意降额使用。磁性器件的降额标准如表3.16.1所示。

表3.16.1 磁性器件的降额标准

类型	热点温度降额	直流电压降额	浪涌电流降额	浪涌电压降额
变压器	T_{max} − 25℃	没有降额要求	90%	90%
磁珠	T_{max} − 25℃	90%	90%	90%

17 一体成型电感有哪些“坑”？

一体成型电感是通过铁粉模压成型而成的，因此其可以在相同封装条件下实现更大的额定电流。另外，由于一体成型电感更适合批量自动化生产，因此较传统绕线电感还具有明显的成本优势。同时，一体成型电感与磁封胶结构电感相比具有更好的磁屏蔽效果，适合EMI无法调试通过的项目使用。但一体成型电感也有缺点，最常见的问题就是生锈。下面就来具体介绍一体成型电感主要的问题。

6.8	139.0	150.0	2.4	4.3	21
10	184.0	199.0	2.3	4.0	20

Notes

- All test data is referenced to 25 °C ambient
- Operating temperature range -55 °C to +125 °C
- The part temperature (ambient + temp. rise) should not exceed 125 °C under worst case operating conditions. Circuit design, component placement, PWB trace size and thickness, airflow and other cooling provisions all affect the part temperature. Part temperature should be verified in the end application
- Rated operating voltage (across inductor) = 50 V

(1) DC current (A) that will cause an approximate ΔT of 40 °C
(2) DC current (A) that will cause L_0 to drop approximately 20 %

图 3.17.1　Vishay电感规格书

电感常见的降额是电流和温度，但是细心的读者会发现业界部分厂家在规格书中标识了额定工作电压，如果按照常规思维忽略额定工作电压，那么就离“坑”不远了。Vishay（业界最早开发一体成型电感的厂家）规格书中标示了额定工作电压为50V，如图3.17.1所示。

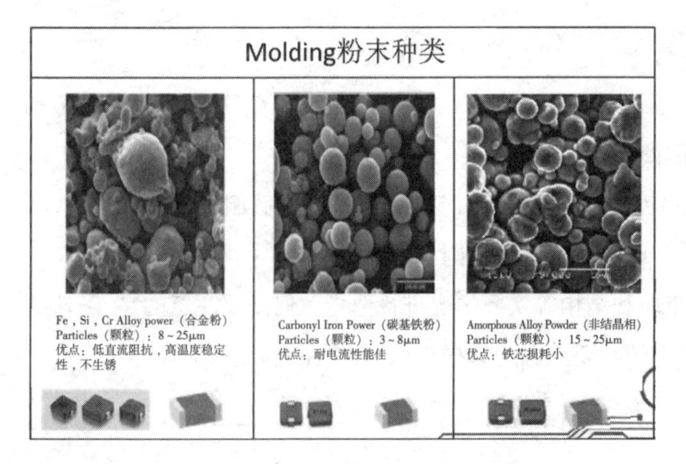

图 3.17.2　一体成型电感常见的铁粉材料

一体成型电感之前已提到是通过模压成型的，模压成型的材料是铁粉，常见的铁粉材料有合金粉、碳基铁粉和非结晶相3种，如图3.17.2所示。

一体成型电感的X射线和切片如图3.17.3和图3.17.4所示。

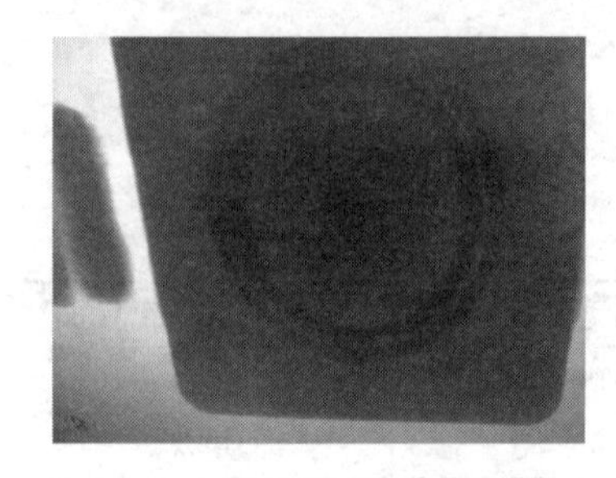

图 3.17.3　一体成型电感的X射线

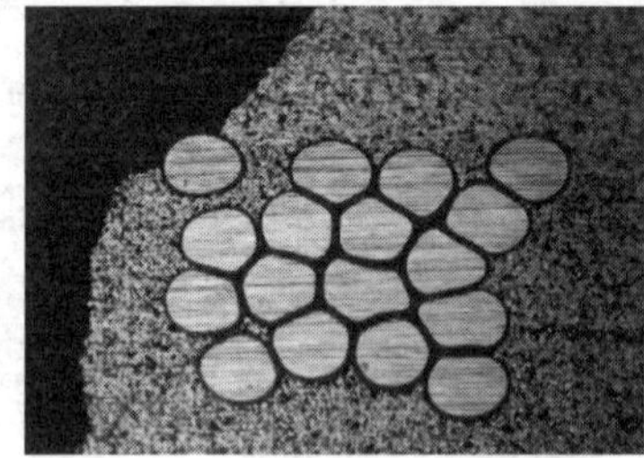
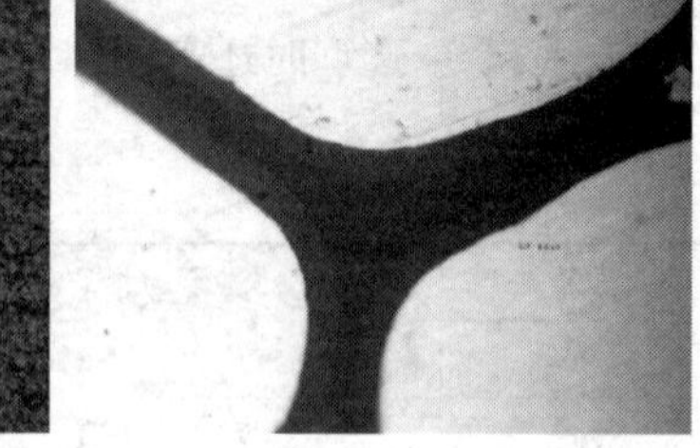

图 3.17.4　一体成型电感的切片

一体成型电感的额定电压来源也是因为所用铁粉：传统绕线电感和磁封胶结构电感的磁芯材料是铁氧体（绝缘材料），漆包线耐压一般是1kV。因此，传统绕线电感和磁封胶结构电感没有耐压指标一说，降额设计只需考虑电流和温度即可；一体成型铁粉是在合金粉外裹了一层环氧树脂绝缘层，环氧树脂绝缘层很薄，故一体成型电感会因加在电感两端电压过大造成铁粉耐压不足导致粉体击穿。

粉体击穿导致电感失效很多是不可复现的（电感在电路中功能异常，但对电路板上或拆下来的电感进行LCR测试时，测试结果是正常的）。在分析时经常会遇到下面这种情况：发现电感功能异常时，如果立即取下电感进行测量，则会因电感的击穿导电通路存在，测量的电感值偏小；但在委托第三方或投递给原厂分析时，会因运输振动引起铁粉间的运动导致粉体击穿形成的导电通路消除，第三方或原厂测试结果正常。或者有的电感虽然出现过击穿通路，但由于未紧密接触，仍存在一定的绝缘层厚度，因此仅在电压较大时才会形成击穿通道。因此，用LCR测试时，因导电通道消除或测试电压过小（一般为0.5V或1V），测试结果往往显示一体成型电感的感值是正常的。一体成型电感粉体击穿失效如图3.17.5所示，一体成型电感粉体击穿失效及失效单体测试合格原理如图3.17.6所示，图中内层圆圈为铁粉，外层圆圈为铁粉外围包裹的环氧树脂绝缘层，圆圈中间的连线为击穿导电通道。

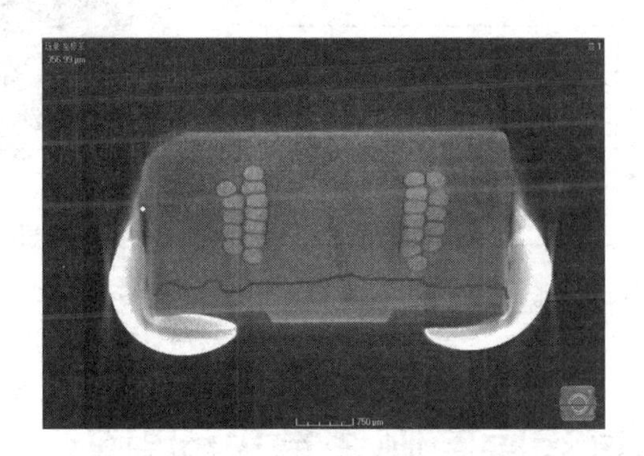

图3.17.5　一体成型电感粉体击穿失效

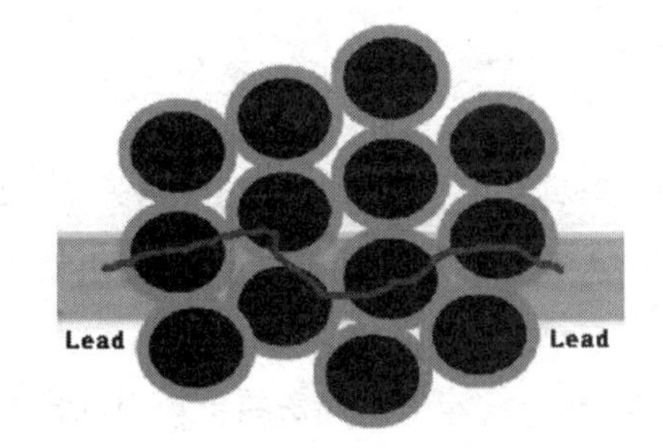

（a）粉体击穿故障品

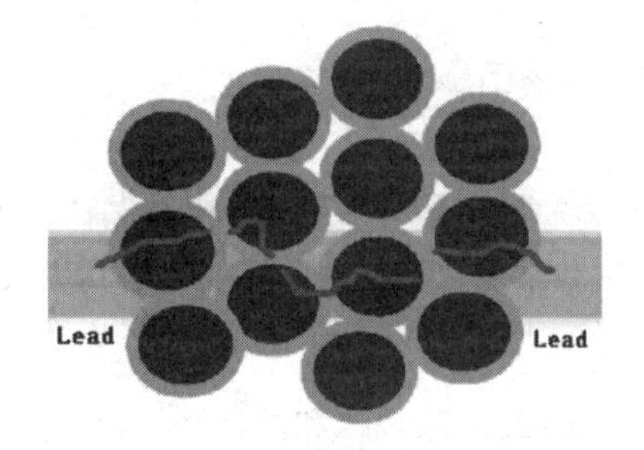

（b）电感恢复的原因

图3.17.6　一体成型电感粉体击穿失效及失效单体测试合格原理

一体成型电感同一批次不同个体间耐压差异分析：耐压低的个体由于压力问题粉体排列呈直线，两个引出端之间的粉体个数少；或者不同个体经受成型压力不同，粉体绝缘层成型后耐压不同。

因为铁粉供应商不同，所以绝缘层厚度也不尽相同，同时成型压力也会损伤部分铁粉的绝缘层。因此，不同厂家的电感会有不同的额定工作电压。下面是对业界常见的一体成型电感厂家宣称的额定工作电压的调研结果。

奇力新的一体成型电感的额定工作电压为30V，但如果使用德国进口的粉体，则耐压可做到60V。

TOKO的一体成型电感规格书标明额定工作电压为30V。

一体成型电感有耐压问题，只需应用时注意即可，DC/DC降压或升压压差低于规格书额定电压值是没有风险的。另外，如图3.17.7和图3.17.8所示是一体成型电感生产厂家的主要管控措施，通过这些措施可以保证一体成型电感的耐压指标。

入料检查	成粉检查
1.粒径分布 D10、D50、D90	1.绝缘阻抗
2.材料成分：%	2.初始磁导率
3.绝缘阻抗	3.I_{sat}
4.初始磁导率	4.水分
5.I_{sat}	5.流动性（霍尔流速计）
6.铁芯损耗	6.粒径分布

图3.17.7　入料检查和成粉检查

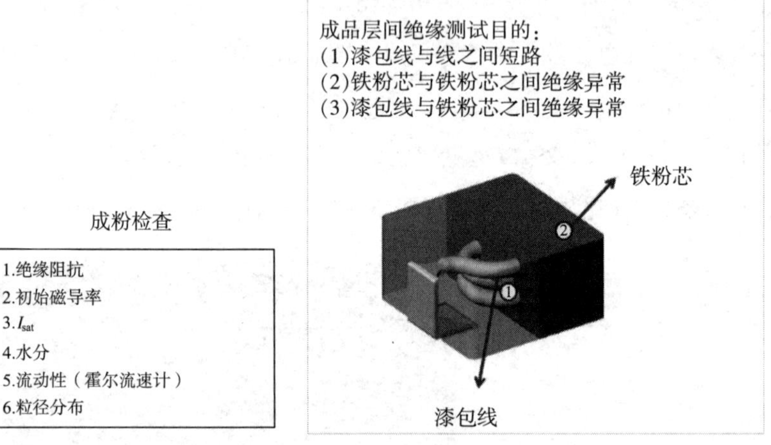

图3.17.8　成品层间绝缘测试

18 电感在使用过程中有哪些常见问题？

1 功率电感设计问题

问题背景：市场端连续3台相同设备发生不上电失效，故障定位均为L107电感开路失效，反查制程端的失效情况，发现10个月制程端共失效6个电感，其中4个电感失效模式为开路，与市场失效现象一致。

失效根因：因漆包线和焊盘采用热压焊固定，未形成有效焊接，在生产和运输过程中都存在开路或间歇性开路的风险。热压焊工艺电感形貌如图3.18.1所示。

物料履历排查：该物料为配套料，原物料反查市场及制程未发生相似的故障现象。检查原物料漆包线和焊盘焊接采用的是浸锡模式，浸锡工艺电感形貌如图3.18.2所示；调查业界主流厂家CD系列的功率电感均是采用浸锡工艺。因此，该问题的根因为配套料电感厂家的设计有问题。

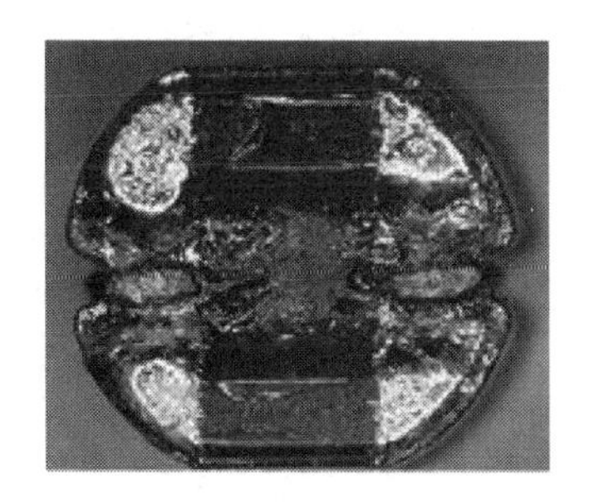

图 3.18.1　热压焊工艺电感形貌

图 3.18.2　浸锡工艺电感形貌

2 生产制程问题一

问题背景：生产端发生多例电感短路不良，经排查故障板电感均是经过返修的，返修原因为电感位偏，如图 3.18.3 所示。

失效根因：返修温度过热导致功率电感漆包线漆包膜融化，发生匝间短路。电感漆包线漆包膜熔化形貌如图 3.18.4 所示。

图 3.18.3　电感位偏故障

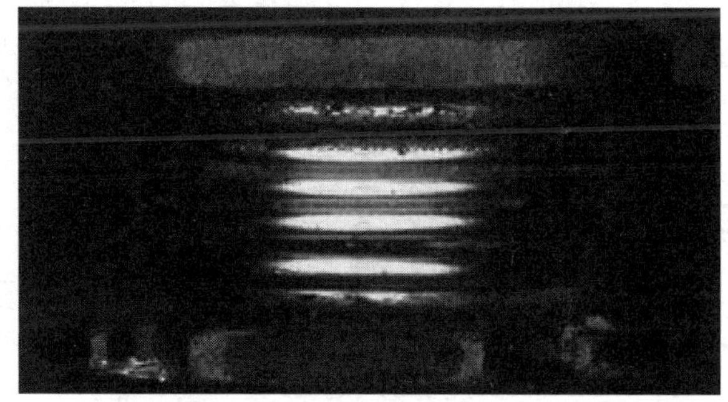

图 3.18.4　电感漆包线漆包膜熔化形貌

解决方案：选用共面性更好的电感，减少电感位偏的返修概率。电感共面性对比如图 3.18.5 所示（A 和 C 的共面性都不好，B 的共面性好）。

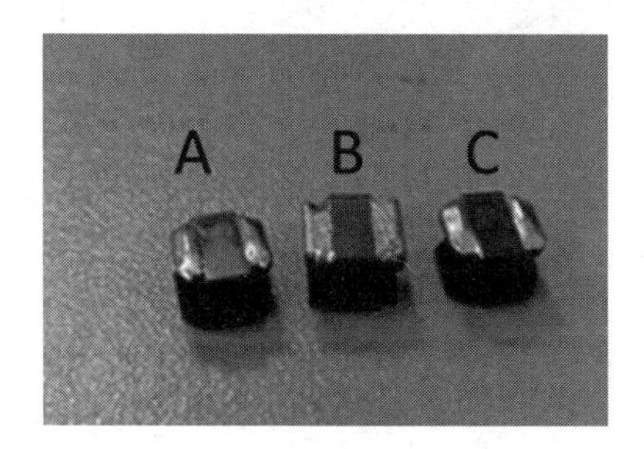

图 3.18.5　电感共面性对比

管控返修方案：用热风枪拆下故障电感后，更换新的电感时需要预热并管控焊接温度。

3 生产制程问题二

问题背景：生产端发生多例电感短路不良。

失效根因：该电感在电路板上未见明显维修痕迹，初步判定造成该电感失效的原因是回流焊工序的异常热应力造成电感漆包膜熔化，发生电感线圈匝间短路。电感漆包线漆包膜熔化失效如图3.18.6所示。

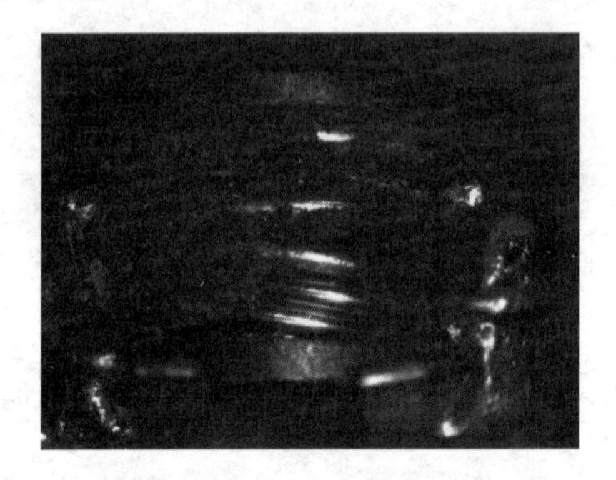

图3.18.6 电感漆包线漆包膜熔化失效

反查历史，之前炉温管控并未管控该电感，因此无法确认电感是否存在炉温超规格的情况。使用同一条线体同一个炉温条件对该电感所在位置进行炉温重测，实测炉温最高为256℃，超过电感规格书要求（最高为255℃），如图3.18.7所示。

解决方案：调炉温。

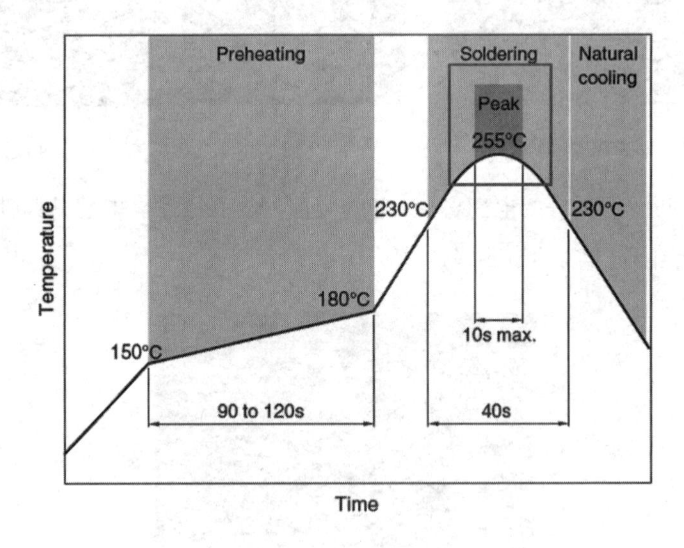

图3.18.7 电感焊接炉温曲线要求